高等学校教材

U0609346

环境海洋学

（第二版）

高会旺　史洁　主编

中国教育出版传媒集团

高等教育出版社·北京

内容提要

本书是高等学校环境海洋学课程教材,在海洋科学基础背景下,重点讲述海洋环境及其环境保护与管理问题。全书共 10 章,主要包括绪论、海洋环境地质、海洋环境物理特性、海水运动、海洋与大气相互作用、海洋环境化学、海洋环境生态学、海洋环境监测、海洋环境影响评价、海洋环境管理等内容。

本书适合作为高等学校环境科学与工程类专业本科生、研究生教材,以及海洋科学、海洋技术、海洋资源与环境、海洋渔业、生态学等相关专业本科生和研究生的教学参考书,也可供从事海洋环境基础研究与海洋环境保护工作的科技人员及行业从业人员阅读参考。

图书在版编目(CIP)数据

环境海洋学／高会旺,史洁主编.--2 版.--北京:高等教育出版社,2025.4. --ISBN 978-7-04-063309-2

Ⅰ.X145

中国国家版本馆 CIP 数据核字第 20241XM680 号

HUANJING HAIYANGXUE

策划编辑	陈正雄	责任编辑	李 林 陈正雄	封面设计	张雨微	版式设计	明 艳
责任绘图	黄云燕	责任校对	窦丽娜	责任印制	刁 毅		

出版发行	高等教育出版社	网 址	http://www.hep.edu.cn
社 址	北京市西城区德外大街 4 号		http://www.hep.com.cn
邮政编码	100120	网上订购	http://www.hepmall.com.cn
印 刷	中农印务有限公司		http://www.hepmall.com
开 本	787mm×1092mm 1/16		http://www.hepmall.cn
印 张	21	版 次	2013 年 5 月第 1 版
			2025 年 4 月第 2 版
字 数	480 千字		
购书热线	010-58581118	印 次	2025 年 4 月第 1 次印刷
咨询电话	400-810-0598	定 价	53.00 元

物 料 号 63309-00

审 图 号 GS 京(2024)1752 号

第 二 版 序

　　忝列主编或参编,出版过几本教材,个中甘苦尽知,忆及感慨良多。《环境海洋学》也不例外,既至付梓,犹如学生捧交答卷于心惴惴。顷趋十年,蒙读者不弃,高教社错爱,诚约再版,不胜感激。惟拙老学疏,不宜再充主编,力当推陈出新。幸有高会旺教授,既为原书主编之一,且经年领衔教学、科研团队,在教学中积累了丰富的经验与成果,在相关科研攻关中,或辟蹊径,或创新诣,为修编新教材夯实了基础。厚积薄发,团队勠力,升级再版,奕孚众望——千头万绪精梳理,万语千言绽卷帙,千斟万酌秉翔实,万苦千辛兑预期。

　　谨此为序!

李凤岐

2024 年 4 月

第二版前言

时光如梭,《环境海洋学》(2013)教材出版至今已有十余个年头。近年来,我国的环境状况发生了重大变化,空气质量和水环境质量经历了从严重恶化到逐渐好转,土壤污染和固体废物污染问题凸显,全国海洋生态环境总体改善等。在此期间,生态优先的绿色发展理念深入人心,国家相继颁布了"大气十条""水十条"和"土十条",实施"渤海综合治理攻坚战"等,凝心聚力改善生态环境。理论的深化和观测技术的进步促进了海洋科学与环境科学不断发展,它们之间的交叉和融合更加深入,使环境海洋学日趋成熟,但高速的经济发展和加速的气候变化给我国的环境保护工作提出了新挑战。就海洋而言,海洋酸化、微塑料污染呈现出全球性,近岸海域水质改善成效尚不稳固,海洋生态退化趋势尚未得到根本遏制,海洋生态环境问题呈现出长期性和复杂性。

面向国家环境保护的重大战略需求,环境教育力在培养解决实际环境问题的创新人才。在过去的十年间,多所高校提出要培养具有海洋特色的环境类人才,或培养面向海洋环境问题的海洋类人才,相关专业设置数量明显增加。无论是前者还是后者,首先要理解海洋的流体环境特征和多尺度运动特征,在此基础上结合化学和生物学的理论与方法,才能充分认识海洋环境的多样性、复杂性、区域性和时变性,从而揭示各类海洋环境问题的根源与演变趋势,并进一步提出有针对性的控制策略。本教材涵盖了海洋环境地质学、海洋环境动力学、海洋环境化学、海洋环境生态学、海洋环境管理学等相关内容,体现海洋学科与环境学科的交叉,又设置海气相互作用、海洋环境监测、海洋环境评价等章节,体现海洋与大气、理论与技术、研究与应用的交叉。

本教材再版,是对教学内容的再次提炼与总结,其目的主要体现在:精简优化章节内容;补充完善研究进展;梳理修改文字表达;增加彩图和短视频。在本次修订中,教材仍保持其物理、化学、生物等知识的完整性和基础性,并增加了近年来海洋环境热点问题的相关内容,体现教材的时代性。内容更加聚焦海洋环境过程,简化了海洋环境管理的相关内容,海洋环境经济学和海洋环境保护法不再独立为章,而是精简后并入海洋环境管理部分。其他各章内容也做了缩减和更新,如删除了海洋调查的内容,丰富了海洋生物监测的相关内容;补充和更新了近年来出现的海洋环境问题,如海洋酸化、海洋绿潮、海洋微塑料等相关内容;海洋生态修复章节中补充了"陆海统筹""南红北柳""美丽海湾"等新概念、新举措。在文字方面,做了认真梳理和修改,力求表达更加简洁和精准。在内容呈现方式上,尝试将有更好解释力的彩图和短视频以二维码方式提供,丰富教材内容。本次修订由高会旺和史洁策划、修改、完善并定稿。全书共分为10章,分工如下:第一章,高会旺、李凤岐、史洁;第二章,贾永刚、李相然;第三章,于晓杰、李凤岐、游奎、马彩华;第四章,史洁、张学庆、李凤岐;第五章,高增祥,高会旺;第六章,石金辉、邹立;第七章,李正炎;第八章,祁建华;第九章,张学庆;第十章,刘艳玲。

　　本教材的修订是在国家强化本科教育,创建"金课",重视教材建设的背景下完成的。因此,我们希望本教材能为相关专业的本科生和研究生培养,以及相关学科的学术研究提供参考。衷心感谢中国海洋大学有关领导和同仁对本书编写工作的鼎力支持。感谢中国科学院院士冯士筰教授对教材编写的悉心指导。感谢第一版主编李凤岐教授对教材的倾心付出,并为再版作序。感谢第一版教材编撰者付出的辛勤劳动,他们的辛勤工作为本书再版奠定了扎实的基础。感谢厦门大学王新红教授对全书进行了审阅,并提出了极其宝贵的修改意见。高等教育出版社陈正雄编审的鼎力支持,使本书得以早日付梓,谨此衷谢!

　　鉴于编者水平所限,书中难免有不当或疏漏之处,敬请批评指正!

编　者

2024 年 1 月于青岛

第 一 版 序

工业革命以来衍生的环境问题,既引发了 20 世纪发达国家反复暴发的"环境公害",也推动了环境科学的形成与发展,进而促使人们在环境观念上产生了质的飞跃。"环境与发展"屡屡被提上全球峰会讨论的议程,"可持续发展"与"保护环境"成了全球公众的话题。我国在 1978 年的《中华人民共和国宪法》中就规定了"国家保护环境和自然资源,防治污染和其他公害";1979 年 3 月,成立了中国环境科学学会,标志着中国环境科学研究进入了一个新的阶段。在探索与开发海洋的过程中,人类逐渐认识到海洋环境与海洋生态系统的脆弱性。早在 20 世纪中叶,西方发达国家向海洋倾倒核工业放射性废物就是最早引起世人关注的海洋污染源;同一时期,近海富营养化对海洋生态系统的影响也备受关注。其后,海洋环境问题和生态损害事件频繁发生,既进一步为人类敲响了保护海洋环境的警钟,也推动了环境海洋学的形成和发展。1979 年,美国环境保护协会首次举办了关于河口富营养化问题的国际专题研讨会;1983 年,比尔(Beer T)的《环境海洋学》(*Environmental Oceanography:An Introduction to the Behaviour of Coastal Waters*)问世。在我国,山东海洋学院(中国海洋大学的前身)从事海洋科学教学和科研的一些教师在 20 世纪 70 年代已开始了海洋环境动力学的探索;1982 年,第五届全国人民代表大会通过了《中华人民共和国海洋环境保护法》,加大了海洋环境保护的力度。1984 年,山东海洋学院成立了海洋环境保护研究中心,直接服务于国家和地方的海洋环保事业。1990 年,青岛海洋大学(山东海洋学院于 1988 年更名为青岛海洋大学)率先创建我国第一个环境海洋学博士点和硕士点,以科研、教学和社会服务等多种形式,通过校内外、国内外的学术交流和合作研究,为我国在研究生层面上环境海洋学高级人才培养作出了突出贡献。

1992 年,联合国环境与发展大会通过的《21 世纪议程》提出了实现可持续发展的行动计划,明确指出海洋是全球生命支持系统的一个基本组成部分,也是有助于实现可持续发展的宝贵财富;1998 年是第一个"国际海洋年",6 月 8 日被正式定为"国际海洋日",更引起全人类普遍关注海洋对维持地球生态系统平衡所发挥的不可替代的作用。在我国也进一步启动"2000 年海洋污染预测及防治对策研究"等国家级有关项目;特别是后来国务院发布的《全国科技兴海规划纲要(2008—2015)》,对我国海洋环境科学的发展起到了更有力的推动作用。在这一时期,青岛海洋大学也顺势而上,开始加强、扩大和完善海洋环境科学的高等教育:于 1998 年学校组建了环境科学与工程研究院;1999 年设立了环境科学博士后流动站;2000 年获准环境科学与工程博士学位授权一级学科;2001 年成立了环境科学与工程学院,将分别于 1998 年和 2000 年开始招生的环境工程和环境科学本科专业纳入麾下;2007

年环境科学学科获准为国家级重点学科,"海洋环境与生态教育部重点实验室"也通过了验收。自此,中国海洋大学(2002年由青岛海洋大学更名)建立和完善了以海洋为特色的环境专业"本科—硕士—博士—博士后"一整套人才培养体系。在此基础上,我国第一部《环境海洋学》教材就应运而生了。

中国海洋大学自20世纪90年代就在研究生层面开设了环境海洋学课程,特别是21世纪以来在为本科生开设环境海洋学课程的过程中,不断融汇相关师生的意见和要求,对课程的内容和结构进行了充实和调整,中国海洋大学教学督导在听课和评估中也对课程定位和教学大纲提出了宝贵的意见和建议。2008年,该课程被评为国家级精品课程。基于上述意见和建议的汇总与思考,由主编拟定了编写大纲并经多次讨论后,组织中国海洋大学相关师资力量,集思广益、通力协作,并分工撰写,遂成这本集体编著的新教材。教材注重环境科学与海洋科学的交叉和有机融合,在重点关注海洋科学基础、海洋环境问题的同时,也涉及了海洋开发、利用和保护方面的内容,如海洋环境经济、海洋环境保护法以及海洋环境监测、评价、规划与管理等,并单立章节加以论述。故这是一部既着重理论又注意应用的基础性教材。

一部著作问世,往往是应社会的需求和时代的召唤,经过长期科学研究积累的产物;一部教材的出版,还要经历教学辩证和师生互动过程的经验积累;一部基础教材的问世,更需一个由"薄"读"厚",再由"厚"读"薄"的思辨凝练、深入浅出的艺术表达过程。我很高兴接受主编李凤岐和高会旺二位教授所托,为我国第一部《环境海洋学》教科书作序。

冯士筰

2012年5月

第一版前言

海洋是地球生命系统的重要组成部分,也是人类实现可持续发展的宝贵财富。在经济发展的道路上,许多国家都经历过或正在经历"趋海化"过程。如今,世界上 3/4 的大城市、70% 的人口和 70% 的工业资本聚集在距海岸 100 km 左右的沿海地区,这主要是因为沿海地区具有较好的经济基础、便利的交通条件与优美的环境,以及"造陆"获取的廉价土地资源。在经济发展的过程中,大量陆源污染物质入海,导致了近海区域的环境污染与生态破坏;为扩大陆域面积而围海造地,造成了对海岸湿地与自然岸线的破坏;海上油气开发对海洋生态系统会造成影响并具有生态破坏的高风险;过度捕捞会伴有渔业资源的衰退和生物多样性的降低;有害污染物对极具多样性的海洋生物有毒性作用,并可通过食物链向更高营养级传递,最终影响人类健康。可见,海洋有其自身的属性和丰富的生态系统特征,它既不是用之不竭的资源宝库,也不是能够容纳一切废物的廉价"垃圾场",要实现人类和海洋的双赢,更需要的是人类在深刻理解其演化规律基础上的悉心呵护。

鉴于社会和经济发展的需求,人类开发海洋的脚步不会停止。2010 年春季,墨西哥湾溢油事件为海洋开发活动敲响了警钟,但遗憾的是这并没能阻止溢油污染事件的再次发生。时隔仅仅 1 年,渤海蓬莱 19-3 油田溢油事故使大面积海域遭受污染。这些溢油事故为全球海洋环境保护再次敲响了警钟,告诫人类在向海洋进军的同时,必须关爱海洋环境。

在科学层面上,环境科学与海洋科学的渗透与交叉形成并推动了环境海洋学的发展,深化了人们对海洋环境演化规律及其对人类活动与气候变化响应的认识。本书就是顺应环境科学与海洋科学的交叉发展趋势而编写的我国第一部适用于本科教学的环境海洋学教材。

全书的编撰分工如下:第一章,李凤岐、高会旺;第二章,贾永刚、李相然(烟台大学);第三章,李凤岐、马彩华、游奎;第四章,刘哲、李凤岐、张学庆;第五章,高会旺、高增祥;第六章,石金辉、邹立;第七章,李正炎、刘长;第八章,祁建华、史洁;第九章,张学庆、孙英兰;第十章,王菈、王琪;第十一章,马英杰;第十二章,刘艳玲。

本书初稿完成后,由李凤岐、高会旺统一修改、完善并定稿。史洁负责全书的文字编修和校对工作。

衷心感谢中国海洋大学有关领导和同仁对本书编写工作的鼎力支持。感谢中国科学院院士、中国海洋大学冯士筰教授对环境海洋学教学工作及教材编写的悉心指导,并为本书写序,这是对我们最大的鼓励。感谢中国科学院海洋研究所邹景忠先生对全书进行了审阅并提出了中肯的修改意见,使本书得以提高和完善。高等教育出版社陈海柳女士的热心支持和帮助,使本书得以付梓,谨此致以衷心的感谢!

鉴于这是我国第一部环境海洋学教科书，其体系、内容和教学效果还有待在今后的教学过程中不断实践、探索和改进。由于执笔者水平所限，书中难免存在不少疏漏，敬请各方不吝赐教，及时斧正。

编　者
2012 年 3 月于青岛

目　录

第一章 绪 论

环境海洋学是环境科学和海洋科学相互交叉、渗透、融合而形成的分支学科,即研究海洋环境演化规律及其与人类社会发展的相互作用关系,寻求人与海洋协调发展的科学。环境海洋学主要包括海洋环境地质学、海洋环境动力学、海洋环境化学、海洋环境生态学、海洋环境管理学等学科分支。

第一节 环 境 科 学

一、环境与环境问题

环境科学是在现代社会、经济和科学发展过程中逐渐形成的一门综合性科学,在学科分类中与环境工程相并列,二者通常被合称为"环境科学与工程"。作为一门独立的学科出现,迄今只不过几十年的历史,但随着各类环境问题的不断出现,环境科学学科呈现出了强劲的发展活力。

（一）环境

环境是相对于一定中心事物而言的,是与中心事物相关的周围事物的集合。中心事物是环境主体,而周围事物是环境客体,后者既可以是物质的,也可以是非物质的。

《中华人民共和国环境保护法》规定:"本法所称环境,是指影响人类生存和发展的各种天然和经过人工改造的自然因素的总体,包括大气、水、海洋、土地、矿藏、森林、草原、野生生物、自然遗迹、人文遗迹、自然保护区、风景名胜区、城市和乡村等。"在实际工作中,人们往往依科研、管理等需求,对"环境"给出对象、时间和空间的具体限定。

1. 环境的类别

环境科学所研究的环境,是以人类为主体的外部世界,即人类赖以生存和发展的各种因素的综合体。这是范围极其广泛的环境客体,通常分为两部分,即自然环境和社会环境。

自然环境是指直接或间接影响人类的一切自然形成的物质、能量与现象的总体,是人类生存和发展所必需的自然条件和自然资源的总称。如地球空间环境、阳光、空气、水、土壤、岩石、矿物、生物等,以及由这些环境要素构成的地球系统的各圈层,即大气圈、水圈、冰雪圈、土壤圈、岩石圈和生物圈等。随着人类活动的影响和科学探测范围越来越大,下至岩石圈深层,上达外太空,都应属于自然环境的范畴。

社会环境是指人类通过社会、经济、文化等活动而形成的社会制度等上层建筑体系,如社会的经济基础、城乡结构、道路交通,以及同各种社会制度相适应的政治、经济、法律、宗教、艺术、哲学观念、制度、服务与管理等。这些社会要素也可归并为另一圈层——智能圈,也称智慧圈或人类圈(noosphere)。

在自然基础上经过人类带有目的性的、创造性的劳动所造就的人工事物,与纯自然环境在形成、发展、变化及结构、功能等方面存在本质的差别,称为"人工环境"。人工环境带有人类智力劳动和创造的鲜明特征,如火车、游轮、潜艇、航空母舰、飞机、空间站等,各自具有独特的结构和功能。拓展而言,乡村和城市也是人工环境,随着人类认识和利用客观规律能力的提升,人工环境会更加丰富多彩。

2. 环境的特性

环境的基本特性之一是多样性,主要表现为自然环境多样性、社会环境多样性、人类需求与创造多样性、人类与环境相互作用多样性等。揭示环境多样性的内在规律,是全面系统认识人类-环境相互关系的基础,因而是环境科学研究的重要内容。

环境的特性也体现在环境系统效能的整体性,即由多个环境要素所构成的环境系统,其效能具有极强的整体性。这种整体性的表现之一是"整体大于部分之和",缘于其各组成要素之间的耦合与反馈而产生了质的飞跃,从而具有更复杂、更丰富的整体性效应和综合功能。整体性的表现之二是"个体影响整体",也称为"最差限制律"或"最小因子定律"。即环境系统的整体质量不能用各环境要素质量的简单平均来表征,因为总会存在一个或多个环境要素与其最优状态差距最大(即"最差"),从而降低了该系统整体效能的发挥而呈现出"短板效应"。因此,在评价环境质量或治理环境污染时,应该格外关注"最差"的环境要素。

环境的另一个特性是稀缺性,这早在封建社会人们争夺土地和牧场,尤其是帝国主义疯狂争夺殖民地和市场的历史时期就充分表现出来了。现如今,甚至连以往人们认为不必付费、取之不尽用之不竭的阳光、空气和水,也成了稀缺的环境要素——高楼林立遮挡了阳光,污染导致新鲜空气和清洁水稀缺。从政治经济学的观点看,在组成生产力的三大基本要素中,劳动资料和劳动对象的主要部分都取之于环境要素,甚至其本身就是环境要素,因而现今已趋公认环境是生产力的重要组成要素。仅就此论,环境有价也就毋庸置疑了,而在环境与资源经济学及环境伦理学等研究中,则把环境价值提到了更高的层次。

环境还具有公共物品(the commons)性质。例如,阳光和空气更接近于纯粹的公共物品,因为人们对其消费不存在竞争性,也无排他性;更多的环境要素属于准公共物品,即在一定范围内可供很多人同时使用,但具有一定的竞争性,会受到环境容量的限制。人们常常误认为环境不具备有价性,而且异化为自由准入(open access),滋生了"搭便车"和环境风险的时空转移等弊端,导致了环境资源使用的外部性(externalities),即环境问题产生的经济学原因之一。

(二)环境问题

地球环境的多样性,为生物的生存和繁衍,为人类的出现和进化,以及文明的发展提供了优越的条件。然而,不利于人类生存与发展的环境结构和状态变化也时有发生,这就是人们通称的"环境问题"。环境问题的产生,有自然方面的原因,也有人为的因素,例如,联合国曾列出威胁人类生存的全球十大环境问题,即全球气候变暖、臭氧层的耗损与破坏、生物多样性减少、酸雨蔓延、森林锐减、土地荒漠化、大气污染、水污染、海洋污染、危险性废物越境转移,它们均与人类活动有密切关系。2022年6月的联合国海洋大会指出,海洋面临的主要挑战包括海岸侵蚀、海平面上升、海水变暖、酸性增强、海洋污染、鱼类资源的过度捕捞和海洋生物多样性减少。

概括起来,环境问题重点表现为以下几个方面。

1. 环境污染

由于人类活动或自然因素将某些物质或能量(因子)引入环境,以致破坏了环境系统的正常结构和功能,降低了环境质量,对人类或环境系统本身产生不利甚至有害的影响,称为环境污染。产生环境污染的途径很多,如工业、农业、交通、居民生活等,受污染的环境介质可以是大气、水体、土壤、海洋、生物等。

由于人类活动引起的环境污染或环境破坏,从而对公众的健康、安全、生命财产和生活舒适性等造成的危害称为公害。发生于 20 世纪 30 年代至 60 年代的八大公害事件,曾造成了短期内人群(或伴有家畜、家禽)大量发病和死亡。20 世纪 70 年代以后出现了新八大公害,即意大利塞维索化学污染事故、美国三哩岛核电站泄漏、苏联切尔诺贝利核电站泄漏、瑞士巴赛尔山德士(Sandoz)化学公司莱茵河污染、印度博帕尔农药泄漏、墨西哥液化气爆炸、全球大气污染和非洲大灾荒。

海洋污染种类繁多,且有多发的趋势。大量的氮磷等污染物入海使全球范围内近海富营养化严重。近年来逐渐凸显的重金属污染、有机污染物污染、抗生素与抗性基因污染、垃圾及塑料污染等,均与陆源排放有关。海洋污染事故不断,频繁发生的溢油和化学品泄漏,这均与海上油气开发活动和海上交通运输有关。

2. 生态破坏

人类对环境施加的一些不合乎自然规律和环境规律的活动,扰乱甚至破坏了维持原有环境物质、能量、运动及生态平衡的基础,即使是局部区域和短期内的活动,如毁林垦荒、劈山采石、围湖造田、填海造地、酷渔滥捕、过度养殖、超量抽取地下水等,对生态环境的影响也可能具有全局性和长期性,会造成生境破坏和生物多样性减少,以及对海洋环境的严重损害等。

人类活动引起的生态破坏已经衍生出不良的环境效应。例如,破坏植被和高强度农业开发,导致水土流失、草场退化、土地荒漠化,不当的灌溉造成土地盐渍化,围垦加速了湿地退化等。陆地与海洋生境的破坏使相关生物濒危和灭绝的速度比自然状态下大为加快。生态环境破坏后的恢复是比较困难的,而物种灭绝之后的影响更是不可估量。2005 年联合国发布的《千年生态系统评估报告》指出,过去的 40 年中约 90% 的大型海洋食肉动物已经消失,25% 的哺乳类动物、12% 的鸟类和 1/3 以上的两栖类动物面临灭绝的厄运。

3. 资源消耗

人类通过创造性劳动把自然资源转变为对自身生存和发展有益的物质和能量,但这一过程使自然资源大量消耗,并正在导致不少自然资源的严重衰退甚至枯竭。可利用的土地资源紧缺,森林资源剧减,淡水资源严重不足,不可再生能源和矿产资源即将耗竭的阴影日趋浓重,对人类的可持续发展造成了严重威胁。

海洋资源指形成和存在于海水或海洋中的有关资源。作为人类赖以生存的重要资源,海洋资源也面临着过度消耗、无法恢复和枯竭的危险。海洋资源包括海洋空间资源、化学资源、生物资源、油气资源、矿产资源等。目前自然岸线和海岸带已明显开发过度,许多国家在海洋管理中明确规定了自然岸线的保留比例,也严格限制围填海活动和海岸带的高强度开发。自 19 世纪以来,世界上陆续有海域出现渔业资源萎缩的问题,而据近年来的研究报告预测,如果过度捕捞和海洋污染得不到缓解,那么在 2050 年之前,海产品的种类和数量都将锐减。为了恢复渔业资源,我国建立了特定鱼种重点保护制度和休渔期制度,包括禁渔区和禁渔期等具体措施。

4. 自然灾害

自然灾害又称为原生环境问题或第一环境问题,是由自然环境自身变化引起的。当环境变化超出了人类抗御和控制能力时,便会对人类生存和发展造成一定的危害。例如,天文灾害、地质灾害、气象灾害、水文灾害、海洋灾害、森林火灾、生物灾害等,俗称"天灾"者多属此类。

自然灾害主要是受自然力操控,但人类的某些活动也会引发或加剧类似的灾害,如大型水库或核试验引发地震、水库漫溢或堤坝损毁造成的洪涝灾害,甚至沙尘暴频发、旱涝无常等,也不排除有"人祸"的因素。2004年12月印度洋地震引发海啸,死亡近23万人,这场严重的灾害就与人类活动,诸如损毁红树林和珊瑚礁等天然屏障,以及在沿海修建度假村等。2005年8月和9月飓风"卡特里娜"与"丽塔"连袭美国新奥尔良,合计死亡1 332人,经济损失达1 410亿美元,也与城市建设(如排干湿地,在海边建观光设施、商业区、居住区,挤占了缓冲带等)有关。2011年3月11日的日本海啸是"天灾",死亡及失踪近2.8万人,由此引发的福岛核电站爆炸而导致的海洋污染致灾的"人祸"后果更为严重。

5. 全球变暖

全球变化包括3个方面:全球变暖、气候异常和环境变化,其中全球变暖的趋势最为引人注目。2009年10月17日在印度洋岛国马尔代夫召开全球首次水下内阁会议呼吁各国应对气候变暖,防止海平面上升淹没岛国。同年12月4日,尼泊尔在珠穆朗玛峰地区5 242 m一处营地举行内阁会议,通过"2009年珠峰宣言",呼吁全球关注气候变化对喜马拉雅山脉冰川和积雪的影响。

截至2021年,联合国政府间气候变化专门委员会(IPCC)已发布6次气候变化科学评估报告。第6次报告显示:人类影响已毫无疑问造成了大气、海洋和陆地变暖;气候系统整体变化的规模是几个世纪甚至几千年来前所未有的;人类引起的气候变化已经对全球极端天气和气候产生了明显影响,与第5次报告相比,这方面的证据更加充分;到21世纪中期,在所有排放情景下全球地表温度将持续上升,除非大幅度减少CO_2和其他温室气体的排放,否则21世纪全球升温将超过1.5℃和2.0℃;持续的全球变暖将进一步加剧对全球水循环的影响,包括其变率、全球季风降水及旱涝事件的强度;全球变暖造成的影响在未来几个世纪甚至几千年可能是不可逆转的,特别是在海洋、冰原和全球海平面发生的变化。世界知名气象学家真锅淑郎、克劳斯·哈塞尔曼等获得了2021年度诺贝尔物理学奖,他们的主要贡献是"对地球气候的物理建模、量化可变性和可靠地预测全球变暖"。足见全球变暖对人类发展已产生的重要影响。

全球变暖的环境效应是广泛的:极热天气频发可导致心脏、肺病患者死亡人数激增;对全球水循环的影响则加剧了旱、涝、洪灾;森林因病虫害和火灾增多而锐减;许多生物不适应气候变化而濒危;海平面上升将使大片沿海地区被淹没,对临海生态系统和经济发展造成重大威胁。

二、环境科学的发展与环境观的演进

环境问题的加剧和恶化,迫使人类重新审视自己与环境的关系。研究并揭示人类与环境相互作用的机理,调控人类与环境之间的物质、能量交换,促进人与自然和谐共生,是环境科学所面临的任务。

（一）环境科学的形成与发展

地球系统这一独特而优越的环境，为生命的产生、人类的出现和文明的发展提供了条件。仅就此而论，可以说人类是地球环境演变、发展到一定阶段的产物。盖娅（Gaia）假说认为生命活动创造了今天的地球。回顾历史，不难发现人类与地球环境之间的关系历经周折，并不断地调整，环境科学随之孕育而形成，现今已发展成一个综合的知识体系。

1. 环境科学的孕育

人类最初只能完全被动地依附于环境。由采集到游牧，人类为适应环境而迁徙。从种植、定居和农业革命，人类开始了对环境的改造并创造了农业文明，但也损害或破坏了环境，导致某些沃野变贫瘠。生产的发展和失败的教训，使人类逐渐积累了保护自然、防治污染的技术和知识。

工业革命推动了科学技术的发展，人类对环境的索取与改造规模越来越大，伴随而来的是"三废"污染愈演愈烈。早在1661年，英国人伊夫林就撰写了《驱逐烟气》一书献给英王查理二世。然而后来污染继续升级，直至酿成"伦敦烟雾"环境公害而震惊世界。严酷的事实提醒人们重新审视与环境的关系，1948年莫斯科大学开设了环境保护课，培养环境保护专业人才。污染和公害促进许多科学家在各自所属学科的基础上，运用相关的理论和方法研究环境问题，从而出现和形成了一些新的分支学科，如环境化学、环境物理学、环境生物学、环境地学、环境医学、环境工程学、环境经济学、环境法学、环境管理学等。它们的出现和发展，孕育了一门新兴的综合性学科——环境科学。

2. 环境科学的形成

苏联作家索洛乌欣于1957年发表《弗拉基米尔州的乡间小路》，表达了对现代发展中生态环境问题的忧虑。美国海洋生物学家卡逊（R. Carson）于1962年出版了《寂静的春天》，发出了环境保护先行者的呼声。环境公害的加剧，促进了工业国家"环境运动"的兴起，继而得到了全球性的关注。关于水污染、大气污染、海洋污染的国际组织相继成立，推动了环境科学的形成。1972年沃德和杜博斯主编的《只有一个地球——对一个小小行星的关怀和维护》出版，被认为是环境科学的一部绪论性的著作。此后，陆续出版了一些与环境科学相关的专著与期刊，从而使环境科学的框架益趋清晰，环境科学得以形成并进入了迅速发展的新阶段。

3. 环境科学的发展

《寂静的春天》引发了人类对自身观念和行为的早期反思，环境科学的进一步发展，则启示人们更加关注全球环境和社会发展的关系。

1972年联合国人类环境会议，第一次把环境问题列入了全球各国政府和国际政治事务的议程。大会通过的《人类环境宣言》，呼吁全球各国政府和人民保护与改善人类的环境，使各国政府和公众的环境意识提高了一大步。1987年，在《我们共同的未来》中，明确提出了"可持续发展"的理念，使人类关于环境与发展的思想实现了一次重要的飞跃。1992年，联合国环境与发展大会通过了《里约环境与发展宣言》和《21世纪议程》，提出了实现可持续发展的27条基本原则和在全球范围内实现可持续发展的行动计划，提供了一个全球性举措的战略框架。2002年的约翰内斯堡可持续发展世界首脑会议，通过了《执行计划》和《政治宣言》，是对可持续发展再次推动和提升。2015年的联合国可持续发展峰会，通过了17

个可持续发展目标,旨在从 2015 年到 2030 年间以综合方式解决社会、经济和环境三个维度的发展问题。

如果说从早期的反思到环境运动的兴起,还只是人类出于自我拯救的权宜之计的话,那么可持续发展的思想和理论,则表明人类对环境的终极关怀,从而使环境科学进入了新的发展阶段。人类在经历了农业革命和工业革命之后,需要进行一场持续的环境革命。伴随着这场革命,环境科学必将更加蓬勃发展。

(二) 人类环境观的演进

环境观是人类对其赖以生存的地球环境及对人与环境关系的基本认识。随着环境问题的不断出现,人类的环境观从"人定胜天"逐渐发展为"人与自然和谐共生"。人类环境观的演进大致分为如下几个有突出特征的阶段。

1. 古代至农业社会

人类在生产力低下时,对自然灾害恐惧有加而膜拜。进入农业社会后,人类开始了对环境的初步改造,但当遭遇灾害时,仍无奈地归因于天意、神灵、上帝。这一漫长历史时期的主流环境观是环境为我所敬畏。

2. 工业革命时期

工业革命促进了科学技术的发展,改造环境的"胜利"令人陶醉。人的本质的异化愈演愈烈,炫耀性消费(conspicuous consumption)激起了对资源的恶性开发。人们贪婪地攫取自然资源,甚至狂妄地意欲"操纵"自然。工业发达国家的国内生产总值高速增长使人们忘乎所以,形成了资源尽为我所占用、环境为我所役使的环境观。

3. "环境运动"时期

片面追求工业的增长导致"三废"泛滥、公害频发、资源破坏,促使人们开始反思自己的环境观和行为。"环境运动"的兴起更迫使政府不得不出面干预,开始推行污染治理措施。但因治标不治本,在治理已有污染的同时,新的污染又不断出现,导致治污费用一涨再涨,成了国家财政的巨大负担。有的国家竟然把污染转嫁或输出到其他国家,进而造成更大范围的污染扩散。保护环境与发展经济的矛盾如何解决,一时令人们陷入了迷惘,环境运动也由此兴起。

4. "环境革命"时期

"可持续发展"的提出,实现了人类环境观的重大飞跃,把人们从单纯的保护环境与片面地追求发展的矛盾中解放出来。这是人类在深刻反思之后的真正觉醒,对环境的终极关怀应该是人与环境的和谐,既包括人与自然环境的和谐,也包括人与人工环境的和谐,还包括人工环境与自然环境的和谐。

人类环境观的这一跃升,将使人类的文化观、道德观、伦理观、价值观、消费观、科学技术观和经济发展观等都有相应的变革和提升。人们已理性地认识到:必须在宣传教育中宣扬人与环境的和谐,摒弃工业社会中主导的个体主义、役使主义;倡导尊重生命、爱护自然生态系统的伦理观和道德观,并把它纳入政治、法律、道德体系中;在重视人的价值的同时,必须更加珍视自然系统的价值,批判单纯追求"经济利益最大化"的价值观;反对炫耀性消费,崇尚俭朴的生活和有节制的物质消费;矫正被扭曲了的科学技术观——把"征服自然"的能力和水平作为衡量优劣的尺度;澄清国内生产总值的真正内涵,剔除其中的环境污染损失值,强调绿色增长,着眼于借鉴生态系统理论构建循环经济体系。

三、环境科学的体系与分支

环境科学业已形成一个庞大的知识体系,不仅借鉴自然科学各分支的理论与方法,形成了与之相应的环境科学的分支学科,而且扩展到人文社会科学,如经济学、管理学、法学、历史学等方面,并向更加综合的方向发展。

环境科学以环境学为核心学科,包括环境自然科学、环境社会科学、环境技术科学、环境经济科学、环境人文科学、环境管理科学等分支。环境自然科学可按自然科学的学科体系再分为环境地学、环境化学、环境物理学、环境生物学、环境毒理学、环境海洋学、环境数学等;也可按环境要素分为水环境学、大气环境学、土壤环境学等。环境社会科学包括环境伦理学、环境法学等。环境经济与管理包括环境资源学、生态经济学、可持续发展经济学及环境管理学等。环境技术科学包括工业生态学、环境监测学、环境工程学等。

四、中国环境科学的发展

(一)古代朴素的环境保护意识和措施

中华民族在缔造古代文明的同时,也对环境知识的积累和环境科学的孕育作出了贡献。7 000多年前的先民们,在烧陶柴窑中已用烟囱排烟,可以算是最早的"废气排放工程"。4 300多年前的龙山文化遗址中,有陶质排水管道,以榫口套接相连,可见当时的"废水排放工程"已有"规模"。

在西周时期已有保护自然环境的法令——《伐崇令》,明令保护水源、动物和森林。荀子在《荀子·王制》中阐述了保护自然的思想。正式成文的《秦律·田律》则是中国古代关于保护自然环境的法律之一。清朝在1737年立《永禁虎丘染坊碑》,该碑内容实际上是一部河流水质保护法,比英国《水质污染控制法》和美国《河川港湾法》分别早96年和162年。

(二)旧中国的环境损害与污染

黄河流域是中华文明的发源地之一,在人口繁衍、农业发展的进程中,人们大规模垦荒,破坏了植被,造成了水土流失。后来的改朝换代,既有水淹火攻,也有大兴土木,遗患自不待言。

更严重的是近代,列强入侵,贪婪地掠取资源,开矿毁林,严重地破坏了自然环境;扩散转移污染,导致中国民众健康日下,却反诬为"东亚病夫"。

(三)新中国的环境保护与环境科学

1. 20世纪50年代的起步与失误

新中国成立后,极大地解放了生产力,农业恢复,工业发展,经济繁荣。但受历史条件和认识的局限,一度认为"征服自然,人定胜天",毁林毁草以垦荒,围湖围海而造田,破坏了植被和湿地,尤其是"土法上马"大办工厂,更造成了环境污染。

2. 20世纪60年代的警示与醒悟

国内污染和"三废"的加剧,特别是国外环境公害的频发和环境保护运动的兴起,警示并引起了政府和人民的重视,我国及早地确立了环境保护的指导思想:避免走西方工业国家先污染后治理的老路。

3. 20世纪70年代的启动与规划

中国开始预防与治理污染的研究大体与国际同步。在联合国《人类环境宣言》发布的

1972 年,中国即提出了"全面规划、合理布局、综合利用、化害为利、依靠群众、大家动手、保护环境、造福人民"的方针。1973 年,联合国环境规划署成立,中国也召开了全国第一次环境保护会议,提出了 1974—1975 年的环境保护科学研究任务,此后又制定了环境保护科学技术长远发展规划,并将其纳入全国科学技术发展规划。同年,国务院颁布《关于保护和改善环境的若干规定(试行草案)》,提出新建、改建、扩建项目的防治污染措施必须同主体工程同时设计、同时施工、同时投产的要求,形成了中国的第一项环境管理制度——"三同时"制度。1974 年 5 月,国务院成立了环境保护领导小组。1978 年的《中华人民共和国宪法》中规定:"国家保护环境和自然资源,防治污染和其他公害。"1978 年 5 月,中国科学技术协会正式批准成立中国环境科学学会,标志着中国环境科学研究进入了新的阶段。1979 年 9 月,《中华人民共和国环境保护法(试行)》颁布,中国环境保护走上了法治化轨道。个别高校创建了环境科学相关专业,开始培养环境保护的专门人才。

4. 20 世纪 80 年代的推动与发展

1981 年,相继提出和实施环境影响评价制度和超标准排污收费制度,这两项制度后来与"三同时"制度一并习称为"老三项"制度。1982 年,在国务院城乡建设环境保护部设立了环境保护局。1983 年,在第二次全国环境保护会议上明确提出保护环境是一项"基本国策"。1984 年,国务院成立了环境保护委员会。1988 年,设立了直属国务院的国家环保局,环境保护越来越受到重视和加强。1989 年,第三次全国环境保护会议又出台了环境保护目标责任制、城市综合整治定量考核、排放污染物许可证、污染集中控制、限期治理五项环境管理制度,习称"新五项"制度。

这一阶段,环境科学研究在各个领域获得了长足的发展。在基础理论、环境质量、污染治理及环境管理、环境经济与法学等领域的研究均取得了丰硕的成果。有些高校开始设立与环境保护相关的研究机构,更多高校建立了相关的系和专业,培养了一批环境保护的专门人才。我国的海洋环境保护研究也是在这一时期开始的。

5. 20 世纪 90 年代的拼搏与跃升

1992 年联合国环境与发展大会之后,中国在世界上率先提出了《环境与发展十大对策》,明确提出转变传统发展模式,走可持续发展道路。此后又制订了全球第一部国家级的 21 世纪议程——《中国 21 世纪议程》及《中国环境保护行动计划》等纲领性文件。1996 年,召开第四次全国环境保护会议,国务院作出了《关于加强环境保护若干问题的决定》,明确规定"要实施污染物排放控制"。这样一来,连同"老三项"和"新五项",即构成了九项环境管理制度。同年在第八届全国人民代表大会第四次会议上,把可持续发展确立为"国家基本发展战略"。中国的环境科学事业迎来了历史性的新时期。1998 年,国家进行了新一轮的学科调整,将环境相关的学科统一整合到"环境科学与工程"一级学科下,对推动环境学科的发展起到了积极作用。

6. 21 世纪 00 年代的深化与延续

2000 年,国务院相继通过了《全国生态环境保护纲要》和《可持续发展科技纲要》,2003 年,国务院印发了《中国 21 世纪初可持续发展行动纲要》;同年,强调树立和落实全面发展协调和可持续发展的科学发展观。2008 年,国家环境保护总局升格为环境保护部,表明中国保护环境力度的再提升。

环境监测网络不断完善,监测技术和设备不断更新,能够更准确地获取环境质量数据,为环境管理和决策提供了有力支持,并首次利用"天地一体化"手段开展大规模生态环境状况综合调查与评估。《中华人民共和国环境保护法》的再次修订和完善。环保产业逐渐兴起并迅速发展,环保企业的数量不断增加,产业规模不断扩大。

2000年以后高等环境教育的快速发展是这一时期中国环境科学发展的特色之一,众多高校纷纷成立环境相关学院,更加重视环境科学与化学、地球科学、生态学、水利科学等学科的交叉与融合。在环境科学的基础理论、学科体系以及环境管理、环境规划、环境评价、环境法、环境伦理等方面都有论著面世。

7. 21世纪10年代后的提升与强化

中国政府大力推进美丽中国建设,实施最严格的生态环境保护制度,"山水林田湖草沙冰"一体化保护和系统治理的理念已经深入人心,为中国环境科学的发展带来了更大的机遇。2018年,环境保护部更名为生态环境部,将分散在农业、海洋、水利等各部分的职责归拢到一起,更加强调了对生态的保护。2020年,国家出台《美丽中国建设评估指标体系及实施方案》,明确了美丽中国建设评估指标体系包括:空气清新、水体洁净、土壤安全、生态良好、人居整洁5类指标。2022年,生态环境部等七部门联合印发《减污降碳协同增效实施方案》,构成了碳达峰碳中和"1+N"政策体系的重要组成部分。提出统筹产业结构调整、污染治理、生态保护、应对气候变化,协同推进降碳、减污、扩绿、增长,以高水平保护推动高质量发展,建设人与自然和谐共生的中国式现代化。这些目标和举措,大大推进了中国环境科学的发展,在环境科学理论研究、技术发展、体系建设、国际合作等方面都取得了前所未有的成绩,国际影响力显著提升,一些环境技术也开始向国外输出。

毋庸讳言,中国面临的环境问题还是相当严峻的,环境压力比世界上任何国家都大,环境资源问题比任何国家都突出,解决起来比任何国家都困难。我国的环保产业体系尚不完善、环境专业趋同发展问题突出等,这些是挑战也是机遇,需要我们在生态环境治理和管理上落实最严格措施,开展更深入系统的环境科学研究,推动环境科学更快速发展。

第二节 海洋科学

一、海洋科学的研究内容与分支学科

(一)海洋科学的定义与研究内容

海洋科学是"研究海洋的自然现象、变化规律及其与大气圈、岩石圈、生物圈的相互作用,以及海洋的开发、利用、保护等有关的知识体系"。可见,海洋科学不是一个单一学科,而是一个科学领域,其研究内容既有基础理论的研究,如海水的物理、化学、生物、地质特征等,也包括海洋资源开发、利用以及有关海洋工程、航运交通和海洋军事活动等所需要的应用技术研究。这些研究与物理学、力学、化学、生物学、地质学、水文科学、大气科学等有着密切的关系,而海洋环境保护与治理,需要环境科学与海洋科学的交叉与融合。

(二)海洋科学体系与分支

海洋基础理论研究的分支学科包括物理海洋学、化学海洋学、生物海洋学、海洋地质学、海气相互作用及区域海洋学等。海洋应用技术研究的分支学科有卫星海洋学、渔业海洋学、军事海洋学、航海海洋学,以及海洋声学、光学与电磁学探测技术,海洋生物技术、海洋环境预报及工程海洋学等。海洋管理与开发研究的分支学科则有海洋管理学、海洋监测与环境评价、海洋资源学、海洋经济学、海洋法学等。

二、海洋科学的发展与海洋观的演进

（一）海洋科学发展的历史

海洋科学的发展历史一般划分为三大阶段。

18世纪以前,是海洋知识的积累与早期的观测、研究时期。前期的积累历时长而进展慢。资本主义兴起之后,开启了西方通称的"地理大发现时代",这一时期的海洋探险活动,使人类对海洋的了解有了巨大的飞跃。

19世纪至20世纪中叶,是海洋科学的奠基与形成时期。这一时期的特点是从海洋探险逐渐转向对海洋的综合性考察,其中英国"挑战者"号1872—1876年的环球考察,被认为是现代海洋学研究的真正开始。这次考察取得了丰硕成果,因此多国竞相仿效开展海洋考察,并且促成了第一个国际海洋科学组织——国际海洋考察理事会(ICES)的建立(1902年)。这些海洋考察不仅收集了更多的海洋资料,还陆续观测到许多新的海洋现象,进一步推动了海洋科学的研究,专门的海洋研究机构相继建立。随着研究的深入,学者们提出了一些新的理论,也推出了一些专门著作,例如,美国海洋学家Sverdrup等1942年合著的《海洋》(*The Oceans*),对此前海洋科学的研究和发展给出了系统而深入的总结,被誉为海洋科学形成的标志。

第二次世界大战促进了军事海洋学的发展,战后海洋科学发展更快,进入了现代海洋科学发展的新时期。民间和政府间的海洋科学组织蓬勃发展,国际合作日趋密切,更大规模的海洋调查研究陆续展开,数值模拟研究手段在海洋领域得到成功的应用,重大的发现和重要的研究成果接连面世。

20世纪末期,经济与科技发展迅猛,然而人口激增、耕地锐减、陆地资源趋于匮乏、环境状况愈趋恶化,人们将何去何从,众目所瞩在海洋。一些国家相继制订了21世纪的海洋发展战略。1998年"国际海洋年"的活动把人们的海洋观念推上了一个新的台阶。2001年5月联合国缔约国大会报告即明确提出:21世纪是海洋世纪。2008年第63届联合国大会决定,从2009年起每年的6月8日为"世界海洋日"。海洋观测技术和数值模拟能力的飞速发展,人工智能技术和大数据分析方法在海洋领域的应用,推动了海洋科学研究水平的大幅度提高。当前的海洋科学研究呈现出多尺度特征,与环境保护、气候变化和资源开发的联系更加密切。

（二）海洋观的演进

早期,人类面对汪洋大海和无法抗拒的海洋灾害,既无知又充满了恐惧,先人把海洋视为"神""妖"而顶礼膜拜。当时主流的海洋观是"敬畏有余力避之"。

进入农业社会时期,人类对海洋的认识和利用海洋的能力逐渐提高。"渔盐之利""舟楫之便""煮海为盐"就是人们认识海洋、利用海洋,进而初步改造海洋的收获。这一时期占主流的海洋观是"初用获益思趋之"。

资本主义的兴起,"新航路"和"新大陆"的发现,拓宽了人们的海洋空间感。殖民主义者把海洋作为他们角逐世界霸主地位的舞台,葡萄牙和西班牙争得了第一代海洋霸主,向西殖民遍及拉丁美洲,向东到东南亚诸国和中国的澳门。荷兰在17世纪成了"海上霸主",并侵占中国台湾。18 世纪以后,英国成为海洋霸主,扩张为"日不落帝国",中国香港也被强"租"。第二次世界大战之后,美国伺机取代。在腥风血雨的殖民主义时代,帝国主义推崇美国马汉的"海权论",为当霸主争斗不止。

第二次世界大战后的冷战时期,作为美国对手的苏联继承了沙皇海洋扩张的构想,美、苏两国把海洋变成了他们全方位争霸的模拟战场。他们热衷的是全面争霸、极欲独霸的海洋观。

1982 年,第三次联合国海洋法会议通过了《联合国海洋法公约》,对内水、领海、毗连区、大陆架、专属经济区、公海等重要概念作了界定,对全球领海主权争端、海上天然资源管理、污染处理等具有重要的指导和裁决作用。1992 年,联合国环境与发展大会通过的《21 世纪议程》,强调了"对海洋环境及其资源进行保护和可持续发展"。海洋权益的平等分享和海洋的可持续发展,已经成为新时代的海洋观。2017 年第 72 届联合国大会通过决议,2021 年至 2030 年为"海洋科学促进可持续发展十年",将通过激发和推动海洋科学领域的变革,在全球和国家层面构建更加强大的基于科技创新的治理体系来实现海洋的可持续发展。

三、中国海洋科学的发展

在人类早期关于海洋知识的积累、描述和研究方面,中国作出了巨大贡献。2 400 多年以前,中国先民已能在所有邻海中航行。2 000 多年前发明了指南针,使以后船舶离岸远航有了保障。公元 1 世纪王充已指出潮汐与月相的关系;8 世纪的《海涛志》论述了潮汐的日、月、年变化周期,给出了潮汐推算图解表,迄今仍被认为是世界上最早的潮汐学专著;11 世纪的《海潮论》更进一步分析潮汐的月变化及钱塘江涌潮形成的地理因素。在海洋生物资源利用方面,宋代业已开始养殖珍珠贝,1596 年即有区域性海洋动物志面世。

郑和"七下西洋",比哥伦布和达·伽马的远航早了将近 100 年,《郑和航海图》中不仅绘有中外岛屿 846 个,而且还分出 11 种地貌类型。中国东部和东南沿海的海塘工程雄伟蜿蜒,可与长城、大运河相比拟,表明当时已有相当高的海洋科学和工程技术水平。

然而,封建王朝曾长时间封海闭关,影响了中国与外界的交流,也严重阻碍了我国海洋事业和科学研究的发展。第二次世界大战期间日本侵华,我国刚启动的初步海洋考察也被迫停止。直到 1946 年,才在山东大学、厦门大学和台湾大学分别成立海洋研究所,在厦门大学设置了海洋系。

新中国成立之后,海洋科学事业获得了快速的发展。中国科学院和国家海洋局等都设立了综合性的海洋研究所,许多高校开始建设海洋研究所和海洋研究开发中心,专业性的涉海科研院所门类渐趋齐全。中国在许多海洋学科的研究工作中都取得了长足的进展,不仅缩短了与发达国家的差距,而且不少方面已跻身于国际先进之列。

特别是近年来,多所海洋大学相继成立,海洋国家实验室、海洋国家重点实验室、省部级海洋实验室的筹建和建设,新建多艘世界先进的科学考察船,研发有自主知识产权的系列深潜器等,这些又进一步提升了中国的海洋科学与技术水平,不仅缩小了与发达国家的差距,也在越来越多的领域"并跑"或"领跑"国际前沿。

第三节   环境海洋学

一、环境海洋学的研究内容

（一）环境海洋学的形成与发展

海洋蕴藏着丰饶的资源,人类在获取和利用这些资源的同时,也对海洋环境和资源造成了污染和损害。例如,海洋中原本没有的有机物 DDT 和多氯联苯,目前在深海甚至极地海冰中已屡见不鲜;海洋中的重金属、放射性物质和微塑料等逐年递增,海上石油污染频繁发生;各种废、污水排放入海,使海洋生物受到不同程度的毒害乃至死亡,人类食用这类海洋生物则中毒甚至殒命。

上述问题已超出了传统海洋学的研究范围。源于对此类问题的关注,从 20 世纪 50 年代的零星、分散研究开始,逐步汇集、发展而形成了一门新兴的学科——环境海洋学。1983 年,《环境海洋学——沿海水体行为导论》(*Environmental Oceanography*：*An Introduction to the Behaviour of Coastal Waters*)面世,主要介绍了影响近海环境的水文动力学特征。2009 年,《环境海洋学——主题与分析》(*Environmental Oceanography*：*Topics and Analysis*)教材出版,从学科交叉的视角剖析了一些海洋环境问题。

在环境海洋学的形成过程中,"从山顶到海洋"的陆海统筹的海洋环境保护思想也发挥了积极作用。学者们逐渐认识到,陆源污染物入海是其最终归宿,可能会对海洋环境产生重要影响。同时,自净能力、环境容量、总量控制等陆域环境管理的基本概念及其在海洋领域的应用,也丰富了环境海洋学的内容。

（二）环境海洋学的定义与研究内容

近年来环境海洋学的研究范围和内容显著拓展,业已形成新的知识体系。尤其是可持续发展理论和新的海洋观的融入,使环境海洋学又获得了新的提升,已经成为"研究海洋环境演化规律及其与人类社会发展的相互作用关系,寻求人与海洋协调发展的科学"。

随着人类活动影响范围的扩大,环境海洋学的研究区域也从近海扩展到了大洋、极地和深海。其研究内容主要包括如下几方面:海洋环境系统及环境要素的性质、分布特点和变化规律;海域污染物的种类、数量、输入的方式与特点;污染物入海后的扩散、沉积或输运的过程与机理;污染物被海洋生物吸收的方式及其毒理效应;污染对海洋环境质量和人类的影响;海洋开发及海洋工程所导致的海洋环境损害;海洋污染、损害的治理与生态修复;海洋环境规划与管理;海洋环境经济学与可持续发展;海洋环境法学等。

二、海洋环境及相关问题的特殊性

（一）海洋环境及其功能

1. 海洋环境

海洋环境是指影响人类生存和发展的各种海洋因素的总体,其中包括天然的海洋因素,也包括经过人工改造的海洋因素。两者有时很难分开,即使原本为天然的海洋因素,如海洋水体及其中的生物资源和非生物资源,作为海洋上界面的大气、侧边界的海岸及底边界的海底,也已被重重地打上了人工"改造"的印记。

《海洋科技名词》定义海洋环境为："地球上海和洋的总水域,按照海洋环境的区域性可分为河口、海湾、近海、外海和大洋等,按照海洋环境要素可分为海水、沉积物、海洋生物和海面上空大气等。"《中华人民共和国海洋环境保护法》(2024)则规定:"本法适用于中华人民共和国管辖海域""在中华人民共和国管辖海域以外,造成中华人民共和国管辖海域环境污染、生态破坏的,适用本法相关规定"。

2. 海洋环境功能

联合国《21世纪议程》指出:海洋是全球生命支持系统的一个基本组成部分,也是有助于实现可持续发展的宝贵财富。这是基于可持续发展理念对于海洋功能的最概括的表述。

海洋环境的功能是多方面的:从资源方面关注的是可提供多样而丰富的物质资源和能源;着眼于污染,更重视其纳污自净的处理功能;就第二、三产业而言,可提供港口、交通、旅游及娱乐等舒适功能。此外,还有固化于海岸带、沉积物、化石,以及蕴涵于海洋生态系统之中的海洋历史和文化底蕴等。因此,海洋环境的功能可以归并为4大方面:物质和能量的"源"功能,纳污和自净的"汇"功能,生产和生活的"器"功能,信息和文化的"蕴"功能。

(二)海洋环境的特点

1. 海洋的连通性

地球上的海洋是互相连通的,通称为世界大洋,这意味着它具有整体性与统一性。然而,各大洋及其附属海特别是某些较孤立的海盆或海湾,由于受陆地、岛链或海槛的阻隔,也具有各不相同的区域特征。

2. 海水物理化学性质的特异性

海水中因溶解或悬浮多种物质,导致其性质复杂。这些复杂性不仅影响了海水自身的理化性质,进而导致海水运动的特殊性,也使海洋中的生物与陆地生物明显不同。

3. 海洋生态系统的多样性

陆地生物几乎集中栖息于地表上下数十米的范围内,海洋生物则可生活于从海面到海底直至沉积层中,范围超过10 km。海洋生物学是海洋科学比其最相近的大气科学多出的一个分支学科。海洋中有100多万种海洋动物、海洋植物及海洋细菌、真菌、病毒等,它们交织成层叠嵌套的海洋食物网,与海洋的非生命系统相互作用,共同形成了世界上最庞大最复杂的生态系统——海洋生态系统。

4. 海水运动的复杂性

海洋最显著的特点是它无时无刻不在运动着。物质通量和生物通量等既有时间变化,也有空间差异。能量的流动与转换从未停息,特别是海浪、潮汐、海流和海水混合更是无处不在。在外力与内因的作用下,各种类型、多种尺度运动的相互影响与耦合,使这一物理系统更加复杂,而由它们所控制的海洋环境效应也更具有特殊性。

5. 海洋环境功能多级重叠性

海洋上空为航空、遥感、监测提供了广阔的空间。海洋的水面是海运交通的渠道,还是滑水、冲浪、观赏、游憩的好去处。海洋水体可养殖、捕捞,是优质蛋白的重要来源。海洋水体本身可提取多种元素和物质,也可淡化后供水,还可纳污、降解或清除污染物。海水运动的能量及水温差、盐度差所蕴含的能量是可再生的洁净能源。海底可底播养殖,开采矿物,铺设管道、电缆、光缆或建造人工设施。海岸则可筑港或供游览、疗养、度假,也可辟为工、农、商、居和交通用地。对海洋的开发利用必须坚持可持续发展的原则。

6. 海洋资源的时空多变性

海洋资源有的相对稳定少变,如海底沉积和矿藏、底栖生物、海岸滩涂等,有的具有时空多变性,如海浪、潮汐、海流和海上风场等。海洋浮游生物,会随海水运动而移动,特别是洄游性鱼类的时空变化跨度更大。虽然海岸类型多样,但可供利用的海岸资源也具有稀缺性和时空变异性。

(三)海洋环境问题

全球环境问题在海洋环境中也有集中体现,而且人为干扰的影响越来越明显。

1. 海洋自然灾害

海洋自然灾害可大致分为:海洋水文灾害(风暴潮、巨浪、激流、海冰等),海洋地质灾害(海啸、海岸侵蚀、海水入侵、海底滑坡等),海洋生物灾害(赤潮、外来物种入侵、传播性病原生物等),海洋气象灾害(海雾、风暴,特别是台风和飓风等)等。上述"天灾"也因人类的不当活动而加剧或频发,例如,损毁珊瑚礁和砍伐红树林,导致风暴潮长驱直入致灾倍增;海洋污染和富营养化引起赤潮频发;近年来,青岛海域浒苔灾害的形成也是人为与自然因素共同作用的结果。

2. 海洋环境损害

人类的涉海活动对海洋环境的损害日趋严重,例如,填海造地,破坏滩涂,滥采海砂或砾石,毁坏红树林和珊瑚礁海岸,以及不合理实施的海岸、滨海或近海工程等。这些人类活动对海洋环境和景观等造成的影响很大,酿成了海岸侵蚀、港池航道淤积、珍稀生物栖息和产卵场破坏、海洋景观受损甚至环境质量剧降的后果。

3. 海洋环境污染

人类直接或间接地把物质和能量引入海洋环境,产生损害海洋生物资源、危害人体健康、妨碍渔业和海上其他合法活动、损害海水使用功能和减损环境质量等有害影响,称为海洋环境污染。人们过分高估了海洋的自净能力,把海洋作为地球的纳污池,排入各种污水、废液和固体废物,使得近岸污染已相当严重。海洋环境污染也酿成公害,如水俣病就是20世纪发生的世界八大环境公害之一。石油开采和运输造成的溢油、泄漏事件不时出现,对大片海域污染遗患严重。2011年,日本发生强烈地震,并引发海啸,致使福岛核电站发生爆炸和大规模核泄漏,形成了面积巨大的海洋污染。近年来,海洋微塑料污染备受关注,不仅影响范围大,还具有持久性和生物毒害性。

4. 海洋生态破坏

海洋自然灾害因人类的不当活动而加剧,对海洋生物造成更大的威胁。海洋生态破坏让海洋生物承受着更大的环境压力。过度捕捞使斯特拉大海牛等十几种海洋哺乳动物和鸟类灭绝,而濒危物种更多。过度养殖导致海水富营养化和赤潮频发,对海洋生态造成了更广泛的威胁。外来物种入侵及外来病原生物会造成海洋生物群落的异常变化,后果难以预料。2004年的研究报告就显示,全世界20%的珊瑚礁已遭破坏且没有恢复的迹象,24%面临被人类破坏的危险,26%未来将遭遇同样的危险。

5. 全球海洋变化

在全球气候变化中,海洋至关重要。海洋对全球大气系统热力平衡、对大气运动的调谐,以及对全球水循环和大气中 CO_2 含量的影响,都是研究气候变化必须考虑的重点。由于人类活动产生的大气 CO_2 有 1/4 ~1/3 被海洋吸收,致使海水的 pH 降低,造成海洋酸化,导致一些敏感生物,如珊瑚、海星等面临灭亡危险。海洋缺氧/低氧也是备受关注的全球性海洋环境问题之一。

全球变暖已使北冰洋海冰和北极地区冰川大面积融化,《北极气候评估报告》(*Arctic Report Card*)显示,北极变暖的速度是全球的 2 倍,将对自然生态系统和人类造成巨大影响。全球海面已比 1870 年高出 20 cm,而 1993 年以来每年的平均涨幅更是高达 3 mm。IPCC 第六次评估报告利用最新监测和数值模拟结果,指出 2006—2018 年的全球海平面上升速率处于加速状态(3.7 mm/a),并会在未来持续上升,且呈现不可逆的趋势。海平面上升对沿海和岛屿国家造成严重威胁:全球有 3 351 座城市海拔不足 10 m,图瓦卢已多方寻求"迁国",43 个小岛国家集体呼吁防止海平面继续上升。

(四)海洋环境问题的特殊性

1. 海洋系统的开放性决定了海洋环境污染的多源性

海洋是全球污染物最大的蓄积地,即地球上污染物最大的"汇"。陆地上的污水可以通过排污沟渠、管道进入河流、湖泊,并最终输入海洋。陆地上废气可以排入大气,因此海洋又是大气干、湿沉降的最大受纳者,即使陆地上就地渗入地下水中的污染物,也有很大一部分几经辗转最终又进入海洋。海底油气探采和火山、地震活动是海底污染源,海面上的船舶排污特别是油轮泄漏污染更甚。

2. 海水运动的复杂性导致了海洋环境污染的难控性

海水运动的形式多种多样,波浪、潮汐、海流及海水的混合作用,都可以使入海污染物扩散和输运。然而,这些运动本身的规律很复杂,它们又相互叠加、耦合,更增加了预测的难度,致使入海污染物难以控制。

3. 世界大洋的连通性带来了海洋污染扩散的无界性

陆地农业活动曾使用的 DDT 等杀虫剂,首先影响的是沿岸水域,但是在南极的冰块和深达 3 000 m 的深海中也发现了这类污染物。1990 年 5 月韩国"汉莎"号货轮遇风暴掉入海中的耐克跑鞋,1991 年漂到了美国西海岸及加拿大的温哥华。1992 年春中国赴美集装箱船遇风暴滑落的塑料玩具鸭,1995 年经白令海峡漂入北冰洋,2000 年抵冰岛,2001 年到"泰坦尼克号"沉没的北大西洋海域,之后分别漂向美国和欧洲,历时 12 ~15 年之久。可见,入海污染物的扩散较少受海域所限,既可以远涉重洋,也能够下潜深海。

4. 海洋环境污染的累积性衍生了污染治理的低效性

由于海水温度较低,某些塑料在海中光降解需要 400 年。在北太平洋风小流弱的区域,已有 700 万 t 垃圾蔓延 140 万 km^2,而且还在汇集增长。大西洋、印度洋也有类似的垃圾聚集区存在。入海污染物沉积于海底、海滩,则会长期为害。如 2002 年 11 月失事的"威望"号油轮,7.7 万 t 燃料油陆续泄漏殃及西班牙 3 000 km 海岸,对当地的渔业、旅游业和环境的影响持续多年。清除海洋中的污染物,耗资巨大而收效甚微。由于海洋位于地球表面的最低之处,因重力作用而成了各种污染物的汇集场所,且污染物一旦进入海洋之后就很难再转移出去;特别是污染物沉入海床底土后,更难清理根除。因此,海洋环境污染的长尾效应(the long tail)是相当典型的。

5. 生态系统的多样性增加了污染致害的严重性

海洋生态系统是地球上最庞大的生态系统,其组成、功能与结构异常复杂,故污染致害不仅损及各个子系统,且因各子系统之间的相互影响与反馈,会通过复杂的食物网而导致污染范围不断扩大。特别是污染物的生物积累、生物浓缩和生物放大效应,可使致害强度大得惊人。例如,褐藻对铅的浓缩可达 7 万倍,某些浮游生物富集的重金属元素和放射性核素比环境水体高出数千至数十万倍,若通过食物链再逐级放大,最后被人类食用,其后果可想而知。

6. 海洋功能的重叠多变性增添了管理的复杂性

海洋环境系统承载多层级重叠的产出和服务功能,需要多行政部门负责和参与,导致了"群龙治海"。当海洋环境功能与资源变动,以及产生海洋环境问题时,各部门管理责任交错,很难及时处理,造成管理低效。海洋环境功能与资源的时空多变,也引发了跨部门、跨辖域或跨时段的利益分配矛盾,从而进一步增加了海洋环境管理的复杂性。2018 年,生态环境部成立时,整合纳入了原国家海洋局的海洋环境保护职责,设立了海洋生态环境司,旨在解决海洋环境管理方面的职责交叉问题。

(五)全球海洋环境保护的基本原则和目标

在《联合国海洋法公约》的第 12 部分,特别规定了"海洋环境的保护和保全",明确了相关内容。联合国海洋污染科学问题联合专家组(GESAMP)提出全球海洋保护的基本原则为:

(1)可持续发展——社会与经济的发展不能影响人类后代对海洋的利用。

(2)以预防为主——采取各种措施防止人类活动给人类健康、海洋生物资源、海洋娱乐及海洋其他利用带来的危害。

(3)统筹兼顾——减缓污染危机所采取的措施,不得将灾害直接或间接地转移到其他环境介质中。

(4)国际合作——国家间的合作是保证实现海洋环保全球目标的基础。

2021 年,《联合国海洋科学促进可持续发展十年(2021—2030)实施计划》清晰地描绘了未来海洋的样貌,即全球海洋环境保护的目标:一个清洁的海洋,一个健康且有复原力的海洋,一个物产丰盈的海洋,一个可预测的海洋,一个安全的海洋,一个可获取的海洋,一个富于启迪并具有吸引力的海洋。

三、中国环境海洋学的发展

对于早期海洋环境知识的积累,中国的先民做出了巨大的贡献。关于环境海洋领域的研究和技术开发,中国至今也已积累了丰硕的成果。

(一)海洋环境调查

从 20 世纪 50 年代起,中国开始了海洋环境调查。特别是第一次全国海洋普查和之后维持多年的海洋断面调查,为海洋环境资料的积累打下了基础。各种专题性调查目的更趋明确,为海洋环境研究准备了丰富的基础资料。

(二)海洋污染调查

从 20 世纪 70 年代开始,中国开展了目标明确的海洋污染调查,至 80 年代已覆盖渤海、黄海、东海和南海北部海域。2004 年正式实施的"我国近海海洋综合调查与评价专项(908 专项)",对中国海洋污染状况更是开展了系统的调查和综合性评价。

(三)海洋环境立法

1982 年,第五届全国人民代表大会常务委员会通过了《中华人民共和国海洋环境保护法》,加大了海洋环境保护的力度,此保护法又在 1999 年、2013 年、2016 年、2017 年、2023 年进行了多次修订和修正。与海洋环境保护相配套的法律、法规、规章和标准等日趋健全。

(四)海洋环境研究

在 20 世纪 70 年代,我国已开始了海洋污染的初步研究。1979 年,中国环境科学学会成立时,就设置了海洋环境科学专业委员会。多年来,"海洋污染预测及防治对策研究"、《全国科技兴海规划纲要(2008—2015 年)》、"我国近海海洋综合调查与评价专项(908 专项)"等国家级重点项目和专项研究对我国环境海洋学的发展具有积极的推动作用。近年来,我国已全面开展海水富营养化、生态灾害、岸线变化、海洋酸化、海洋缺氧、微塑料等方面的研究,研究区域也从海湾、近海扩展到陆架海、开阔大洋及极地海域。

(五)成绩显著,任重道远

1. 成绩显著

环境海洋学领域的科学研究,在中国进展迅速,成果累累,相关研究屡获国家级及部委、省级奖励。在海洋风暴潮研究方面的成就,曾获国家自然科学奖。关于陆架环流拉格朗日余流及物质长期输运的研究成果,已跻身于国际同类研究的先进之列。在海洋环境数值预报、海水物理自净能力及近海水质预测研究、滩海地区石油勘探开发对环境及生态资源的影响及其对策研究等方面,获得多项国家科技进步奖。在海洋生态系统动力学、海洋污染机理研究、海洋水团分析、海洋环境评价和污水排海处置等各方面也取得了不菲的成绩。2004年出版的《海洋环境科学》,系统介绍了我国海洋环境研究的主要内容及主要进展。2007 年出版的《渤海环境动力学导论》,围绕海洋环境中物理-化学-生物过程耦合,从海洋生物地球化学和生态系统动力学的角度系统讨论了渤海环境与生态系统的基本特征,是对渤海环境动力学相关成果的总结。

由全球环境基金(GEF)、联合国开发计划署(UNDP)和国际海事组织(IMO)共同发起实施的"防止东亚海域污染计划",将中国厦门、菲律宾的八打雁及马六甲海峡列为实施海岸带综合管理的三个示范点。1997 年厦门市建立了海岸带综合管理(ICM)体系,在 2006年的东亚海大会上获得高度肯定,与英国泰晤士河、美国波士顿港一道被列为成功模式推广。1997 年,我国又与 UNDP 合作,在广西防城、广东阳江、海南文昌进行 ICM 实验。在东亚海域环境管理伙伴关系(PEMSEA)中,渤海被列为示范区。多年来,UNDP 和 GEF 支持开展了"黄海大海洋生态系"的系列研究。

2. 任重道远

中国的海洋环境资源有较大的优势,如海岸线总长度名列世界第 4 位,大陆架海域和200 海里(1 海里 ≈ 1 852 m)水域面积及海港分布密度均居世界前 10 位,丰富的矿藏、水产、能源、航运、旅游等资源为今后海洋的可持续发展准备了条件。近期列入国家级发展战略的诸多涉海项目,都为环境海洋学科的更快发展带来了难得的机遇,也提出了新的要求。

然而,随着我国海洋经济的进一步发展,海洋环境保护仍面临巨大挑战。

(1)近岸海域污染依然严重。虽然海水环境质量总体有所改善,但氮、磷等陆源污染物入海量居高不下,富营养化仍是近海最突出的环境问题,污染水域的面积在各海区均占一定比例,长江、珠江、黄河、海河、辽河等河口区的污染较严重。部分海域沉积物中铜、铬、锌等重金属尚未达到一类海洋沉积物质量标准。海洋垃圾和微塑料污染成为新的关注点。

(2)海洋赤潮、绿潮等生态灾害难以控制。"十三五"期间,我国近海赤潮发生次数和累积面积呈下降趋势,然而,赤潮灾害仍然是我国近海典型的生态灾害。自 2007 年在黄海海域出现的绿潮,连年大范围出现,引起绿潮暴发的主要藻类为浒苔。绿潮影响海域面积呈现明显的年际变化,2020 年暴发面积为历史最小值,2021 年明显反弹,达到历史最大值。海星、水母等生物暴发现象也时有发生,目前尚未引起明显的生态灾害。

（3）海洋环境破坏屡禁不止。海南破坏珊瑚礁,广东、广西毁损红树林,辽宁滥采海砂砾石,山东损坏贝壳堤坝,全国海滨滩涂湿地丧失近 50%。填海造地,筑堰修塘,破坏了一些珍稀海洋生物的栖息繁育环境。粗略统计,2002 年以来沿海造地年均增加 300 km^2,曹妃甸填海造地 240 km^2,天津、上海、广东等规模也不小,大大改变了原海域的自然属性。不过,国家加大了围填海的管理和整治力度,一些海域的生境已得到了部分恢复。近年来,人为活动与全球变暖的耦合作用,海洋酸化、海洋低氧等在某些海域（如河口区、养殖区等）已造成了明显的环境损害。

（4）近海渔业资源急剧衰退。1920—1935 年,日本渔轮狂捕渤海、黄海的真鲷,破坏了资源,至今未能恢复。黄海、东海的大黄鱼资源量,20 世纪 50 年代中期至 80 年代初期下降了 90%,小黄鱼下降了 85%,舟山渔场冬季带鱼汛旧景已失。渤海的中国对虾年捕获量,20 世纪 80 年代曾达 4 万 t,1993 年后已无法形成虾汛,1997 年仅捕捞 800 t,1998 年仅为 1983 年的 11.9%。多年来实施的休禁渔制度,已取得了良好的生态效益,部分渔业资源开始恢复。

（5）海洋环境权益内忧外患。依《联合国海洋法公约》,有 300 多万 km^2 的海域属中国管辖,另有 7.5 万 km^2 的"国际海底区域"为中国专属矿产开发区。我国公民对海洋权益的意识仍然淡漠,而与他国的权益争端不断发生。例如,在东海大陆架北部,日本和韩国炮制了所谓的"日韩共同开发区";在东海东南部,日本公然侵占钓鱼岛,且欲染指中国大面积的专属经济区;在南海,周边各国对中国的许多岛礁提出了领土要求,特别是南沙群岛中已有50 个岛礁被侵占,1 000 余座石油钻井平台在勘探开采;美国军舰肆意闯入我国管辖海域,军用飞机多次侵犯我国领海上空。

综上所述可见,海洋环境保护、海洋资源开发、海洋权益维护、海洋经济发展等,都对环境海洋学学科的发展提出了更高的要求。机遇和挑战并存,任重而道远。

思考题

1. 环境科学发展的各阶段分别有何特点?
2. 简述全球代表性环境问题的成因与危害。
3. 人类环境观经历了哪些变化?
4. 对比分析国内、国外环境科学发展历程。
5. 讨论海洋观的演化及其历史启示。
6. 环境海洋学的主要研究内容有哪些?
7. 与其他环境介质相比,海洋环境有哪些主要特性?
8. 简析海洋环境问题的分类及其主要特点。
9. 海洋环境问题与陆地环境问题有何不同?
10. 海洋环境保护的未来挑战有哪些?

参考文献

[1] 全国科学技术名词审定委员会. 海洋科技名词[M]. 2版. 北京:科学出版社,2007:1-261.

[2] 中国大百科全书:大气科学·海洋科学·水文科学[M]. 北京:中国大百科全书出版社,1987:1-923.

[3] 钱易,唐孝炎. 环境保护与可持续发展[M]. 2版. 北京:高等教育出版社,2010:1-399.

[4] 左玉辉. 环境学[M]. 2版. 北京:高等教育出版社,2009:1-580.

[5] 何强,井文涌,王翊亭. 环境学导论[M]. 3版. 北京:清华大学出版社,2004:1-368.

[6] 叶文虎,张勇. 环境管理学[M]. 3版. 北京:高等教育出版社,2013:1-432.

[7] 杨志峰,刘静玲. 环境科学概论[M]. 2版. 北京:高等教育出版社,2010.

[8] 曲格平. 从斯德哥尔摩到约翰内斯堡的发展道路[N]. 中国环境报,2002-11-15(3).

[9] 冯士筰,李凤岐,李少菁. 海洋科学导论[M]. 北京:高等教育出版社,1999:1-503.

[10] Beer T. Environmental Oceanography: An introduction to the behaviour of coastal waters[M]. Sydney: Pergamon Press, 1983:1-262.

[11] 邹景忠. 海洋环境科学[M]. 济南:山东教育出版社,2004.

[12] 冯士筰,张经,魏皓,等. 渤海环境动力学导论[M]. 北京:科学出版社,2007.

[13] 刘洪滨,刘康. 海洋保护区——概念与应用[M]. 北京:海洋出版社,2007:1-393.

[14] 宋金明,李学刚,袁华茂,等. 海洋生物地球化学[M]. 北京:科学出版社,2020.

[15] 宋雪珑,万剑锋,崔岩. 海洋环境基础[M]. 北京:中国轻工业出版社,2020.

环境海洋学的主要内容

本章重难点视频讲解

第二章 海洋环境地质

海洋中蕴藏着丰富的自然资源,在开发、利用海洋资源的同时,不可避免地会对海洋地质环境产生影响。本章重点介绍海洋的地球环境、海底地形地貌、海底沉积物特征、海洋地质灾害等,并探讨海底矿产资源及其开发的环境效应,为深入认识海洋地质环境及资源特征提供参考。

第一节 地球与海洋

一、地球环境

地球环境由一系列既独立又相互联系的圈层组成,包括水圈、大气圈、生物圈、岩石圈等。

水圈是由不断运动的水体组成的,水从海洋蒸发到大气中,形成降雨降落到陆地,再通过径流返回海洋,构成了地球上水的大循环。全球海洋覆盖了地球表面总面积近71%,占地球总水量的97%,是水圈的主体。此外,水圈也包括分布在河溪、湖泊、冰川以及地下的水体。尽管后者仅占一小部分,但它们很重要,除了为地球上的生命提供至关重要的淡水之外,河流、冰川和地下水还在雕饰和塑造地球上各种各样的地貌。

地球被大气圈——支持生命的气体所包围。与地球的直径相比,大气层的厚度很薄,却非常重要。它不仅提供生命体呼吸所需的氧气,还能遮挡太阳过度的热和紫外线辐射。大气中的温室气体具有为地球保暖的作用,但也造成了持续的全球变暖。大气和地表之间持续进行的能量和水汽交换,产生了复杂多变的天气现象。

生物圈包括地球上的所有生命,主要是集中在地表,但也分布于万米深渊的大洋底层和大气层的数千米高处。生物圈通过复杂的影响与反馈机制有力地影响着其他三个圈层。如果没有生命,岩石圈、水圈和大气圈的组成和属性都会与现今有很大不同。

位于大气层和海洋之下的就是固体地球,其最外层是平均厚度约100 km的有弹性的坚硬岩石层,称为岩石圈。我们目前对固体地球的研究,大多集中在可以接触到的表面特征。这些特征是内部物质动态变化的外部表现,通过调查这些表面特征,我们就可以获得一些塑造地球动态变化的规律。

二、地球上的海洋

从太空中遥看地球,它是一个绝大部分被海洋所覆盖的星球(图2-1),不愧为"蓝色行星"。地球的表面积约为 5.1×10^8 km²,其中约 3.6×10^8 km² 被海洋所占据。大陆和岛屿所占面积略超29%,即 1.5×10^8 km²。海平面以上的陆地平均高程是875 m,而海洋的平均深度是3 800 m。假如地球的固态物质完全"平滑"为绝对的球形,则海洋的水体可以将其覆盖,水深可达 2 646 m。

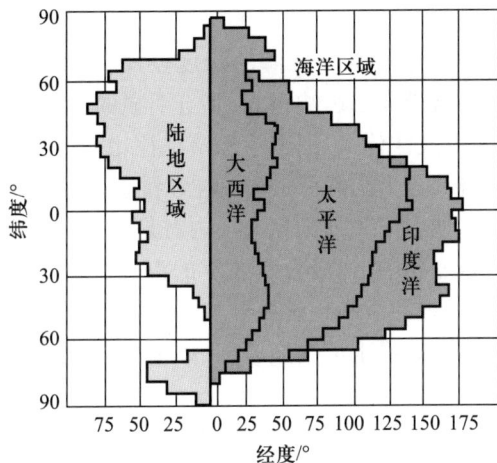

图 2-1 海洋在地球表面的分布

(引自 Tarbuck E J 等,2000)

陆地和海洋在南北两个半球的分布很不均匀。北半球 61% 的表面被海洋所覆盖,39% 是陆地,而南半球 81% 的表面被海洋所覆盖,陆地仅占 19%。以经度 0°、北纬 38° 为中心的半球,是陆地最集中的半球(陆地所占面积达 81%),称为陆半球;以经度 180°、南纬 47° 为中心的半球,集中了全球海洋面积的 63%,称为水半球。由图 2-1 可见,在 45° N 和 70° N 之间,陆地面积大于海洋面积;而在 40° S 与 65° S 之间,几乎没有陆地。

(一)洋

洋,或称大洋,是海洋的主体部分,一般远离大陆,面积广阔,约占海洋总面积的 90.3%;深度大,一般深于 2 000 m;海洋要素如盐度、温度等几乎不受大陆影响,全球大洋的盐度平均为 35(实用盐度),且年变化小;具有强大的洋流系统和潮波系统。世界大洋目前被划分为太平洋、大西洋、印度洋、北冰洋和南大洋。在早期分类时,南大洋被分别划归太平洋、大西洋、印度洋的南部,因此世界大洋由四大洋组成。另外,北冰洋曾被称作"北极海",归入大西洋。

太平洋是面积最大的洋,它的面积几乎与大西洋与印度洋的总和相当(图 2-1)。太平洋也是平均深度最深的洋,平均水深为 4 028 m,几乎占世界海洋水体体积的 1/2。

与太平洋相比,大西洋由于被几乎平行的大陆岸线所限制,是一个相对较窄的洋。但大西洋是南北跨度最大的洋,并且连接了南北两极地区。大西洋的边缘有浅海和较宽广的大陆架,其平均深度为 3 627 m。

印度洋的面积比太平洋、大西洋都小,其主体位于南半球,平均水深为 3 741 m,最接近全球海洋的平均水深。

北冰洋大致以北极为中心,被亚洲、欧洲和北美洲环抱,是面积最小、深度最浅、最寒冷的大洋。

南大洋,也称南极海、南冰洋,是地球上唯一完全环绕南极洲的洋;联合国教育、科学及文化组织(UNESCO)下属的政府间海洋学委员会(IOC)于 1970 年将其确定为一个独立的大洋,成为五大洋中的次小的洋。

（二）海

海,在洋的边缘,是海洋的附属部分。海的深度较浅,平均深度一般在 2 000 m 以浅。其温度和盐度等海洋水文要素受大陆影响很大,多有明显的季节变化,水色低,透明度小,没有独立的洋流系统,潮波多由大洋传入,但潮汐涨落往往比大洋显著。

按照海所处的位置可将其分为陆间海、(陆)内海和边缘海。陆间海是指位于大陆之间的海,面积和深度都较大,如地中海和加勒比海。内海是伸入大陆内部的海,面积较小,其水文特征受到了周围大陆的强烈影响,如渤海和波罗的海等。陆间海和内海一般只有狭窄的水道与大洋相通,其水体的物理性质和化学成分与大洋有明显差别。边缘海位于大陆边缘,以半岛、岛屿或群岛与大洋分隔,但水流交换通畅,如东海、日本海等。

（三）海湾

海湾是洋或海伸入大陆且深度逐渐变浅的水域,与洋或海的分界线一般取入口处海角的连线或入口处的等深线。海湾与毗邻的海、洋沟通自由,两者的海洋环境状况(如温度、盐度、物质成分等)相似,但海湾处的潮差明显增大。

第二节 海底地形地貌

一、海岸带

海岸带不仅因其地貌特征,更重要的由于是它的地理位置和特殊的自然资源,成为人类经济活动频繁的地区。海岸线是陆地和海洋的分界线,全球海岸线总长 4.4×10^5 km。海岸带是海陆相互作用的地带,其地貌特征是在波浪、潮汐、海流等作用下形成的。海岸带一般包括海岸、海滩和水下岸坡三部分(图 2-2)。海岸是高潮线以上狭窄的陆上地带,大部分时间裸露于海面之上,仅在特大高潮或暴风浪时才被淹没,又称潮上带。海滩是高低潮之间的地带,高潮时被水淹没,低潮时露出水面,又称潮间带。水下岸坡是低潮线以下直到波浪作用所能到达的海底部分,又称潮下带,水深通常 10～20 m。海岸发育过程受多种因素影

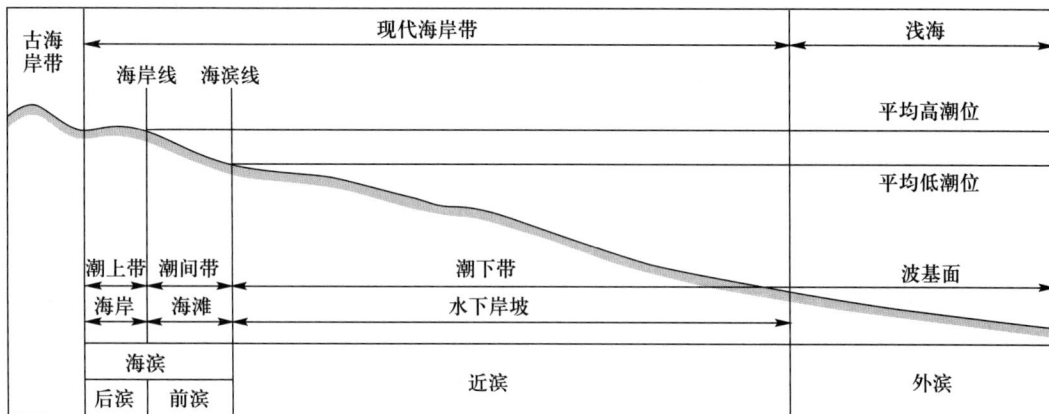

图 2-2　海岸带及其组成部分

（引自冯士筰等,2000）

响,交叉作用十分复杂,故海岸形态多样,至今国内外没有统一的海岸分类标准。《全国海岸带和海涂资源综合调查简明规程》将中国海岸分为河口岸、基岩岸、砂砾质岸、淤泥质岸、珊瑚礁岸和红树林岸6种基本类型。

二、海底地形地貌类型及其特征

海底地形主要是在地球的各种地质作用下塑造成的,地壳的升降、褶皱、断裂、地震和火山活动等对海底地形都有影响,海水运动也有相应的作用。因此,海底崎岖程度不亚于陆地,其起伏变化相当复杂。

按照海底地形的基本特征,大致可以分成大陆边缘、大洋盆地和大洋中脊三个部分,其面积及比例见表2-1。

表2-1　大陆边缘、大洋盆地和大洋中脊面积及比例

地形单元		面积/10^6 km²	占海洋面积比例/%	占地球表面积比例/%
大陆边缘	大陆架	27.5	7.5	5.4
	大陆坡	27.9	7.8	5.5
	大陆隆(基)	19.2	5.3	3.8
	岛弧、海沟	6.1	1.7	1.2
大洋盆地	深海盆地	151.5	41.8	29.7
	火山、海峰	5.7	1.6	1.1
	海底高原	5.4	1.5	1.1
大洋中脊		118.6	32.7	23.2

注:引自陈建民等,2003。

(一)大陆边缘

大陆边缘是大陆与大洋之间的过渡带,按构造活动性可分为稳定型和活动型两大类。

1. 稳定型大陆边缘

稳定型大陆边缘没有活火山,也极少有地震活动,表明在近代其构造是稳定的,以大西洋两侧的美洲、欧洲和非洲大陆边缘比较典型,故也称大西洋型大陆边缘;此外,这种大陆边缘也广泛出现在印度洋和北冰洋周围。稳定型大陆边缘由大陆架、大陆坡和大陆隆(也称大陆基)三部分组成(图2-3)。

(1)大陆架。大陆架是围绕大陆的浅海区域,指从海岸线到水深200 m以浅的区域,平均深度133 m,平均宽度约为75 km,平均坡度为0.1°。大陆架是海岸平原在水下的自然延伸,具体宽度则因地区而异。在海岸山脉外围,大陆架很窄,如美洲太平洋沿岸只有30~40 km,甚至有些地方完全缺失。在平原沿岸外围,大陆架却十分辽阔,如北冰洋亚洲沿岸宽度可达1 300 km。

大陆架区域的许多海洋现象都有显著的季节性变化,潮汐、波浪和海流的影响也比较强烈。大陆架水域渔业资源丰富,海底往往蕴藏着石油、天然气等。

(2)大陆坡。大陆架外缘陡峭倾斜的地区叫作大陆坡。以坡度陡为特点,平均坡度4.3°。其宽度一般为15~90 km,平均宽度28 km。大陆坡的水深,一般为200~2 500 m。

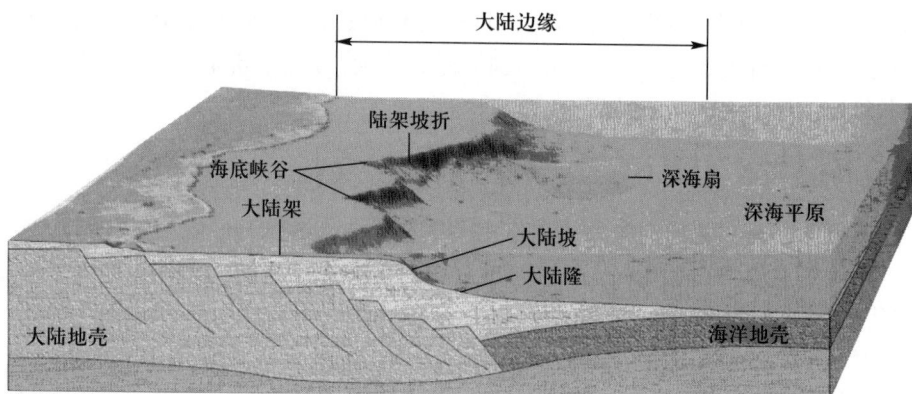

图 2-3   稳定型大陆边缘

（引自 Tarbuck E J 等,2000）

大陆坡一般多呈长条状围绕着大陆架分布,但有些海域缺失大陆架而直接为大陆坡。大陆坡上最特殊的地形是陡峭的"V"字形谷,叫海底峡谷,长度可达数十至数百千米。峡谷一般横切大陆坡,有的甚至切穿大陆架与现代河口相连。大多数海底峡谷是由地层结构的变动而产生的。北美西岸、印度、非洲、南美沿岸等地区,都有海底峡谷及水下冲积地貌存在。

（3）大陆隆。大陆坡以外到大洋盆地之间常有相对平坦的地区,称为大陆隆,是由浊流和滑塌作用而在大陆坡坡麓所形成的扇形堆积物。这些堆积物向大洋方向倾斜并逐渐变薄,其坡度很小,为 1/1 000~1/700,一般分布在水深 2 000~5 000 m 的地方,平均水深可达 3 700 m。

典型的大陆隆面积广阔,沉积物均一,倾斜度小且表面光滑,并有由沉积物组成的楔形体。这种典型的大陆隆多发育在大河三角洲附近,如恒河、亚马孙河、刚果河及密西西比河的三角洲。

2. 活动型大陆边缘

活动型大陆边缘与现代板块的汇聚型边界相一致,是全球最强烈的构造活动带,集中分布在太平洋东西两侧,故又称太平洋型大陆边缘(图 2-4)。活动型大陆边缘的最大特征是具有强烈而频繁的地震(释放的能量占全世界地震释放总能量的 80%)和火山(活火山占全世界活火山总数的 80% 以上)活动,有环太平洋地震带和太平洋火山带之称。

活动型大陆边缘可分为岛弧亚型和安第斯亚型两类,两者都以深邃的海沟与大洋底分界。海沟是由板块的俯冲作用而形成的深水(大于 6 000 m)狭长洼地,往往作为俯冲带的标志。海沟长达数百至数千千米,宽度达数千米至数十千米,横剖面呈不对称的"V"字形,一般是陆侧坡陡而洋侧坡缓。

岛弧亚型大陆边缘,主要分布在西太平洋,如阿留申群岛、日本群岛、琉球群岛、菲律宾群岛等。其组成单元除大陆架和大陆坡外一般缺失大陆隆,以发育海沟、岛弧、边缘海盆为最大特点。这类大陆边缘的岛屿分布在平面上多呈弧形凸向洋侧,故称岛弧,大都与海沟相伴存在。岛弧露出海面则为海岛或群岛。岛弧靠大洋一侧往往发育有呈长条状的巨大凹地,深度大于 6 km 者称为海沟。海沟与岛弧常平行伴生在一起,广泛发育于环太平洋带上。

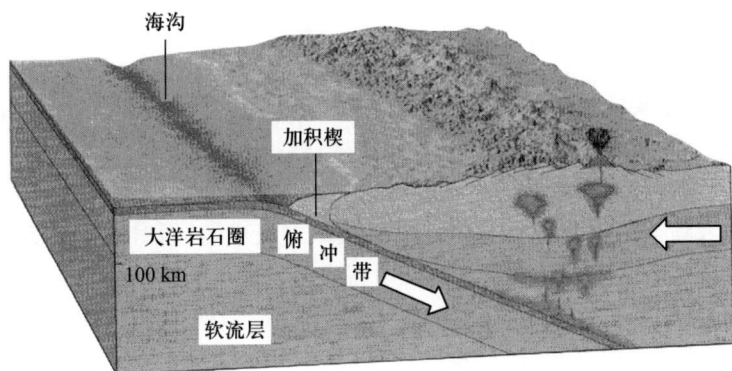

图 2-4　活动型大陆边缘

（引自 Tarbuck E J 等,2000）

全球大洋中主要海沟共有 24 条,其中太平洋 21 条,大西洋 2 条,印度洋 1 条;而深度大于 10 km 的海沟共有 6 条,均分布在太平洋;马里亚纳海沟是地球表面的最低点,位于马里亚纳群岛附近的太平洋底,最低点称为"挑战者深渊",深度达 10 984 m。2020 年 11 月 10 日,中国万米载人深潜器"奋斗者"号在马里亚纳海沟下潜到 10 909 m,创造了中国载人深潜新纪录。

在大陆与岛弧之间的海域为边缘海,其中的深水盆地往往具有洋壳结构,水深达数千米。因其位于岛弧后方(即陆侧),又叫弧后盆地。海沟、岛弧和弧后盆地具有伴生联系,从而构成沟-弧-盆体系。

安第斯亚型大陆边缘分布在太平洋东侧的中美-南美洲大陆边缘,高大陡峭的安第斯山脉直落深邃的秘鲁-智利海沟,大陆架和大陆坡都较狭窄,大陆隆被深海沟所取代,形成了全球高差(15 km 以上)最悬殊的地带。

（二）大洋盆地

大洋盆地是海洋的主体,约占海洋总面积的 45%,其中主要部分是水深 4 000~5 000 m 的开阔水域,称为深海盆地。深海盆地中最平坦的部分称为深海平原,其坡度小于 $1×10^{-3}$,平均水深 4 877 m。在深海平原中地形比较凸出,范围又不太大的孤立高地叫海底山(seamount)。还有一类特别凸出的海底山呈锥状,且比其四周海底高 1 000 m 以上,称为海峰,有的隐没于水下,有的露出海面。位于太平洋夏威夷岛上的冒纳罗亚火山海峰,海拔标高达 4 205 m,若从海底算起,其高差达 9 000 m。海峰大多数是由火山形成的,也有的海峰基座是火山成因的,而上部是由生物碎屑灰岩组成的。

有一部分海底山顶部被海浪蚀平,现已没于海面以下,称为海底平顶山。许多海底平顶山原是在大洋中脊的脊峰附近形成的火山岛,起初火山岛高出水面一定高度,但顶部由于受波浪长期作用而被蚀平,变成大致呈近水平的台地,即平顶山。海底平顶山在太平洋中最多。

大洋盆地中还有一些比较开阔的隆起区,高差不大,顶部有较小的起伏,没有火山和构造活动,是比较宁静的地区,称为海底高地或海底高原。若分布呈长条状,则称海岭。它的基岩成分,属于大陆地壳性质,故与大洋中脊有着显著不同。此外,在大洋盆地中还有一些负地形,面积大且形状多少带盆状的洼地叫海盆,长而宽且两侧坡度平缓的海底洼地则叫海槽。

（三）大洋中脊

大洋底部另一重要的地貌特征是呈线状分布的、具全球规模的海底隆起，像屹立在大洋底部的巨大"山脉"，连绵数万里，称为大洋中脊或洋脊。

洋脊的规模超过陆地上最大的山系，洋脊上有火山、地震活动，它不同于大洋盆地中的海岭，也不同于大陆上的山脉。它是由硅镁质火山岩组成的，同时被一系列的横向断裂错开，错距可达数百千米以上。洋脊凸出海底的高度达 2 000～4 000 m，宽度在数百千米以上，两边具有较陡的边缘和不太规则的地形。最引人注目的是大洋中脊的中央顶部的两个脊峰之间有一个深陷裂谷，深度可达 1 000～3 000 m，宽度可达十千米以上，称为中央裂谷（图 2-5）。裂谷两侧则是高耸陡峻的平行脊峰。许多观测表明，在脊峰和中央裂谷地区，发生过众多的浅源地震，而且还有很高的热流值，在脊峰附近有大幅度的地磁异常。说明这个地区在不大的深度上频繁地发生着构造活动，高温的地幔物质在这里上升，使地壳发生破裂，涌出地壳的熔岩再冷却，则形成新的洋壳。所以说洋脊是海底张裂扩张的直接证据。

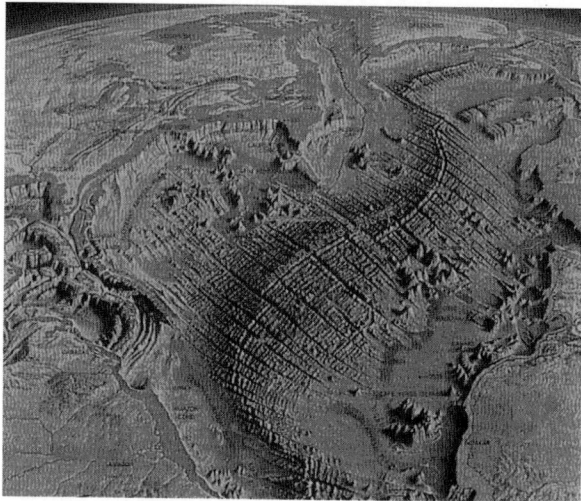

图 2-5　中央裂谷与海底山
（引自 Wicander R 等,1999）

大洋中脊是全球规模的洋底山系，它北起北冰洋，纵贯大西洋，又从印度洋中部和东南部与南太平洋的洋隆衔接，再延绵到太平洋东部依海岸作弧形分布（图 2-6），其面积与地球上全部陆地的面积差不多。在大西洋，洋中脊位居中央，延伸方向与两岸平行，称为大西洋中脊；印度洋中脊也大致位于大洋中部，呈"入"字型展布；在太平洋内，因中脊偏东且边坡平缓，故称东太平洋海隆。

大洋中脊的北端在各大洋分别延伸至陆地，如印度洋中脊北支延展进入亚丁湾、红海，并与东非大裂谷和西亚死海裂谷相通；东太平洋海隆北端通过加利福尼亚湾后潜没于北美大陆西部；大西洋中脊北支伸入北冰洋的部分称为北冰洋中脊，在勒拿河口附近伸进西伯利亚。太平洋、印度洋和大西洋中脊的南端互相连接，东太平洋海隆的南部向西南绕行，在澳大利亚以南与印度洋中脊东南支相接，印度洋中脊的西南分支绕行于非洲以南与大西洋中脊南端相连。

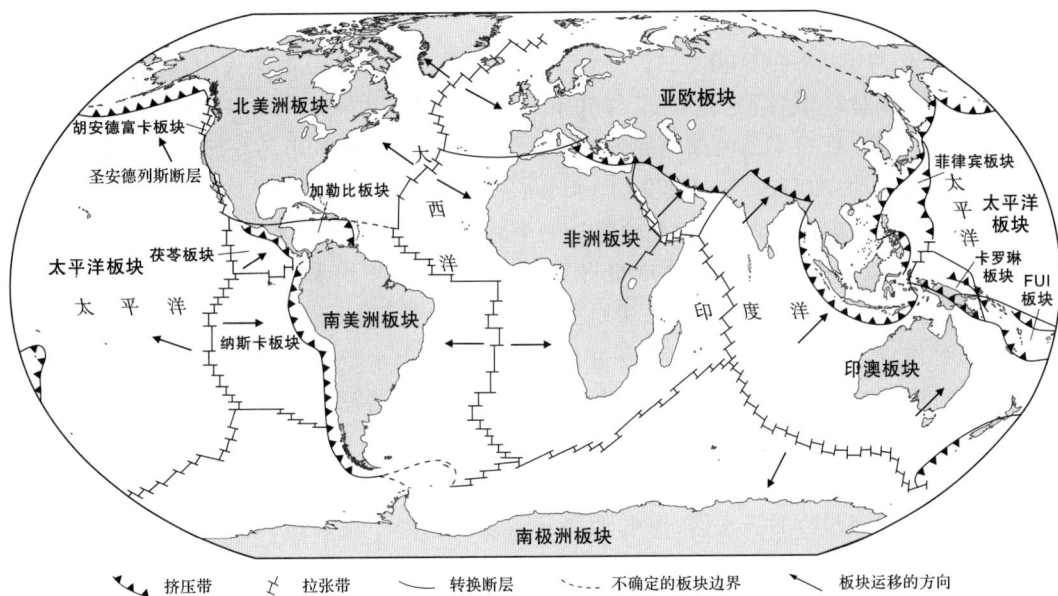

图 2-6　大洋中脊全球分布示意图

大洋中脊体系在构造上并不连续,而是被一系列与中脊轴垂直或高角度斜交的断裂带切割成许多段落,并错开一定的距离,称为转换断层。如罗曼什断裂带,把大西洋中脊错移1 000 km 以上,沿该断裂带形成 7 856 m 的海渊。这种断裂表现为脊槽相间排列的形态。

大洋中脊体系是一个全球性地震活动带,但震源浅、强度小,释放的能量只占全球地震释放能量的 5%。

三、中国近海海底地形地貌特征

中国近海是指渤海、黄海、东海、南海和台湾岛以东的菲律宾海。渤海为中国的内海,黄海、东海和南海为西太平洋边缘海,菲律宾海是国际海道测量组织(IHO)为了航海上的需要而划出的与中国台湾岛毗连的西太平洋的一大片水域。渤海、黄海、东海和南海总面积约 4.727×10^6 km²。东北有朝鲜半岛,东部有九州岛、琉球群岛,东南有菲律宾群岛,南部有大巽他群岛,西南有马来半岛和中南半岛。中国近海沿中国大陆有渤海海峡、台湾海峡和琼州海峡。东海通过朝鲜海峡与日本海相通;通过大隅海峡、吐噶喇海峡、与那国岛水道及琉球岛链诸水道与北太平洋连通。南海通过巴士海峡、巴林塘海峡等与菲律宾海相通;通过民都洛海峡、巴拉巴克海峡与苏禄海相通;通过卡里马塔海峡与爪哇海相通;通过马六甲海峡与印度洋相通。中国近海周边有朝鲜、韩国、日本、菲律宾、文莱、马来西亚、印度尼西亚、新加坡、泰国、柬埔寨和越南 11 个国家。

中国近海的海底地形大致可分为两部分:从海南岛南端经台湾岛沿东海陆架坡折线至日本五岛列岛连线以西的水域为平坦而广阔的大陆架区,地形总趋势是自西北向东南倾斜,水深基本小于 200 m;该连线的东南方主要为陆坡、深海盆和海槽,并分布有岛礁、海脊、海沟、海山,地形起伏较大,水深可达数千米。

中国近海包括大陆架、大陆坡、边缘海盆、海沟、岛弧五大地貌单元。

（一）渤海

渤海位于 37°07′N—41°00′N,117°35′E—121°10′E 之间,是一个深入中国大陆的浅海,其北、西、南三面被辽宁省、河北省、天津市和山东省包围,仅东面有渤海海峡与黄海相连。渤海与黄海一般以辽东半岛西南端的老铁山头经庙岛群岛至山东半岛北部的蓬莱角连线为界。渤海南北长约 480 km,东西最宽约 300 km,面积约为 7.7×10⁴ km²。

渤海是一个陆架浅海盆地,海底地势从三个海湾(辽东湾、渤海湾、莱州湾)向渤海中央及渤海海峡倾斜,坡度平缓,平均坡度只有 $1.4×10^{-4}$。渤海平均水深 18 m。水深 10 m 以浅的海域占渤海面积的 26%,沿岸区水深均在 10 m 以浅,辽河口、海河口附近水深约 5 m,黄河口最浅处水深不足 0.5 m。最大水深在渤海海峡老铁山水道附近,约 86 m。辽东湾的地形复杂,总的趋势是从湾顶及两岸向湾中倾斜,东侧较西侧略深,在距岸 20~30 km 内,水深可达 25 m,有明显岸坡。在该湾中部有两个水深为 30 m 左右的洼地。湾的东南,有一等深线呈手掌状分布,即辽东浅滩,它的北面,有 6 条指状的潮流脊,最浅处水深仅 14 m。渤海湾是一个呈弧状向西凸的浅水湾,海底地势从湾顶向渤海中央倾斜,坡度为 $3×10^{-4}$。湾内水浅,一般均在 20 m 以内。湾的北侧,曹妃甸浅滩以南有一东西向的海槽,深度为 31 m。莱州湾以黄河三角洲向海凸出而与渤海湾分隔开,是一个呈弧状向南凸的浅海湾。湾内地势平坦,略向渤海中央倾斜,坡度为 $1.3×10^{-4}$,水深一般为 10~15 m,最深处约 18 m。在黄河三角洲向海凸出之处,水下三角洲地形明显。渤海中央是一个北窄南宽,近于三角形的浅水洼地,地势平坦,东北部稍高,中部低下,水深一般为 20~25 m(图 2-7)。

（二）黄海

黄海位于 31°40′N—39°50′N,119°10′E—126°50′E 之间,西北界为渤海海峡,以长江口北岸的启东嘴至济州岛西南角连线与东海分界,为一近似南北向的半封闭陆架浅海。山东半岛的顶端成山角与朝鲜半岛长山串之间的连线,又将黄海分为北黄海与南黄海。黄海南北长约 870 km,东西宽约 556 km,面积约为 $3.8×10^5$ km²。地形总体由西、北、东三面向东南及偏东部倾斜,平均坡度为 $3.9×10^{-4}$,平均水深为 44 m,最大水深 140 m(图 2-8)。

黄海只有大陆架,次级地貌主要有潮间带、水下岸坡、水下三角洲、陆架平原、陆架洼地、陆架台地。南黄海西部远岸海域是广泛发育的陆架平原。在南黄海陆架平原上零星分布有几个面积不大的晚更新世古三角洲。近朝鲜半岛一侧有一近南北向黄海槽古河谷洼地,水深 60~80 m,北浅南深,西侧坡度为 $2.7×10^{-4}$,东侧坡度为 $1.2×10^{-3}$。在山东半岛沿岸和朝鲜半岛西岸分别有堆积台地和构造台地。在西朝鲜湾、苏北浅滩及济州海峡西口有发育良好的潮流沙脊。长江口东北有一向东南延伸的舌状河间地。

（三）东海

东海位于 21°54′N—33°17′N,117°05′E—131°03′E 之间,南面以广东南澳岛与台湾岛最南端的鹅銮鼻的连线与南海分界。南北长约 1 300 km,东西宽约 740 km,面积约 $7.7×10^5$ km²。地形由西北向东南倾斜,等深线基本呈 SW-NE 向展布。平均水深 370 m,最大水深 2 719 m,位于冲绳海槽南部。东海西部为占海区总面积约 66% 的大陆架,平均水深 72 m,平均坡度 $3.7×10^{-4}$。50~60 m 等深线以西为内陆架,地形较复杂;以东为外陆架,地形平坦开阔。大陆架东部为向东南凸出的弧形舟状冲绳海槽,长约 1 000 km,宽一般为 140~200 km,面积约 $2.2×10^5$ km²,北浅南深。东海大陆坡(海槽西侧)宽一般为 40~250 km,北宽南窄,平均坡度 $52.4×10^{-3}$。海槽东南为琉球群岛岛架,平均坡度 $176.3×10^{-3}$,

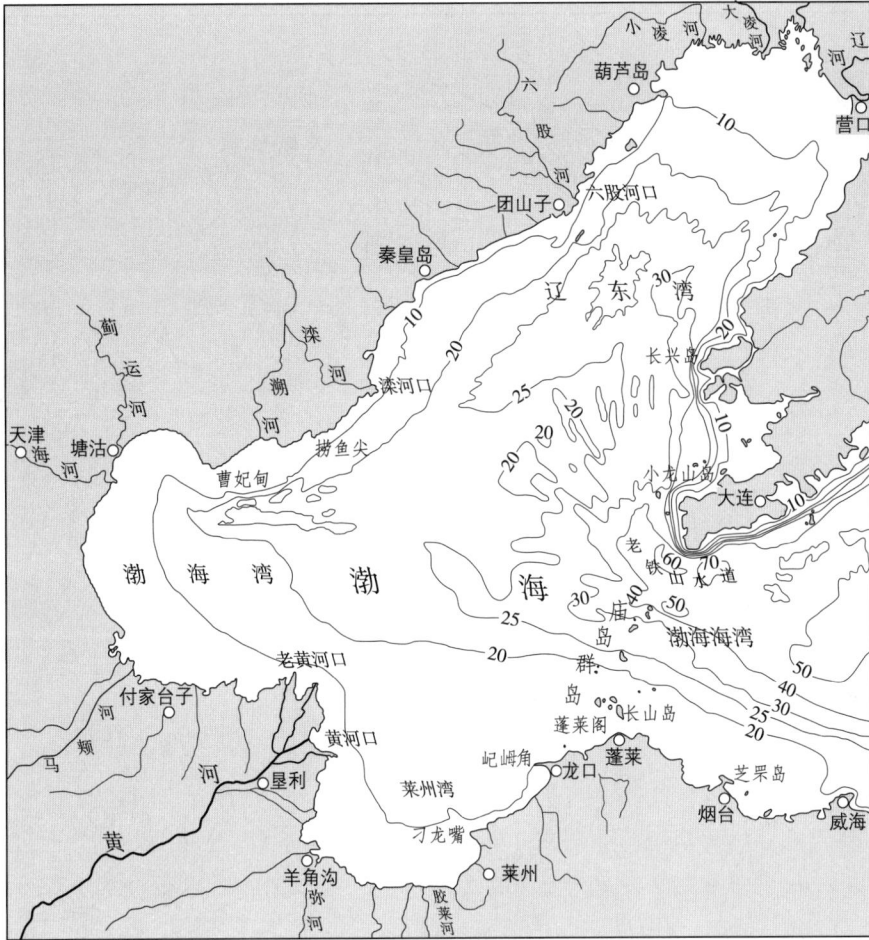

图 2-7　渤海海底地形

(引自许东禹等,1997)

宽一般为 3~37 km,岛礁众多,地形复杂(图 2-9)。

东海地貌分为大陆架、大陆坡、边缘海盆和岛弧。陆架宽阔,陆坡、海盆、岛架狭长。陆架次级地貌有潮间带、水下岸坡、水下三角洲、陆架平原、陆架洼地和陆架台地。浙、闽及台湾西部沿岸为水下岸坡、堆积台地。在长江口和杭州湾分别为水下三角洲和河口湾堆积平原。广阔的东海大陆架(含台湾海峡)为陆架平原和古潮流沙脊。冲绳海槽为一弧形盆地,槽底为深海平原并有众多的海山、海丘群;海槽西坡和东坡分别为陆坡和岛坡。

（四）台湾岛以东菲律宾海域

菲律宾海是国际海道测量组织为航海需要而划出的海域,北界日本列岛,西界琉球群岛、台湾岛、菲律宾群岛至印度尼西亚的哈马黑拉岛,南界至加罗林群岛,东界为伊豆诸岛、小笠原群岛、马里亚纳群岛。地貌分为大陆边缘和深海平原,总体表现为北陡南缓、西浅东深的特征。北部的琉球岛坡由北向南呈阶梯状下降,水深等值线近东西向分布,地形复杂多变,沟、谷、海脊纵横交错。800 m 以浅坡度小于 $50×10^{-3}$,向南增大至 $176×10^{-3}$;琉球海沟位于琉球岛坡与深海平原之间,呈长条形近东西向展布,在 $123°$ E 以东,南北宽约 40 km,沟底

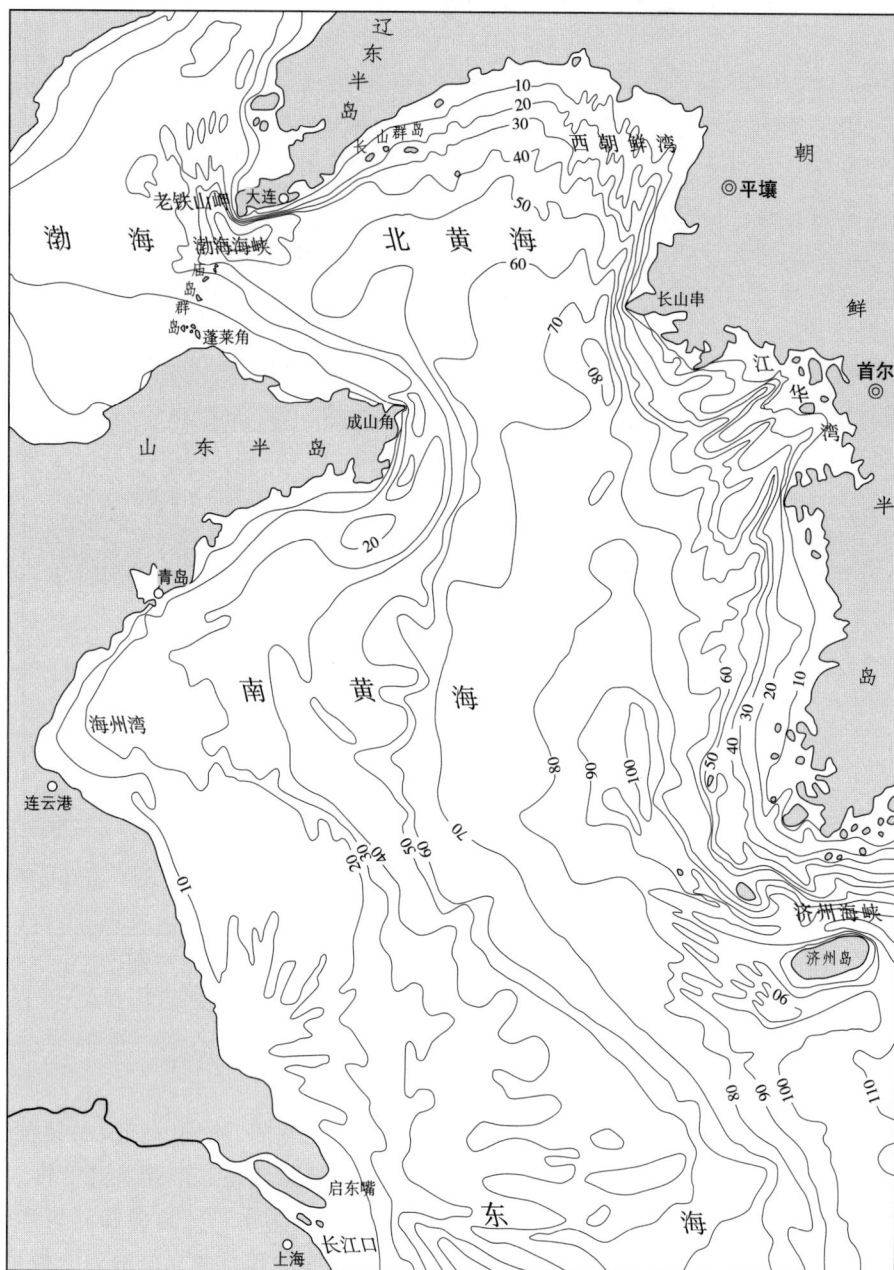

图 2-8　黄海海底地形
(引自郭炳火等,2004)

宽缓,水深普遍大于 6 000 m,以西水深减至 5 000～5 500 m;台湾东部岛坡地形十分陡峭,平均坡度为 87×10⁻³ ～ 123×10⁻³,在 23°50′N 附近大于 176×10⁻³,1 000～4 000 m 等深线紧靠岛岸平行排列;台湾东部岛坡与加瓜海脊之间为花东盆地,其西南部较浅,水深约 4 500 m,东北部较深,水深大于 5 000 m;123° E 附近有一条南宽北窄、南浅北深的南北向延伸的加瓜海脊,长约 350 km,宽约 40 km,高出海底 3 000～4 000 m,脊顶水深小于 2 000 m;东部为

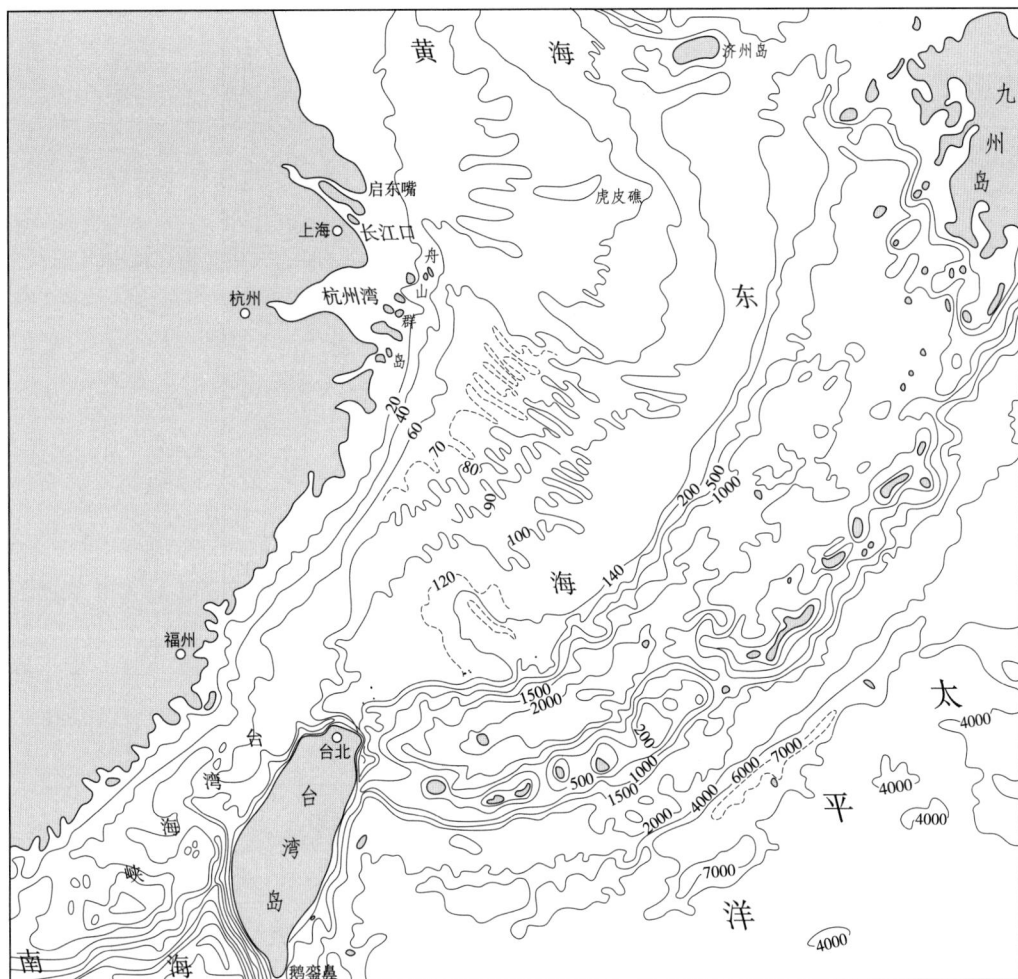

图 2-9　东海海底地形

(引自郭炳火等,2004)

西菲律宾海盆,水深 5 000~5 500 m,水深等值线呈西北-东南向,盆底广阔平坦,由东南向西北微微倾斜(图 2-10)。

海底地貌分为琉球岛弧-海沟系地貌、台湾岛-吕宋岛弧系地貌和菲律宾海大洋盆三个一级地貌单元,其二级地貌单元有海岸带、岛架、岛坡、海沟、深海盆和海脊。

（五）南海

南海位于 2°30′N—23°30′N,99°10′E—121°50′E 之间,近似菱形,长轴 NE-SW 向,长约 3 100 km,短轴 NW-SE 向,长约 1 200 km,平均水深约 1 212 m,最大水深 5 567 m。面积约 3.50×10⁶ km²,陆架和岛架面积约 1.685 9×10⁶ km²,占总面积的 48.14%;陆坡和岛坡面积约 1.266×10⁶ km²,占总面积的 36.13%;海盆面积约 5.51×10⁵ km²,占总面积的 15.74%(图 2-11)。

南海主要地貌单元有大陆架、大陆坡、边缘海盆、海沟、岛弧。

1. 大陆架

北部陆架东起于东海的南界,西至北部湾,平均坡度 1.1×10⁻³,长约 1 425 km,一般宽

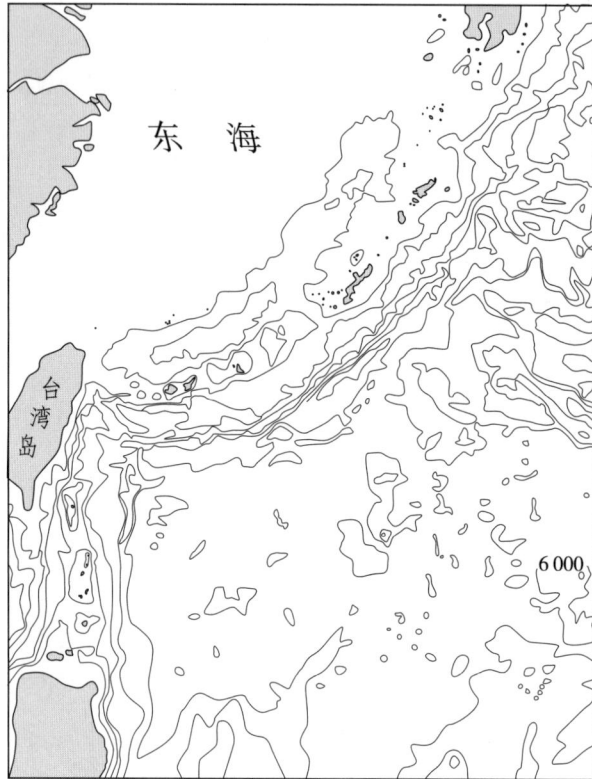

图 2-10 台湾岛以东菲律宾海域海底地形

(引自许东禹等,1997)

190~280 km,西宽东窄,分布有水下岸坡、内陆架平原和外陆架平原。西部陆架自北部湾南口至加维克群岛附近,呈狭长带状,长约 720 km,南北两端较宽,一般为 65~115 km,中间较狭窄,最窄处约 27 km,坡度为 $8.1 \times 10^{-3} \sim 11.6 \times 10^{-3}$,主要为陆架内缘斜坡和外陆架平原。南部陆架由巽他陆架和加里曼丹岛北部岛架组成,水深 150 m 以内,呈 NE-SW 向带状,宽度一般在 300 km 以上,最宽达 405 km,平均坡度为 $2 \times 10^{-5} \sim 2.4 \times 10^{-5}$。东部为吕宋岛、民都洛岛、巴拉望岛岛架,呈 NE-SW 向狭窄带状,外缘坡折线水深 100 m 左右,宽一般为 3~15 km,主要为外陆架平原和岛架。

2. 陆坡

北部陆坡自西沙海槽至台湾岛南端,长约 900 km,宽一般为 143~342 km,西宽东窄,由西北向东南呈阶梯状下降至 3 400~3 600 m,陆坡上有东沙海台。西部陆坡自西沙海槽至南沙西缘海槽,北宽南窄,具有显著阶梯状,坡度为 $87.5 \times 10^{-3} \sim 176.3 \times 10^{-3}$。西沙、中沙海台和海槽就分布在该陆坡上。南部陆坡自南沙西缘海槽至马尼拉海沟南端,长约 1 000 km,海底崎岖不平,海山、海台、海槽、海底峡谷纵横交错。陆坡中部有个水深 1 000~2 000 m 的海底高原,南沙海台即位于该高原上。东部岛坡位于吕宋岛、民都洛岛及巴拉望岛西侧岛架外缘,呈狭长带状,宽度 60~90 km,坡度 $69.9 \times 10^{-3} \sim 87.5 \times 10^{-3}$,有许多水下峡谷。在岛坡和坡麓下,分布着一条 NE-SW 向的巨大凹陷,自北而南有:北吕宋海槽,长约 620 km,宽度 20~30 km,水深 3 400 m;西吕宋海槽长约 225 km,宽约 50 km,水深 2 000~2 500 km;马尼

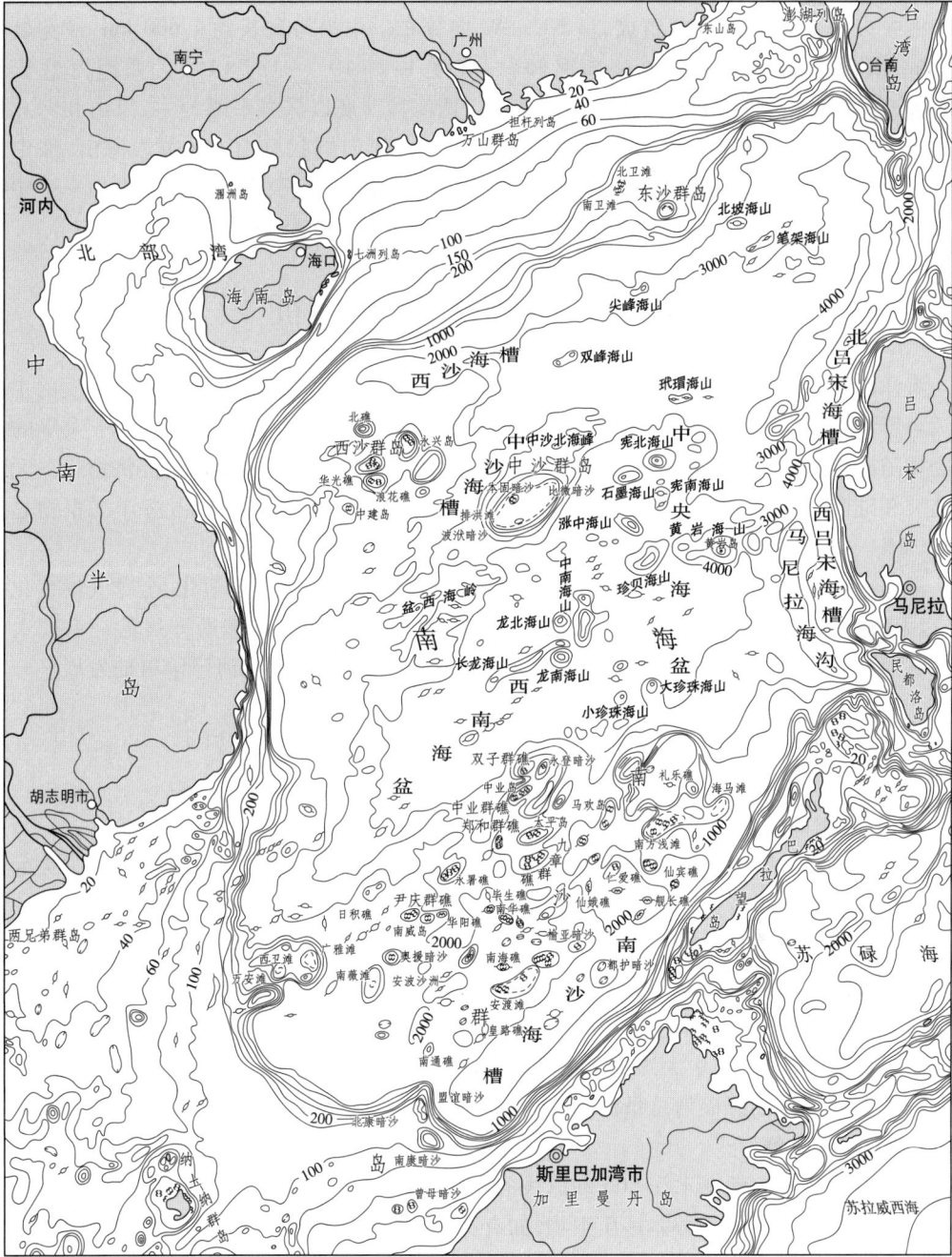

图 2-11 南海海底地形

（引自郭炳火等，2004）

拉海槽长约 350 km，宽约 10 km，水深 3 800~5 300 m，西坡坡度平均为 $26.2×10^{-3}$，东坡坡度达 $230.8×10^{-3}$；巴拉望海槽长约 676 km，宽约 65 km，水深 2 800~3 000 m。

3. 海盆

由中央海盆和西南海盆组成,呈 NE-SW 向分布。中央海盆长约 1 600 km,最宽处达 700 km,水深 3 400~4 200 m,略向南倾斜,坡度 1.2×10^{-3} ~ 1.7×10^{-3}。西南海盆长约 525 km,东北部宽约 342 km,向西南逐渐变窄。两海盆盆底以深海平原为主,海山和海丘星罗棋布,其次为深海隆起和深海洼地。海山主要有东西向链状海山——黄岩海山、涨中海山、宪南海山、宪北海山、玳瑁海山、黄岩南海丘、中南海山东海丘;南北向链状海山——中南海山、龙北海山、龙南海山、大珍珠海山、小珍珠海山;北东向链状海山——长龙海山等。

第三节   海底沉积物特征

海洋沉积环境可分为大陆边缘和大洋盆地两大类型。大陆边缘是陆源碎屑物质的主要倾泻场所,堆积有大量海洋沉积物,其体积占整个海洋沉积物的 70% 以上。由于大量的有机物质随碎屑物一起埋藏,这里蕴藏了丰富的碳氢化合物,具有重要的远景经济意义。尤其是陆坡和陆隆,虽然其面积只占地球表面积的 5%,但所堆积的沉积物却占海洋沉积物总体积的 32%。

海洋底部的沉积物性质和沉积作用的研究,为大洋形成与其环境演化、全球气候变化研究,以及海底矿产资源的开发提供了重要的信息,特别是 1968 年以来所开展的一系列大洋区的钻探计划,为大洋沉积研究提供了丰富的基础资料,推动了整个海洋学科的发展。

一、沉积物的来源

洋底沉积物的来源主要有以下五个方面。

(一)陆源碎屑

据统计,每年从大陆剥蚀、侵蚀到海洋中去的沉积物总量为 200 亿 t,其中河流带去的达 177 亿 t,海岸侵蚀的约 5 亿 t,这两项陆源碎屑的绝大部分沉积在滨岸和浅海陆架区,堆积成三角洲和沿岸沙堤等,只有 13 亿 t 悬移组分能进入深海区,沉积在大洋底。另有 16 t 风尘物质通过大气搬运到深海中沉积,这些风尘沉积物可以提供白垩纪以来全球大气环流演化信息。此外,还有 2 亿 t 冰筏沉积物从高纬度向低纬度搬运,即冰山和冰块中的陆源碎屑待冰融化后沉入海底,其中大约 1/2 在浅海处沉积,还有 1 亿 t 沉入大洋底。深海区沉积的陆源碎屑约占入海陆源碎屑总量的 15%。

(二)海洋生物

海洋生物主要生活在水深 500 m 以浅的海域,每年总生物生产量约 150 亿 t。能构成大洋沉积的生物碎屑主要是微体钙质生物,如有孔虫、翼足目和超微生物等,硅质生物有放射虫和硅藻等。这些生物体死亡后,它们的骨骼和壳体等成为大洋沉积物的一部分。

(三)海底风化作用

海底风化(halmyrolysis)定义为:在一个封闭环境中,海水循环和长时期对岩石的侵蚀作用。在南大西洋深海钻探 51 航次的第 528 号钻井中,发现海水渗入玄武岩 544 m 深,并有一系列现象表明岩石已被风化。海底风化作用为大洋沉积提供的沉积物数量是很少的。

(四)海底火山作用

每年因海底喷发和海底扩张,使海底增加 30 亿 t 喷发物质,其中大部分是熔岩,也有相当数量的玄武质火山灰弥散在水体中,然后沉入洋底成为海底火山碎屑岩。它们大量集聚在火山周围,少部分也可漂移很远,当高温的火山灰与海水接触时,可能形成新的矿物,如绿泥石和沸石等。

(五)宇宙物质

宇宙物质包括陨石和宇宙尘埃,每年约有几千吨沉降入海。每天有一两千万颗尘埃进入大气层,其中有 2/3 将落入海洋,微粒直径一般为 0.1~0.5 mm,微粒分布为 20~30颗/m^2。

二、大洋沉积物组分和分类

海底沉积物分为两大类,生物组分体积含量小于 30% 的称为黏土,大于 30% 的称为软泥。目前把大洋沉积分为大洋黏土、钙质生物软泥和硅质生物软泥三类。

大洋黏土矿物主要有伊利石、蒙脱石、高岭石和绿泥石几种类型。大洋黏土在全球海底覆盖面积占洋底 38.1%,其中太平洋中大洋黏土沉积面积最大,占 49%,大西洋占 25.8%,印度洋占 15.3%。大洋黏土的沉积速率为几米每百万年。

钙质生物软泥是大洋中覆盖面积最广的沉积物,全球大洋 47.7% 的面积被钙质生物软泥覆盖,以大西洋覆盖面最广,占 67.5%,印度洋为 54.3%,太平洋为 36.3%。钙质生物软泥的沉积速率为十几米至几十米每百万年。

最常见的硅质生物软泥是硅藻和放射虫的残留体。硅藻软泥主要分布于两极海底和上升流区,既有底栖也有浮游的。在世界大洋中的覆盖面积为 11.6%,其中大西洋占 6.7%,太平洋占 10.1%,印度洋占 19.9%。放射虫软泥主要分布于赤道洋流或上升流区,全球覆盖面仅 2.7%,太平洋为 4.6%,印度洋为 0.5%,大西洋仅微量。

三、大洋沉积作用

(一)垂直沉降作用

大洋中浮游生物死亡后,有机体被分解,钙质壳体将下沉至洋底。一个直径 2 μm 的壳体,下沉到 5 000 m 深的洋底,需要 70 年的时间。

(二)远浊流作用

浊流在陆架和陆坡上沉积后,其悬移细组分继续向深海平原运移并堆积下来,称远浊流作用(distal turbidites),由远浊流形成陆隆和深海平原上的远浊扇,称为远浊流沉积。

(三)底层流效应

底层流主要是指南极四周底层水向北流动,可能引起最强劲的底层流(bottom current)。它往往与深层冷水团扩展相伴生,属密度流,一般速度为 5~20 cm/s,最大可达 32 cm/s。以大西洋西岸特别明显,北冰洋也有南下底层流,但不及南大洋北上的底层流强劲。在底层流的作用下,海底沉积物可随之迁移和搬运。

(四)等深流与等积岩

等深流(contour current)指在科里奥利力和海水密度梯度作用下,形成沿等深线水平流动的底流,主要在大陆隆区。等深流可以搬运沉积物,形成等深流沉积,宽度可达数十千米至数百千米。等深流形成的沉积岩层称为等积岩(contourites),等积岩又可分砂质等积岩和泥质等积岩两类。等深流流速较低,一般为 2~20 cm/s,沉积速率低,小于 10 cm/ka,属一种牵引流,与脉动性的远浊流不同。在时间上,等深流是持续和稳定的,它能悬浮起远浊扇上的沉积物,对它们进行再分选,形成沉积间断面。砂质等积岩分选好,层理清晰,有薄层交错层。泥质等积岩由悬移陆源黏土和生物泥组成,当等深流流速由强变弱,便先形成逆粒序,再形成正粒序。

（五）雾浊层效应

大洋底部,由于各种水流(包括远浊流、底层流和等深流等)和水体的活动,洋底一部分沉积物悬浮起来,在洋底上方呈雾浊状,称为雾浊层(nepheloid layer)。它的颗粒物浓度可达到 $0.01 \sim 0.3$ mg/L,甚至更大,平均颗粒粒径为 12 μm,厚度可达 1000 m。雾浊层由于重新悬浮起沉积物质,增加了沉积物的分选性,高速雾浊层能把沉积物移走,形成沉积间断面,这类雾浊层的形成往往与洋底的涡流水体有密切关系。

（六）深海暴流

深海强大的涡动水流,是由大洋表层高涡动动能向下传递而产生的垂向涡动效应。

四、海底主要沉积物的基本特征

（一）大洋黏土的基本特征

由陆源黏土和粉砂组成的大洋最深部沉积物为大洋黏土(pelagic clay),其中黏土矿物占 $50\% \sim 70\%$,含有一定量的长石、石英、角闪石和辉石等造岩矿物,自生矿物有钙十字沸石、铁锰氧化物和氢氧化物及宇宙尘埃等,黏土矿物还吸附有 Fe、Mn、Ni、Co、Cu 和 Pb 等,有机质含量低,小于 0.75%。其中黏土矿物粒径平均为 1 μm。

（二）钙质软泥的基本特征

一般认为,大洋沉积物中 $CaCO_3$ 含量大于 65%,主要为有孔虫软泥,分布在世界大洋热带和亚热带深海的边缘部分(图 2-12),沉积速率为 $1 \sim 3$ cm/ka。钙质超微化石软泥主要由金藻门钙板金藻科的颗石藻(coccolith)组成;其次为翼足目,由翼足类壳体组成,占钙质软泥总量的 $30\% \sim 40\%$。

（三）硅质软泥的基本特征

大洋沉积物中,硅质生物遗骸含量高于 30% 的沉积物,可称为硅质软泥。硅藻土是硅质软泥的主要成分,主要分布于南半球海域,如南极洲缘海域,其次沉积于上升流海域,如秘鲁、智利岸外硅藻土厚达十余米。放射虫软泥主要形成于赤道上升流区。硅鞭藻属金藻门,是硅质软泥中的次要成分,现代沉积中,主要为网硅鞭藻(*Dictyocha*)和六角硅鞭藻(*Dissephanus*),分别是暖水种和冷水种的代表。此外还有硅质海绵骨针,亦属次要成分。上述硅质软泥成分中,抗溶性由差到好次序是:硅鞭藻-硅藻-放射虫-海绵骨针。

五、中国近海海底沉积物分布

中国近海海底沉积物分布见图 2-13。渤海沿岸以粉砂淤泥质海岸占优势,尤以渤海湾和莱州湾最为突出。黄河口附近的三角洲海岸则是比较典型的扇状三角洲海岸。辽东半岛西岸盖平以南、小凌河至北戴河、鲁北沿岸虎头崖至蓬莱角等几段,属于基岩砂砾质海岸。渤海海峡表面沉积为分选良好的细砂;辽东湾湾内沉积物以粗粉砂和细砂为主;渤海湾沉积物以软泥(粉砂和黏土质)为主;莱州湾沉积物以粉砂质占优势,东北部有大片沙质浅滩与沿岸沙嘴;渤海中央海盆沉积物为分选良好的细砂。

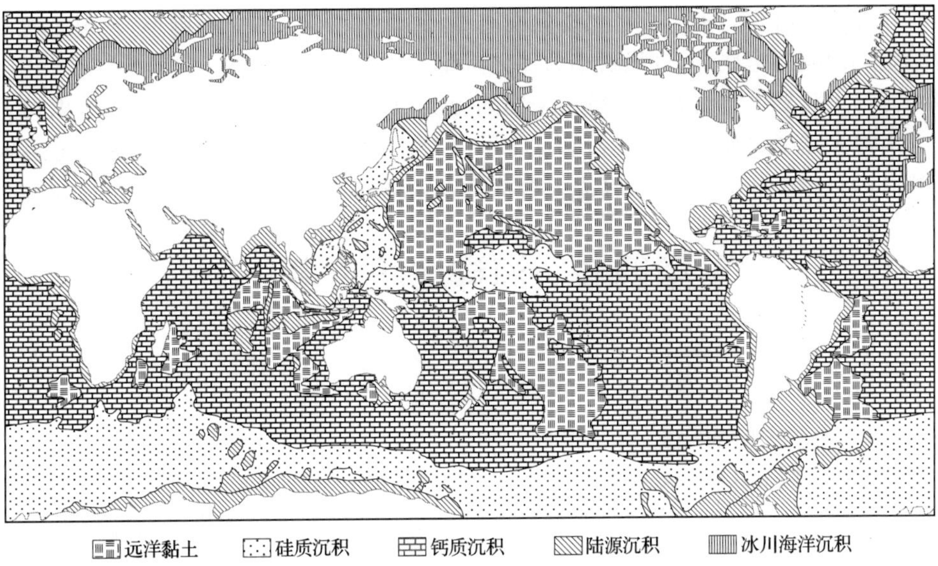

图 2-12　大洋沉积物分布

（引自吕炳全等，1997）

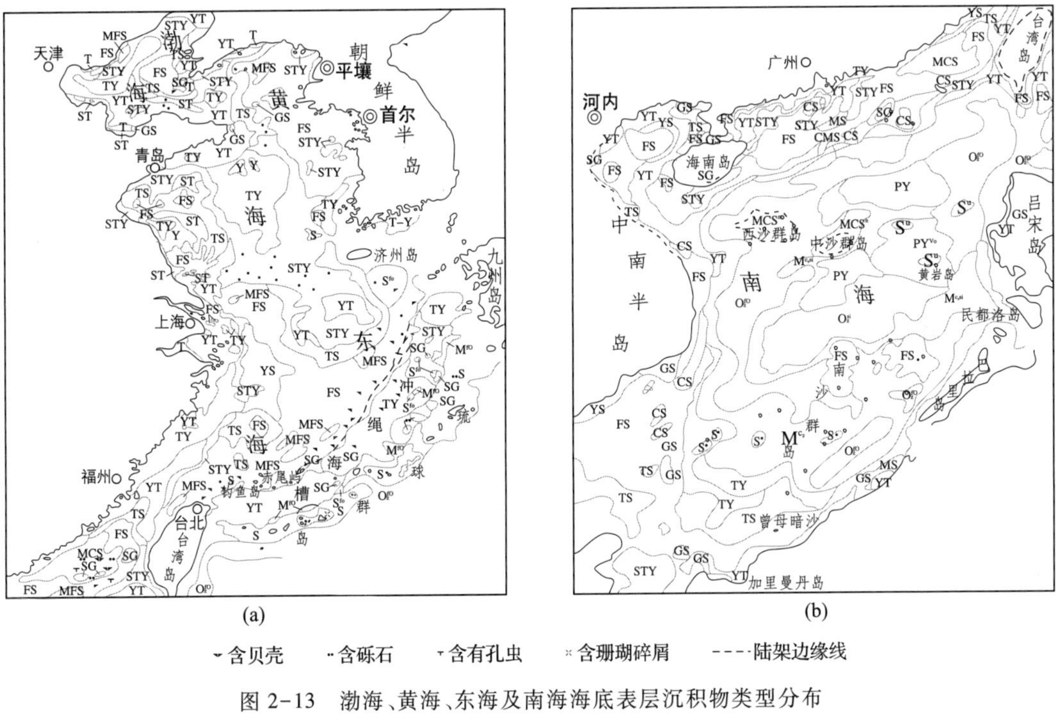

远洋黏土　硅质沉积　钙质沉积　陆源沉积　冰川海洋沉积

(a)　(b)

含贝壳　含砾石　含有孔虫　含珊瑚碎屑　----陆架边缘线

图 2-13　渤海、黄海、东海及南海海底表层沉积物类型分布

（引自许东禹等，1997）

　　黄海的表面沉积物属陆源碎屑物。东部海底沉积物主要来自朝鲜半岛，西部则是黄河和长江的早期输入物，中部深水区是以泥质为主的细粒沉积物。

东海表面沉积物自西向东形成与海岸线平行的 3 个带：近岸细粒沉积物带、中间粗粒沉积物带和外海细粒沉积物带。在济州岛西南有细粒沉积物区，大致呈椭圆形，其中心为粒径甚细的泥质。冲绳海槽底部，沉积物亦为黏土质泥。

南海北部大陆架上主要是珠江等带来的陆源沉积物，以泥质为主。外陆架沉积物主要为沙质。南部大陆架主要为近代粉砂和黏土。中央海盆主要是颗粒极细的棕色抱球虫软泥和火山灰，近期也发现有锰结核或锰壳。台湾岛以东海域的沉积类型参看图 2-13(a)。

第四节　海洋地质灾害

一、基本概念

（一）海洋地质灾害的定义

地质灾害（geological hazards）是由于地质作用使地质自然环境恶化，并造成人类生命财产毁损及人类赖以生存的资源、环境严重破坏的事件。海洋地质灾害则是海洋中发生的地质灾害，致灾的动力条件为地质作用，即由内动力条件、外动力条件或人为地质作用导致地质环境变化而形成的灾害，可造成人类生命财产和海洋生态环境的损毁。

（二）地质灾害的分类

一般依据其发生的动力条件将海洋地质灾害分为 3 种类型。

（1）内动力地质灾害：如地震、火山、新构造运动等。

（2）外动力地质灾害：如海平面上升、海水入侵、滑坡、软土层、海底不稳定性、海底陡坎、侵蚀沟、海底浅层气等。

（3）人为地质灾害：海洋的不合理开发造成的污染和破坏，过度开采海底资源也有可能引起海底失稳、滑坡等。

这里的内动力条件是指来自地壳内部的力，外动力条件则是指来自地球表面的力。有些地质灾害是多种作用力综合作用的结果，根据致灾因素的不同，可对地质灾害分类如表 2-2。

表 2-2　海洋地质灾害的分类

地理环境	致灾因素	灾害名称
海岸带 （海陆相 互作用带）	海平面变化及地面沉降	海平面上升、海水倒灌、地面沉降
	海岸动力过程	海岸侵蚀、海岸淤积
	重力地貌过程	滑塌、塌陷、高密度流
海底	海洋动力地质过程	活动沙丘、沙脊、陡坎、滑坡、蚀流、刺穿、冲刷槽
	浅层沉积构造	浅层气、不均匀持力层、底辟、古河道、盐丘
海域或海岸带	地震	地震、海啸、滑坡、沙层液化
	活断层	
	火山	

注：引自刘守全，1998。

二、几种典型海洋地质灾害

（一）海底地震

地震是由于地质断层积聚的压力被释放或由于火山活动引起的地壳突然变动,常沿地球岩石圈板块边界密集分布(图 2-14)。

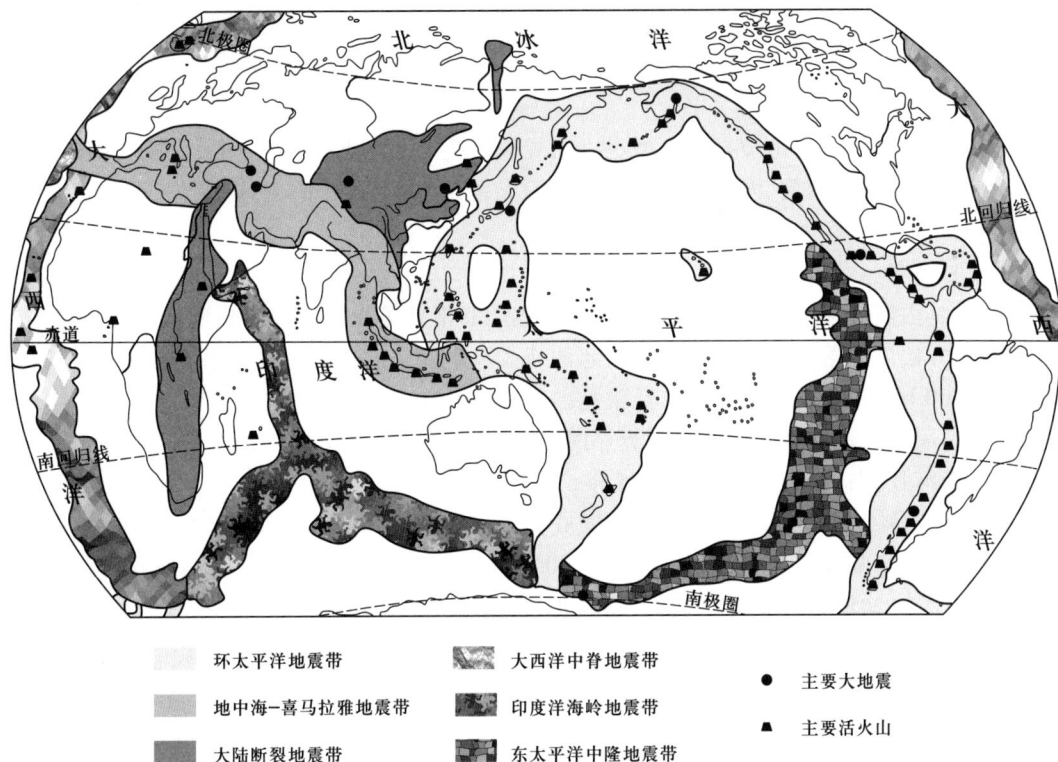

环太平洋地震带　　大西洋中脊地震带　　● 主要大地震

地中海-喜马拉雅地震带　　印度洋海岭地震带　　▲ 主要活火山

大陆断裂地震带　　东太平洋中隆地震带

图 2-14　全球地震带与火山的分布

（引自 Keller E A,1996）

海洋地震要比陆地地震频繁得多,也强烈得多。海洋地震灾害包括两方面:一是海洋地震直接造成的破坏;二是海啸灾难。例如,1923 年日本关东大地震,导致东京 10 万余人死亡,但其震源位于相模湾海底,距东京市约 100 km。1985 年重创墨西哥城的大地震,震源也在 400 km 之外的太平洋里。1995 年日本阪神地震造成 1 000 亿美元经济损失,震源在濑户内海的明石海峡中。2011 年 3 月 11 日,日本东北部海域 9 级地震再次造成严重灾害,并导致福岛核电站爆炸,产生核泄漏次生灾害。深海断层突然错动引起的海啸也可以造成巨大的破坏。

（二）海底火山

1. 火山的形成与分布

在地表以下 200 km 处温度大约 1 500 ℃,这里的岩石处于高热状态,部分熔融产生所谓的岩浆。由于岩浆的温度比周围的岩石高,密度也较小,所以它会向地表上涌,而且在浮升过程中再熔化掉一些岩石,一旦岩浆找到通达地表的途径,它就会立刻喷出地表,形成熔岩。

地壳下面岩浆的流动可导致地球构造板块破裂并造成板块的移动,而移动的板块又引起火山喷发和地震,灼热的岩浆不断从火山口流出,又不断地被海水冷却,被冷却的岩浆层层相积,经过几亿年甚至几十亿年的演化,最终形成了绵延不断的海底山脉,而这一造山运动目前仍在进行着。

深海火山一般呈丛群状,火山口直径大小不等。海底火山分布于大西洋(22 座)、太平洋(15 座)、印度洋(4 座)、冰岛及詹迈扬岛(15 座)。有的火山在水下喷发,有的已露出水面,成为火山岛屿。

2. 主要的火山灾害

火山灾害取决于火山喷发的类型、性质、规模和所处的地点等因素。除了由火山喷发动力作用引起冲击波、地震、海啸、滑坡、泥石流等灾害,火山喷发出的气体、灰烬、碎屑流和熔岩流等也会造成很大的灾害。

(三)海啸

海啸是由海底地震、火山喷发或巨大岩体塌陷和滑坡等导致的海水长周期波动,能造成近岸海面大幅度涨落。由台风等原因引起的特大风暴潮有的也称为气象海啸。海啸波长可达 500~600 km,周期可达 200 min,最常见的是 2~40 min,其波高在大洋中较小,一般为 1 m 左右,常被风浪或涌浪掩盖。当传到近岸时,波长变短,波高增大,可达 10~15 m,甚至 20~30 m,冲上海岸则造成巨大灾害。1755 年,葡萄牙里斯本地震海啸使 6 万人丧生。1960 年 5 月 23 日,智利大地震引起的海啸冲上夏威夷海岸,吞没 250 人。1976 年 8 月 17 日,菲律宾棉兰老地震海啸使菲律宾死难 917 人。2004 年 12 月底,印度洋地震海啸死伤 34 万人,2009 年 7 月和 2010 年 10 月又因地震海啸形成重灾。2011 年 3 月 11 日,东日本地震海啸,损失惨重。

太平洋地区是世界上海啸的多发地,占全球的 50%。受害严重的是日本、智利、秘鲁、夏威夷群岛和阿留申群岛沿岸。我国是一个多地震的国家,西部地震多,东部少,在我国台湾地区也曾发生过地震海啸。

(四)海底滑坡

海底滑坡是海底不稳定性最为普遍的表现形式。它可分为层滑、圆弧形滑坡和崩塌滑坡 3 种,一般发生在大陆架和岸边地带,主要是由地壳运动、地震和波浪作用形成的。

层滑往往是由于软地层覆于硬地层之上或软地层被夹于硬地层之间产生的,一般规模比较大。如发生在新西兰北岛外侧水深 250~500 m 大陆坡上的滑坡,滑坡体最大宽度 45 km,长度 11 km,厚度 50 m。圆弧形滑坡主要发生在由厚而均一的沉积物组成的大陆坡上。如发生在美国长岛海滩外大陆隆上的圆弧形滑坡,长度 30 km,厚度 300 m。崩塌滑坡是由坍块体在重力作用下自由下落而成的。

产生滑坡的条件主要有三个:一是滑坡处有一个滑脱面,这个滑脱面有时是低角度断层,有时是层面或沉积界面,有时是软弱层,如流塑或软塑的淤泥质层,有时可成为滑脱面;二是要有一定坡度,当然,滑坡体一旦开始滑动,凭着自身的动能也可以在平的海底上向前滑动,甚至有时可以向坡上冲去;三是有某种诱因,海底滑坡往往发生在台风、风暴潮、地震期间。

与平坦的海底相比,三角带或三角洲地区有些地段有较大的坡度,有时可以达到引发海底滑坡的坡度,海岸带又是波浪、海流明显作用的地区,特别是在台风、风暴潮期间,也具有滑坡的诱因。

海底滑坡的危害是严重的,它能毁坏多种构筑物和设施,切断海底电缆,造成沉船、人员死亡等严重灾难事故。例如,1926 年北美洲大巴哈马群岛沿岸由于地震,在大陆坡水深 900~3 500 m 地段发生滑坡,使布设在斜坡上横穿大西洋的 6 股电缆全部被切断;1972 年 7 月,由于暴雨形成的洪流携带大量泥沙入海,迅速堆积在陆架上,沉积形成过载负荷,结果发生大规模海底滑坡,使铺设在日本离小原田海岸 6.5 km,水深 850 m 陆架上的海底电缆被切断。

我国浙闽沿海(如杭州湾、长江口沿岸)也有许多近岸海底滑坡发生,主要是由于工程设计和施工不当及大潮波浪作用引起的。例如,1971 年 12 月,浙江宁波港第二作业区,因打桩诱发滑坡,造成沉船及人员伤亡的严重灾害事故,并引起附近江堤建筑物及道路变形。

(五) 我国海底灾害性地质因素

海底灾害性地质因素又称不稳定因素,是指对海底工程(如海洋石油平台、海底输油管线、人工岛建设及落地式水下武器设施等工程)的建设与安全有直接危害或潜在威胁的地质因素。如各种活动的水下沙丘、沙波、潮流沙脊群,强烈的海底侵蚀与堆积、大面积的滑动和崩塌、各种沟谷地形,以及存在于浅海底的古河道、古湖泊、浅断层及活动性断层、高压浅层气、泥丘、力学性质不均衡的地质体等。按其灾害程度又可分为危险性因素和限制性因素两种:危险性因素指直接对工程产生危害的因素,在其影响范围内一般不能进行工程建设,如高压浅层气、蛋壳式地层等;限制因素指对海洋工程产生一定限制的因素,不直接产生危害,在施工中采取相应措施就可避免,如古河道、不平坦的海底面等。如果按其触发机理,又可分水动型、地动型和人工触发型 3 种。按其存在状态,又可分为静态和动态两种。我国近岸海底灾害性地质因素,包括潮流沙脊群、强潮流侵蚀沟、海底沟、不平海底、泥丘、陡坡、泥流、埋藏古河道、埋藏古湖泊、埋藏古三角洲、活动性断层、小型滑塌断层、浅层天然气或沼气、底辟构造和蛋壳式地层等。

第五节　海底矿产资源及其开发的环境效应

一、海底矿产资源的主要类型

海底富集着大量固体矿物,包括多金属结核、铁锰结壳、热液矿床等,估计贮存量有 3×10^{12} t。还有海底石油和天然气资源,估计石油贮存量约 1.350×10^{11} t,天然气约 1.40×10^{14} m^3。

(一) 多金属结核

多金属结核(亦称锰结核、铁锰结核、锰矿球)是一种富含多种金属元素,主要由铁锰氧化物和氢氧化物组成的"球状"沉积物。多金属结核由核心和壳层两部分组成。

多金属结核主要分布于太平洋、大西洋、印度洋的深海区(图 2-15),在我国南海海盆也有发现。依据大洋底的构造地貌特征和海区所处的地理位置及多金属结核的化学成分、丰度等,可在太平洋划分出 8 个主要的多金属结核富集区:克拉里昂-克里帕顿区(也称 CC 区)、中太平洋区、威克-内克区、夏威夷区、加利福尼亚区、南太平洋区、米纳德区、德雷克-斯科舍区。

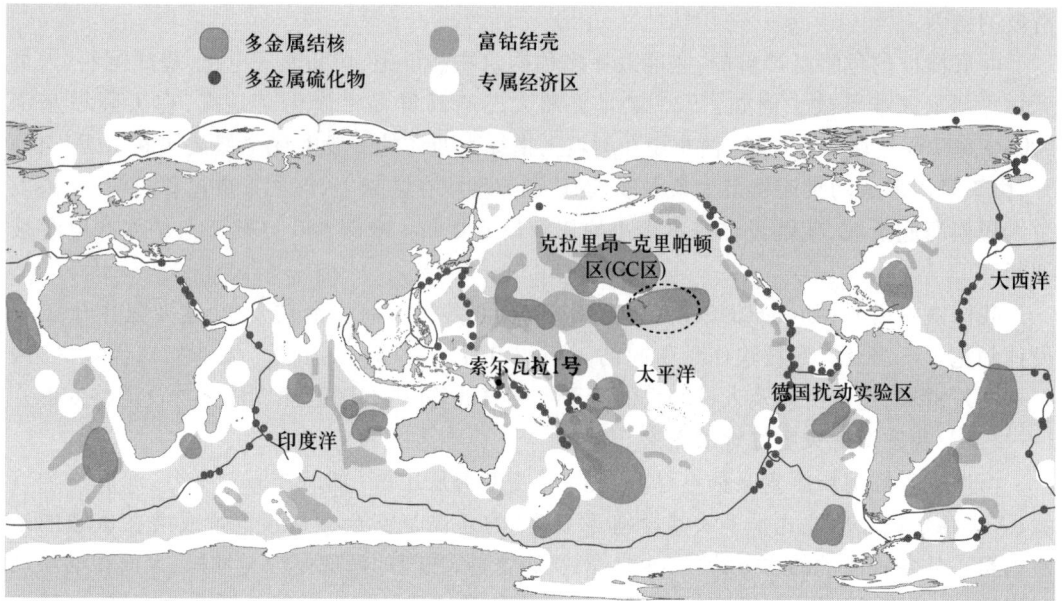

图 2-15   世界大洋多金属结核分布

彩图 2-15

（二）铁锰结壳

铁锰结壳（亦称锰结壳；富钴、锰结壳；富钴结壳；多金属结壳；富钴、铁、锰结壳）是一种水化成岩、生长在硬质基岩上的富含锰、钴、铂等金属元素的"壳状"沉积物。基岩主要为拉斑玄武岩和碱性玄武岩。

铁锰结壳主要分布在太平洋中南部、大西洋及印度洋的海山区，在我国南海海盆和陆坡区 1 500 m 水深处的一些海山区也有发现。其中以太平洋海山区最为重要。如天皇海岭、夏威夷海岭和莱恩海岭区、马绍尔群岛、波利尼西亚岛和新西兰-查塔姆周围以及西太平洋的威克岛、萨摩亚岛、豪兰岛、贝克岛、关岛和北马里亚纳群岛海域均有分布。大西洋铁锰结壳分布主要有亚速尔-直布罗陀区、大西洋中脊北部区、乌格洛隆起区、西北热带区、大西洋中脊赤道区、几内亚隆起和喀麦隆区、几内亚凹陷海山区、南大西洋海底隆起区。铁锰结壳分布在碳酸盐补偿深度（CCD）之上，赋存水深一般为 300~3 000 m，个别达 4 000 m 深，而多金属结核分布在 CCD 面之下。

（三）海底热液矿床

海底热液矿床是由海底热液成矿作用形成的块状硫化物、多金属软泥和多金属沉积物，富含 Cu、Pb、Zn、Au、Ag、Mn、Fe 等多种金属元素，产于水深 1 500~3 000 m，分布在高热流区的洋中脊、海底裂谷带和弧后边缘海盆的构造带内。

1948 年瑞典"信天翁号"（Albatross）考察船在红海中部亚特兰蒂斯二号（Atlantis Ⅱ）深渊附近（21°20′N，38°09′E，水深 1 937 m）发现高温高盐溶液。1963—1965 年，在国际印度洋调查期间，在红海的轴部及中央盆地中识别出层状的高温高盐溶液，发现了热液多金属软泥，从而揭开了海底热液活动研究的序幕。深海钻探（DSDP）和大洋钻探（ODP）对东太平洋海隆、大西洋中脊、印度洋中脊的热液作用研究，中德合作对马里亚纳海槽海底热液烟囱研究及中、日、德三国对冲绳海槽热液矿床的研究，将海底热液活动研究推向了高潮。

据不完全统计,自 1977 年以来,DSDP/ODP 有近 20 个航次 70 余个钻孔遇到热液作用踪迹或热液产物。海底热液矿床主要分布在东太平洋海隆区(加拉帕戈斯裂谷、哥斯达黎加裂谷、胡安德富卡海脊)、西太平洋弧后盆地区(马里亚纳海槽、冲绳海槽)、大西洋中脊、印度洋中脊和红海断陷扩张带区。

我国"大洋一号"科考船于 2007 年 3 月 1 日在水深 2 800 m 的西南印度洋中脊发现了新的热液活动区,至 2009 年已在大西洋、太平洋和印度洋发现 16 处热液活动区,并抓取了烟囱体样品、生物样品、块状硫化物及附着的生物个体。2015 年,中国大洋航次在西南印度洋脊的第 27 段,使用拖体进行了详细的调查,在 85 km 长的洋脊段上识别出 9 个热液区,并指出即使在超慢速扩张洋脊上,通过系统调查也有望发现更多的热液活动。

(四) 海洋砂矿

海洋砂矿主要是指在滨海环境下富集而成的具有工业价值的砂矿。该类矿床规模大、品位高,通常为工业矿物共生或伴生成矿,具有沉积物松散、矿体埋藏浅、易采易选等优点。

滨海砂矿资源是扩大矿产储量的最大潜在资源之一。国外现已开采利用的 30 余种滨海砂矿资源,无论其储量还是开采量,在世界矿产储量表中都占有相当重要位置。例如,金红石总储量占世界的 98%;钛铁矿储量占一半;锆石储量占 96%。从开采量所占世界总产量的比例看,钛铁矿占 30%,独居石占 80%,金红石占 98%,锆石占 90%,锡石占 70% 以上,金占 5% ~ 10%,金刚石占 5.1%,铂占 3%,等等。我国现已探明具有工业开采价值的矿物主要有 13 种,即石英砂、锆石、独居石、钛铁矿、磷钇矿、砂锡矿、磁铁矿、金红石、铬铁矿、铌钽铁矿、褐钇铌矿、砂金和金刚石等。已知砂矿产地 326 个,各类砂矿床 191 个,重要矿点 135 个,主要分布于广东、广西、海南、福建、山东和台湾等省、自治区的沿海海岸地带。

(五) 近海油气资源与海底煤矿

1. 海洋石油和天然气

世界海洋石油蕴藏量为 1 000 多亿 t,占全球石油资源总量的 34%,其中已探明的储量约为 $3.80×10^{10}$ t。天然气探明储量约为 $4.0×10^{13}$ m^3。目前世界上有 100 多个国家和地区从事海上石油勘探与开发,其中对深海进行勘探的有 50 多个国家,投入开发的经费每年达到 850 亿美元,参与经营的大石油公司 500 多家。

1995 年,全球海上石油产量约占全球石油总产量的 30%;天然气产量占总产量的 25%。2000 年,海上石油产量约占全世界油气总产量的 40%。2003 年世界海洋石油生产量达 $1.257×10^9$ t,约占世界石油总生产量的 34.1%。天然气生产量占世界天然气总生产量约 25.8%。

中国近海大陆架面积达 130 多万 km^2,发育有 10 个大型的沉积盆地,总面积约 $8.96×10^5$ km^2,有效勘探面积约 $6.0×10^5$ km^2。截至 2004 年底,中国近海累计发现三级石油地质储量 46.34 亿 m^3,其中探明地质储量 24.89 亿 m^3,探明石油开采储量 5.45 亿 m^3。累计发现三级天然气地质储量 12 494 亿 m^3,其中探明天然气地质储量约 5 260 亿 m^3,已探明天然气可采储量约 3 153 亿 m^3。

2. 海底煤矿

煤形成于陆相环境,但由于"桑田沧海"的变迁,在海底也发现有煤矿。莱州湾龙口市北皂海底煤田位于山东半岛龙口东约 5 km 处,煤田延伸至海底下的面积约 150 km^2,海下主采煤层厚约 10 m,地质储量约 10 亿 t。

渤海、黄海、东海和南海北部的新生代地层中,不仅蕴藏有大量的油气资源,而且还有丰富的煤炭资源。这些新生代煤系建造厚度一般为 500~3 500 m,煤层厚度为 0.3~2.5 m,最厚可达 3~4 m,主要为褐煤,其次为泥煤、长焰煤、含沥青质煤等。尽管目前开采技术条件尚不足,但这无疑是一种潜在的资源。

(六) 天然气水合物

天然气水合物是由水和相对分子质量较小的气体分子(如甲烷)在低温、高压、气体浓度充足的条件下形成的一种结晶状固体物质,又称为可燃冰。它主要分布在水深大于 300 m 的深海和冰雪覆盖的冻土带中。海洋天然气水合物从物化性质到赋存产出特征均不同于传统油气藏的新型能源。因其质量密度高、分布面积广、储量规模大、燃烧污染少,因而被誉为 21 世纪洁净替代能源。

在非极地地区的海洋中,天然气水合物通常存在于水深 300~4 000 m 处的海底沉积物中,其下限可达海底以下沉积层 650 m,甚至可达 1 000 m。从地质构造上讲,天然气水合物多产于板块聚合边缘大陆坡、离散边缘大陆坡、水下高地、边缘海和内陆海中,尤其是与泥火山、热水活动、盐(泥)底辟及大型断裂构造有关的深海盆地中,可能还包括扩张盆地。一般情况下,单个天然气水合物矿藏分布面积可达数万到数十万平方千米,厚度从几十厘米到上百米。

天然气水合物在世界大洋和陆上均有着广泛的分布。据不完全统计,迄今在世界各地发现天然气水合物产地有 60 余处(图 2-16)。其中,海底有 55 处,面积约 4 000 万 km²,约占世界海域的 10%。

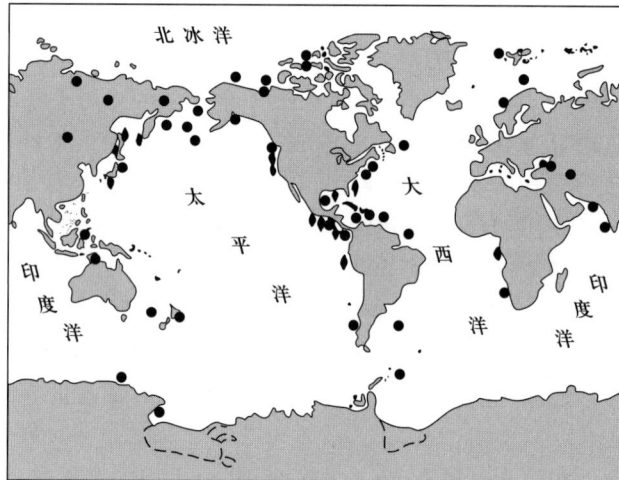

图 2-16 世界范围天然气水合物分布

(引自刘锡清等,2006)

天然气水合物在世界范围内总的资源量一般认为是 $1.8 \times 10^{16} \sim 2.1 \times 10^{16}$ m³ 甲烷,相当于全球已知煤、石油和天然气储量的 2 倍。就单个天然气水合物矿藏而言,其储量也是巨大的。例如,日本周边海域的天然气水合物矿藏可供日本 100 年的能源消耗,美国东海岸布莱克海底高原的天然气水合物矿藏可满足美国 105 年的消耗量(按 1996 年水平)。

我国在南海已发现多处天然气水合物矿体。2017 年 5 月,我国在南海北部神狐海域进行了天然气水合物试采,并获得成功。

二、海底采矿对海洋环境的影响

(一)深海矿产资源开发的环境效应

随着深海多金属结核勘查和开发活动的日益频繁,深海采矿可能诱发的海洋环境问题也引起了国际社会的广泛关注,联合国建立了多种临时委员会和常设委员会来研究开发海洋矿物资源的法律、经济、科学和技术等方面的问题,有关法律和法规相继出台。在《联合国海洋法公约》框架基础上成立的国际海底管理局有责任和义务对国际海底资源及其环境保护进行管理和监督。为了保护和保全深海生物多样性和海洋自然环境,防止、减少和控制采矿活动对海洋环境的破坏、污染及危害,国际海底管理局、参与勘探和开发活动的国家和组织,应合作建立和实施监测和评价深海勘探活动对海洋生态环境影响的计划。为此,美国、德国、俄罗斯、法国、日本等国家和一些国际财团相继开展了一系列与深海采矿有关的环境研究。国际标准化组织(ISO)于2021年7月发布了三项有关海洋环境保护的国际标准,包括《海洋技术 海洋环境影响评估(MEIA)一般技术要求》(ISO 23730)、《海洋技术 海洋环境影响评估(MEIA)深海海底环境中基于图像的原位勘测性能规范》(ISO 23731)和《海洋技术 海洋环境影响评估(MEIA)小型动物群落观测的通用协议》(ISO 23732)。这些标准有望规范海底采矿的环境影响评估,并作为海洋环境监测的固定方法。

深海采矿的环境影响主要发生在两个深度带:一个是在集矿机采矿轨迹附近的海底,另一个是在尾矿排放点附近的海洋表层或上层。对底层环境产生的主要影响有三个方面:① 集矿机将吸走结核及生活在其上的底栖生物,使原来软相和硬相混合的底栖生物群落变成纯软相底栖生物群落,从而降低底栖生物的多样性;② 当集矿机沿海底运动时,将对底栖生物产生挤压作用,甚至致死;③ 集矿机还将在海底50 m以上的水层产生沉积物羽状流,羽状流中较大颗粒的沉积物很快降到海底,但是较细的颗粒沉降速率较慢,可在较长时间内滞留水中,在底层流的作用下扩散并在海底较大范围内发生再沉积,以致对底层生物产生较大的影响,尤其是对滤食性动物。

深海采矿对海洋表层或上层环境的潜在影响有如下几个方面:① 尾矿在表层的排放使水体中悬浮颗粒物质增加,导致光衰减;② 含有丰富营养盐的底层水在表层排放可使营养盐浓度增加、氧浓度降低;③ 痕量金属等有毒物质被生物吸收并累积。上述因素将影响浮游植物的光合作用,以及浮游动物和游泳动物的摄食、呼吸、生长等重要功能及代谢作用,严重时可能导致它们的死亡率上升。

(二)浅海矿产资源开发的环境效应

在开采石油、天然气等浅海矿产资源时会对海洋环境产生许多不利影响。海上石油和天然气开发的每个阶段和所有的活动中都伴随有液体、固体和气体废料的产生,从而对海洋环境产生影响。

油气开采过程中会产生大量的有机废水,这些废水排入海洋中对海洋环境造成极大的影响。油污覆盖于水体表面,油膜降低了光的通透性,使受污染海域藻类的光合作用受到严重影响,结果使海洋产氧量减少。另外,石油的氧化将消耗大量的海水溶解氧,更加重了海域缺氧程度。石油对海洋环境和生物的具体影响,也可参看第六章。

（三）天然气水合物开采的环境效应

自然界中的天然气水合物是一种亚稳定物质。它在高压（>10 kPa）、低温（0~10 ℃）条件下是稳定的，但当环境产生变化时，如连续沉积导致的水合物埋藏深度的加大、海平面的下降、底层水温的上升等，天然气水合物将发生分解而释放出甲烷气体和水。这样一来，原先蕴含天然气水合物的沉积物强度将降低，有可能导致海底沉积物的不稳定或滑塌、滑坡和蚀流作用等。

同时，水合物的分解所释放出的气体（甲烷）进入海水后，有一部分可能被一些微生物或细菌氧化，从而产生海水缺氧，引起生物大量死亡，甚至导致敏感生物的灭绝。若天然气水合物在瞬间发生大规模分解，大量气体会快速进入海水，使天然气水合物沉积层之上的水体密度突然降低，形成水气混合物，并可在水面上形成强大的涡流、气旋等，从而导致轮船、飞机、军舰等海难事故。另外，水合物分解出的甲烷等气体也可能在石油勘探和生产中造成灾害，如当甲烷气逸出到浅部时，沉积物的液化作用可导致勘探和生产设备下沉。

甲烷还是一种辐射活性极强的温室气体，且甲烷被氧化成二氧化碳后将继续产生温室效应。因此，当大量水合物分解的甲烷进入大气层以后，势必对气候产生重大影响。

目前，俄罗斯和美国已经分别在其冻土带上进行天然气的试验性开采，我国也在南海神狐海域进行了天然气水合物试采。从水合物中开采天然气，在技术上已获得了成功，但其成本较高，且对环境、沉积物稳定性等有不可预知的影响，仍是当前天然气水合物开采所面临的重大挑战。

💬 思考题

1. 地球环境是由哪几个圈层组成的？
2. 简述海洋在地球表面的分布特征。
3. 海底地形地貌分为哪几种主要类型？
4. 分析中国近海海底地形地貌特征。
5. 海底沉积物的主要来源有哪些？
6. 简述大洋沉积物的组成及其区域分布。
7. 简述中国近海海底沉积物分布特征。
8. 什么是海洋地质灾害？其主要类型有哪些？
9. 海底矿产资源有哪些主要类型？
10. 海洋矿产开发可能带来哪些环境问题？

📖 参考文献

［1］Tarbuck E J, Lutgens F K. Earth Science［M］. New Jersey：Prentic Hall Inc.，2000.

［2］冯士筰，李凤岐，李少菁. 海洋科学导论［M］. 北京：高等教育出版社，1999.

［3］陈建民，徐依吉. 海洋学［M］. 东营：石油大学出版社，2003.

［4］Wicander R, Monroe J S. Essentials of Geology［M］. Belmont：Wadsworth Publishing Company，1999.

［5］Keller E A. Introduction to Environmental Geology［M］. New Jersey：Prentice Hall Inc.，1996.

[6] 许东禹,刘锡清,张训华,等,中国近海地质[M],北京:地质出版社,1997.

[7] 郭炳火,黄振宗,李培英,等. 中国近海及邻近海域海洋环境[M]. 北京:海洋出版社,2004.

[8] 吕炳全,孙志国. 海洋环境与地质[M]. 上海:同济大学出版社,1997.

[9] 吴自银. 中国周边海域海底地形与地名图[M]. 北京:中国地图出版社,2021.

[10] 梅西,李学杰,密蓓蓓,等. 中国海域表层沉积物分布规律及沉积分异模式[J]. 中国地质,2020,47(5):1447-1462.

[11] 刘守全,张明书. 海洋地质灾害研究与减灾[J]. 中国地质灾害与防治学报,1998,9(增):159-163.

[12] 刘锡清,庄克琳,周永青,等. 中国海洋环境地质学[M]. 北京:海洋出版社,2006.

[13] Hannington M, Petersen S, Krätschell A. Subsea mining moves closer to shore [J]. Nature Geoscience, 2017, 10:158-159.

[14] Cronan D S. Underwater Minerals [M]. London: Academic Press, 1980.

[15] 国家海洋局海洋发展战略研究所课题组. 中国海洋发展报告[R]. 北京:海洋出版社,2007.

海与洋的定义   海与洋的不同点

本章重难点视频讲解

第三章 海洋环境物理特性

海水的热学、力学等基本物理性质,不但影响海水的运动形式,也影响声波、光线在海水中的传播特性。海水是海洋环境系统的基础,而海水的物理性质对发生于海水中的化学、生物过程也起着至关重要的作用。因此,认识海洋环境的物理特征是开展环境海洋学相关研究的基础。

第一节 海水的热学和力学性质

海水是一种溶解了多种无机盐、有机物质、气体和悬浮物质的混合液体,其物理性质与纯水有许多差异。

一、纯水的特性

在水分子的结构中,由于两个氢氧键构成夹角,键的极性不能彼此抵消,致使水分子有极性。各水分子之间因极性又互相结合,形成比较复杂的分子,同时水的化学性质并未改变,这种现象称为水分子的缔合。温度升高促使缔合分子离解,温度降低有利于分子缔合,这导致水与其他液体或其他氧族元素的氢化物在性质上差异甚大。

水的溶解能力很强,因其分子有很强的极性,容易吸引溶质表面的分子或离子,使之脱离溶质的表面而进入水中。因此,水是一种很好的溶剂,所以常用来清洗污物。而海水,则是溶解了许多物质的一种复杂水溶液。

在一个标准大气压(1013.25 hPa)下,纯水在3.98 ℃时密度最大(1 000 kg/m³)。温度高于3.98 ℃时,纯水的密度随温度升高而变小;而低于3.98 ℃时,却随温度降低而减小,即所谓的"反常膨胀"。水结冰时体积增大,导致密度减小,甚至可达916.7 kg/m³,所以冰总是浮在水面上。水的密度随温度的这种变化,是由水分子的缔合造成的。

水的冰点(熔点)、沸点、比热容、蒸发潜热等,比氧族氢化物 H_2S、H_2Se 和 H_2Te 都高,这是由于水熔化和汽化时,解离水分子之间较大的缔合作用需要消耗较多的能量。

二、海水的盐度

海水因其中溶解了盐分而有别于淡水,盐度(S)就是海水含盐量的一种标度。海洋中的许多现象和过程,都与盐度的分布和变化密切相关。要精确地测定海水的绝对盐度是困难的,人们为此进行了长期的研究和探索。

(一)基于化学方法的盐度定义

1902 年克努森(Knudsen)等人基于"煮海为盐"(对海水加热至 480 ℃,烘干 48 h),定义盐度为"1 kg 海水中的碳酸盐全部转换成氧化物,溴和碘以氯当量置换,有机物全部氧化之后所剩固体物质的总质量(g)",单位是克每千克(g/kg)。

按上述方法测定盐度相当烦琐。1891 年马塞特发现"海水组成恒定性"——大洋海水中的主要成分在水样中的含量虽然不同,但它们之间的比例是近似恒定的。因此,可通过测定海水氯含量进而计算盐度。其公式称为克努森(Knudsen)盐度公式。

$$S‰ = 0.030 + 1.805\ 0\ Cl‰ \qquad (3-1)$$

式中:Cl‰为海水的"氯度",可用 $AgNO_3$ 滴定法测定,且定义为"1 kg 海水中的溴和碘以氯当量置换,所含氯离子的总克数"。

(二)基于电导率的盐度定义

电导盐度计的问世使得测定海水盐度相较于滴定法更为方便。考克斯等给出了海水盐度 $S‰$ 与电导比 R_{15} 的关系式

$$S‰ = -0.089\ 96 + 28.297\ 20R_{15} + 12.808\ 32R_{15}^2 - 10.678\ 69R_{15}^3 + 5.986\ 24R_{15}^4 - 1.323\ 11R_{15}^5$$

$$(3-2)$$

式中:R_{15} 为 15 ℃和 1 个标准大气压下所测水样的电导率 $C(S, 15, 0)$ 与标准海水(盐度精确为 35.000‰,即 Cl‰ = 19.374‰)的电导率 $C(35, 15, 0)$ 之比值。此方法测定的精度高且速度快。国际海洋学常用表和标准联合专家小组(JPOTS)于 1969 年推荐该式为海水盐度的新定义。

(三)实用盐度(PSS$_{78}$)

为使盐度的测定脱离对氯度测定的依赖,JPOTS 又提出了"1978 年实用盐度标度"(practical salinity scale 1978, PSS$_{78}$),并建立了计算公式,编制了查算表,并被纳入 1980 年海水状态方程(equation of state of seawater 1980, EOS$_{80}$),自 1982 年 1 月起在国际上推行。

实用盐度不再使用符号"‰",因而实用盐度是旧盐度的 1 000 倍。有些书刊称其为实用盐度或记为 PSU(practical salinity units)。

现在通常使用的电导温度深度仪(conductivity, temperature and depth, CTD)已与计算机程序匹配,测量时可直接计算和输出实用盐度。

回顾初始定义,海水盐度应该属于海水化学范畴,但海水却因为有了"盐度",性质产生诸多异常,从而使盐度成了重要的海洋环境物理参数。

(四)绝对盐度

2009 年,联合国教育、科学及文化组织政府间海洋学委员会(UNESCO/IOC)基于国际海水热力学方程(the international thermodynamic equation of seawater-2010, TEOS$_{10}$)重新定义了海水热力学性质,并将 TEOS$_{10}$ 作为官方推荐从而取代 EOS$_{80}$。相较于 EOS$_{80}$,TEOS$_{10}$ 引入的核心概念便是绝对盐度。

传统意义上的绝对盐度是指海水中可溶解物质的质量分数,具有真实的物理意义,且采用国际单位。EOS$_{80}$ 采用的实用盐度则是一个无量纲数,并不是一个真正的物理量,只是为了方便海洋学应用而建立,可以通过测量海水电导率获得。但是由于其无法反映海水中的中性溶质如 CO_2、SiO_2 等,因此存在系统缺陷。在 TEOS$_{10}$ 中,绝对盐度(S_A)是参考盐度和绝对盐度异常之和。对于不同海水而言,如果有一个可供参考的标准海水的物质组成,基于与之相匹配的成分盐度(S_R)可以提供绝对盐度的最佳估计。

需要指出的是,绝对盐度是在相关观测基础上进行的计算推导变量,而非直接观测变量,导致其配套的观测及修正算法并未被实际广泛应用。除此之外,虽然绝对盐度考虑了不同地区海水的成分差异导致的盐度差异,在理论上相较实用盐度更为准确,但由于观测数据

的缺乏,其在近海的普适性还有待考量。

三、海水的主要热学性质和力学性质

海水的热学性质一般指海水的热容、比热容、绝热变化、位温、热膨胀、压缩性、热导率与比蒸发潜热等。它们与纯水的热学性质多有不同,且随温度、盐度、压力而变化,从而导致海洋环境特征有诸多差异。

(一)热容和比热容

海水温度升高 1 K 或 1 ℃ 时所吸收的热量称为热容,单位是焦[耳]每开[尔文](或焦[耳]每摄氏度),记为 J/K(或 J/℃)。

单位质量海水的热容称为比热容,其单位是焦[耳]每千克每摄氏度,记为 J/(kg·℃)。在一定压力下测定的比热容称为定压比热容,记为 c_p;在一定体积下测定的比热容称为定容比热容,用 c_v 表示。在海洋学中最常使用的是前者。

c_p 和 c_v 都是海水温度、盐度与压力的函数。由图 3-1 可见,c_p 随盐度的增高而降低,但随温度的变化比较复杂。大致规律是在低温、低盐时 c_p 随温度的升高而减小,在高温、高盐时 c_p 随温度的升高而增大;当 $S \geqslant 30$ 时,只要水温高于 5 ℃,c_p 即随水温升高而增加。定容比热容 c_v 的值略小于定压比热容 c_p。一般而言,c_p 为 c_v 的 1~1.02 倍。

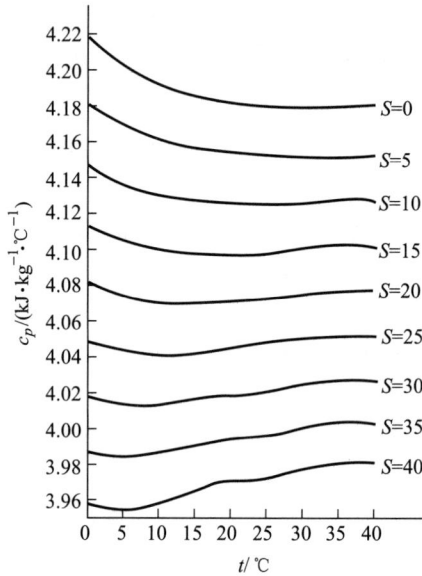

图 3-1   海面(气压为 1 013.25 hPa)不同盐度的海水定压比热容 c_p 随温度的变化

(引自叶安乐等,1992)

海水的比热容约为 3 890 J/(kg·℃),在所有固态和液态物质中近乎最大。由于海水的密度大致为 1 025 kg/m³,而空气的比热容为 1 000 J/(kg·℃),密度为 1.29 kg/m³,1 m³ 海水降低 1 ℃ 放出的热量可使 3 100 m³ 空气升高 1 ℃。正因为海水的比热容远大于大气的比热容,所以大气的温度变化比海水剧烈,地球表面气温的极差几乎为大洋水温极差的 5 倍。而且,由海面至 3 m 深的一薄层海水的热容量就相当于地球大气的总热容,致使海水的温度变化缓慢,即比大气保守得多,海洋便形成了有利于海洋生物繁衍生长的良好温度环境。

（二）体积热膨胀

当海水温度高于其最大密度对应的温度时,若再吸收热量,除增加内能使其温度升高外,还会发生体积膨胀,其相对变化率称为海水的热膨胀系数。海水的热膨胀系数比纯水大,且随温度、盐度和压力的增大而增大。低温、低盐海水的热膨胀系数为负值,此时若温度降低则海水膨胀,即反常膨胀。热膨胀系数由正值转为负值时所对应的温度,就是海水最大密度对应的温度;它也是盐度的函数,随海水盐度的增大而降低,经验公式为

$$t_{\rho(\max)}= 3.95-0.2S-1.1\times10^{-3}S^2+0.2\times10^{-4}S^3 \tag{3-3}$$

海水的热膨胀系数比空气小得多,故由水温升降所致海水密度的变化也小得多,由此所致海水的运动速度也远小于空气。

值得注意的是,在低温时海水的热膨胀系数随压力的增大更为明显。例如,盐度为 35 的海水,若温度为 0 ℃,在 1 000 m 深处($p\approx10.1$ MPa)的热膨胀系数比在海面大 54%,而若温度为 20 ℃,则仅大 4%。换言之,上述影响在高纬度和深水海域更显著。

（三）压缩性、绝热变化和位温

当压力增加 1 Pa 时,单位体积的海水体积的负增量称为压缩系数。若海水微团被压缩时与周围海水有热量交换而得以维持其水温不变,则称为等温压缩。与外界没有热量交换时,则称为绝热压缩。海水的压缩系数随温度、盐度和压力的增大而减小,它比其他流体小得多,故在海洋动力学研究中,为简化而常把海水视为"不可压缩流体"。但在海洋声学中,却必须考虑海水的压缩性。由于海洋的深度很大,其被压缩之量实际上是相当可观的。若海水真的"不可压缩",海面将会升高 30 m 左右。

当一海水微团在绝热下沉时,水深压力增大会使其体积缩小,增加了其内能导致温度升高;反之当绝热上升时体积膨胀,导致温度降低。海水微团内的此类温度变化称为绝热变化。海水绝热温度随压力的变化率称为绝热温度梯度,通常以 Γ 表示。因为海洋中的现场压强与水深有关,所以 Γ 的单位用开[尔文]每米（K/m）或摄氏度每米（℃/m）表示。它也是温度、盐度和压力的函数,海洋的绝热温度梯度很小,平均约为 1.1×10^{-4}℃/m。

在海洋中某一深度的海水微团绝热上升到海面时所具有的温度称为该深度海水的位温,记为 θ。海水微团此时相应的密度,称为位密,记为 ρ_θ。深层海水因压力大而增温,若其现场温度为 t,绝热上升到海面温度降低了 Δt,则该深度海水的位温为 $\theta=t-\Delta t$。由于大洋近底层各处现场水温差甚小,难以分析其分布与运动,但绝热变化效应却较明显,所以用位温比用现场温度更能说明问题,且便于进行历史调查资料的对比分析。

（四）比蒸发潜热及饱和蒸气压

1. 比蒸发潜热

使单位质量海水转化为同温度的蒸气所需的热量,称为海水的比蒸发潜热,单位是焦[尔]每千克（J/kg）。其量值与纯水非常接近,受盐度影响很小,可只考虑温度的影响。计算多用经验公式,迪特里希给出的公式为:

$$L=(2\ 502.9-2.720t)\times10^3 \tag{3-4}$$

式中:t——水温,适用范围是 0~30 ℃。

在液态物质中,海水的比蒸发潜热最大。伴随海水的蒸发,海洋不但失去水分,同时也失去巨额热量,这些水分和热量以水汽的形式进入大气。海洋与大气之间的物质能量交换

对全球的热平衡和大气状况的影响是巨大的。

2. 饱和蒸气压

蒸发是水分子由水面逃逸而出的过程。因海水盐度大于 0,使单位面积海面上平均的水分子数目减少,从而使饱和蒸气压降低,故限制了海水的蒸发。所谓饱和蒸气压,是指水分子由水面逃出和同时回到水中的过程达到动态平衡时,水面上水蒸气所具有的压力。海面的蒸发量与海面上蒸汽的饱和差(相应于表面水温的饱和蒸气压与现场实际蒸气压之差)成比例,因而海面上饱和蒸气压小就不利于海水的蒸发。这样一来,海洋因蒸发而损失的水量和热量就相对减少了。

(五)热传导

当相邻海水之间温度不同时,由于海水分子或海水微团的交换,会使热量由高温处向低温处转移,这就是热传导。单位时间内通过某一截面的热量,称为热流率,其单位为瓦[特](W)。单位面积的热流率称为热流率密度,其单位是瓦[特]每平方米(W/m²)。其量值的大小既与海水本身的热传导性能密切相关,还和该传热方向上的温度梯度有关,即有

$$q = -\lambda \frac{\partial t}{\partial n} \tag{3-5}$$

式中:n——热传导面的法线方向;

λ——热传导系数,单位是瓦[特]每米每摄氏度(W·m⁻¹·℃⁻¹)。

仅因分子随机运动引起的热传导,称为分子热传导,纯水的热传导系数 λ 为 10^{-1} 量级,随温度的升高而增大。水的热传导系数在液体中仅次于汞;尽管其热导性好,但因水的比热容很大,故水温的变化相当迟缓。海水的热传导系数比纯水的稍低,且随盐度的增大略有减小,主要与海水自身的性质有关。

若海水的热传导是由海水微团的随机运动使然,则称为涡动热传导或湍流热传导。涡动热传导系数主要和海水的运动状况有关,即在不同季节、不同海域有较大差别,其量级一般为 $10^2 \sim 10^3$。涡动热传导在海洋的热量传输过程中所起的作用比分子热传导大得多。据计算,如果海面温度保持在 30 ℃,仅仅靠分子热传导,则需要 1 000 年的时间,才能使 300 m 层的海水温度上升 3 ℃。

与热量的传导类似,海洋中的盐量(浓度)也能扩散传输。盐扩散率表达式与式(3-5)的形式相似。同样也有分子盐扩散和涡动盐扩散两种方式,且不同盐度的海水,其盐扩散系数也不同。盐度的分子扩散系数远小于水温,一般仅为分子热传导系数的 10^{-2} 量级,从而导致双扩散对流的产生。

海水的动量与其他物质的传输表达式也与式(3-5)具有类似的形式。

(六)沸点升高和冰点下降

海水的沸点和冰点都与盐度有关,随着盐度的增大,沸点升高而冰点下降。在海洋中,人们更多关心的是海水的冰点随盐度的变化。Millero 等(1976)给出的公式被 UNESCO 所采纳,依 SI 规定可改写为

$$t_f = -0.057\,5S + 1.710\,523 \times 10^{-3} S^{\frac{3}{2}} - 2.154\,996 \times 10^{-4} S^2 - 7.53 \times 10^{-8} p \tag{3-6}$$

式中:S——实用盐度;

p——压力,Pa。

t_f——冰点，℃。

由图 3-2 可见，海水最大密度的温度 $t_{\rho_{max}}$ 与冰点温度 t_f 都随盐度的增大而降低，然而前者降得更快。当 $S=24.695$ 时，两者对应的温度同为 -1.33 ℃，而当盐度再增大时，$t_{\rho_{max}}$ 就小于 t_f 了。

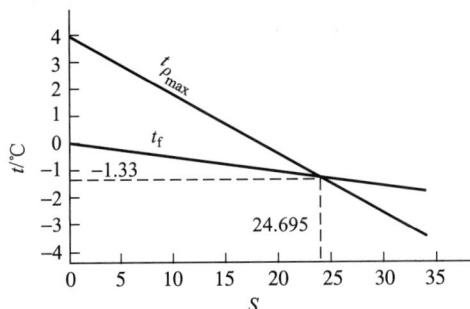

图 3-2　海水最大密度的温度与冰点温度随盐度的变化
(引自瑠斯 A，1983)

（七）海水的一些力学性质

1. 海水的黏滞性

海水是具有黏性的液体，只在少数理论情况下可以视其为无黏性的理想流体。单纯由分子运动引起的海水黏滞系数的量级很小，仅与海水自身的性质有关，随盐度的增高略有增大，随温度的升高则迅速减小。在描述海面、海底边界层的物理过程或研究很小空间尺度的动量转换时，应予考虑。在研究大尺度湍流状态下的海水运动时，则必须考虑湍流（涡动）黏滞系数，它比前者大得多，且与海水的运动状态有关。

2. 海水的渗透压

若在海水与淡水之间放置一个半透膜（水分子可以透过而盐分子不能透过），那么，淡水一侧的水会慢慢地渗向海水一侧，导致海水一侧的压力增大，直至达到平衡状态；此时膜两边的压力差，称为渗透压。它随海水盐度的升高而增大；低盐度时随温度的变化不大，而高盐度时随温度的升幅较大。

海水渗透压对海洋生物有很大影响，因海洋生物的细胞膜就是一种半透膜；不同海洋生物的细胞膜性质有差别，故对盐度的适应范围也不同。这是研究海洋生物环境时所关注的问题之一。

海水与淡水之间的渗透压，依理论计算可相当于 250 m 水位差的压力，从而被视为一种潜在的能源，称为海洋盐差能。

3. 海水的表面张力

在液体的自由表面上，其分子之间的吸引力所形成的合力会使自由表面趋向最小，这就是表面张力。海水的表面张力随温度的增高而减小，随盐度的增大而增大。海水中杂质的增多，也会使海水表面张力减小。表面张力对水面毛细波的形成起着重要作用，对海洋漂浮生物（marine neuston），特别是对海面漂浮生物（marine epineuston）的影响更大。

关于海水各种性质的特点、影响和环境效应，可参考表 3-1。

表 3-1　海水性质的特殊性及其环境影响

性质	特殊性	影响及环境效应
水分子	结构不对称,有极性	水分子可缔合,导致海水性质特殊;水分子有极性,导致海水溶解能力很强
溶解	溶质种类及溶解之量都多于其他液体溶剂	对海洋生物有重要影响;成为最常选用的溶剂;是最常用的廉价的环境污染清洗剂
盐度	溶解多种盐类和有机物;大洋水盐度相对保守,近岸变化较大	是制约海水密度和海洋生物的重要因子;海水化学资源种类多;盐度差是潜在能源
密度	随盐度和压力的增加而增大,但随温度的变化不是单调的	对海水的层理结构和各种尺度的运动都有巨大影响
比热容	在固、液态物质中,海水比热容接近最大者	限制了水温的急剧变化;有利于海洋生物生存繁衍
热容量	在地球表面系统中,海水的热容量最大	调节地球环境热平衡和气候的重大因素;"记忆"大气热变化的信息;利用温差发电
比蒸发潜热	所有物质中最大;受盐度影响很小,随水温升高而减小	是海面热平衡的重要因素;影响大气状况和气候
冰点温度及最大密度的温度	都随盐度的增加而降低,但是 $S \leqslant 24.695$ 时,冰点温度低于最大密度的温度;$S > 24.695$ 时,冰点温度高于最大密度的温度	海水比淡水难结冰;有利于海洋生物生存;增强海水铅直方向的对流混合;海洋上层冷却速率慢、结冰推迟;高纬度海域冷水下沉,形成大洋深层、近底层水团
热传导	海水分子热传导系数随水温升高而增大;涡动热传导系数量值大,与海水运动状况有关	有利于生物及物体温度的趋匀;对水温分布和变化有重要作用,进而影响气候
黏滞性	分子黏滞系数较小,只取决于海水自身性质;涡动黏滞系数较大,与海水运动状态有关	因黏滞性小,可视海水为理想流体;对边界层、小尺度空间的动量转换有重要作用;大尺度湍流状态的海水运动必须考虑涡动黏滞性
渗透压	随盐度的增加而增大,与淡水之间有很高的渗透压	对海洋生物影响大;对仿生技术研究及潜在能源开发有重要启示
表面张力	所有液体中最大;随盐度的增加而增大,随水温的升高而减小	对水面毛细波的形成有重要作用;对生物细胞生理,特别对海洋表上漂浮生物有重要影响
电导率	海水电导率比纯水大得多;随水温、盐度、压力的增加而增大	利用电导测定海水盐度,方便且准确
压缩性	压缩系数较小,且随水温、盐度、压力的升高而减小	为简化处理,海水可视为不可压缩流体;压缩性小导致海水运动速度较小;海洋声学不可忽略压缩性;在深海盆中,绝热压缩导致水温升高,故用位温分析
声学	声波在海水中衰减变弱、传播远	能在海洋中远距离传播;水声技术广泛应用于军事、渔业、地质、海洋环境场的研究

续表

性质	特殊性	影响及环境效应
光学	光在海水中因吸收和散射而衰减，但与波长及海水中溶解或悬浮的物质关系复杂	制约海水透明度和水色的分布与变化；对海洋生物影响很大；光学技术在海洋遥感中的应用发展迅速；对海洋污染物降解影响大

四、海水的密度和海水状态方程

（一）海水密度

单位体积海水的质量定义为海水的密度，用符号 ρ 表示，其单位是千克每立方米（kg/m^3）。它的倒数 $\alpha = 1/\rho$ 称为海水的比容，即单位质量海水的体积，其单位是立方米每千克（m^3/kg）。由于海水密度是盐度、温度和压力的函数，因此，海洋学中常写为 $\rho(S,t,p)$ 的形式，它表示盐度为 S、温度为 t、压力为 p 的海水密度。与此类似，比容的书写形式相应为 $\alpha(S,t,p)$。

海水密度一般有 6~7 位有效数字，且其前两位数字通常是相同的。为便于书写计算，在密度单位用"g/cm^3"的情况下，曾采用克努森参量 σ 和 v 分别表示海水的密度与比容。即

$$\sigma = (\rho - 1) \times 10^3 \tag{3-7}$$

$$v = (\alpha - 0.9) \times 10^3 \tag{3-8}$$

在海面，海水压力为 0，海水密度仅为盐度和温度的函数，此时记为

$$\sigma_t = [\rho(S,t,0) - 1] \times 10^3 \tag{3-9}$$

$$v_t = [\rho(S,t,0) - 0.9] \times 10^3 \tag{3-10}$$

分别称为条件密度和条件比容。当温度为 0 ℃ 时，记为 $\sigma_0 = [\rho(S,0,0) - 1] \times 10^3$，它仅是盐度的函数。

（二）密度超量

若密度单位用 kg/m^3，可定义密度超量（density excess）为

$$\gamma = \rho - 1\,000 \tag{3-11}$$

它与密度具有同样的单位，且与 σ 的数值相等。

（三）比容偏差和热比容偏差

在海洋学中，较比容 $\alpha(S,t,p)$ 更常使用的是

$$\delta = \alpha(S,t,p) - \alpha(35,0,p) \tag{3-12}$$

式中： δ——比容偏差，也可将其记为 $\delta(S,t,p)$；

$\alpha(35,0,p)$——海水盐度为 35、温度为 0℃、海水压力为 p 时的比容。

在海洋学中，还常用热比容偏差，也称为热盐比容偏差，用 Δ 或 $\Delta(S,t)$ 表示

$$\Delta(S,t) = \alpha(S,t,0) - \alpha(35,0,0) \tag{3-13}$$

上式表示在海面上（海水压力为 0）的比容与盐度为 35、温度为 0 ℃ 时的比容的偏差。显然，它只是温度和盐度的函数。

鉴于在浅海或 1\,000 m 以浅的海洋上层，海水的密度或比容主要取决于海水的温度和盐度的变化。已知 $\alpha(35,0,0) = 0.972\,662\,04 \times 10^{-3}\,m^3/kg$，可得

$$\Delta(S,t) = [1\,000/(1\,000 + \gamma) - 0.972\,662\,04] \times 10^{-3} \,(m^3 \cdot kg^{-1}) \tag{3-14}$$

（四）海水状态方程

表层海水的密度可以直接测量，但海面以下深层海水的现场密度尚无法直接测量。由于海水密度在大尺度海洋空间的较小变化，也会对海水运动和海洋状况产生很大的影响。因此，通过海水的温度、盐度和压力而间接计算海水的现场密度是非常必要的。据估算，在中低纬度大洋中上层，温度每降 5 ℃，或盐度每增加 1，或者深度增加 200 m（约 $2×10^6$ Pa），密度约增加 1 kg/m³，而更精确的计算须依据海水状态方程。

海水状态方程是描述海水状态参数温度、盐度、压力与密度或比容之间相互关系的数学表达式（也称为 p-V-t 关系）。依此关系式，可根据实测的温度、盐度及压力计算出海水的密度。

UNESCO 推荐的国际海水状态方程（EOS_{80}）如下

$$\rho(S,t,p)=\rho(S,t,0) \cdot [1-np/K(S,t,p)]^{-1} \qquad (3-15)$$

$$\alpha(S,t,p)=\alpha(S,t,0) \cdot [1-np/K(S,t,p)] \qquad (3-16)$$

式中：$\rho(S,t,0)$——海水压力为 0 时的海水密度；

$K(S,t,p)$——割线体积模量。

该方程的适用范围是：温度 -2~40 ℃，实用盐度 0~42，海水压力 0~10^8 Pa，压力匹配系数 $n=10^{-5}$。

EOS_{80} 的一个优点是，它比原有的其他形式的状态方程更为精确，且用于计算海水的体积热膨胀系数或压缩系数等精度也高。另一个优点是方程的结构简明，能清楚地刻画海水体积模量的"纯水项""标准大气压项"和"高压项"，从而给理论研究和实验、计算带来很大的方便。换言之，若调整其中任一项时，不会对其他项产生影响。海水状态方程是基于实测数据拟合的一种高阶回归经验公式，不同于理想气体状态方程，但在实际应用中具有足够的精确度与可靠性。

式（3-15）和式（3-16）中的温度，当时采用的是 1968 年国际实用温标（IPTS-68，t_{68}）。1990 年国际温标（ITS-90，t_{90}）与其在 0 ℃ 时是相等的，除此之外则有差别。在世界大洋的水温变化范围内，两者关系为

$$t_{90}=0.999\,76t_{68} \qquad (3-17)$$

EOS_{80} 不仅可直接用于计算海水的密度，也可用于计算海水的热膨胀系数、压缩系数、声速、绝热梯度、位温、比容偏差及比热容随压力的变化等，可参考有关文献。

需要指出的是，在近河口的某些海域，用 EOS_{80} 计算的海水密度与实测密度有明显的系统偏差。其原因是淡水的注入降低了盐度，而 $[Ca^{2+}]/S$ 值增大，即单位盐度海水中的钙含量比标准海水高，致使密度增大。实测值与计算值的标准偏差，在长江口外平均为 $3.9×10^{-3}$ kg/m³，在黄河口及渤海湾标准差为 $8.3×10^{-3}$ kg/m³，在胶州湾为 $6.4×10^{-3}~28.6×10^{-3}$ kg/m³，在珠江口为 $2.4×10^{-3}~54.0×10^{-3}$ kg/m³，在杭州湾为 $28.2×10^{-3}~120.5×10^{-3}$ kg/m³。后三者的变化范围大，与工业废水排入有关。

（五）热力学状态方程——2010（$TEOS_{10}$）

由于海水、海冰和潮湿空气的热力学性质及相互关系逐渐被重视，EOS_{80} 的局限性也显现出来。例如，EOS_{80} 对上述几种物质并不能完全遵守麦克斯韦热力学交叉差异化关系（thermodynamic Maxwell cross-differentitation relations），且海水密度并不实际考虑海水的物质组成差异。鉴于此，2009 年 IOC 决定采用热力学状态方程——2010（$TEOS_{10}$）。$TEOS_{10}$

与 EOS_{80} 的主要区别如下：

（1）$TEOS_{10}$ 基于 1990 年国际计量委员会推行的 1990 年国际温标，且被现在的大部分海洋测温仪器采用，而 EOS_{80} 建立在 1968 年国际实用温标基础上，两者在计算上有较大差异。

（2）当前某些基本物理和化学常量（如物质原子量等）的精度已经得到很大提升，同时关于水的液态、气态（水汽）和固态（冰）的新的热力学性质方程已经公布，但之前使用的海洋标准基础没有根据这些变化做出修正。

（3）$TEOS_{10}$ 具有更好的使用范围。

（4）$TEOS_{10}$ 可以提供更多的海水性质函数，如熵、焓等。

$TEOS_{10}$ 的核心思想是利用海水吉布斯函数来求解海水的各种性质，具有完备的热力学理论体系。热力学已经证明，如果一个热力学系统的基本方程（如吉布斯函数）是已知的，那么通过适当的微积分和代数运算，就可以求出整个系统的各种热力学性质。对于海水而言，计算海水密度等性质的首选变量是盐度、温度和压力。海水吉布斯能 G 可以表示为：

$$G(m_{\mathrm{w}}, m_{\mathrm{S}}, T, p) = m_{\mathrm{w}}\mu^{\mathrm{w}} + m_{\mathrm{S}}\mu^{\mathrm{S}} \tag{3-18}$$

式中：m_{w}——海水的质量；

$\quad m_{\mathrm{S}}$——海水中盐的质量；

$\quad \mu^{\mathrm{w}}$——水的化学势，可由吉布斯能 G 对 m_{w} 求偏导获得；

$\quad \mu^{\mathrm{S}}$——盐水的化学势，可由吉布斯能 G 对 m_{S} 求偏导获得。

单位质量的吉布斯能，即海水比吉布斯能 g 与海水样品的质量无关，可以用来描述热力学状态函数，其表达式为

$$g(S_{\mathrm{A}}, t, p) = \frac{G}{m_{\mathrm{w}} + m_{\mathrm{S}}} = \mu^{\mathrm{w}} + S_{\mathrm{A}}(\mu^{\mathrm{S}} - \mu^{\mathrm{w}}) \tag{3-19}$$

通过计算得出海水比吉布斯能 g 后，就可以通过微积分和代数运算求解各种派生函数，从而得到各种海水性质。

第二节　海水的声学与光学性质

一、声波在海水中的传播

相比于光波和电磁波，声波在海水中衰减最小，故水声技术在海洋研究、开发和军事等方面获得了广泛的应用。

（一）声波的传播速度

声波在可压缩介质中传播的速度，与介质的密度 ρ、定压比热容 c_p、定容比热容 c_v 及等温压缩系量 κ_t 有关，即

$$c = \left(\frac{1}{\rho} \frac{c_p}{\kappa_t c_v}\right)^{\frac{1}{2}} \tag{3-20}$$

海水的上述各项性质皆随水温、盐度和水深（压力）而变，致使海洋中声速因地因时而异，其大体范围为 1 450～1 540 m/s，比在淡水中 1 436 m/s 大一些。实验证明：水温增高

1 ℃,声速约增加 5 m/s;盐度增加 1,声速可增加 1.14 m/s;深度增加 100 m,声速增加 1.75 m/s。综上,在影响声速的因素中,温度起重要作用,压力次之,盐度影响通常忽略不计,除非在近岸或极地海域。

实际应用时多是根据实测的水温、盐度和压力,依经验公式计算声速。

$$c(S,t,p)=c_w(t,p)+A(t,p)S+B(t,p)S^{\frac{3}{2}}+D(t,p)S^2 \qquad (3-21)$$

式中:S——海水盐度。$c_w(t,p),A(t,p),B(t,p),D(t,p)$ 的取值和计算可参阅《物理海洋学》(叶安乐等,1992)附录七。

相比于公式(3-20),用此公式计算的结果与依 EOS_{80} 计算的结果更相近。该式的适用范围是:水温 0~40 ℃(t_{68}),盐度 0~40,海水压力 0~10^8 Pa。

(二)声速的铅直分布

海洋水温一般是随水深增加而降低的,故声速由表层向下随水深的增加而减小。但当到达某一深度后,水温的降低愈趋缓慢而对声速影响减小,压力的增大使声速增大的影响却相对显著起来;当水深再增加时,后者的影响超过了前者,声速则随深度的增加而增大,于是在水下出现一个声速最小层。在大西洋该层位于 1 200~1 300 m,在太平洋则位于 900~1 000 m,在某些热带海域可深达 2 000 m,在温带海域可升至 200~500 m。在两极海域,因水温随深度变化不大而压力的影响显著,致使声速最小层位于海面附近。

当声波与声速水平最小层成较小角度向上或向下传播时,其传播路径则发生弯曲而折回该层。因此,近于水平方向发射的声波大多不经海底或海面反射,而是以该层为轴线上下返转传播(图 3-3)。由于声波能量相对集中于该层上下而损失很小,故能超长距离传播,甚至可达通常传播距离的数百倍。这相当于声波局限于声速最小层这一虚拟的导管中传播,故在军事海洋学中也称为波导传播,类似于光纤中光波的全反射无损失传播,因此声速能传播得很远。这一水层也称为大洋声道,声速最小层称为声道轴。

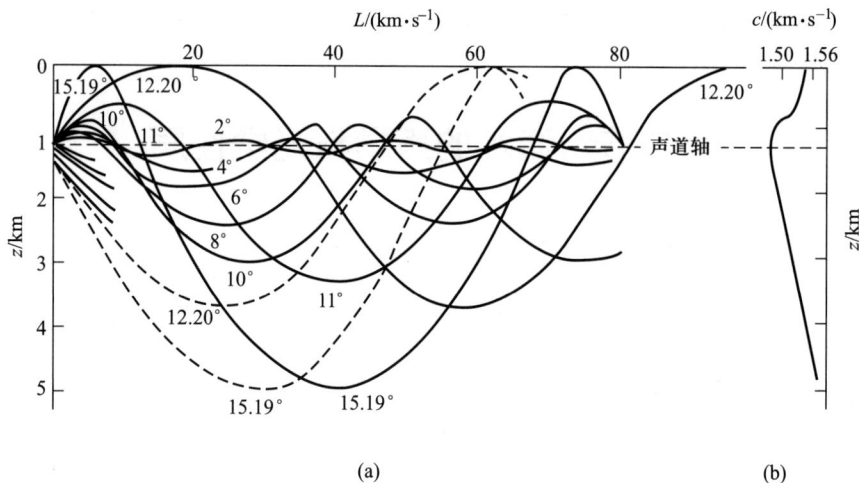

图 3-3　大西洋的声道、声线和声速剖面

(引自叶安乐等,1992)

在大陆架浅海区,冬季水温铅直向基本上是均匀的,因海水的静压力作用,下层声速略

大于上层,会形成弱的表面声道。声波在其间传播时,声线弯向海面而反射回来,因声能经海面的反射损耗较海底为小,故能传播较远,这种声线传播路径称为半波导型传播。反之,在夏季无风时声速上大下小,声线弯向海底,吸收和散射损耗较多,则为反波导型传播,其不利于声呐的探测与监听,在夏季午后昼日水温最高的时刻尤为明显,军事海洋学上称为午后效应。夏季有风时海洋上层混合会形成上均匀层,其下界有跃层,跃层对声的折射与反射使声能减弱,形成声波无法探测的声阴影区,既对声波起部分屏障作用亦可导致多途效应。这是浅海声场环境研究、军事海洋学中值得关注的问题。

二、声学技术在海洋环境研究和开发中的应用

早期曾利用深水声道超远传播的特点,建立海难救助系统。深水声道又称为声发波道(sound fixing and ranging channel,SOFAR)。类似地,也可利用深水声道建立海啸预报系统、测定航空航天器回收降落位置或水下火山爆发、地震震源位置等。

第一次世界大战时,应对潜艇作战的需要研制了回声定位仪,即后来简称的声呐(sonar)。第二次世界大战及其后,声呐技术更广泛地应用于军事,也得以更快地发展,在水下通信、声导航系统、声遥测遥控、数据图像传输、海洋战场环境保障等各方面都发挥了显著的作用。

水声技术业已推广应用于各行各业。例如,交通航运业的声导航和冰山探测以及海洋渔业的鱼群和渔场探测;水声测深取代缆绳和重锤测深使航道和海图测绘更便捷准确,推动了海洋地质、地貌,特别是大洋地貌的研究;探测海底地质剖面结构,为海底油气等矿藏资源的勘探和开发提供帮助。在海洋环境研究方面,用声浮标监测波浪、海流、中尺度涡,观测内波的位置、变化和海岸泥沙的搬运等。声学多普勒流速剖面仪(ADCP)的使用和海洋声学层析术(marine acoustic tomography)更为海洋环境场的研究提供了得力的技术支撑。全球大洋声学监测网(ATOC)的建立,无疑为声学技术的更广泛应用搭建了新的舞台。

海洋生物对水声的反射、散射,以及海洋动物噪声是海洋声学研究中备受关注的问题之一。海洋浮游植物和浮游动物(如头足类)及鱼类对声波能产生较强的散射回波,鱼鳔和气囊对某些频率的声波可产生强烈的共振反射声波,从而对声呐产生干扰。海洋动物在活动、定位、呼叫、索饵、防御、攻击或生殖时会有多种多样的发声,形成海洋动物噪声,在设计水声仪器时,应考虑其信噪比。

海洋动物噪声的研究成果,有些已应用于鱼类的声音驯育,水下音响集鱼器可用于海洋渔业捕捞,海豚的哨声对许多鱼类有警示作用,可通过训练将其充作海洋牧业的"牧犬",也可训练为人类环境开发探测、通信联络服务。第二次世界大战期间,日本曾用弹指虾群的噪声干扰美军基地的监听声呐。后来,美军则训练海豚、海狮充当水下"特种兵"。

三、光在海水中的衰减

人们早已熟知光在海水中衰减很快,福布斯即由此而提出水深超过550 m的深海是无生命带;尽管他后来将深度加大到700 m也被实测所否定,然而深海"黑暗"是不争的事实。即使是最洁净的大洋水,1 m厚的水层也可使进入海面的辐射能损失55%,至10 m损失78%,至100 m则损失99.5%。这是由海水对光的散射和吸收造成的。

（一）散射

光在海水中传播时,水分子会产生瑞利散射(Rayleigh scattering)。纯净海水的散射作用一般较弱,且主要在短波波段。海水中还有许多悬浮物质,其直径远大于光波的波长,它们引起的散射作用比前者大得多。

在分子散射和较小粒子的散射中,前向散射和后向散射相等且为最强;在与入射光线垂直方向上散射最小,仅为前者之半。在较大的粒子(直径大于光波波长)散射时,入射光在粒子周围产生绕射,光线进入粒子后又会产生多次折射,并且光在粒子表面也反射,致使其散射规律颇为复杂。近岸海域的海水中含有较多的无机和有机悬浮物质,其粒径远大于光波的波长,这种粒子的散射服从米散射(Mie scattering)定律,即前向散射大于后向散射,且这种不对称性随粒子直径与光波波长比值的增大而增大。

散射体的总散射能力用体积散射系数 b 表示。散射的结果使光在海水中衰减,然而,吸收所致光的衰减比散射的作用大得多。

（二）吸收

光在海水中也因吸收而衰减,且与散射过程有本质的区别:散射主要是改变了光传播的方向,而吸收则使能量的存在形式发生了变化——光能转变为热能、化学能等。光能转变为海水的热能,效应是水温升高;通过光合作用转变为化学能,则是海洋食物链的重要环节。

海水中悬浮或溶解的物质对吸收作用影响很大。实验发现,过滤后的大洋水光学性质接近于纯水,而较浑浊的近岸水,即使反复过滤,其吸收能力仍远大于纯水。原因是后者含有“黄色物质”(海洋生物及来自陆地的有机体腐败分解而形成的可溶性有机物质,通常呈黄色),使其吸收系数在短波部分随波长减小而迅速增大。自然海水的吸收系数 a,在短波部分明显地大于纯水,且随海水浑浊度的增大而更为突出。浑浊使短波段的吸收增得更快,从而使吸收系数的极小值随海水浑浊度的增大而向长波方向推移。

（三）衰减

光辐射进入海水之后,因散射和吸收的共同作用,强度逐渐减小。通过单位厚度的水层后,辐射通量的损耗率称为衰减系数。衰减系数 c 为散射系数 b 与吸收系数 a 之和,即

$$c = a + b \tag{3-22}$$

又称为线性衰减系数。

清洁的大洋水在波长 0.45 μm 附近衰减系数有极小值,致使蓝光衰减最小而最易透射,在短波段(趋向紫外光)和长波段(红光及红外)衰减系数很大而透射相应减小。在浑浊的沿岸水中,所有波段都比清洁大洋水衰减强烈,而在黄色波段衰减最弱:透射 1 m 的能量已大减,透射到 10 m 的更少,而其透射比率最大值则向黄光波段推移(图3-4)。

上述特性对于海洋藻类和浮游植物的光合作用具有重要意义,同时也影响与制约了海水的透明度、水色和水中视程,进而影响了海洋环境与景观价值。

光在海水中的衰减和透射率,对入海污染物的光学降解速率有影响。

四、海水的透明度、水色和海色

（一）透明度和水中能见度

海水透光性能的差异,可以用“透明度”定量地加以比较。

早期观测透明度,是将透明度板(Secchi-disc,赛克板)沉放入水,直到刚刚看不见时(即

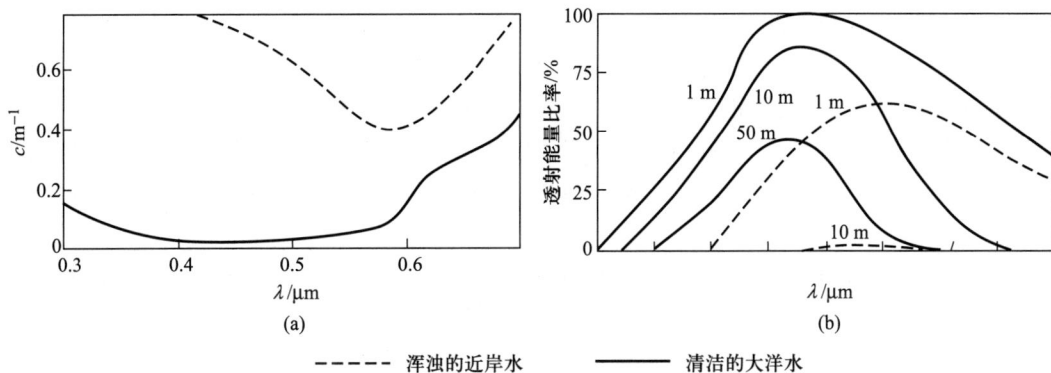

图 3-4 衰减系数和透射能量比率随波长的变化

（引自 Pickard G L 等，2000）

（a）清洁的大洋水（实线）和浑浊的近岸水（虚线）的衰减系数；

（b）透射能量比率：清洁的大洋水（实线）1 m、10 m 和 50 m，浑浊的近岸水（虚线）1 m 和 10 m

目测透明度板开始"消失")的深度称为"透明度"。实际上这是"相对透明度"。透明度的新定义是衰减系数的倒数——衰减长度，其数值与相对透明度大体相当，但其物理意义更明晰。测量的仪器有透明度仪（transparency meter）或浊度计（turbidity meter）。

水中能见度即水中视程，比大气能见度小得多，水平方向上一般仅为大气的千分之一。对人类水下作业是非常不利的，但有利于海洋生物躲避敌害，也有利于潜艇的隐蔽。

（二）海色

在广阔的洋域（如热带和赤道海域），海洋是深蓝甚至靛蓝色的，但在其他海域（如边缘海）则可从蓝绿色变到绿色或黄绿色。个别海域就以海洋的颜色命名，如黄海、红海、黑海和白海。这里所说的海洋的颜色，称为"海色"，它是在岸边或船上观察者所看到的海洋的颜色。海色通常是由海面反射光谱和来自海洋内部的向上辐照度光谱两部分组成的。其中后者是海洋自身光学性质和状况的反映，而前者则不尽然。因为海面反射光谱中，有很大一部分是对上空的光反射，所以常常因天空颜色（晴朗或阴霾）以及海面状况（风平浪静或波涛汹涌）而变化，甚至太阳高度和水深的变化，也会导致观察感知的海色不同。黄海是因古黄河携入大量泥沙，使海水向上散射的光谱中以黄色波段最显著而得名，红海则因束毛藻繁盛而致海水呈红褐色而著称，黑海因水交换不畅深层水多硫化氢且海上多风暴而致海色深暗，白海则因冰映雪照而显淡白。前两个海区的名字尚能反映特定海区海水的某些表观光学性质，后两个称谓显然掺杂了海水之外的因素，实际上未能客观如实地表征海水本身的颜色——水色。

（三）水色

水色是海水包括其中溶解的和悬浮的、有机的和无机的物质，对入射光的散射与吸收的选择性等综合作用的结果，粒子含量和粒度组成的变化，尤其是黄色物质的浓度，对水色变化的影响大。水色的观测要避开阳光，在一半透明度之深处，从海面正上方向下观察海水以透明度板为背景的颜色，与标准水色计最为接近的标号即为其水色号，所以它已尽量消除了天空反射光和海面状况的外来影响。因此，水色在表征海水的表观光学性质方面，要比海色更为科学。

洁净的大洋水光学性质近似于纯水,以分子散射为主,因而散射光中的短波部分的比例显著增大,而吸收系数在短波部分很小,尤其是在蓝光波段达最小。二者的综合作用导致该波段散射相对增强,从而使相应波段的光较易射出海面,所以海洋的水色呈现蓝色,称为水色高,水色号码愈小。近岸海域由于海水浑浊度增大,特别是黄色物质增多短波部分和长波部分迅速衰减而黄光波段衰减最小,透射能量比率最大值向黄光波段推移,因而在浑浊的沿岸海域,水色趋向黄色或黄褐色,谓之水色低,水色号码愈大。

粒度较大、数量较多的悬浮物质本身的颜色,对局部海域的水色影响也很大,如黄海之得名。浮游生物大量繁殖时,其体色也影响水色,如红海、赤潮之命名。当海水中叶绿素浓度增加时,向上辐射在 $0.55~\mu m$ 附近增大,因此相应的海域呈绿色或黄绿色。

(四)海发光

"海发光"现象源于海洋生物发光。生活于 700 m 以深的海洋动物,适应了在黑暗的深海环境中生活,90%以上能自身发光,这与其捕食、避敌、求偶等生物学行为有一定的关系。也有上层海洋生物能发光,故在夜间使海洋中显现微光,当海水扰动时发光更亮,如渔船网具抖动可现"万点银星",舰船航行时两侧出现乳白色光,船尾留下闪烁的磷光。海发光现象以热带海域最为强烈,在我国东海也较为常见。

海洋中生活的庞大细菌群落发光可形成"荧光海"现象,其光亮能持续数小时或数天,从 1915 年至 2005 年记录在案的"荧光海"达 235 次,大多集中在印度洋北部和爪哇岛附近。

五、光学技术在海洋环境研究和开发中的应用

海洋环境要素的许多信息,借助海面的向上辐射而传输出去,如与水温密切相关的热辐射、与水色相应的光辐射、与海面波浪起伏有关的"太阳闪耀"、与海流及海平面关联的海面高度与坡度变化等等。遥感技术的进步,使收集此类信息成为可能,研究这些信息又进一步推动了环境海洋学的发展。

(一)航空海洋遥感

20 世纪 30 年代,人们已开始利用飞机进行海岸带摄影测量和海上气象观测。20 世纪50 年代,美国海军水文局组织湾流考察,首次使用飞机和多船协同调查海洋环境并获得成功。

尽管航空遥感受空间、时间限制较大,不如卫星遥感那样范围大、时间长,但后者受大气层干扰较多,所测数据不如前者准确可靠,因此航空遥感也常用于卫星遥感器试验和地面校准。

(二)卫星海洋遥感

1957 年苏联发射了第一颗人造地球卫星,20 世纪 60 年代以后卫星遥感发展迅速,1978年美国国家航空航天局发射了第一颗海洋卫星 Seasat-A,海洋观测进入太空观测时代。到90 年代业务应用日趋成熟,卫星遥感技术已被列为全球海洋观测系统(GOOS)的重要技术构成。据统计,截至 2018 年在轨海洋卫星数量为 142 颗,并预计在 2030 年将达到 270 余颗。

2002 年 5 月 15 日,我国第一颗海洋水色卫星 HY-1A 成功发射,结束了我国没有海洋卫星的历史,极大地推动了我国海洋立体监测体系和空间对地观测体系的发展。近年来,HY-1B/C/D 以及 HY-2A/B/C 等海洋卫星陆续发射成功,我国已从近海监测逐步走向全球海洋监测。

利用可见光的遥感,在无云遮挡时能获得很多信息,可用于分析海岸线与海冰分布,监视海洋污染、沉积与侵蚀,还可估算水面的悬浮物浓度、叶绿素含量、初级生产力和近岸水深分布等。

利用海面的红外辐射,可以反演海面温度、沿岸海流、锋面和中尺度涡旋,也是监测海冰、获取其定量资料的有效手段。利用卫星遥感海表温度还可研究渔场、石油污染和大型核电站附近的热污染等。

微波遥感有高度计、散射计、合成孔径雷达等,它们可以探测平均海平面高度、大地水准面、有效波高、海面风速、表层流、重力异常、降雨指数、波浪方向谱、中尺度涡旋、海洋内波、浅海地形、海面污染、海冰、水汽含量、降雨、CO_2 及海-气交换等。

第三节 海　　冰

狭义的海冰仅指由海水冻结而成的冰;广义的海冰则泛指在海洋中所见到的各种类型的冰,其中有海水冰,也有滑入海中的淡水冰。世界大洋有 3%~4% 的面积被海冰覆盖,它们对海洋航运和开发形成严重障碍,甚至酿成灾害。尽管有些海区并非全年被冰覆盖,但鉴于季节性海冰对海洋水文状况的影响,其研究也受到环境海洋学的重视。

一、海冰的形成条件、冰型及分布

(一)海冰形成的必要条件

海冰形成的必要条件是:海水温度降至冰点并继续失热,相对冰点稍有过冷却现象并有凝结核存在。

由图 3-2 可见,当海水盐度 $S \leqslant 24.695$ 时,$t_{\rho_{max}} > t_f$,其结冰情况与淡水相同。当 $S > 24.695$ 时(海水大多如此),$t_f > t_{\rho_{max}}$,即使海面温度已降至冰点,但因增密所引起的对流混合能把下层的热量向上层输送,可使上层水温仍不低于冰点,须待对流混合层的温度整体降达冰点后,海水内又有凝结核(如悬浮微粒或雪花等),这时才开始结冰,且可从海面至对流所达深度内同时结冰。

海水结冰是其中的水开始结冰,而盐分通常排除在纯水冰之外,导致未结冰的海水盐度升高而冰点继续降低。部分来不及流走的盐分以卤汁的形式被包围在冰晶之间的空隙里形成"盐泡"。此外,海水结冰时,还将来不及逸出的气体包围在冰晶之间,形成"气泡"。因此,海冰实际上是淡水冰晶、卤汁和气泡的混合物。海水结冰形成淡水冰的特性,也可能成为海水淡化的方向之一。

(二)海冰的分类

海冰按冰型可分为固定冰型和浮冰型。固定冰型是指与海岸、岛屿或海底冻结在一起的冰,分为冰川舌、冰架、沿岸冰、冰脚和搁浅冰 5 种。冰川舌是陆地冰川向海中的舌状伸展,最大伸展宽度可达海岸外数米甚至数千米。

浮冰是自由浮在海面上能随风、流漂移的冰,又称为流冰。它可由大小不一、厚度各异的冰块形成,分为初生冰、冰皮、尼罗冰、莲叶冰、灰冰、灰白冰、白冰、一年冰和多年冰 9 种。由大陆冰川或冰架断裂后滑入海洋且高出海面 5 m 以上的巨大冰体,一般称为冰山,不在浮冰之列。

观测海区面积的 1/10~1/8 有浮冰,可以自由航行的海区称为开阔水面;当没有浮冰时,即使出现冰山也称为无冰区;浮冰密度达 4/10~6/10 者称为稀疏浮冰,浮冰一般不连接;密度达 7/10 及以上称为密集(接)浮冰。

根据浮冰的表面特征可分为平整冰、重叠冰、冰脊、冰丘、覆雪冰、覆水冰和蜂窝冰 7 种。

(三)海冰的分布

北冰洋终年被海冰覆盖,其中的 70% 为极地冰帽(polar cape ice),25% 为巨大浮冰(pack ice);覆冰面积 3—4 月最大,约占北半球面积的 5%;8—9 月最小,约为最大覆冰面积的 3/4;多年冰的厚度一般为 3~4 m。浮冰主要绕洋盆边缘运动,冰界线的平均位置为 58°N。南极大陆周围为固定冰架,周边海域也终年被冰覆盖,暖季(3—4 月)覆冰面积为 $2\times10^6 \sim 4\times10^6$ km²,寒季(9 月)增至 $18\times10^6 \sim 20\times10^6$ km²。浮冰的北界在南太平洋为 50°S—55°S,印度洋为 45°S—55°S,在南大西洋更偏北,可达 43°S。

冰山(ice berg)也是高纬度海域的特有海洋环境现象,因为它来源于陆地冰,不含盐分而含有气泡(bubble),故其密度比纯水冰还小(约 900 kg/km³)。格陵兰的冰川滑落崩坍入海,是北半球海洋冰山的主要来源,估计每年可多达 4 万座;向南漂浮可达 40°N,个别冰山曾穿越湾流抵达 31°N。南极大陆集中了世界上 85% 的冰,其冰川入海及冰架崩塌形成的冰山更多更大,南大洋海域游弋的冰山可达 20 多万座,曾观测到的巨大冰山长 335 km,宽 97 km。南大洋中冰山平均寿命为 13 年,是北半球的 4 倍多。

冰山和浮冰的漂移方向主要受风和海流共同制约。无风时,其漂移方向与速度大致与海流相同;单纯由风引起的漂移速度为风速的 1/50~1/40,方向偏于风矢量之右(北半球)或左(南半球);在强潮流区,则主要受潮流制约。

除南大洋和北冰洋之外,大西洋的波罗的海,太平洋的白令海、鄂霍次克海、日本海,还有中国的渤海和北黄海,冬季都有海冰出现。

全球气候变暖加速了两极冰川和海冰的融化。北冰洋格陵兰北部的旺德尔海通常经年覆盖着紧密厚实的冰雪,人们预期在气候变化之下,它会比北冰洋其他区域坚持得更久,因而被称为北冰洋"最后的冰区"。2021 年发表的研究结果显示,这个北极"最后的冰区"的海冰正大量消失、冰层变薄。

二、海冰的物理性质

(一)海冰的盐度和密度

海冰的盐度是指将其融化后海水的盐度,一般为 3~7。

海冰盐度取决于冻结前海水的盐度、冻结的速率和冰龄等因素。冻结前海水的盐度越高,海冰的盐度可能越高;结冰时气温越低,冻结速率越快,来不及流出而被包围进冰晶中的卤汁就越多,海冰的盐度自然要更大,例如在南极大陆附近海域测得的海冰盐度高达 22~23。在冰层中,由于下层冻结的速率比上层要慢,故盐度随深度加大而降低。一年冰的盐度通常为 4~10;当海冰经过夏季后,因冰面融化会使冰中卤汁流出,导致盐度降低,二年冰降至 3 以下;在极地的多年老冰中,盐度可低于 1。

纯水冰 0 ℃时的密度一般为 916.8 kg/m³,海冰中因为含有气泡,密度一般低于该值,新冰的密度为 914~915 kg/m³。冰龄越长,由于冰中卤汁渗出,密度越小。夏末时的海冰密度可降至 857 kg/m³。

（二）海冰的热性质和其他物理性质

海冰的比热容比纯水冰大，且随盐度的增高而增大，随温度的降低有所降低。在低温时因含卤汁少，故随温度和盐度的变化都不大，接近于纯水冰的比热容。当温度升高时，特别在冰点上下，由于降温时卤水中的纯水结冰析出，升温时冰融化进入卤水之中，从而使其比热容分别有所减小和增大。低盐时其比热容小，而高盐时其比热容将比纯水冰大数倍，甚至十几倍。然而，海冰的融解潜热却比淡水冰小。

海冰的热传导系数比纯水冰小，因海冰中含有气泡，而空气的热传导系数是很小的。由于海冰上部的空隙比下层的空隙多，所以其热传导系数也由冰面向下而增大，在表面附近约为纯水冰的1/3，超过1 m厚的海冰其热传导系数就与纯水冰相差不大了。

海冰的热膨胀系数随海冰的温度和盐度而变化。对低盐海冰，随着温度的降低，海冰先膨胀再收缩。由膨胀变为收缩的临界温度值随海冰盐度的增加而降低。对于高盐海冰，随温度降低始终是膨胀的，但膨胀系数的量值越来越小。

海冰的抗压强度约为纯水冰的3/4，显然是因其存在许多空隙造成的。

海冰对太阳辐射的反射率远比海水为大，海水的反射率平均只有0.07，而海冰可高达0.5~0.7。在地球上由于海冰的覆盖面积比陆冰大，故其反射的能量无论对海洋自身或是对全球气候的影响都是不可忽视的。

三、海冰与海洋环境

结冰所致海水铅直对流混合，可达相当大的深度，在浅水区甚至可直达海底，从而导致各种海洋水文要素的铅直分布趋向均匀。伴随对流可以把表层高溶解氧海水向下输送，也可将下层富含营养盐类的海水输送到表层，从而有利于生物的大量繁育。因此，有结冰现象的海域，特别是极地海区具有丰富的渔业资源。

融冰时，表层会形成暖而淡的水层覆盖在高盐的冷水之上，在其界面处形成密度跃层，这又会影响各种水文要素的铅直分布和上下层水的交换，还会出现"死水"效应激发内波而影响船舶的航行。

海冰对潮汐、潮流的影响很大，它的阻尼作用能够减小潮差和流速。海冰也会使波高减小，阻碍海浪的传播等。

当海面有冰时，海水与大气所进行的热交换大为减少；同时由于海冰的热传导性极差，又能对海洋起"保温层"的作用。海冰对太阳辐射能的反射率大，也制约了海水温度的变化。因此，极地海域的水温年变幅较小。

南极大陆架上海水的大量结冰，使冰下海水具有高盐度、低温度和高密度的特性，它沿陆架向下滑沉可至底层，形成南极底层水，并继而向三大洋散布，从而对大洋底层环流和水团分布产生重要的影响。

冰情严重时海冰能封锁港口航道，阻断海上运输，毁损海洋工程设施和船只。俄罗斯北方航线的某些区段，每年通航期仅有2~4月。冰山本身即是庞然大物，且其水下部分可比水上大2~6倍，是航海的大患，45 000 t的"泰坦尼克"号大型豪华游轮，就是在1912年4月14日凌晨于大西洋撞上冰山而沉没的，导致1 700余人遇难。

第四节 世界大洋的热量、水量平衡

温度、盐度和密度是海洋环境极为重要的 3 个基本物理参量,与海洋中的各种现象几乎都有着密切的关系。海洋中热量与水量的收支情况,则是制约它们在世界大洋中分布与变化的最重要因素。

一、海面热收支

世界大洋中的热量,几乎全部来自太阳的辐射能。通过海底向大洋输送的热量,除在个别热活动比较强烈的区域外,对海洋的热平衡皆影响不大;由海洋内部放射性物质的裂变以及生物、化学过程与海水运动所释放出来的热能,相比而言更是微不足道。因此,在考虑世界大洋热平衡时后者的影响都可忽略。当然,在研究极小尺度的海洋环境时,则另当别论。

历经百余年的观察与研究,并未发现整个世界大洋平均温度有明显变化,因此,可以认为海洋中获得的热量应与支出的热量相等。然而,近 60 年来,随着全球气候变化,海洋变暖总量达 3.8×10^{23} J,0~2 000 m 深的海洋平均温度上升了约 0.13 ℃。这种热量收入与支出主要是通过海面进行的,主要因子有太阳辐射(Q_s)、海面有效回辐射(Q_b)、蒸发或凝结潜热(Q_e)以及海气之间的感热交换(Q_h)。即海洋热量收支平衡项 Q_t 为:

$$Q_t = Q_s - Q_b \pm Q_e \pm Q_h \tag{3-23}$$

(一)通过海面进入海洋的太阳辐射能 Q_s

地球每年接受太阳辐射能量约为 5.5×10^{24} J,相当于人类各种能源全年产能的 2.7 万倍。

当太阳辐射通过大气时,紫外部分的能量绝大部分被臭氧层吸收;红外部分的能量则被大气中的水汽、CO_2 等部分吸收。部分能量被大气中的分子、微粒等散射,散射后其中一部分也可到达海洋。因此,到达海面的太阳总辐射是太阳直接辐射和散射辐射之和。

到达海面的太阳辐射与大气透明度和天空中的云量、云状以及太阳高度角(太阳光线与观测点的海平面的夹角)有关。到达海面的太阳辐射,又有一部分被海面反射回大气中去,其余的才真正进入海水之中。

一般而言,由于太阳高度角的影响,一年中在低纬度海区所接受的太阳辐射要大于高纬海区;一天内在中午前后所接受的太阳辐射要大于朝、暮之时。

太阳辐射总量在一个月或一年中的变化,对世界大洋水温的分布与变化有极大的影响。北半球夏季,太阳高度随纬度的增加而变低,海洋所接受的太阳辐射能随纬度的增高而减少,但其日照时间却随纬度的增高而加长,两者对辐射量的作用是相反的。因此,总辐射量随纬度的分布差异不显著。冬季则不然,太阳高度随纬度的增高迅速变低,甚至在北极圈内出现"极夜",致使辐射总量随纬度的增高迅速减少,亦即从赤道到高纬辐射量的梯度很大。冬、夏辐射量的这种变化,是导致北半球冬季大洋水温南北方向的梯度大于夏季的主要原因。

(二)海面有效回辐射 Q_b

海洋在吸收太阳短波辐射的同时,也向大气辐射能量,且 90% 以上的能量集中在 4~80 μm 波段内。世界大洋表层的平均温度为 17.4 ℃,它向大气辐射最强的波长约为

10 μm,因此称为长波辐射。

海面向大气的长波辐射,大部分被大气中的水汽和 CO_2 吸收,连同大气直接从太阳辐射中吸收的能量,一起再以长波的形式向四周辐射。其向上的部分进入太空,向下的部分,称为大气回(逆)辐射,几乎全部被海洋吸收。海面的长波辐射与大气回辐射(长波)之差,即为海面有效回辐射。

随着全球变暖,全球平均气温已从 20 世纪的 13.7 ℃ 增加到 2021 年的 14.5 ℃,但海面以上的气温总比表层海水温度低。海面近似为绝对黑体,大气为半透明体,因此,海面的长波辐射要比大气回辐射的量值大,交换的结果恒为海洋失去热量。

海面有效回辐射主要取决于海面水温、海面大气的水汽含量和云的特征。平均而言,全球的太阳辐射 Q_s 比海面有效回辐射大,故 $Q_s - Q_b > 0$,这部分热盈余又以其他方式返回大气之中,或者使海水升温。

(三)蒸发耗热 Q_e

海面蒸发使海洋中的部分热量以潜热的形式被带入大气;当大气中水汽凝结时,又将热量释放出来,但这部分热量却几乎全部留在大气中。蒸发和水汽凝结本来是可逆的,但对海洋而言这一过程是失热过程。

平均而言,海洋每年蒸发掉厚约 126 cm 的海水,由于海水的蒸发潜热很大,蒸发会使海洋失去巨额热量。当然,在大洋不同海域蒸发量存在明显差异。

蒸发的速率与近海面空气层中水汽的铅直梯度成比例。通常,紧贴海面的水汽含量可视为饱和的;而在其上部气层中的水汽量越少,则越有利于水汽向上扩散,即使蒸发得以继续进行。因此,海面上部气层中的铅直方向上的水汽压差,是维持海水蒸发的先决条件。

海面水温(t_w)与近海面气层的温度(t_a)之差,对蒸发的速率有着至关重要的影响。当 $t_w > t_a$ 时,海洋向大气传输热量,使近海面气温升高,暖而湿的空气上升,将水汽向上输送,而上部冷而干的空气下沉至海面;受此影响,海面水温降低、增密下沉,其下方的相对高温的海水上升至海面。这一过程维持着海气温差的继续存在。因此,由 $t_w > t_a$ 引起的海气间的热力过程可使蒸发持续地进行。反之,当 $t_w < t_a$ 时,大气向海洋传输热量,近海面气温降低,导致空气层结稳定,而海面升温也使海水层结稳定。这样一来,近海面的水汽不能向上输送,甚至还可能发生凝结,夏天常发生这种情景。

在海洋实际的蒸发过程中,风对上述物理过程起着巨大促进作用。海面上的风,实际上是以湍流形式存在的,它一方面极大地加强了海气之间的热传导,同时又把海面水汽迅速地向外输送,它对蒸发的加速,远远超过上述单纯以温度差控制的蒸发作用的贡献。同时,风所引起的海浪,又增大了海洋的蒸发面积,尤其当波浪破碎时,还可直接将海水输向大气,从而增大了蒸发的水量。

世界大洋上的蒸发速率具有明显的区域变化。赤道海域蒸发量较小,因为那里空气相对湿度大而风小;高纬海区由于气温低,大气容纳的水汽量少,蒸发量也小;副热带海区和信风带,空气干燥、气温高、风速大,致使蒸发量大;特别在大西洋湾流区和太平洋黑潮区出现极大值,即因暖流北上到中纬海域,水温高于气温,尤其冬季又盛行干冷的偏北大风,所以蒸发特别强烈。

北半球蒸发量的季节变化特征是冬季大于夏季,主要原因是冬季水温高于气温,空气层结不稳定,且冬季风速较大。

（四）海洋与大气的感热交换 Q_h

当海洋表层水温和气温不相等时,两者之间通过热传导也有相应的热量交换。这一交换过程主要受制于两个因素:海面风速和海-气温差。

海-气的感热交换有明显的区域和季节性差别。冬季受强寒流和大风的影响,出现较大的由海向气的热通量,特别在湾流、黑潮流经中、高纬海域时更为显著;夏季感热交换通常较小;在寒流及上升流区可出现由气向海的热通量。

全球平均而言,通过感热交换向大气输送的热量,仅为海面热通量的 10%。

（五）海面热收支随纬度的变化

世界大洋海面年平均热收支随纬度的变化如图 3-5 所示。(Q_s-Q_b) 为通过海面进入海水的净辐射量;在 25°N—20°S 之间最大,分别向南、北随纬度的增高而急剧减少。蒸发耗热 Q_e 与 (Q_s-Q_b) 的量级相当,在中、高纬度,两者的变化趋势也极为相似;但在低纬热带海区,则因海面上湿度大蒸发量显著低于副热带海区;这样一来,蒸发耗热 Q_e 随纬度分布便呈双峰形式。由图还可看出,海气感热交换 Q_h 随纬度变化不大,并且量值较小。热收支各分量的合成如图中 Q_t 所示,在 23°N—18°S 的热带海域 Q_t 为正,即海水有净的热收入;中、高纬海域 Q_t 皆为负,即海水有净的热量支出。

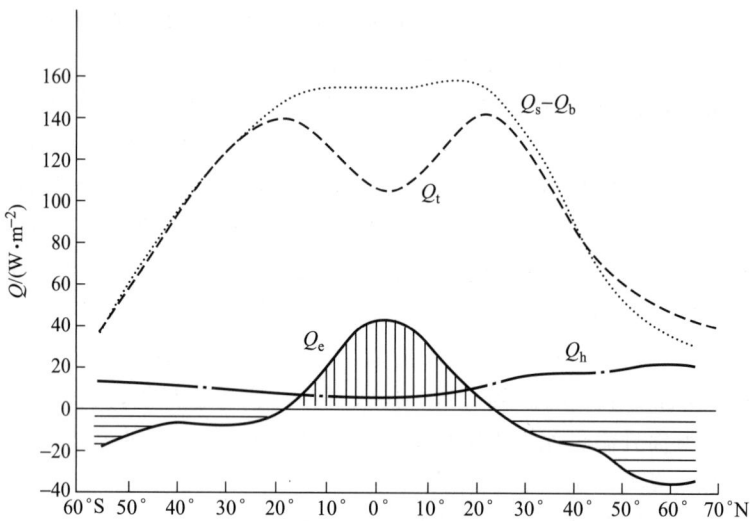

图 3-5　世界大洋海面年平均热收支随纬度的变化
(引自叶安乐等,1992)

全年平均有热量净收入的海域,由于热量的积累水温应持续升高,反之在热量有净支出的海域水温应一直降低,但世界大洋中的事实并未如此。尽管热带海区表层水温高,但它并未年年攀升,中高纬度表层水温也未逐年递降。这一事实表明,海洋中必然存在着自低纬向中、高纬度海域的热量输送。这种输送是由大气和海洋的热交换来共同完成的。

二、海洋内部的热交换

海洋内部的热交换可以归结为在铅直方向和水平方向的热量输送。

（一）铅直方向的热输送（Q_z）

湍流混合是海洋内部铅直方向热交换的主要形式。一般而言,风、浪和流引起的涡动混合,其效应多是将海水表层所吸收的辐射能向海洋下层输送;然而,在海面有净热量支出的海域或季节,由于降温增密作用引起对流混合,其效应则使热量向上输送。

此外,如艾克曼抽吸和大风卷吸作用,也能导致下层冷水上涌。上升流的速度只有 $10^{-6} \sim 10^{-4}$ m/s 的量级,但日积月累的结果,其热量的输送也是相当可观的,可导致上升流区的低水温,这在研究局部海域的热平衡时是需要注意的。

（二）水平方向的热输送（Q_a）

海洋内部水平方向的热输送是相当可观的,它主要是借助海流而实现的。

诚然,由海流所输送的热量取决于水温的高低,但对流经海域热状况起作用的关键却是"热平流"——在研究的区域内,与海流方向垂直的两个断面之间的热通量之差。若流入的热量多于流出的热量,称为暖平流,反之称为冷平流。

在大洋中由海流导致的水平方向的热输送,以沿经线方向最为明显。

（三）海洋中的全热量平衡

同时考虑通过海面的热平衡和海洋内部的热交换,即有

$$Q_t = Q_s - Q_b \pm Q_e \pm Q_h \pm Q_z \pm Q_a \qquad (3-24)$$

该式称为海洋全热量平衡方程。

当 $Q_t > 0$ 时,海水有净的热量收入,水温将升高;当 $Q_t < 0$ 时,水温将降低;Q_t 的绝对值越大,则相应地升温或降温将越明显。当 Q_t 由正值转为负值时,对应于温度达到极大值;反之当 Q_t 由负值转为正值时,则水温达到极小值。

例如,在一天中,不妨把式(3-24)中右端的最后 5 项视为常量(事实上,在一天中它们的变化也不大),那么 Q_t 的变化就完全取决于 Q_s 的变化。一般情况下,Q_s 在中午达到最大值(因为太阳高度最大),这也是海水升温最快的时刻;午后,由于太阳高度的降低,Q_s 减小到与方程右端最后 5 项的代数和相等时,即有 $Q_t = 0$,则水温升达极大值。此后,随着太阳高度的进一步降低,Q_t 转为负值,水温便开始降低。所以,一天中水温最高值出现的时间不在中午太阳高度最大的时刻,而是出现于午后 13 时—15 时的时段。同理,水温极小值出现的时刻是当 Q_t 值由负值转为正值的时刻,在海洋中一般发生于凌晨日出之前。

在一年中,水温极大值同样不是出现于太阳高度最大的月份(北半球为 6 月),而是滞后到 8 月前后,最低值则一般出现在 1—2 月(北半球)。

三、海洋中的水平衡

海洋与外界还在不断地进行水量交换。对整个世界大洋而言,也存在着水量收支平衡的关系,但它与海洋热平衡有着质的差异:海洋的热量基本上只靠太阳辐射这一外部热源输入,受各种过程制约而达成某种平衡,水量平衡却不然,其来源及支出都是在地球系统内部,所以又称为水循环。

（一）影响水平衡的因子

海洋中水的收入主要靠降水、陆地径流和融冰;支出则主要是蒸发和结冰。

蒸发不仅使海洋失去热量,同时又使海洋失去水量,每年海洋失去的水量为 $4.4 \times 10^5 \sim 4.54 \times 10^5$ km^3。蒸发量在海洋中的分布很不均匀:赤道附近小,南、北副热带海域出现两个

极大值区,年蒸发量可达 140 cm,再向高纬迅速减小,至两极海域不足 10 cm。

降水是海洋水收入的最重要因子,每年可达 $4.11×10^5 \sim 4.16×10^5 \ km^3$,但其分布也很不均匀。在热带海域降水量最大,年平均降水量可达 1 800 mm/a 以上,在副热带海域仅有 600 mm 左右,到南北两半球的极锋附近又显著增多,再向极地则迅速减少。除大于 50° 的高纬海域外,其变化与蒸发量几乎是反位相的。

大陆径流,包括地下水入海是海洋水量收入的另一重要因子。其分布在世界各大洋中也是极不均匀的。大西洋的径流量最大,其中仅亚马孙河就几乎占全世界径流量的 20%,另外尚有刚果河、密西西比河及欧洲许多河流的流入,折算入海淡水量可使大西洋的平均洋面上升 23 cm/a。印度洋次之。流入太平洋的最大河流是长江,但其径流量只有亚马孙河的 18.9%,且因太平洋面积广阔,折算所有陆地径流量只能使太平洋面上升 7 cm/a。

结冰与融冰是海洋水平衡中的可逆过程。海冰被冲到陆地上使海洋失去水量,相反,冻结在陆地上的冰入海会使海洋水量增加。如果被冻结在陆地上的冰全部融化流入海洋,会使海平面上升 66 m。然而就目前地质年代而言,结冰与融冰量基本上是平衡的。当然在个别海域或不同季节,不平衡的情况也时有发生。例如,在南极大陆上的冰川,以每天 1 m 的速度向海洋推进,断裂入海后形成巨大的冰山,北极海域的格陵兰岛也是冰山发源地,这些冰山入海后终将融化,对局部海域水平衡的影响是不容忽视的。

(二)水量平衡方程

考虑到海洋中水量收支的各种因素,海域的全水量平衡方程可写为

$$q = P + R + M + U_i - E - F - U_0 \tag{3-25}$$

式中:q——在某时段内水量交换的盈余($q>0$)或亏损($q<0$);

P——降水;

R——陆地径流;

M——融冰;

U_i——海流及混合使海域获得的水量;

E——蒸发;

F——结冰;

U_0——海流及混合使海域失去的水量。

对世界大洋而言,结冰(F)与融冰(M)是可逆的过程,可以认为相互抵消(全球变暖背景下,$F<M$),由海流及混合带入的水量(U_i)和带走的水量(U_0)也大致相等,因此就有

$$q = P + R - E \tag{3-26}$$

当可不考虑结冰与融冰的影响,或者在水量交换小的封闭型海域(如海湾),可用该式计算水量平衡。

式(3-26)表明,大陆径流、蒸发和降水这 3 个因子是决定世界大洋水量平衡的基本因子。据布迪科(1974)计算,就世界大洋总平均而言,$R = 12$ cm/a,$P = 114$ cm/a,$E = 126$ cm/a,即 $q=0$。

当然对某个大洋,若只考虑 P、R 和 E 三项,就不能保持 $q=0$。如太平洋因降水与径流之和大于蒸发,水量有盈余;大西洋则因蒸发大于降水与径流之和,导致水位损失 12 cm/a;北冰洋因蒸发少、径流多也有水量盈余。因此,大西洋需要太平洋和北冰洋的水来补充。

海洋中水量盈余将使盐度降低,反之则盐度升高。由于大洋的东西两边流向相反,它们

对盐度的影响,平均后基本抵消。在大洋中部,由于径流的影响很小,故其表层盐度随纬度的变化,基本上受制于蒸发与降水之差($E-P$)。

第五节　世界大洋温度、盐度、密度的分布

一、温度、盐度、密度的分布与变化

世界大洋温度、盐度、密度分布的基本特征是:在表层大致沿纬线呈带状分布,即东西方向上量值的差异相对较小,而南北方向上的变化却十分显著(图3-6);在铅直方向基本呈层化状态,且随水深的增加,它们的水平差异逐渐缩小,至深层其分布各自趋于均匀。

(一)温度的分布与变化

世界大洋平均水温3.8 ℃,太平洋3.7 ℃,大西洋4.0 ℃,印度洋3.8 ℃。

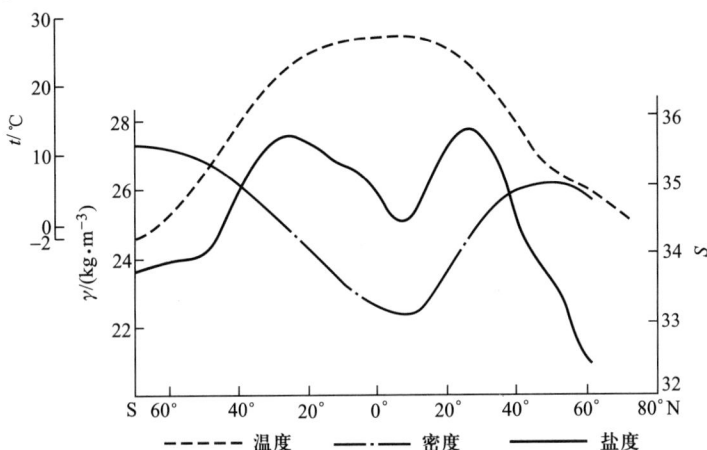

图3-6　大洋表层温度、盐度、密度随纬度的变化

(引自 Pickard G L等,2000)

1. 水温的平面分布

(1)大洋表层的水温分布。大洋表层水温年平均值为17.4 ℃。太平洋平均高达19.1 ℃;印度洋为17.0 ℃;大西洋为16.9 ℃。与各大洋的总体平均温度(均不高于4 ℃)相比,大洋表层是相当温暖的。

太平洋表层水温高的主要原因是其在热带和副热带的洋域宽广,约66%的洋域表层温度高于25 ℃;大西洋的热带和副热带的面积小,表层水温高于25 ℃的面积仅占18%。再者,大西洋与北冰洋之间的水交换比太平洋与北冰洋之间更为畅通。

北半球的年平均水温比南半球相同纬度带内的温度高2 ℃左右,尤其是大西洋的南、北两半球的纬度50°—70°相对比,差值可达7 ℃左右。原因之一是南赤道流的一部分跨越赤道进入北半球,二是北半球的陆地分布阻碍了北冰洋冷水的流入,而各大洋南部则与南大洋直接连通。

世界大洋表层水温分布特点可归纳如下:

① 等温线大致呈东西向伸展,特别在南半球40°S以南海域,等温线几乎与纬圈平行,

且冬季比夏季更为明显。这显然是受太阳辐射的地理分布所制约。

② 无论冬夏最高温度都出现在赤道附近,在西太平洋和印度洋近赤道海域可达 28 ~ 29 ℃,在西太平洋 28 ℃线的包络面积夏季比冬季更大,位置也偏北。图 3-7 中的点断线表示最高水温出现的位置,称为热赤道,一般在 7°N 左右。

③ 由热赤道向两极水温逐渐降低,到极圈附近降至 0 ℃左右;在极地冰盖之下,温度接近相应盐度值的冰点温度。南极冰架之下曾有-2.1 ℃的记录。

④ 在两半球的副热带至温带海区,特别是北半球,等温线偏离东西走向:在大洋西部凸向极地,在大洋东部则向赤道方向偏移,致使大洋西部水温高于东部同纬度海域。在亚北极海区趋势与此相反,即东部较温暖。大洋东西两侧水温的这种差异在北大西洋尤为明显,夏季有 6 ℃左右,冬季可达 12 ℃。这与暖流、寒流是相对应的。在南半球的中、高纬度海域,三大洋连成一片,有著名的南极绕极流,所以东、西的温度差没有北半球明显。

⑤ 在寒、暖流交汇海区,水温的水平梯度特别大。如北大西洋的湾流与拉布拉多寒流之间以及北太平洋的黑潮与亲潮之间。在大洋暖水系和冷水系的过渡区,水温水平梯度也很大,即为极锋(the polar front)。

⑥ 冬季表层水温的分布特征与夏季相似,但水温较低且在中纬度海域南北方向梯度比夏季大。

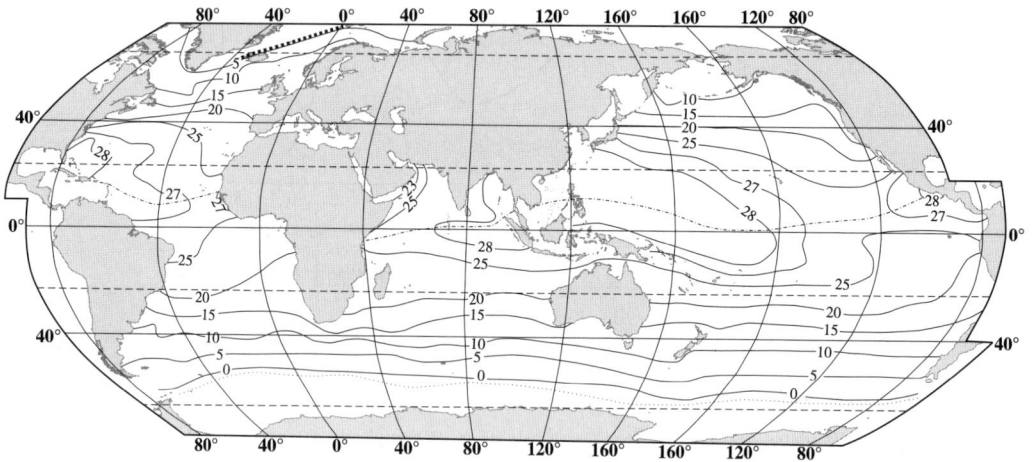

图 3-7　世界大洋 8 月大洋表层水温分布
(引自卡缅科维奇等,1983)

(2)大洋表层以下水温的水平分布。大洋表层以下水温分布特点与表层差异很大,缘于其环流与表层不同。500 m 层水温沿经线方向的梯度明显减小,且在大洋西部南、北回归线附近海域,分别出现明显的水温高值区;大西洋和太平洋的南部高于 10 ℃,太平洋的北部高于 13 ℃,北大西洋最高可达 17 ℃以上。

至 1 000 m 层,水温在经线方向变化更小。但在北大西洋东部有大片高温区,是高温高盐的地中海水由直布罗陀海峡溢出后下沉扩展所致。红海和波斯湾的高温高盐水下沉,则使印度洋北部也出现相应的高温区。在 4 000 m 层,温度分布趋于均匀,整个大洋的水温差仅为 3 ℃左右。大洋底层的水温主要受南极底层水的影响,其高低极为均匀,为 0 ℃左右。

2. 水温的铅直向分布

图 3-8 是大西洋准经线方向断面水温分布,水温明显随深度的增加而不均匀递降。低纬海域的暖水只限于近表层,其下方即为温度铅直梯度较大的水层,称为大洋主温跃层(the main thermocline),又称为永久性温跃层(the permanent thermocline),区别于大洋表层随季节转换而生消的跃层——季节性温跃层(the seasonal thermocline)。大洋主温跃层之下,水温的铅直向梯度很小。

大洋主温跃层的深度在赤道海域一般为 300 m。向副热带海域逐渐下沉,在北大西洋海域(30°N 左右),可下沉到 800 m 附近,在南大西洋(20°N 左右)约为 600 m。其深度从副热带向高纬海域又逐渐上浮,至亚极地海域可升达海面。它随纬度的变化大体呈“W”字形。

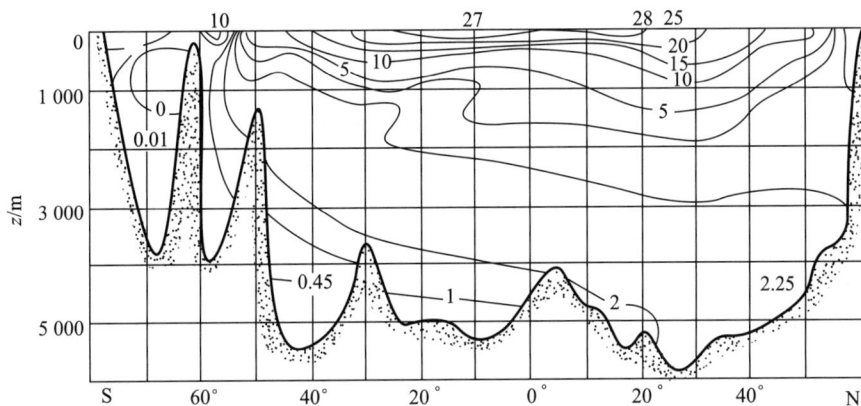

图 3-8　大西洋准经线方向断面水温分布
(引自叶安乐等,1992)

以主温跃层为界,其上为水温较高的暖水系,其下是水温梯度很小的冷水系。冷、暖水系在亚极地海面的交汇处,水温水平梯度大,形成极锋。极锋向极一侧海域冷水系向上一直扩展至海面,因而不存在上层暖水系。

在暖水系的近表层,由于受动力(风、浪、流等)及热力(蒸发、降温、增密等)因素作用,引起强烈的湍流混合,从而在其上部形成一个温度铅直几近均匀的水层,通常称为上均匀层或上混合层(upper mixed layer,UML)。上混合层的厚度,在低纬海区一般不超过 100 m,在赤道附近只有 50~70 m,在赤道海域东部更浅。冬季混合层明显加深,在低纬海区可达 150~200 m,在中纬海区甚至可伸展至大洋主温跃层。

在极峰向极一侧海域,不存在永久性跃层,冬季甚至在上层会出现逆温现象,其深度可达 100 m 左右(图 3-9)。当夏季表层增温之后,混合作用可使原逆温层的顶部形成一厚度不大的均匀层。在该均匀层的下界与冬季逆温层的下界之间,冬季的冷水仍然存留即呈现为“冷中间水”。当然,在个别海区也可能是由冷平流形成冷中间水。

3. 水温随时间的变化

大洋中水温的日变化很小,变幅一般不超过 0.3 ℃。影响水温日变化的主要因子为太阳辐射、内波等,在近岸海域潮流也是重要影响因子。

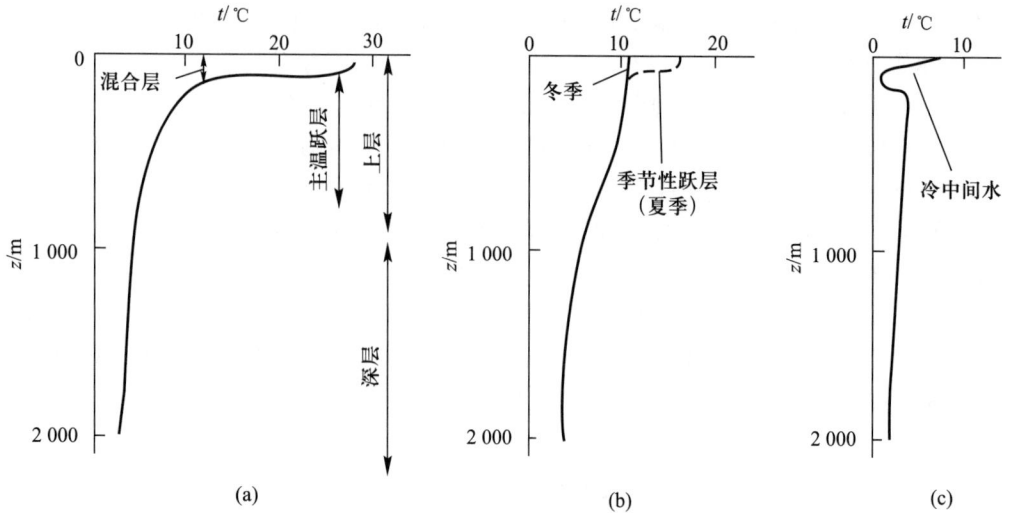

图 3-9　大洋平均温度典型铅直分布

（引自 Pickard G L 等,2000）

（a）低纬;（b）中纬;（c）高纬

单纯由太阳辐射引起的水温日变化曲线为一峰一谷型,其最高值出现在午后 14 时—15 时,最低值出现于日出前后。仅就直接吸收太阳辐射而论,表层水温日变幅应大于其下层,但因湍流混合使表层热量不断向下传播,又有蒸发耗热等影响,故其变幅比较小。一般规律是:晴好天气比多云天气时水温的变幅大;平静海面比大风天气海况恶劣时的变幅大;中纬度海域比高纬度海域的变幅大;夏季比冬季的变幅大;近浅海又比外海变幅大。

由太阳辐射引起的表层水温日变化,通过海水内部的热交换向深层传播。通常是变幅随深度的增加而减小,且位相随深度的增加而滞后;在 50 m 深处的日变幅已经很小,且其最大值出现的时间可滞后于表层达 10 h 左右。如果在表层以下有密度跃层,则会阻止日变化的向下传播。内波所引起的温度变化常常掩盖水温的正常日变化,在某些水层其水温日变幅甚至远远超过表层。

在近岸海域,潮流对海洋水温日变化的影响也很重要。由涨、落潮流所携带的不同温度的海水,周期性地交替出现所致水温在一天内的变化,与太阳辐射引起的水温日变化叠加在一起,同样可以造成水温的复杂变化。在上层水温日变幅所及的深度内,这种现象很普遍,但在较深层次,则可能更多地显现出潮流周期的特点。而且,深层内波的影响也不可忽视。在浅海水域,常有三者作用的叠加。

大洋表层温度的年变化,主要受制于太阳辐射的年变化,故中高纬度海域有年周期特征,热带海域有半年周期。水温极值出现的时间,一般分别在太阳高度最大和最小之后的 2~3 月内。年变幅也因海域以及海流性质、盛行风系的年变化和结冰融冰等因素的变化而不同。赤道海域和极地海域表层水温的年变幅都小于 1 ℃。年变幅最大值出现在副热带海域:大西洋的百慕大和亚速尔群岛附近变幅大于 8 ℃,太平洋 30°N—40°N 大于 9 ℃;在湾流和拉布拉多寒流以及黑潮和亲潮之间的交汇处分别高达 15 ℃ 和 14 ℃。

北半球大洋表面水温的年变幅比南半球大。在中纬度的浅海、边缘海和内陆海,因受陆地影响大,其表层水温年变幅也比同纬度的大洋大得多。例如日本海、黑海和东海可达 20 ℃ 以上,渤海和某些浅水区甚至可达 28~30 ℃;其水温年变化曲线大都不呈正规的正弦型,升温期往往长于降温期。

表层以下水温的年变化,主要受制于混合和海流等因子,一般是随深度的增加变幅减小,且极大值的出现时间也推迟。

(二) 盐度的分布与变化

世界大洋盐度平均值以大西洋最高,可达 34.90(实用盐度,下同);印度洋次之,为 34.76;太平洋最低,为 34.62。在各大洋区盐度的空间分布是很不均匀的。

1. 盐度的平面分布

(1)海洋表层盐度的分布。海洋表层的盐度分布比水温分布更为复杂,可列举其主要特征如下:

① 基本上具有沿纬线方向的带状分布特征。就盐度平均值而言,以北大西洋最高 (35.5),南大西洋、南太平洋次之(35.2),北太平洋最低(34.2),原因是大西洋比太平洋蒸发强而降水少,又有欧洲地中海高盐水流入大西洋。赤道海域盐度较低;至副热带海域盐度达最高值,如南、北太平洋分别达 36.0 和 35.0 以上,大西洋达 37.0 以上,印度洋也达 36.0;从副热带向两极盐度逐渐降低,至两极海域降到 34.0 以下。大西洋东北部到挪威海直至巴伦支海盐度普遍升高,则是大西洋流和挪威海流输送高盐水所致。在几内亚湾、孟加拉湾和巴拿马湾等出现明显的低盐区,也偏离了带状分布特征(图 3-10),则因这些海区的降水量远远超过蒸发量。

② 在寒暖流交汇和径流入海区,盐度水平梯度特别大,在某些海域可达 0.2/km 以上。

③ 海洋中盐度的最高与最低值多出现在一些大洋边缘的海盆中。红海北部高达 42.8,波斯湾和地中海在 39.0 以上,皆因其蒸发强而降水与径流却很少,且与大洋水交换不畅。在降水量和径流量远远超过蒸发量的海区盐度则很小,如黑海为 15.0~23.0;波罗的海北部盐度最低时只有 3.0。

④ 冬季盐度的分布特征与夏季相似,但在季风影响特别显著的海域,如孟加拉湾和南海北部海区,表层盐度在冬夏有明显差异。

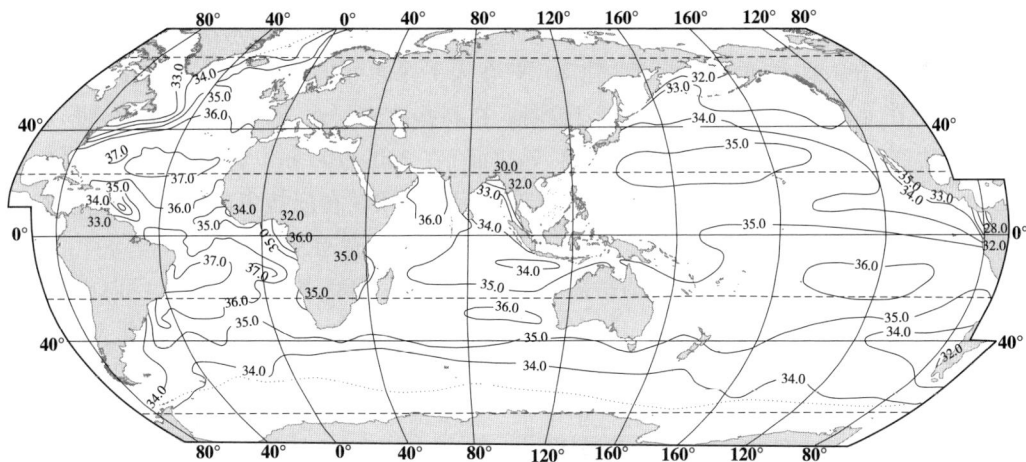

图 3-10　世界大洋 8 月表层盐度分布

(引自卡缅科维奇等,1983)

（2）海洋表层以下盐度平面分布。盐度的水平差异随深度的增大而减小。在 500 m 层，整个大洋的盐度水平差约为 2.3，高盐中心移往大洋西部；到 1 000 m 层，盐度差降至 1.7，至 2 000 m 层则只差 0.6。大洋深处的盐度分布几近均匀。

2. 大洋盐度的铅直分布

图 3-11 为大西洋准经线方向断面盐度分布。与图 3-8 比较，显见大洋盐度的铅直向分布与水温有很大不同。

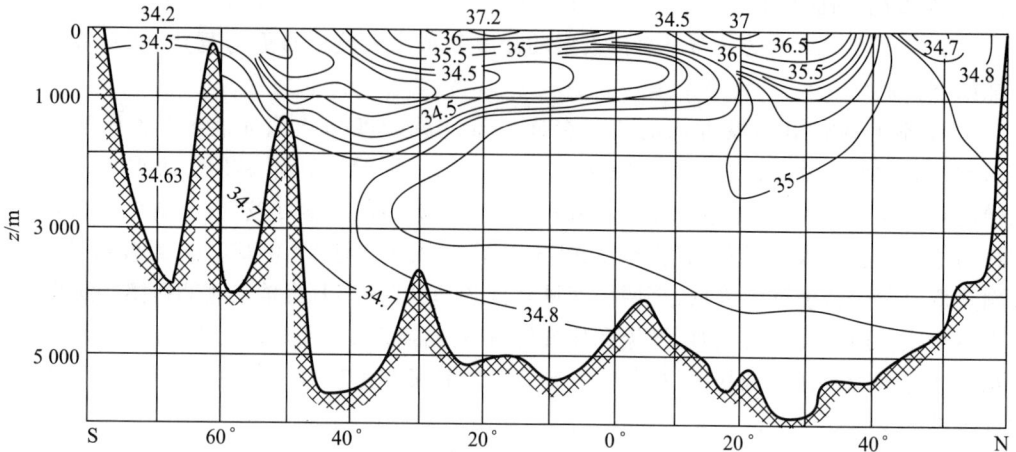

图 3-11　大西洋准经线方向断面盐度分布
（引自叶安乐等,1992）

在赤道洋域盐度较低的海水厚度不大，其下方是由南、北半球副热带海区下沉后向赤道方向扩展的高盐水，称为大洋次表层水。高盐核心值在南大西洋高达 37.2 以上，南太平洋也可达 36.0 以上，且其高盐水舌北伸均可越过赤道达 5°N 左右；北半球的高盐水则较弱。

在高盐次表层水之下，是由南、北半球中、高纬度表层下沉的低盐水，称为大洋（低盐）中层水。在南半球的源地是南极辐聚带海面，下沉后 500～1 500 m 的水层中继续向三大洋赤道方向扩展；在大西洋可越过赤道北达 20°N，在太平洋亦可达赤道附近，在印度洋则只达 10°S 以南。在北半球下沉的低盐水，势力较弱。在高盐次表层水与低盐中层水之间形成铅直方向的盐度跃层，其中心（相当于 35.0 的等盐面）在 300～700 m。在南大西洋跃层最为明显，上、下的盐度差可达 2.5，太平洋和印度洋则只差 1.0。在低盐中层水之下，充溢着由高纬海区下沉形成的深层水与底层水，盐度稍有升高，在 34.7 上下。

在印度洋中，源于红海、波斯湾的高盐水下沉之后也在 600～1 600 m 的水层向南扩展，从而阻止了南极低盐中层水的北进。该层高盐水的深度与低盐中层水相当，因此又称其为高盐中层水。在北大西洋，地中海高盐水溢出后，也在相当于南半球低盐中层水的深度上散布，且范围相当广阔，成为北大西洋高盐中层水。太平洋则未发现类似的高盐中层水。

海水在不同纬度带的海面下沉，从而使盐度的铅直向分布在不同气候带海域内形成了不同的特点，见图 3-12。

3. 大洋盐度的时间变化

大洋表面盐度的日变化通常小于 0.05。但在下层，若受内波影响，日变幅可大于表层。

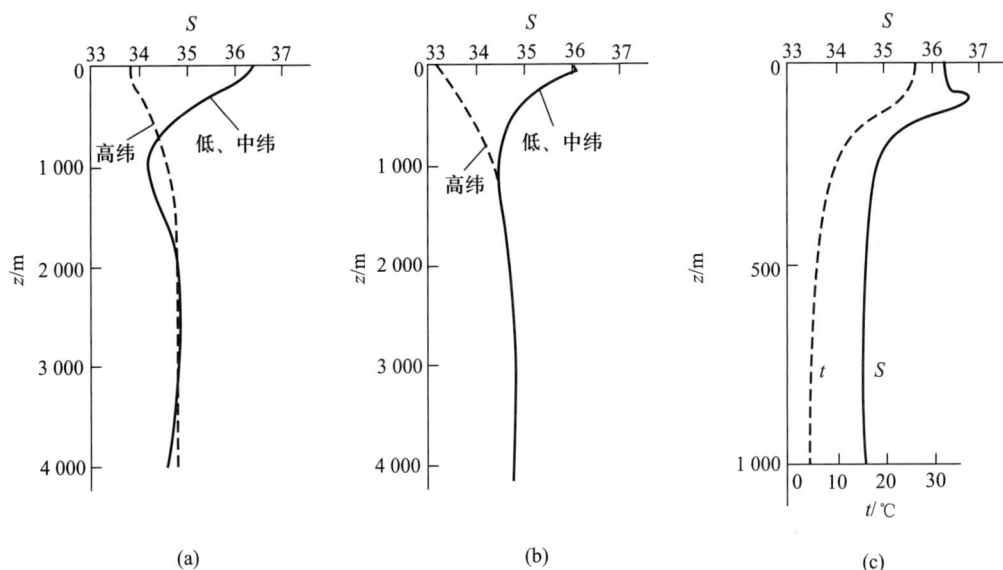

图 3-12　大洋中平均盐度的典型铅直分布

(引自 Pickard G L 等,2000)

(a) 大西洋;(b) 太平洋;(c) 热带

在浅海,内波引起的盐度变幅可达 1.0 甚至更大。盐度日变化没有水温日变化那样比较有规律的周期性,但在近岸受潮流影响大的海区,常常显示出与潮流周期的相关性。

大洋盐度的主要影响因子大都具有年变化,故盐度也相应出现年变化周期。然而,由于各因子在不同海域所起的作用和相对重要性不同,致使各海区盐度年变化的特征也各不相同。在一些降水和大陆径流集中的海域,夏季盐度通常为一年中的最低值,冬季由于蒸发的加强则使盐度出现最高值。在白令海和鄂霍次克海等近极地海域,春季由于融冰,约在 4 月前后表层盐度出现最低值;冬季大风引起强烈蒸发以及结冰排出盐分,使 12 月前后表层盐度达一年中的最高值,其年变幅达 1.05。

(三) 密度的分布与变化

1. 密度的水平分布

在大洋上层特别是表层,密度主要取决于海水的温度和盐度。图 3-13 显示了大西洋表层密度与温度、盐度随纬度的变化。其他大洋也有类似特征。

赤道海域表层海水密度超量可小于 23 kg/m³,向两极方向逐渐增大,到副热带海域密度超量 25.5~26 kg/m³。最大密度出现在寒冷的极地海区,如格陵兰海的密度超量达 28 kg/m³ 以上,南极威德尔海也达 27.9 kg/m³ 以上。

随着深度的增加,密度的水平差异也不断减小,到大洋底层密度即相当均匀。

2. 密度的铅直向分布

在铅直方向,海水密度通常都是随水深的增加而增大的。由于温度、盐度的铅直向分布有明显的区域特征,致使大洋密度的铅直向分布也存在明显的区域特征(图 3-14)。

由赤道至副热带,在温度的均匀层内,密度也基本上是均匀的。与大洋主温跃层相对应,也出现密度跃层。副热带海域表面的密度比热带海域大,因而此处跃层的强度相对减

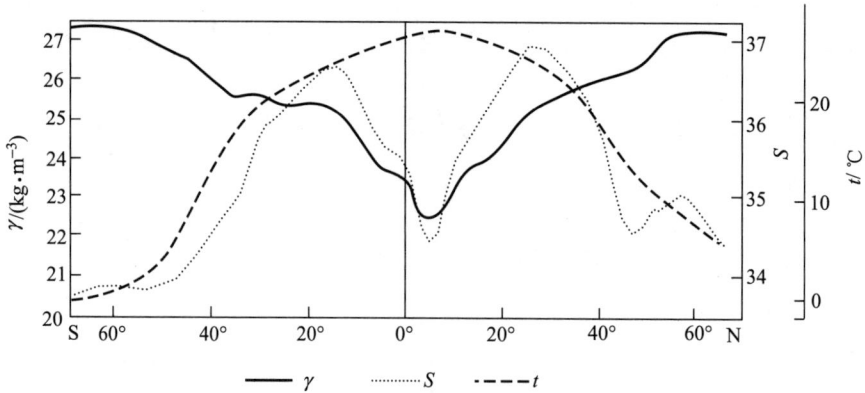

图 3-13 大西洋每 2°纬度带的年平均表层温度、盐度和密度分布
（引自 Dietrich G 等,1980)

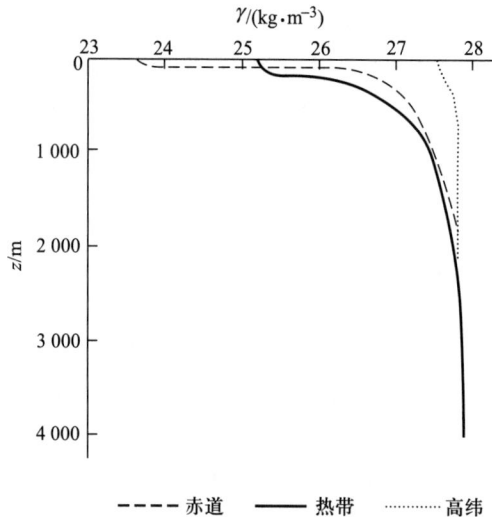

图 3-14 大洋中典型的密度铅直向分布
（引自 Pickard G L 等,2000)

弱。至极锋向极地一侧,由于表层密度超量已达 27 kg/m³ 或更大,因此,尽管中、下层密度还有增大,但是铅直方向的密度梯度已变得更小。

当然,在个别降水量较大的海域或在极地海域夏季融冰时,会使表面一薄层密度降低,其下界能形成弱的密度跃层。在浅海,随着季节温跃层的生消也常常伴随有密度跃层的生消。

3. 海水密度的时间变化

大洋密度的日变化一般都不大,几乎可忽略不计。然而当有密跃层存在时,由于内波作用,可能引起明显的日变化。

由于受温度、盐度和压力时空变化的影响,大洋密度的变化有明显的季节性和区域性特征,然而其年际变化并不显著。

二、海洋水团

（一）水团的概念

1916年海兰-汉森把水团（water mass）这一术语引入海洋学中，后来许多学者对水团的定义进行了探讨。水团是海洋中兼备"内同性"和"外异性"的宏大水体。内同性是指一个水团内的水体，其源地和形成机制相近，具有相对均匀的物理、化学和生物特征及大体一致的变化趋势；外异性则指它的上述各性质，分别与周围海水存在明显差异。

水团从其源地所获得的各种特性，在运动过程中因受环境变化影响或与周围海水混合、交换，会发生不同程度的变化，称为水团的变性。大洋水团因其体积巨大且外界环境少变而具有很好的保守性，浅海水团则因其体积较小且外界条件多变而容易变性。浅海水团变性体现了浅海环境的变化，而水团变性后对浅海环境也具有反馈作用。

（二）水型和水系

水型（water type）是指性质完全相同的海水水体元的集合。由于它只关注水体元的性质而不涉及海水的体积，所以不能将其等同于水团。然而，源地、形成机制以及性质相近的许多水型集合在一起，若具备了内同性和外异性，便构成了水团。在温盐点聚图上，性质相近的水型形成的点集或曲线族，常是划分水团的依据。

水系（water system）是水团的集合，但不必要求各水团的每项性质分别相近，甚而只考虑一项指标相近即可。依温度划分，可分为冷水系、暖水系；依盐度划分，可分为外海水系与沿岸水系；依深度划分，可分为表层水系、次表层水系、深层水系和底层水系。

（三）水团的分析方法

水团的研究，包括对研究海区的水团予以识别和划分，继而对不同水团的特征、强度、源地、形成机制、消长与变性等规律进行系统的分析。因为水团与海洋环境变化以及渔区的变动等具有密切的关系，所以长期以来许多学者致力于水团划分的研究。除沿用已久的定性的综合分析方法之外，还提出了浓度混合理论（温-盐曲线解析理论），以及应用概率统计分析、聚类分析、判别分析、对应分析、主分量分析和模糊数学的若干方法。具体细节，可参阅相关文献。

（四）大洋水团的类型

中、低纬度海域铅直方向温度、盐度、密度的分布，表现出很显著的成层特征，依据内同性和外异性，可识别出垂向叠置的表层水、次表层水、中层水、深层水、底层水5类基本的水团。表层水团因易受当地气候影响而有区域性和季节性特征，其下方各层则具有稳定而典型的特征，如次表层水团有盐度极大值，源于亚极地的中层水团有盐度极小值，源于中纬海域的中层水团则盐度较高，深层水团盐度稍有回升，而底层水团温度最低、密度最大。

三、海洋温度、盐度、密度的细微结构

本节前面所描述的海洋温度、盐度、密度的铅直方向结构，是依常规观测资料分析得出的分布规律。20世纪60年代以后，随着先进观测仪器的应用，发现温度、盐度、密度在铅直方向上的分布并非那样简单，而是存在着许多小于1 m，甚至更小的成层结构；这种小于常规观测尺度的铅直向结构称为"细微结构"。

细微结构通常有两种型式：一是阶梯型结构，二是不规则的扰动型。

1. 阶梯型结构

阶梯型结构在海洋的不同深度上都有发现，且其尺度相差较大、形成机制多样。在海洋的上混合层，常常发现几米到几十米的阶梯状结构。在层结稳定的海洋上层有海水入侵，可能是其成因之一，每次大风所致混合深度不同，显然也起作用。

对于海洋深层的阶梯型结构，不能用海面风致混合来解释。一般认为"双扩散"对流是其形成原因之一。另外，诸如海水的混合增密所引起的对流、速率剪切所引起的湍流等也可能是其形成的原因。

2. 不规则的扰动型

根据经典的跃层模式，认为在跃层之内具有很强的稳定层结。然而实测资料证明，即使在温跃层内也存在着一系列的薄层结构，有厚度为数米的温度和密度相当均匀的薄层，而且在两均匀层之间也夹着更薄的，例如厚度只有 10~20 cm 的"界面"，甚至有逆温出现。这些事实证明，在跃层中存在静力不稳定水层，这可能是在内波破碎和一些小尺度或微尺度间歇性湍流影响下而形成的。

思考题

1. 海水与纯水的性质有何异同？
2. 简述海水的主要热学性质与力学性质。
3. 海水位温是如何定义的？有什么实际意义？
4. 何谓海水状态方程？简述其应用价值。
5. 简述海水声学性质及水声技术的应用。
6. 分析海水结冰与淡水结冰过程的异同。
7. 海洋热平衡方程中各项的物理意义是什么？并对其进行量级估计。
8. 简述世界大洋水量平衡及其对海洋盐度分布与变化的影响。
9. 世界大洋水温时、空分布和变化有何特点？
10. 世界大洋盐度水平和铅直向分布各有何特征？
11. 简述大洋主温跃层和季节性温跃层的形成及特征。
12. 何谓海洋水团？何谓其内同性、外异性？

参考文献

［1］Beer T. Environmental Oceanography, An introduction to the behaviour of coastal waters［M］. Sydney：Pergamon Press，1983.

［2］Dietrich G，Kalle K，Krauss W，et al. General Oceanography［M］. 2nd ed. New York：Wiley InterScience，1980.

［3］IOC，SCOR，IAPSO. The international thermodynamic equation of seawater—2010：Calculation and use of thermodynamic properties［Z］//Intergovernmental Oceanographic Commission, Manuals and Guides No. 56. UNESCO（English），2010.

［4］Pickard G L，W J Emery. Descriptive physical oceanography, An introduction［M］. 5th ed. Oxford：Pergamon Press，2000.

［5］UNESCO. Background papers and supporting data on the international equation of state of seawater 1980

[R]. Tech pap in mar sci,No 38. Paris,1981.

[6] UNESCO. Background papers and supporting data on the Practical Salinity Scale 1978[R]. Tech Pap in mar sci,No 37. Paris,1981.

[7] UNESCO. The internation system of unite（SI）in Oceanography[R]. Tech Pap inmar sci,No 45. Paris,1985.

[8] UNESCO. Tenth report of the joint panel on Oceanographic Table and Standards[R]. Tech Pap in mar sci,No 36. Paris,1981.

[9] 包万友,刘喜民,张昊.盐度定义狭义性与广义性[J].海洋学报,2001,23(2):52-56.

[10] 陈国华,胡博路,张力军,等.长江口海水的密度[J].海洋与湖沼,1992,23(6):573-580.

[11] 陈国华,纪红,谢式南,等.杭州湾海水密度研究[J].青岛海洋大学学报,1999,29(增刊):8-15.

[12] 陈国华,纪红,谢式南,等.珠江口海水密度的研究[J].青岛海洋大学学报,1999,29(增刊):1-7.

[13] 陈国华,季荣,谢式南,等.黄河口及渤海湾海水的密度[J].海洋与湖沼,1993,24(2):183-190.

[14] 方国洪,王凯,郭丰仪,等.近30年来渤海水文和气象状况的长期变化及其相互关系[J].海洋与湖沼,2002,33(5):515-523.

[15] 冯士笮,李凤岐,李少菁.海洋科学导论[M].北京:高等教育出版社,1999.

[16] 海洋图集编委会.渤海、黄海、东海海洋图集——水文[M].北京:海洋出版社,1993.

[17] 季荣,陈国华,张力军,等.胶州湾海水的密度[J].海洋学报,1993,15(4):136-141.

[18] 卡缅科维奇 B M,莫宁 A C.海洋水文物理学[M].沈积均,杜碧兰,杨华庭,等译.施正铿审校.北京:海洋出版社,1984.

[19] 李凤岐,李磊,王秀芹,等.1998年夏、冬季南海水团及其与太平洋的水交换[J].中国海洋大学学报,2002,32(3):329-336.

[20] 李凤岐,苏育嵩.海洋水团分析[M].青岛:青岛海洋大学出版社,2000:1-397.

[21] 马超,吴德星,林霄沛.黄海盐度的年际与长期变化特征及成因[J].中国海洋大学学报(自然科学版),2006,36(6)(增刊):7-12.

[22] 瑞斯 A.物理海洋学导论[M].潘学良,吴恒岱,译.北京:科学出版社,1983.

[23] 侍茂崇,高郭平,鲍献文.海洋调查方法导论[M].青岛:中国海洋大学出版社,2008.

[24] 孙湘平.中国近海区域海洋[M].北京:海洋出版社,2006.

[25] 孙永明,史久新,阳海鹏.海水热力学方程 TEOS-10 及其与海水状态方程 EOS-80 的比较[J].地球科学进展,2012,27(9):1014-1025.

[26] 吴德星,万修全,鲍献文,等.渤海1958年和2000年温盐场及环境结构的比较[J].科学通报,2004,49(3):287-369.

[27] 叶安乐,李凤岐.物理海洋学[M].青岛:青岛海洋大学出版社,1992.

[28] 杨殿荣.海洋学[M].北京:高等教育出版社,1986.

[29] 友田好文,高野健三.海洋[M].李若钝,井传才,译.北京:海洋出版社,1990.

[30] 曾呈奎,徐鸿儒,王春林.中国海洋志[M].郑州:大象出版社,2003.

世界大洋的温度平衡　　世界大洋盐度分布

本章重难点视频讲解

第四章　海水运动

海洋始终处于运动之中,这是海洋环境区别于陆地环境的最显著特点。海水运动是海洋中物质和能量迁移、转化的重要载体,形式多样且具有多尺度特征。为了认识海水运动的基本规律及其环境效应,本章定性与定量分析相结合,重点关注海水运动的基本方程和主要类型。

第一节　海水运动的基本方程

一、海水运动的作用力

海水运动之所以呈现多样性,除受地形、岸线的影响外,主要受控于海水所受的作用力。从辩证的观点来看,海水受力属于外部因素,其内因是海水的可流动性。可以把海水运动的作用力分为两大类:一类是引起海水运动的力,如重力、压力梯度力、风应力、引潮力等;另一类是因海水运动而派生出的力,如摩擦力、科氏力等。

（一）重力

和地球上其他物体一样,海水也会受到重力作用。单位质量的海水所受重力数值上等于其重力加速度(g),它是地心引力与地球自转产生的惯性离心力的合力。其表达式为

$$g = 9.806\ 16 - 0.025\ 928\cos2\varphi + 0.000\ 69\cos^2 2\varphi - 0.000\ 003\ 086z \qquad (4-1)$$

式中:φ——地理纬度;

z——距静止海边的深度。

虽然g随φ和z而变化,但其变化量要比g值本身小3个数量级以上。因此,在海洋研究中,通常将g视为常数。按重力加速度的定义,一般取g为$9.8\ \mathrm{m/s^2}$。

处处与重力垂直的面为水平面。静止的海面与该面上的重力相垂直,称为海平面。水平面与海平面不同,海平面只是海表的一层,水平面为海洋中处处与重力垂直的平面,可以有无穷多层。水平面也是等重力位势面,海水在不同水平面间移动,需要克服重力做功。选定某一水平面为零势面,从该处逆重力方向移动单位质量的海水微团到某一高度所做的功,称为该高度的重力位势,即

$$\mathrm{d}\Phi = g\mathrm{d}z \qquad (4-2)$$

式中:$\mathrm{d}\Phi$——重力做的功;

$\mathrm{d}z$——海水在铅直方向上移动的距离。

所谓等势面,就是相对于参考平面而言位势相等的面。为表征两等势面间的位势差,定义位势米(gpm)为

$$\mathrm{d}\Phi(\mathrm{gpm}) = \frac{1}{9.8}g\mathrm{d}z \qquad (4-3)$$

从上等势面向下可计算位势深度,从下等势面向上可计算位势高度。

当将 g 视为常数,取值为 $9.8\ \mathrm{m/s^2}$ 时,由式(4-3)计算得到的位势米的量值与几何米相等。但 g 并非常数,因此在严格意义上位势米与几何米并不相同。

(二) 压力梯度力

压力指流体沿某一平面的法线方向作用于该平面上的单位面积上的力,力的方向指向被作用的面。海洋学中一般将海面压力视为 0,则在右手直角坐标系中,海面以下某一深度(h)处的压力(p)可表示为

$$p = \int_{z=-h}^{0} \rho g\,\mathrm{d}z \tag{4-4}$$

式中:ρ——海水密度;

$\quad h$——水深。

该式写成微分形式有

$$\mathrm{d}p = -\rho g\,\mathrm{d}z \tag{4-5}$$

压力相等的面称为等压面。在静态海洋中,若海水密度为常数或只是深度的函数,由式(4-5)可知压力只和水深有关,此时海洋中的等压面必然是水平的,即与等势面平行,这种形式的压力场称为正压场,如图4-1(a)所示。若密度在水平方向上存在差异时,等压面相对于等势面发生倾斜,这种形式的压力场称为斜压场,如图4-1(b)所示。

在正压情况下,对处于静止状态的海水,为了达到平衡,必存在一个力与重力相抵消,从式(4-5)中可以得到该力为

$$G = -\frac{1}{\rho}\frac{\mathrm{d}p}{\mathrm{d}z} \tag{4-6}$$

它与等压面垂直,方向与压力梯度相反,大小与压力梯度成比例,称为压力梯度力。

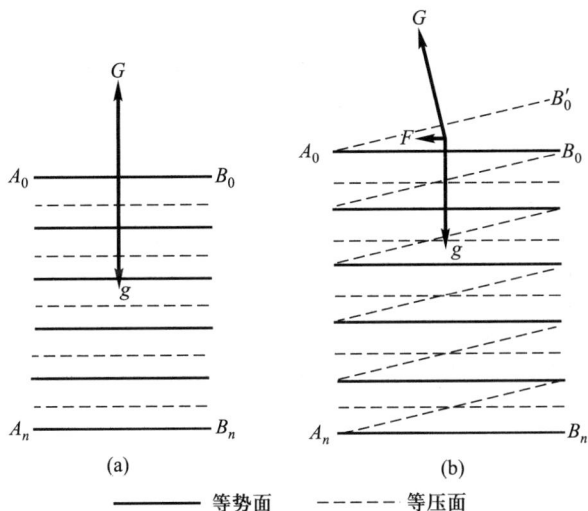

图 4-1　等压面(虚线)与等势面(实线)的关系
(a) 等压面与等势面平行;(b) 等压面相对于等势面倾斜

斜压情况下,压力梯度力与重力存在一定夹角,不再是垂直方向,因此存在一个水平方

向的分量。x,y,z 三个方向上的压力梯度力的分量分别为

$$G_x = -\frac{1}{\rho}\frac{\partial p}{\partial x}, G_y = -\frac{1}{\rho}\frac{\partial p}{\partial y}, G_z = -\frac{1}{\rho}\frac{\partial p}{\partial z} \tag{4-7}$$

其一般表达式为

$$\boldsymbol{G_n} = -\frac{1}{\rho}\frac{\mathrm{d}p}{\mathrm{d}\boldsymbol{n}} \tag{4-8}$$

虽然压力梯度力的水平分量的量级很小,但是由于海水的流动性,它仍是引起海水运动的重要作用力。

由式(4-5)可知,两等压面之间的铅直距离($|\mathrm{d}z| = \frac{\mathrm{d}p}{\rho g}$)与海水的密度成反比。这说明当密度在水平方向上有差异时,会引起不同位置的两等压面距离不等,使其倾斜于等势面,这种由于密度的水平差异引起的压力场,称为内压场。密度差异一般在海洋上层比较显著,到大洋某一深度处,密度趋于均匀,等压面基本上与等势面平行,也就不存在水平压力梯度力了。

风、降水、径流等一些外部原因引起的海面起伏也会造成斜压状态,这种压力场称为外压场。海洋的外压场与内压场叠加叫作总压场。

(三) 地转偏向力(科里奥利力)

在研究海洋运动时,人们往往把坐标系固定在地球上。由于地球自转,固定在地球上的坐标系是一个非惯性坐标系。在这种坐标系下,运用牛顿定律必须考虑自转效应。由于地球自转产生的作用于运动物体的力,称为地转偏向力,也即科里奥利力。

为了形象理解地转偏向力的产生,可设想地球绕地轴自西向东自转,各处具有相同的角速度。线速度从低纬度到高纬度逐渐减小,极点处减小至零。若物体从低纬移动到高纬时,由于带有在低纬度较大自西向东的线速度,运动路径会向东偏移;从高纬移动到低纬则会向西偏移。在研究海水运动时,将上述现象视为由科里奥利力引起的。

在局地直角坐标系中,取 x 轴正向指向正东,y 轴正向指向正北,z 轴正向竖直向上,科里奥利力的三个分量为

$$\begin{cases} f_x = 2\omega\sin\varphi \cdot v - 2\omega\cos\varphi \cdot w \\ f_y = -2\omega\sin\varphi \cdot u \\ f_z = 2\omega\cos\varphi \cdot u \end{cases} \tag{4-9}$$

式中:$\omega = 7.292\times10^{-5}\mathrm{rad/s}$(弧度/秒),为地球自转角速度。

在海洋中,由于海水的铅直运动分量 w 很小,故通常忽略与 w 有关的项,且 z 轴方向 f_z 大小远小于重力,可以忽略。式(4-9)简化为

$$\begin{cases} f_x = fv \\ f_y = -fu \end{cases} \tag{4-10}$$

式中:$f = 2\omega\sin\varphi$,称为科里奥利参量;

u,v,w——三个方向上的速度分量;

φ——纬度。

科里奥利力只有在海水运动时才能表现出来,其方向垂直于海水运动方向,在北半球指

向运动方向右侧,在南半球指向左侧。正因如此,科里奥利力只改变海水运动方向而不改变运动速率。

当运动跨越的纬度范围较小时,可将科里奥利参量视为常数,这样的平面称为"f-平面",当范围较大时,就不能忽略 f 随纬度变化。在局地直角坐标系中,引入参量 $\beta = \mathrm{d}f/\mathrm{d}y$ 项,认为 f 随纬度呈线性变化,这样的平面称为"β-平面"。

对大尺度海洋环流而言,科里奥利力与压力梯度力的量级相当,因此在研究大尺度海水流动时必须予以考虑。

(四)切应力

由于分子黏滞性,当两层流体相对运动时,其界面上会产生切向作用力,称为切应力,也叫分子黏滞力。表达式为

$$\boldsymbol{\tau} = \mu \frac{\mathrm{d}\boldsymbol{V}}{\mathrm{d}\boldsymbol{n}} \tag{4-11}$$

式中:μ——分子黏滞系数,大小与流体的性质有关;

n——界面法线方向;

V——速度矢量。

可以看出,切应力与流体性质和界面速度梯度有关。

风应力即是一种切应力,它是海洋表面风与海水相对运动产生的,也是能量从大气进入海洋的一个重要途径。对于风应力,一般用经验公式描述为

$$\boldsymbol{\tau} = C_a \rho_a |\boldsymbol{W}_a| \boldsymbol{W}_a$$

式中:ρ_a——海面以上空气的密度;

W_a——观测高度上的风速;

C_a——拖曳系数,它与海面上气流的运动状态有关,一般取观测值或经验值,有的研究中取为固定值(如 1.2×10^{-3})或者表示为风速大小的函数。

为计算单位质量海水所受的切应力,取边长为 $\delta x, \delta y, \delta z$ 的小立方体的海水(图 4-2),假设一种比较简单的情况下,即海水只具有 x 方向上的速度 u,且该速度只在 z 方向上有速度梯度 $\frac{\partial u}{\partial z}$。在该假设下切应力只存在于上下两个面,以 x 轴方向为正方向,上表面所受切应力为 $\tau_2 = \mu \frac{\partial u}{\partial z}$,下表面所受切应力为 $-\tau_1 = -\mu \frac{\partial u}{\partial z}$,则单位体积海水所受切应力为

$$\frac{(\tau_2 - \tau_1)\delta x \delta y}{\delta x \delta y \delta z} = \frac{\tau_2 - \tau_1}{\delta z}$$

将 τ_1, τ_2 代入,并取微分形式有

$$F_x = \frac{\partial}{\partial z}\left(\mu \frac{\partial u}{\partial z}\right) \tag{4-12}$$

若视 μ 为常数,单位质量海水所受切应力为

$$F_x = \frac{1}{\rho}\mu \frac{\partial^2 u}{\partial z^2} \tag{4-13}$$

若 x 方向的流速 u 在 x, y, z 三个方向均存在梯度,则单位质量海水所受切应力为

$$F_x = \frac{1}{\rho}\mu\left(\frac{\partial^2 u}{\partial x^2} + \frac{\partial^2 u}{\partial y^2} + \frac{\partial^2 u}{\partial z^2}\right)$$

同理可得
$$F_y = \frac{1}{\rho}\mu\left(\frac{\partial^2 v}{\partial x^2}+\frac{\partial^2 v}{\partial y^2}+\frac{\partial^2 v}{\partial z^2}\right)$$ (4-14)

$$F_z = \frac{1}{\rho}\mu\left(\frac{\partial^2 w}{\partial x^2}+\frac{\partial^2 w}{\partial y^2}+\frac{\partial^2 w}{\partial z^2}\right)$$

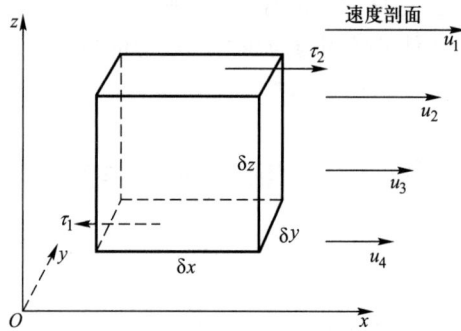

图 4-2　作用于立方体上的切应力

由于海水处于湍流状态,海水运动还会受到湍摩擦的影响,对基本方程进行时间平均时,类比层流运动的分子黏滞力形式,可引入湍流摩擦力,将分子黏性系数 μ 以湍黏性系数 k 代替。湍流摩擦力比分子黏性力大很多量级,且 k 与 μ 不同,既取决于流体性质,也与海水运动状态有关。

(五)天体引潮力及其他

天体引潮力主要包括月球引潮力和太阳引潮力,其他天体因质量小或距地球太远而常常忽略不计。以月球为例,月球引潮力为月球引力和地球绕地月公共质心平动公转而产生的惯性离心力的合力,能引起海水周期性运动,引潮力 $\boldsymbol{F}_\mathrm{T}$ 为保守力,其引潮势记为 Ω,则 $\boldsymbol{F}_\mathrm{T} = -\nabla\Omega$。

海洋中的地震、火山爆发也会影响海水的运动。

二、海水运动的基本方程组

(一)海水运动方程

海水的运动满足牛顿运动定律,将上述各个力的数学表达式代入,即可得到局地直角坐标系下的海水运动方程。即

$$\begin{cases} \dfrac{\mathrm{d}u}{\mathrm{d}t} = -\dfrac{1}{\rho}\dfrac{\partial p}{\partial x}+2\omega\sin\varphi\cdot v-2\omega\cos\varphi\cdot\omega+F_x-\dfrac{\partial\Omega}{\partial x} \\[2mm] \dfrac{\mathrm{d}v}{\mathrm{d}t} = -\dfrac{1}{\rho}\dfrac{\partial p}{\partial y}-2\omega\sin\varphi\cdot u+F_y-\dfrac{\partial\Omega}{\partial y} \\[2mm] \dfrac{\mathrm{d}w}{\mathrm{d}t} = -\dfrac{1}{\rho}\dfrac{\partial p}{\partial z}-g+2\omega\cos\varphi\cdot u+F_z-\dfrac{\partial\Omega}{\partial z} \end{cases}$$ (4-15)

在考虑不同海水运动形式时,经常根据实际情况进行尺度分析,忽略小量,使方程简化便于求解。

(二)连续方程

海水运动会使其质量分布发生变化,该变化遵守质量守恒,即海水在运动过程中,其质

量既不会自动产生,也不会自动消失。在任意选定的几何空间内,海水质量随时间的变化必然等同于通过该空间边界流入或流出该控制体的海水量。

若取一闭合曲面 $\boldsymbol{\sigma}$ 所围成的几何体(图4-3),其体积为 τ。单位时间内,该空间内海水质量变化量为

$$\iiint_{\tau} \frac{\partial \rho}{\partial t} \mathrm{d}\tau$$

而单位时间内通过闭合曲面 $\boldsymbol{\sigma}$ 流入或流出的海水质量为

$$-\oiint_{\sigma} \rho \boldsymbol{V} \cdot \mathrm{d}\boldsymbol{\sigma}$$

式中: ρ——海水的密度;

$\boldsymbol{V}$——海水的速度矢量。

根据质量守恒,应有

图4-3 流场中封闭曲面围成的几何体

$$\iiint_{\tau} \frac{\partial \rho}{\partial t} \mathrm{d}\tau = -\oiint_{\sigma} \rho \boldsymbol{V} \cdot \mathrm{d}\boldsymbol{\sigma} \tag{4-16}$$

根据高斯公式可得

$$\oiint_{\sigma} \rho \boldsymbol{V} \cdot \mathrm{d}\boldsymbol{\sigma} = \iiint_{\tau} \nabla \cdot (\rho \boldsymbol{V}) \mathrm{d}v \tag{4-17}$$

将(4-16)代入(4-17)得

$$\frac{\partial \rho}{\partial t} + \nabla \cdot (\rho \boldsymbol{V}) = 0 \tag{4-18}$$

可进一步写成

$$\frac{\mathrm{d}\rho}{\mathrm{d}t} + \rho \nabla \cdot \boldsymbol{V} = 0 \tag{4-19}$$

即在局地直角坐标系中,其形式可写为质量连续方程

$$\frac{\mathrm{d}\rho}{\mathrm{d}t} + \rho \left(\frac{\partial u}{\partial x} + \frac{\partial v}{\partial y} + \frac{\partial w}{\partial z} \right) = 0 \tag{4-20}$$

若认为海水不可压缩,即海水微团在运动过程中,其形状可以发生改变,但其体积不变,从而密度不发生变化,可写为

$$\frac{\mathrm{d}\rho}{\mathrm{d}t} = 0$$

此时可将质量连续方程(4-20)变成体积连续方程,即

$$\nabla \cdot \boldsymbol{V} = \frac{\partial u}{\partial x} + \frac{\partial v}{\partial y} + \frac{\partial w}{\partial z} = 0 \tag{4-21}$$

(三) 盐量扩散方程和热传导方程

根据盐量守恒,溶于海水中的盐量,在海水运动过程中既不会产生也不会消失。在固定空间内,盐量变化等于两部分之和:一是通过空间边界面流入或流出的盐量;二是由于盐分子不规则运动而进出该空间的盐量,即分子盐量扩散现象。

若取一封闭曲面 σ 所围成的空间(图4-3),其体积为 τ,可得盐量扩散方程如下

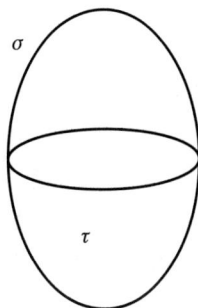

$$\frac{\partial S}{\partial t} + \boldsymbol{V} \cdot \nabla s = k_{\mathrm{D}} \Delta s \tag{4-22}$$

式中：S——海水盐度；

k_{D}——分子盐量扩散系数；

$\boldsymbol{V} \cdot \nabla s$——平流盐通量；

$k_{\mathrm{D}} \Delta s$——分子盐通量。

相同原理，根据热量守恒定律，可得热传导方程如下：

$$\frac{\partial \theta}{\partial t} + \boldsymbol{V} \cdot \nabla \theta = k_{\theta} \Delta \theta \tag{4-23}$$

式中：θ——海水温度；

k_{θ}——分子热传导系数；

$\boldsymbol{V} \cdot \nabla \theta$——平流热传导通量；

$k_{\theta} \Delta \theta$——分子热传导通量。

（四）海水层流运动基本方程组

运动方程、连续方程、盐量扩散方程、热传导方程和状态方程（见第三章第一节）。7个方程包含7个变量，u, v, w, p, s, θ 和 ρ，构成一套闭合方程组，即海水层流运动基本方程组（不考虑湍流的作用）。局地直角坐标系下，坐标原点位于静止海面，x 轴指向东为正，y 轴指向北为正，z 轴指向上为正，则有

$$\begin{cases} \dfrac{\partial u}{\partial t} + u\dfrac{\partial u}{\partial x} + v\dfrac{\partial u}{\partial y} + w\dfrac{\partial u}{\partial z} = 2\omega\sin\varphi\, v - 2\omega\cos\varphi\, w - \dfrac{1}{\rho}\dfrac{\partial p}{\partial x} - \dfrac{\partial \Omega}{\partial x} + \upsilon\Delta u \\[2mm] \dfrac{\partial v}{\partial t} + u\dfrac{\partial v}{\partial x} + v\dfrac{\partial v}{\partial y} + w\dfrac{\partial v}{\partial z} = -2\omega\sin\varphi\, u - \dfrac{1}{\rho}\dfrac{\partial p}{\partial y} - \dfrac{\partial \Omega}{\partial y} + \upsilon\Delta v \\[2mm] \dfrac{\partial w}{\partial t} + u\dfrac{\partial w}{\partial x} + v\dfrac{\partial w}{\partial y} + w\dfrac{\partial w}{\partial z} = 2\omega\cos\varphi\, u - \dfrac{1}{\rho}\dfrac{\partial p}{\partial z} - g - \dfrac{\partial \Omega}{\partial z} + \upsilon\Delta w \\[2mm] \dfrac{\partial u}{\partial x} + \dfrac{\partial v}{\partial y} + \dfrac{\partial w}{\partial z} = 0 \\[2mm] \dfrac{\partial s}{\partial t} + u\dfrac{\partial s}{\partial x} + v\dfrac{\partial s}{\partial y} + w\dfrac{\partial s}{\partial z} = k_{\mathrm{D}}\Delta s \\[2mm] \dfrac{\partial \theta}{\partial t} + u\dfrac{\partial \theta}{\partial x} + v\dfrac{\partial \theta}{\partial y} + w\dfrac{\partial \theta}{\partial z} = k_{\theta}\Delta\theta \\[2mm] \rho = \rho(s, \theta, p) \end{cases}$$

其中，$\Delta = \dfrac{\partial^2}{\partial x^2} + \dfrac{\partial^2}{\partial y^2} + \dfrac{\partial^2}{\partial z^2}$。

（五）边界条件

海水层流运动基本方程组中，7个变量均是空间和时间的连续函数。现实海洋中存在不连续界面，如海气、海底、海岸和跃层等，在这些不连续界面上，上述海水运动基本方程组的求解，需要使用边界条件。

在海洋中，边界条件是十分重要的。影响海水运动的力，除重力、科里奥利力和天体引潮力可以直接作用于海水内部每个海水微团外，其他外力（如大气压力、风应力、底应力等）

仅仅作用在边界上,再通过海水介质传递到海洋内部。海面的降水和蒸发也通过海面对海洋内部起作用。

海洋边界条件包括运动学边界条件、盐量边界条件、温度边界条件、动力学边界条件等。

（六）时间平均的基本方程

海洋中运动大多数情况下为湍流运动,流体质点的运动是随机、无规则的,称为脉冲运动,相应的变量中包含脉动量。同时,海水的热力学性质也表现出无规则的随机变化,因此海水中的温度、盐度等也表现出不规则的随机变动。图 4-4 中的起伏曲线是在大洋某深度处用快速响应传感器记录的海水温度 θ,很清楚地反映了质点运动和物理状态的不规则和随机性。当忽略流场、温度场、密度场等的高频变化,只关心在一定时间内的平均情况时,平均值可表示为

$$\overline{q_i}(x,y,z,t_0,2\Delta t) = \frac{1}{2\Delta t} \int_{t_0-\Delta t}^{t_0+\Delta t} q_i(x,y,z,t)\,\mathrm{d}t \tag{4-24}$$

式中:下标 $i=1,2,3,4,5,6,7$,分别指示 u、v、w、p、s、θ 和 ρ 7 个变量。$2\Delta t$ 为运动的平均时间,一般取大于脉动时间尺度而小于研究问题时间尺度的一段时间(如 1~2 min)。

图 4-4 中的虚线便是利用上式获得的均值 $\overline{\theta}$。通过时间平均量描述湍流运动时,需要对瞬时流动所满足的海水运动方程组进行时间平均运算得到时间平均量所满足的方程组。

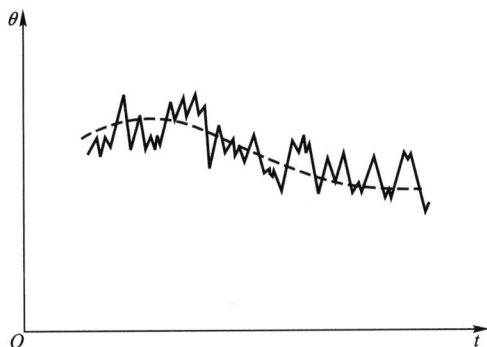

图 4-4 大洋某深度处温度 θ 及其时间平均值 $\overline{\theta}$(虚线)随时间的变化

可将海水质点的性质表示成两部分之和,即

$$q_i(x,y,z,t) = \overline{q_i}(x,y,z,t_0,2\Delta t) + q_i'(x,y,z,t) \tag{4-25}$$

式中:q_i'——脉冲值;

$t_0-\Delta t \leqslant t \leqslant t_0+\Delta t$。

在对基本方程进行时间平均运算时,要满足以下雷诺条件

$$\begin{cases} \overline{a+b}=\overline{a}+\overline{b}, \overline{ka}=k\overline{a}(k \text{ 为常数}) \\ \overline{m}=m(m \text{ 为常数}), \overline{\overline{a}b}=\overline{a}\overline{b} \\ \overline{ab}=\overline{a}\,\overline{b}+\overline{a'b'} \\ \overline{\dfrac{\partial a}{\partial l}}=\dfrac{\partial \overline{a}}{\partial l}(l=x, \text{或} y, \text{或} t) \end{cases} \tag{4-26}$$

运用以上条件可以对基本方程进行时间平均,于是得到直角坐标系中的时间平均方

程组

$$\frac{\partial u}{\partial t}+u\frac{\partial u}{\partial x}+v\frac{\partial u}{\partial y}+w\frac{\partial u}{\partial z}$$

$$=2\omega\sin\,\varphi v-2\omega\cos\,\varphi w-\frac{1}{\rho}\frac{\partial p}{\partial x}-\frac{\partial\Omega}{\partial x}+\upsilon\Delta u+\frac{\partial}{\partial x}\left(A_{xx}\frac{\partial u}{\partial x}\right)$$

$$+\frac{\partial}{\partial y}\left(A_{xy}\frac{\partial u}{\partial y}\right)+\frac{\partial}{\partial z}\left(A_{xz}\frac{\partial u}{\partial z}\right) \tag{4-27}$$

$$\frac{\partial v}{\partial t}+u\frac{\partial v}{\partial x}+v\frac{\partial v}{\partial y}+w\frac{\partial v}{\partial z}$$

$$=-2\omega\sin\,\varphi\cdot u-\frac{1}{\rho}\frac{\partial p}{\partial y}-\frac{\partial\Omega}{\partial y}+\upsilon\Delta v+\frac{\partial}{\partial x}\left(A_{yx}\frac{\partial v}{\partial x}\right)$$

$$+\frac{\partial}{\partial y}\left(A_{yy}\frac{\partial v}{\partial y}\right)+\frac{\partial}{\partial z}\left(A_{yz}\frac{\partial v}{\partial z}\right) \tag{4-28}$$

$$\frac{\partial w}{\partial t}+u\frac{\partial w}{\partial x}+v\frac{\partial w}{\partial y}+w\frac{\partial w}{\partial z}$$

$$=2\omega\cos\,\varphi\cdot u-\frac{1}{\rho}\frac{\partial p}{\partial z}-\frac{\partial\Omega}{\partial z}-g+\upsilon\Delta w+\frac{\partial}{\partial x}\left(A_{zx}\frac{\partial w}{\partial x}\right)$$

$$+\frac{\partial}{\partial y}\left(A_{zy}\frac{\partial w}{\partial y}\right)+\frac{\partial}{\partial z}\left(A_{zz}\frac{\partial w}{\partial z}\right) \tag{4-29}$$

$$\frac{\partial u}{\partial x}+\frac{\partial v}{\partial y}+\frac{\partial w}{\partial z}=0 \tag{4-30}$$

式中: A——湍黏性系数。

为简便起见,已将时间平均诸方程中平均符号上的横线略去。一般而言,水平湍黏性系数要比垂向湍黏性系数大很多,但铅直方向上的流速梯度远大于水平方向。

三、物质输运方程

描述海洋环境中水、沙、污染物等物质输运的控制方程称为物质输运方程,一般可表达为

$$\frac{\mathrm{D}c}{\mathrm{D}t}=S_T+S \tag{4-31}$$

式中: c——物质浓度;

S_T——扩散项;

S——源汇项。

在局地直角坐标系下,方程可表示如下

$$\frac{\partial c}{\partial t}+u\frac{\partial c}{\partial x}+v\frac{\partial c}{\partial x}+w\frac{\partial c}{\partial x}=\frac{\partial}{\partial x}\left(A_M\frac{\partial c}{\partial x}\right)+\frac{\partial}{\partial y}\left(A_M\frac{\partial c}{\partial y}\right)+\frac{\partial}{\partial z}\left(K_H\frac{\partial c}{\partial z}\right)+S \tag{4-32}$$

式中: c——物质浓度;

x,y,z——海洋中通常指东西向、南北向和铅直向,一般东、北、垂直方向上为正;

u,v,w——分别是速度的 x,y,z 分量;

A_M,K_H——分别是水平、垂向湍扩散系数;

S——源汇项。

物质在海洋中的迁移转化是异常复杂的,各种影响因素可归并为对流、扩散、源汇的作用。在式(4-32)中,$u\frac{\partial c}{\partial x}+v\frac{\partial c}{\partial x}+w\frac{\partial c}{\partial x}$表示对流过程,$\frac{\partial}{\partial x}\left(A_M\frac{\partial c}{\partial x}\right)+\frac{\partial}{\partial y}\left(A_M\frac{\partial c}{\partial y}\right)+\frac{\partial}{\partial z}\left(K_H\frac{\partial c}{\partial z}\right)$表示扩散过程。$S$表示海洋中的源汇过程。以海水中溶解态无机氮为例,河流输入、大气沉降等外部输入以及海水中发生的生物或化学过程都可以称之为源汇过程。

如果某种物质在海水中既没有外源或向海水外的输出(汇),也不会在海洋生物或化学过程中产生或消失,那么这种物质在输运过程中应该是质量守恒的,可以称其为保守物质。此时,我们可以将源汇忽略,物质将只在对流、扩散的作用下迁移。物质输运方程可以简化为

$$\frac{\partial c}{\partial t}+u\frac{\partial c}{\partial x}+v\frac{\partial c}{\partial x}+w\frac{\partial c}{\partial x}=\frac{\partial}{\partial x}\left(A_M\frac{\partial c}{\partial x}\right)+\frac{\partial}{\partial y}\left(A_M\frac{\partial c}{\partial y}\right)+\frac{\partial}{\partial z}\left(K_H\frac{\partial c}{\partial z}\right) \tag{4-33}$$

对流作用往往是海水最为显著的运动。在方程(4-33)中,如果仅考虑对流作用,暂不考虑扩散过程的影响,那么物质输运方程可进一步简化为$\frac{\partial c}{\partial t}+u\frac{\partial c}{\partial x}+v\frac{\partial c}{\partial x}+w\frac{\partial c}{\partial x}=0$,即$\frac{Dc}{Dt}=0$。这意味着对于某一特定的流体微团而言,其所含质量在其运动过程中保持不变。

若只考虑扩散过程,物质输运方程可表述为

$$\frac{\partial c}{\partial t}=\frac{\partial}{\partial x}\left(A_M\frac{\partial c}{\partial x}\right)+\frac{\partial}{\partial y}\left(A_M\frac{\partial c}{\partial y}\right)+\frac{\partial}{\partial z}\left(K_H\frac{\partial c}{\partial z}\right) \tag{4-34}$$

对于实际问题而言,物质输运的研究往往还要结合特定的物理过程,使用合理的边界条件和控制方程,才能取得理想的结果。例如,对悬浮颗粒物的模拟,除了需要考虑对流、扩散之外,还需要考虑沉降过程,这通常体现在铅直方向速度w上,边界条件上往往也要考虑大气沉降、海底沉积物再悬浮等源汇过程。

第二节　海　流

海流是指海水大规模、相对稳定的流动。“大规模”是指海流的空间尺度大,一般具有数百、数千千米甚至全球范围;“相对稳定”是指在较长的时间(一般指月及以上时间尺度)内流速矢量的分布格局(如流速的大小、方向分布,海流的路径等)大体一致。在洋盆尺度内,环流多表现为首尾相连、相对完整的流旋。而在某一海域而言,海流的分布与结构也有其自身的特点,称为该海域的环流体系。环流将全球大洋至某一局地海域连通在一起,使得各海域既有自身的物理、化学等特性,又与其他海域存在联系,具有物质连通性。

一、海流的成因及表示方法

形成海流的原因有两种:一是动力驱动,在海面风应力作用下形成风生海流。二是热力驱动,海洋往往是斜压场,导致压强梯度力在水平方向有分量,可引起海水流动。另外,在铅直方向上增密效应也会引起铅直方向的流动。由于海水的连续性,海水水平流动产生的辐散和辐聚,会引起上升流和下降流。

描述海水运动有两种方法:拉格朗日方法和欧拉方法。两种方法区别在于前者通过追

踪水质点移动来描述运动规律,后者是在若干个固定的位置观测流速和流向,通过流场来描述海水运动。欧拉方法的实现要更容易些,更常用。

海流流速单位依 SI 单位制为米每秒,记作 m/s。流向指海水流去的方向,以地理方位角表示,规定以北为 0°,东为 90°,南为 180°,西为 270°。绘制流场时,一般用箭矢表示流速,箭头方向为流向,长度为流速大小。

二、 地转流

(一)基本概念

在远离海岸的大洋中部海域,若不考虑海面风的作用,海水在水平压力梯度力作用下会产生水平流动,而在科里奥利力作用下,运动方向不断被改变,直到某一时刻水平压力梯度力与科里奥利力大小相等,方向相反。二力达到平衡状态下的稳定流动,称为地转流。

(二)地转方程

地转流发生时,水平方向上压力梯度力与科里奥利力相平衡,铅直方向上满足静力平衡。为简化讨论,设压力梯度力只存在于 x 方向上,等压面与等势面夹角为 β,如图 4-5 所示。此时海水运动方程为

$$\begin{cases} -\dfrac{1}{\rho}\dfrac{\partial p}{\partial x}+2\omega\sin\varphi\cdot v=0 \\ -\dfrac{1}{\rho}\dfrac{\partial p}{\partial z}-g=0 \end{cases} \tag{4-35}$$

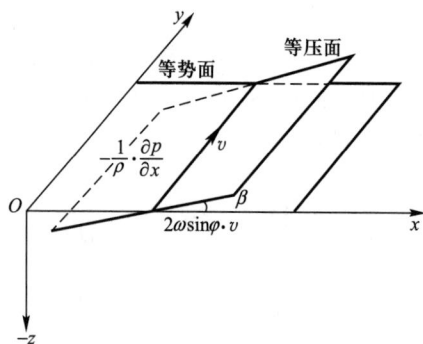

图 4-5　北半球水平压力梯度力和科里奥利力平衡时的稳定海流

从式(4-35)中可得地转流流速

$$v=\frac{1}{2\rho\omega\sin\varphi}\frac{\partial p}{\partial x}=\frac{1}{\rho f}\frac{\partial p}{\partial x} \tag{4-36}$$

又在等压面上有 $\mathrm{d}p=0$,即 $\dfrac{\partial p}{\partial x}\mathrm{d}x+\dfrac{\partial p}{\partial z}\mathrm{d}z=0$,可得

$$\frac{\partial p}{\partial x}=-\frac{\partial p}{\partial z}\frac{\mathrm{d}z}{\mathrm{d}x}$$

由式(4-35)可得

$$\frac{\partial p}{\partial z}=-\rho g$$

令 $\dfrac{\mathrm{d}z}{\mathrm{d}x} = \tan \beta$，则由式（4-36）可得

$$v = \frac{g}{f}\tan \beta \qquad (4-37)$$

可以看出，地转流流速与 $\tan \beta$ 成正比，与 f 成反比。$\tan \beta$ 越大，即压力梯度力越大，地转流流速越大；纬度越低，f 越小，地转流流速越大。需要指出的是在赤道处不存在科里奥利力（$f=0$），式（4-37）不适用。

当科里奥利力与水平压力梯度力平衡时，流动达到稳定，其方向垂直于压力梯度力，即沿着等压面。在北半球顺流动方向，其右侧为高压，左侧为低压；南半球则相反。

地转流可分为梯度流和倾斜流，分别由内压场和外压场引起。由于内压场随水深增大不断减小，故梯度流流速在铅直方向上分布不同，随深度增加流速逐渐减小。而外压场中水平压力梯度力是由于海表面倾斜引起的，故倾斜流流速从海表至海底相同（底摩擦层除外）。实际海洋中的地转流是总压场引起的。

（三）地转流场与密度场、温度场、盐度场的关系

为得到地转流与密度场、质量场的关系，取一简单情况加以讨论。假设仅有两层海水，密度分别为 ρ_1 与 ρ_2，且 $\rho_2 > \rho_1$。并设两层海水等压面只相对于 x 轴倾斜，角度为 β_1 与 β_2，产生的地转流流速为 v_1 和 v_2，两层海水的界面会存在倾斜，设其相对 x 轴的倾角为 γ，如图4-6所示。

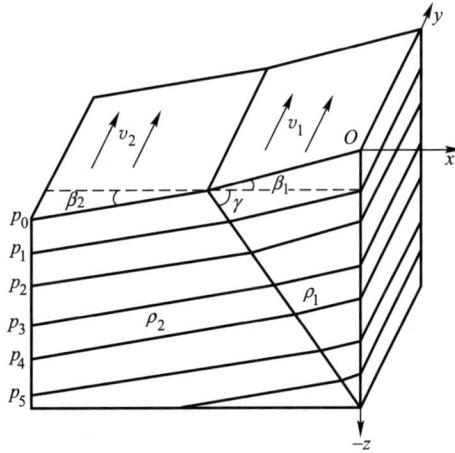

图4-6 两层密度不同海水中等压面、海流和边界面（实线为等密面）之间的关系

界面两侧流体在界面上相同两点间压力差相同 $\mathrm{d}p_1 = \mathrm{d}p_2$ 即

$$\left(\frac{\partial p}{\partial x}\partial x + \frac{\partial p}{\partial z}\partial z\right)_1 = \left(\frac{\partial p}{\partial x}\partial x + \frac{\partial p}{\partial z}\partial z\right)_2 \qquad (4-38)$$

由静力方程和式（4-36）知 $\dfrac{\partial p}{\partial z} = -\rho g$，$\dfrac{\partial p}{\partial x} = \rho f v$，代入式（4-38）得

$$\frac{\mathrm{d}z}{\mathrm{d}x} = \frac{f}{g}\frac{\rho_2 v_2 - \rho_1 v_1}{\rho_2 - \rho_1} = \tan \gamma \qquad (4-39)$$

或写成

$$\tan \gamma = \frac{\rho_2 \tan \beta_2 - \rho_1 \tan \beta_1}{\rho_2 - \rho_1}$$ (4-40)

写成微分形式有

$$\tan \gamma = \frac{f}{g} \frac{\mathrm{d}(\rho v)}{\mathrm{d}\rho}$$

或

$$\tan \gamma = \frac{\mathrm{d}(\rho \tan \beta)}{\mathrm{d}\rho}$$

上式表示等密度面倾角与压力场、流场的关系,该式同样适用于密度连续海水。由式 (4-39)可知,只有上下两层海水满足动量相等,即 $\rho_2 v_2 = \rho_1 v_1$ 时,界面水平。由于大洋中等密面通常是倾斜的,在大多数情况下,上层流速大于下层流速。若设 $v_2 = 0$,即 $\beta_2 = 0$,则有

$$\tan \gamma = -\frac{\rho_1 \tan \beta_1}{\rho_2 - \rho_1}$$

从上式可知 $\tan \beta_1$ 与 $\tan \gamma$ 符号相反,即等密度面与等压面倾斜方向相反。结合地转流性质有,在 $v_1 > v_2$ 情况下,北半球顺流动方向右侧高压,则低密度,左侧低压,则高密度;南半球相反。由于等密度面倾角 γ 一般是等压面倾角 β 的 $10^2 \sim 10^3$ 倍,所以使用等密度面描述地转流更方便。

海洋中,特别是在上层,密度分布主要由温度、盐度分布决定,等密度面的倾斜与等温面、等盐面相对应,因此可以通过等温面、等盐面的倾斜方向定性地推知地转流方向。

三、风海流

(一) 基本概念

当均匀、定常风长时间作用在无限广阔的海面时,海水会产生一种定常运动,称为漂流。漂流理论为埃克曼(1905)首创,因此又称为埃克曼漂流理论。漂流可以发生在不同水深的海域,故分为无限深海漂流和有限深海漂流两种。对于无限深海漂流,海底对其不产生影响;而有限深海漂流,必须考虑海底的摩擦效应。

(二) 无限深海漂流

假设:在采用 f 平面近似的条件下,在北半球无限广阔、无限深的海面上,均匀、定常风长时间作用,海水密度 ρ 为常数。在此假设下,海水运动由风应力驱动,当铅直湍流产生的摩擦力与科里奥利力平衡时,流动稳定,称为埃克曼漂流。在以上假定条件下,运动方程为

$$\begin{cases} 2\omega\sin\varphi \cdot v + K_z \dfrac{\partial^2 u}{\partial z^2} = 0 \\ -2\omega\sin\varphi \cdot u + K_z \dfrac{\partial^2 v}{\partial z^2} = 0 \end{cases}$$ (4-41)

设风只沿 y 轴正方向吹,z 轴向上为正,边界条件为

当 $z = 0$(海面)时

$$\tau_y = \rho K_z \frac{\partial v}{\partial z}, \tau_x = 0$$ (4-42)

当 $z = -\infty$(海底)时

$$u = v = 0$$ (4-43)

方程解为

$$\begin{cases} u = V_0 \exp(az) \cos\left(\dfrac{\pi}{4} + az\right) \\ v = V_0 \exp(az) \sin\left(\dfrac{\pi}{4} + az\right) \end{cases} \tag{4-44}$$

其中

$$a^2 = \frac{\omega \sin \varphi}{K_z}$$

$$V_0 = \sqrt{u^2 + v^2} = \frac{\tau_y}{\sqrt{2}\, a\rho K_z} \tag{4-45}$$

从流速表达式上看，$V_0 \exp(az)$ 表示流速大小，$\left(\dfrac{\pi}{4} + az\right)$ 表示流的方向。当 $z = 0$（海面）时，流速最大为 V_0，流向与 x 轴夹角为 $\dfrac{\pi}{4}$，即右偏于风向 45°。随着深度增大（$z < 0$），流速呈指数衰减，流向相对于风向偏角增大（在北半球，$\varphi > 0$），即随深度增加流动方向逐渐右偏。当 $z = -\dfrac{\pi}{a}$ 时，流速仅为表面流速的 4.3%，流向与 x 轴夹角为 $-\dfrac{3}{4}\pi$，恰与表面流动方向相反，近似认为在这个深度上流动消失，故将 $\dfrac{\pi}{a}$ 称为摩擦深度，用 D 表示，即 $D = \dfrac{\pi}{a} = \pi\sqrt{\dfrac{K_z}{\omega \sin|\varphi|}}$。

随深度增大，流速和流向都发生改变，若连接各深度流速矢量端点，可得到螺旋线，称之为埃克曼螺旋，在水平面上的投影为埃克曼螺线，如图 4-7 所示。

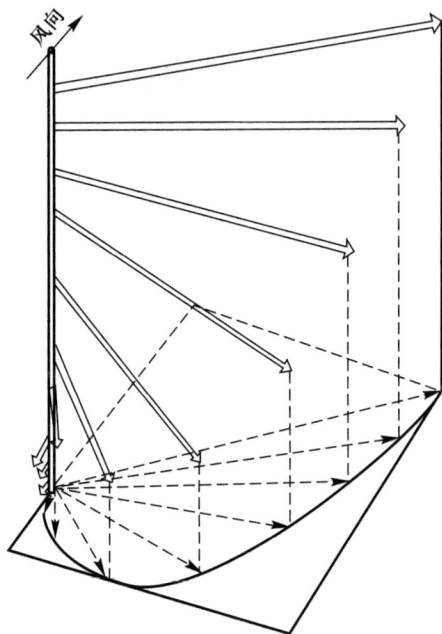

图 4-7　北半球漂流的铅直结构

在计算埃克曼漂流时，湍流黏滞系数 K_z 是非常重要的参数，对于如何获得 K_z，埃克曼通

过对大量观测资料分析,得出这两个重要的经验关系 $\dfrac{V_0}{W}=0.012\,7\sqrt{\sin|\varphi|}$,$D=\dfrac{4.3W}{\sqrt{\sin|\varphi|}}$,其中 V_0 是表面流速大小、W 是风速大小、D 是摩擦深度。因此,可通过测定风速 W 推算 V_0 与 D,进而得出 K_z 的值。但在目前的研究工作中,因缺乏现场风速资料,K_z 常根据经验公式求得。

在南半球,科里奥利力指向运动左侧,流向有相反的偏转。

(三)有限深度风海流

实际海洋深度并不是无限深的,海底的摩擦作用会对流动产生影响。图 4-8 给出了不同水深情况下风海流矢量在平面上的投影,即埃克曼螺线。可以看出,水深越小,流速随深度增加而向右偏的角度越小;在水深很浅的海洋里,漂流从表到底几乎沿着风向流动;水深越深,漂流流速的垂直结构越接近于无限深海漂流的情形。通过计算表明,当 $\dfrac{h}{D}>2$ 时,可以近似看作无限深海。

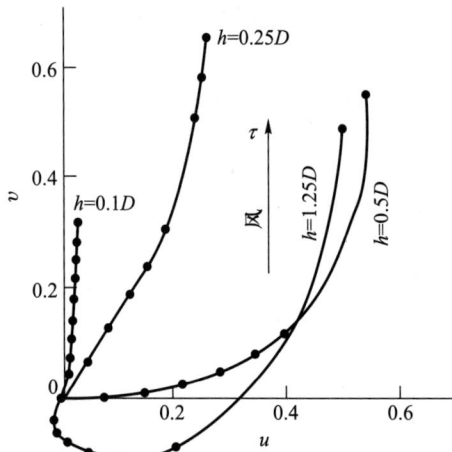

图 4-8 浅海风海流流失量的平面投影

四、惯性流

当风海流流出风力作用区域或风力停止时,海流便由漂流变为自由的惯性流。在大洋中,漂流运动的水平尺度远大于铅直尺度,若不考虑摩擦力的作用,认为海水只在科里奥利力作用下运动,科里奥利力提供运动的加速度,因此有

$$\begin{cases} \dfrac{\mathrm{d}u}{\mathrm{d}t}=fv \\[2mm] \dfrac{\mathrm{d}v}{\mathrm{d}t}=-fu \end{cases} \tag{4-46}$$

两式联立并对 t 积分可得到 $u^2+v^2=$ 常量 $=V_0^2$。因此,对于固定地点,漂流的流速矢量端点轨迹为一个圆。又有

$$\begin{cases} \dfrac{\mathrm{d}x}{\mathrm{d}t}=u \\[2mm] \dfrac{\mathrm{d}y}{\mathrm{d}t}=v \end{cases} \tag{4-47}$$

联合式(4-46)和式(4-47),然后对 t 进行积分可以得到

$$(x-x_0)^2+(y-y_0)^2=r^2 \tag{4-48}$$

其中 $r^2=V_0^2/f^2$。

从式(4-48)可以看出,水质点绕点 (x_0,y_0) 做半径为 r 的匀速圆周运动。这个圆周称为惯性圆,流动叫作惯性流。从海水受力的分析中我们可以知道,圆周运动的向心力是由科里奥利力来提供的,因此若已知惯性流的初速度和纬度,通过圆周运动的知识就可以得到相应的运动半径和周期。

当没有其他外加流动时,水质点为圆周运动,不同深度惯性流的圆心在同一铅直线上,惯性流的半径随纬度增加而减小,在赤道附近水质点运动轨迹是平直的,不再是圆周运动。当海洋中存在背景流动时,同一水平面上水质点的运动是沿惯性圆的圆周运动和外加流动的合成。

五、 大洋环流

世界各大洋上层环流基本上属于风生环流,与大气环流和季风相对应,同时由于不同海域的几何形状和岸线的差别,各大洋的流动又各有特点;表层以下的环流以热盐效应起主导作用,上层环流的辐聚和辐散也会对其产生影响。图4-9为大洋主要环流及其分布。

(一)太平洋

受两半球信风带作用,太平洋赤道两侧存在西向南赤道流和北赤道流,赤道流自东向西逐渐加强。而赤道逆流,即存在于南北赤道流之间并向东流动,与赤道无风带相对应。赤道流在西边界处,沿大陆坡从低纬度流向高纬度,形成太平洋黑潮和东澳流,是南北赤道流的延续。

在南北半球盛行西风带位置处,存在北太平洋流和南极绕极流。北太平洋流在北美沿岸附近分为两支——向南汇于北赤道流的加利福尼亚流,向北的阿拉斯加流,与阿留申流汇合,并与亚洲沿岸的亲潮一起南下。正是由于南极大陆周围海域连成一片的原因,整个南极大陆被南极绕极流所环绕。在太平洋东岸有向北的分支称为秘鲁流。

赤道流、东西边界流和南极绕极流构成太平洋南北半球巨大的反气旋式环流,北太平洋流和阿拉斯加流、亲潮构成北太平洋高纬海区的气旋式小环流。由于这些环流的存在,在两极、热带和亚热带区域都有辐聚和辐散带存在,影响表层以下环流运动。

(二)大西洋

大西洋在赤道位置处同样存在赤道流,但没有形成赤道逆流,南北赤道流在大西洋西边界处同样形成向高纬度的流动,北赤道流形成北向的湾流,南赤道流稍有变化,形成北向的圭亚那流和南向巴西流。

在盛行西风带位置处存在北大西洋流和南极绕极流。北大西洋流在欧洲近岸分岔,变为三股流:中支为流向挪威海的挪威流;北支进入冰岛南海域,并同北美沿岸南下的拉布拉多流和东、西格陵兰流构成北大西洋高纬海区气旋式的伊尔明格流;南支与北赤道流汇合,

并参与构成北半球大西洋反气旋式的加那利流。南极绕极流在大西洋西岸有北向流动的分支,形成本格拉流,与南赤道流和巴西流构成南半球的反气旋式环流。与此同时,大西洋同样存在着海水的辐聚和辐散现象,可影响表层以下的环流运动。

(三)印度洋

印度洋赤道处存在南北赤道流和赤道逆流,受到地形影响,在印度洋西岸只有南下的莫桑比克流,与南极绕极流和南极绕极流北向分支西澳流构成印度洋的反气旋式环流,印度洋南部的环流和海水的辐聚和辐散在总体特征上与南太平洋和南大西洋是类似的。印度洋北部主要受季风影响,为季风性环流,冬夏两半年环流方向相反。

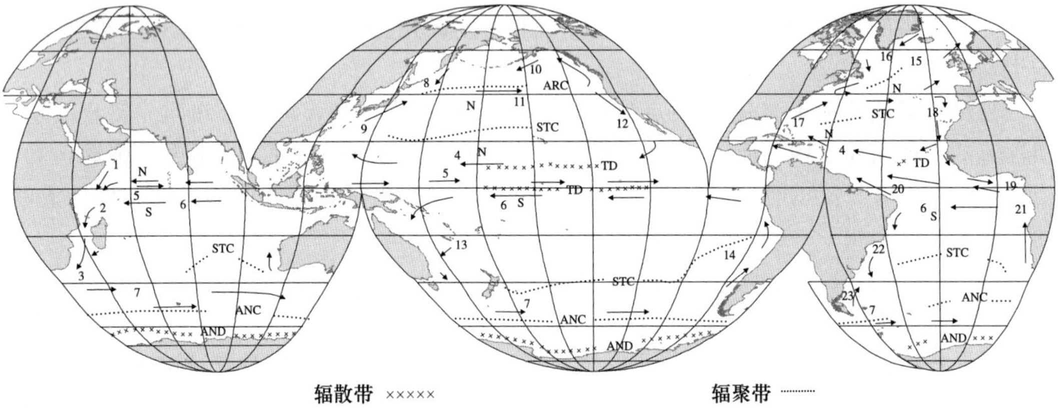

辐散带 ×××××　　　　　　　　　　　　　　辐聚带 ·········

1. 索马里流;2. 莫桑比克流;3. 阿古拉斯流;4. 北赤道流;5. 赤道逆流;6. 南赤道流 7. 南极绕极流;8. 亲潮;9. 黑潮;10. 阿拉斯加流;11. 北太平洋流;12. 加利福尼亚流;13. 东澳流;14. 秘鲁流;15. 东格陵兰流;16. 拉布拉多流;17. 湾流;18. 加那利流;19. 几内亚流;20. 圭亚那流;21. 本格拉流;22. 巴西流;23. 马尔维纳斯(福克兰)流

图 4-9　太平洋、大西洋和印度洋 2—3 月表层环流图

(引自 Gross,1990)

六、 海流的环境效应

海流对环境的影响,主要包括以下几方面:

(1)海流导致的冲刷会侵蚀岸线,危及沿岸建筑,搬运泥沙也会改变海区的地形地貌而影响港口航道。

(2)海水流动时,溶解在海水中的营养物质一起随同运动,若海流能给目标海区带来丰富的营养物质,将有利于海洋生物的繁殖,提高海区的生物生产力;类似地,污染物也会随海流而迁移,会影响水质和生态系统健康。

(3)对于半封闭海区,比如海湾,海流的状况在很大程度上决定了湾内海水是否能快速地与外部交换更新,水交换迅速的海区有利于污染物的扩散与稀释。

(4)海流可以调控全球的热量分配,如暖流可将热量从低纬度向高纬度传输,使高纬度地区变得相对温暖并带来降水。

第三节　海洋中的波动现象

波动是海水的主要运动形式之一,从海面到海洋内部处处可见。由于外力作用,水质点绕其平衡位置做周期性或准周期性的运动,必然会使其邻近流体质点一起运动,造成运动状态的空间传播。

海洋中的波动具有周期性变化特征,但为了研究的方便,可将海洋波动看成是简单波动(正弦波)或简单波动的叠加。因此,对海洋波动的研究可以从简单波动入手。波浪理论大致分为两类——小振幅重力波理论和有限振幅波动理论,后者包括余摆线波和斯托克斯(Stokes)波,也包括浅水区的椭圆余弦波理论和孤立波理论。

一、波浪要素

为了较好地描述波动的各个要素,取一个简单波动的剖面,即一条正余弦曲线,如图4-10所示。曲线的最高点、最低点分别称为波峰和波谷。彼此相邻的波峰(或波谷)之间的水平距离、通过某固定点所经历的时间分别称为波长(L)和周期(T),由此可得波形传播的速率为 $c = \dfrac{L}{T}$。波高(H)是从波峰到波谷之间的铅直距离,而振幅(a)是水质点离开其平衡位置向上(或向下)的最大铅直位移,它和波高关系是 $a = \dfrac{H}{2}$。波陡是波高与波长的比 $\delta = \dfrac{H}{L}$,用来描述波的陡峭程度。在波的传播过程中,波峰在垂直于波的传播方向连线,称为波峰线(波脊线),指向波浪传播方向的线称为波向线,波峰线与波向线垂直。

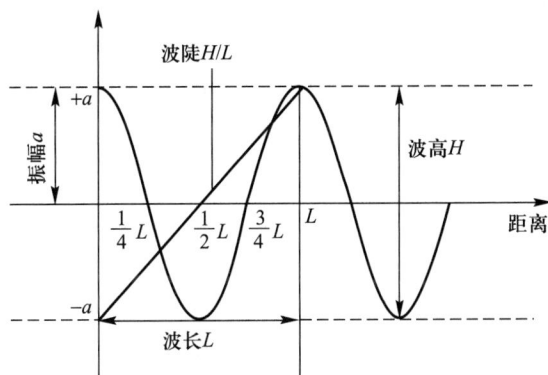

图 4-10　波浪要素

二、海洋中的波动成因及分类

可从不同角度对海洋中的波动进行分类。从波动发生在海洋中的位置考虑,可分为表面波、内波和边缘波;依据相对水深$\left(水深与波长之比,即 \dfrac{h}{L}\right)$,可分为深水波(短波)和浅水波(长波);依据波形是否传播,可分为前进波和驻波;依据波浪形成的原因,可分为毛细波、重力波、潮波、地震波、风浪、涌浪等。

海洋中波动的周期可以从零点几秒到数十小时,而波高从几毫米到几十米,波长从几毫米到几千千米。各种波动周期和相对能量的关系如图 4-11 所示。由风引起的波动中,周期为 1 ~ 30 s 的海浪所占能量最大,而周期为 30 s ~ 5 min 的为长周期重力波,通常以长涌或先行涌的形式存在。由地震、风暴等产生的长周期波的周期为 5 min 到数小时,其恢复力主要为科里奥利力和重力。而周期为 12 ~ 24 h 的潮波,主要是由月球和太阳的引潮力引起。

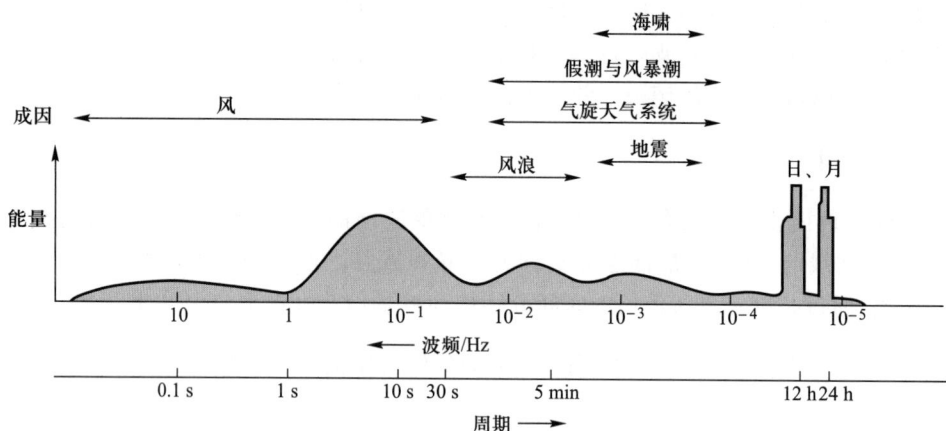

图 4-11　各种波动周期和相对能量的关系

三、小振幅重力波

艾里(Airy)1845 年提出了小振幅波理论,小振幅波亦称正弦波,是一种简单波动。简单波动的理论一方面可直接解释部分海上较规则的波动现象,另一方面为讨论复杂的海浪提供了理论基础。小振幅波理论有如下的假定:波动振幅相对于波长为无限小;重力是其唯一外力;流体是不可压缩的无黏性流体;流体质点的运动是无旋运动;表面压力均匀且海洋底部不透水等。

在以上假定的条件下,对小振幅波动水质点的运动、波速、周期与波长的关系以及波动能量、波动的叠加等进行讨论。

(一)水质点运动

取空间直角坐标,z 轴向上为正,将 x-y 平面设在海面上,为简单起见,设波动只在 x 方向上传播,则波剖面方程是一正弦曲线,可用下式表示

$$\zeta = a\sin(kx - \sigma t) \tag{4-49}$$

式中:a——波动的振幅;

ζ——波面相对平均海面的铅直位移。

而

$$k = \frac{2\pi}{L}, \sigma = \frac{2\pi}{T}$$

分别为波数和频率。

波动的频散关系式(4-50)描述了波动空间特征(k)和时间特征(σ)之间关系。

$$\sigma^2 = kg\tanh(kh) = kg\tanh\left(\frac{2\pi h}{L}\right) \tag{4-50}$$

式中:g——重力加速度;

h——水深;

tanh——双曲正切函数。

这是波动问题中一个非常重要的关系式。

当水深 h 大于波长的一半($h>\frac{L}{2}$),波动被称为深水波(或短波),包括所有开阔大洋上的风生浪。水质点在 x 与 z 方向上的速度分量 u、w 分别为

$$\begin{cases} u = ack\exp(kz)\sin(kx-\sigma t) \\ w = -ack\exp(kz)\cos(kx-\sigma t) \end{cases} \tag{4-51}$$

由式(4-51)可知,水质点的速度在水平方向与铅直方向上均具有周期性变化,并随深度增加($z<0$)呈指数减少。在自由表面($z=0$)处,水质点的速度为

$$\begin{cases} u = ack\sin(kx-\sigma t) \\ w = -ack\cos(kx-\sigma t) \end{cases} \tag{4-52}$$

假定小振幅波中振幅相对波长无限小,水质点平衡位置(x_0,z_0)可替代其实际坐标(x,z),从式(4-51)可得

$$\begin{cases} u = ack\exp(kz_0)\sin(kx_0-\sigma t) \\ w = -ack\exp(kz_0)\cos(kx_0-\sigma t) \end{cases} \tag{4-53}$$

通过积分得到轨迹方程,再将两边平方相加即可消去 t,得

$$(x-x_0)^2 + (z-z_0)^2 = a^2\exp(2kz_0) \tag{4-54}$$

从式(4-54)可以明显看出,水质点的运动轨迹为圆,其半径 $a\exp(kz_0)$ 随平衡位置的加深($z_0<0$)呈指数减小。当水质点处于自由表面($z_0=0$)时,其半径为 a,与其振幅相等。若处于深度为 $z_0=-L$ 时,半径为 $a\exp(-2\pi)=\left(\frac{1}{535}\right)a$,由此可见其振幅已很小,波动很弱,体现了小振幅重力波表面波的性质。

比较式(4-49)与式(4-51),当 $kx-\sigma t=\frac{\pi}{2}$ 时,水质点在波峰处且具有正的最大水平速率 $ack\exp(kz)$,当 $kx-\mathrm{d}t=\frac{3}{2}\pi$ 时,水质点位于波谷处,且具有负的最大水平速率 $-ack\exp(kz)$;而无论在波峰还是波谷处,铅直速率皆为 0。当 $kx-\sigma t=n\pi(n=0,1,\cdots)$,即水质点处在平均水面上时,铅直速度大小最为 $ack\exp(kz)$,水平速度皆为 0;而且铅直速度方向在波峰前部向上,在波峰后部向下,这样波峰前部水质点辐聚,形成辐聚区,波面将上升,而波峰后部则为辐散区,波面将下降,波形便可以不断向前传播。在波的传播过程中,水质点仅仅以各自的平衡位置为圆心做圆周运动,如图 4-12 所示。

在深水波($h>\frac{L}{2}$)中,水质点的运动速度和轨迹半径都会随着水深的增大而急剧减小,当到达一个波长的深度时波动基本上消失,如图 4-13(a)所示。

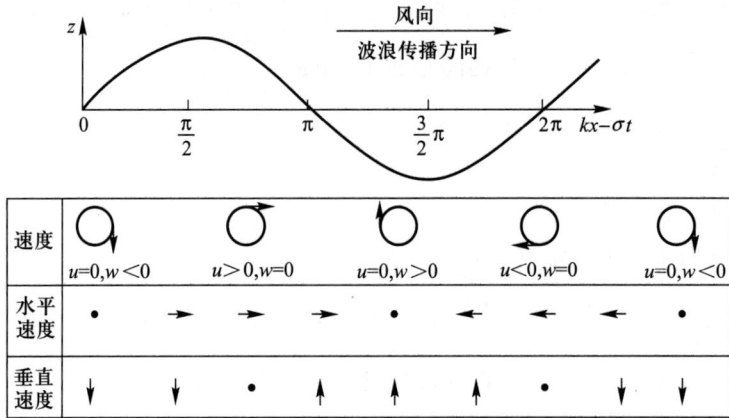

图 4-12　水质点的水平速度与铅直速度分布

在浅水波$\left(h<\dfrac{L}{20}\right)$中,水质点的运动轨迹为椭圆,随深度的增加椭圆长轴几乎不变而短轴迅速减小,当达到一定深度时只在水平方向上做周期性往复运动,如图 4-13(b)所示。

尽管深水波和浅水波的水质点运动轨迹不同,但它们的波长 L 不随深度变化,即从自由水面到波动消失处波长始终是一样的。

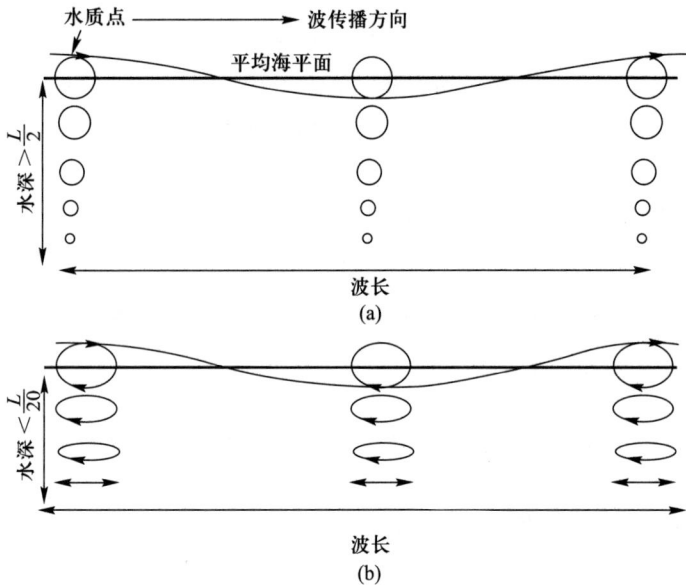

图 4-13　水质点的运动轨迹
（a）深水波；（b）浅水波

（二）波速

1. 波速、波长、周期之间的关系

波速即波形传播的速度,其大小为单位时间内波形传播的距离,$c=\dfrac{L}{T}$,结合 $k=\dfrac{2\pi}{L}$,$\sigma=$

$\dfrac{2\pi}{T}$ 及频散关系式,可以得到波动参数之间的关系式,例如,用 k,σ 表示 c,表达式为

$$c = \frac{\sigma}{k} \tag{4-55}$$

将频散关系式 $\sigma^2 = kg\tanh(kh) = kg\tanh(2\pi h/L)$ 代入上式,得波速与波长的关系为

$$c = \sqrt{\frac{gL}{2\pi}\tanh(kh)} = \sqrt{\frac{gL}{2\pi}\tanh\left(\frac{2\pi h}{L}\right)} \tag{4-56}$$

因为 $c^2 = \dfrac{L^2}{T^2} = \dfrac{gL}{2\pi}\tanh(kh)$,所以波长与周期的关系为

$$L = \frac{gT^2}{2\pi}\tanh(kh) \tag{4-57}$$

将式(4-57)代入 $c = L/T$ 得波速与周期的关系为

$$c = \frac{gT}{2\pi}\tanh(kh) \tag{4-58}$$

式(4-56)、式(4-57)、式(4-58)是波速、波长、周期之间的普遍关系,对长波与短波都适用。

2. 深水和浅水中的波速

对于深水波,可以根据 $\tanh(kh) = \tanh\left(2\pi\dfrac{h}{L}\right) > \tanh\pi = 0.996\ 26 \approx 1$,将式(4-56)、式(4-57)和式(4-58)简化,得到深水波波速

$$c = \sqrt{\frac{gL}{2\pi}},\ c = \frac{gT}{2\pi},\ L = \frac{gT^2}{2\pi} \tag{4-59}$$

对于浅水波,由于 $\tanh(kh) = \tanh\left(2\pi\dfrac{h}{L}\right) \to 2\pi\dfrac{h}{L}$,式(4-56)可以简化为

$$c = \sqrt{gh} \tag{4-60}$$

即为浅水波波速。

通过式(4-59)可知,深水波的波速仅与波长有关而与水深无关;而式(4-60)说明,浅水波的波速与波长无关而只与水深 h 有关。

值得注意的是,当相对水深 $\dfrac{h}{L}$ 介于 1/2 与 1/20 之间时,则必须考虑浅水修正项 $\tanh(kh)$,即应用式(4-56)。

(三) 波动的能量

波动的能量巨大,这是因为水质点的运动产生动能,而波面相对于平均水面的铅直位移形成势能。

对于小振幅波,单位表面铅直水柱内的势能为

$$e_p = \int_0^\zeta \rho gz\mathrm{d}z = \frac{1}{2}\rho g\zeta^2$$

则沿波峰线方向单位宽度的一个波长内势能为

$$E_p = \int_0^L e_p \cdot \mathrm{d}x = \frac{1}{2}\int_0^L \rho g\zeta^2\mathrm{d}x = \frac{1}{16}\rho gH^2L \tag{4-61}$$

式中:ρ——海水密度;

　　　H——波高。

沿深水波波峰线单位宽度自表至波动消失处,一个波长所具有的动能为

$$E_k = L \cdot \int_{-\infty}^{L} \frac{1}{2}\rho(u^2+w^2) \cdot \mathrm{d}z = \frac{1}{16}\rho gH^2L \tag{4-62}$$

由式(4-61)和式(4-62)可知,一个波长内波动的势能与动能相等,且总能量为

$$E = E_p + E_k = \frac{1}{8}\rho gH^2L \tag{4-63}$$

式(4-63)说明,波动的总能量与波高的平方成正比。在分析波动的能量时,波高的平方常作为能量的相对尺度。波动的能量是相当可观的,如波高为 3 m、周期为 7 s 的一个波动,跨过 10 km 宽的海面(y 方向),其功率为 6.3×10^5 kW。

上述为波动的总能量,由于波动随深度的迅速减小,总能量主要集中在水面附近。因此,将这种波动称为表面波。

波动的能量沿波浪传播方向不断向前传递,在平均的意义下其传递速率为

$$\overline{P} = \frac{c}{2}E\left[1 + \frac{2kh}{\mathrm{sh}(2kh)}\right] \tag{4-64}$$

即波动的总能量以半波速$\left(\dfrac{c}{2}\right)$向前传递。式中,sh 表示双曲正弦函数。

(四) 线性波动的叠加

实际海洋中的波动远比上述波动复杂,如波动的反射可以形成驻波,在陡峭的海岸、码头附近和港湾内常可以看到;在海洋中常常会出现波浪一群一群地传播,各个波的振幅并不相等,随时空而变。这些现象不能以简单波动来描述,但可以用简单波动的叠加来解释。

1. 驻波

设有两列振幅、周期、波长分别相等,传播方向相反的正弦波,即

$$\zeta_1 = a\sin(kx-\sigma t), \zeta_2 = a\sin(kx+\sigma t)$$

两列波叠加,合成后的波面方程为 $\zeta = \zeta_1 + \zeta_2$,则

$$\zeta = 2a\cos\sigma t \cdot \sin kx \tag{4-65}$$

为了便于理解,取下列几个特定时刻的波面加以讨论。由式(4-65)可见,

$$当\ t=0\ 时, \zeta = 2a\sin\left(\frac{2\pi}{L}x\right)$$

$$当\ t=\frac{1}{4}T\ 时, \zeta = 0 \cdot \sin\left(\frac{2\pi}{L}x\right) = 0$$

$$当\ t=\frac{2}{4}T\ 时, \zeta = -2a\sin\left(\frac{2\pi}{L}x\right)$$

$$当\ t=\frac{3}{4}T\ 时, \zeta = 0 \cdot \sin\left(\frac{2\pi}{L}x\right) = 0$$

$$当\ t=T\ 时, \zeta = 2a\sin\left(\frac{2\pi}{L}x\right)$$

当 $t = \pm\dfrac{n}{2}T(n=0,1,2,\cdots)$时,在 $x = \pm\dfrac{2n+1}{4}L(n=0,1,2,\cdots)$处,波面的垂直升降达到最

大为 $2a$，即为合成前振幅的两倍，该点称为波腹，波腹处只有水质点的垂直运动分量 w，与波面升降方向相同。而任意时刻，在 $x = \pm\dfrac{2n+1}{4}L(n=0,1,2,\cdots)$ 处，波面始终无升无降，这样的点称为波节。波节处只有水质点的水平速度分量 u，方向指向波面上升的一侧。在波节与波腹之间的波面垂直升降距离均在 0 到 $2a$ 之间，且各点两种速度分量均存在。当波面上各点 $|\zeta|$ 达到最大值时，$u=w=0$；而 $\zeta=0$ 时，u,w 达到最大值。波节两侧的波面会随时间出现一侧上升，另一侧下降。当 $t=\pm\dfrac{2n+1}{4}T(n=0,1,2,\cdots)$ 时，如 $t=\dfrac{1}{4}T$ 与 $t=\dfrac{3}{4}T$，波面 $\zeta\equiv0$，波面水平。由于波形并不向前传播，故称为驻波。

2. 波群

设两列正弦波的振幅相等，波长与周期相近，传播方向相同，即

$$\zeta_1 = a\sin(kx-\sigma t),\ \zeta_2 = a\sin(k'x-\sigma't)$$

两列波叠加，其波剖面方程为 $\zeta = \zeta_1+\zeta_2$，则合成后的波动为

$$\zeta = 2a\cos\left(\frac{k-k'}{2}x-\frac{\sigma-\sigma'}{2}t\right)\cdot\sin\left(\frac{k+k'}{2}x-\frac{\sigma+\sigma'}{2}t\right)$$

其振幅为

$$A = 2a\cos\left(\frac{k-k'}{2}x-\frac{\sigma-\sigma'}{2}t\right)$$

波速为

$$c = \frac{\sigma+\sigma'}{k+k'}\approx\frac{\sigma}{k}$$

从以上公式可以看出，传播速度与合成前简单波动速度相近，而振幅 A 为 x 与 t 的函数，说明振幅存在周期性变化，范围为 $0\sim2a$，其中

变化的速度为

$$c_g = \frac{\sigma-\sigma'}{k-k'}\approx\frac{\mathrm{d}\sigma}{\mathrm{d}k}$$

变化的周期为

$$T_g = \frac{4\pi}{\sigma-\sigma'}$$

图 4-14 为上述波动的剖面图。合成后的波动形成群体分布，且振幅由小到大 $(0\rightarrow2a)$，又由大到小 $(2a\rightarrow0)$。A 为群的包络线，c_g 是群的传播速度，称为群速。

由频散关系式

$$\sigma^2 = kg\tanh(kh)$$

可得

$$c_g = \frac{1}{2}c\left[1+\frac{2kh}{\mathrm{sh}(2kh)}\right]$$

当为深水波时，$\dfrac{2kh}{\mathrm{sh}(2kh)}\approx0$，故 $c_g=\dfrac{1}{2}c$；当为浅水波时，$\dfrac{2kh}{\mathrm{sh}(2kh)}\approx1$，故 $c_g=c$。

说明深水波的群速是波速的一半，浅水波的群速与波速相等。由于群速为波群振幅（波高的一半）传播的速度，波动的能量与波高的平方成正比，因此波动能量的传递速度也可以群速表示。

四、有限振幅波动理论

上述的小振幅波动理论属于线性波动的范畴。而实际上海洋波动多数表现为非线性现

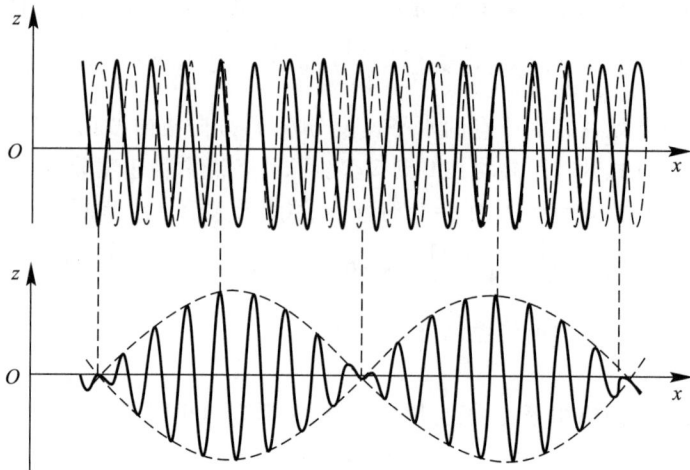

图 4-14 两振幅相等,波长、周期相近,传播方向相同的正弦波叠加而形成的波群

象,尤其在浅水条件下,波动的非线性现象尤为突出。相对于小振幅波动,有限振幅波动具有较大振幅,它与实际海浪的形状更接近。有限振幅波动理论很多,例如斯托克斯波、摆线波、孤立波等,其理论推导繁杂。本节简要介绍斯托克斯波理论的一些主要结论。

斯托克斯波是斯托克斯于 1847 年从数学上导出的。除了振幅相对于波长不能视为小量外,它与小振幅波动理论类似,也假定流体不可压缩、无黏性、重力为唯一外力,运动是无旋的,表面压力为常值。因此,研究斯托克斯波可从非线性基本方程和边界条件出发。

这里仅给出深水斯托克斯波的结果,浅水情况下的推导过程和深水类似。

(一)波面方程

选择一个以波速 c 随波一起移动的坐标系 $O\text{-}xyz$,z 轴向上为正,$O\text{-}xy$ 平面为水平面,则三阶斯托克斯波的波面为

$$\zeta(x) = \frac{1}{2}ka^2 + a\cos kx + \frac{1}{2}ka^2\cos 2kx + \frac{3}{8}k^2a^3\cos 3kx \tag{4-66}$$

上式中 $\frac{1}{2}ka^2$ 为非周期性部分,是表面水质点的振动中心与静止水面的距离,说明振动中心不在静止水面上。

(二)波动的传播速度

$$c = \sqrt{\frac{gl}{2\pi}(1+k^2a^2)}$$

$$= \sqrt{\frac{gl}{2\pi}(1+\pi^2\delta^2)}$$

可见,其波速略大于小振幅波。当波高与波长之比($\delta = H/L$)很小时,便蜕变为小振幅波在深水情况下的波速形式。

(三)水质点轨迹

水质点除做周期性的振动外,沿水平方向有净的位移,位移速率为

$$u' = k^2a^2c\exp(2kz)$$

显然它随深度呈指数减小。在水面上 $(z_0 = 0)$，$u'_0 = k^2 a^2 c$，此水平位移称为"波流"，可用以解释在波浪传播方向上的海水净运输现象。跨过单位波锋线宽度，自海面至波动消失深度，单位时间内由于波流运输的海水体积为

$$V = k^2 a^2 c \int_{-\infty}^{0} \exp(2kz_0) \cdot \mathrm{d}z = \frac{1}{2} k a^2 c$$

波流对海流、波浪的成长以及污染物、泥沙等的输运都具有一定的影响。

（四）波动的能量

小振幅波中，波动的动能与势能相等，但对 Stokes 波而言 $E_k > E_p$，即动能大于势能；还可证明，在铅直方向上波动的动能大于水平方向上的动能。

（五）波动的振幅与波高

当波动的振幅（波高）相对波长之比超过一定限度时，波面将破碎，理论上其破碎角为 $120°$，或波陡 $\delta \geq 1/7$。实际观测发现，当 $\delta > 1/10$ 时波峰就会破碎。小振幅波理论尚不能解释实际海浪的破碎现象。

经验表明，即使水深较浅，波高较大，应用线性波理论也能获得一定精度的解。此外，实际海浪可视为波高、频率不等、方向不同、相位随机的无数小振幅波的叠加，因此对不规则波而言，小振幅波是其理论基础。

五、开尔文波和罗斯贝波

开尔文波和罗斯贝波都是长周期重力波，相对于短波而言，当周期很长时，地转效应则不可忽视。一般认为当波动周期接近半摆日 $\left(\dfrac{12}{\sin \varphi}\right)$ 或比半摆日更长时，必须考虑科氏效应。

（一）开尔文波

开尔文波，同时受重力和科里奥利力的作用，既具有重力波的基本特性，又在科里奥利力的作用下产生一些其他特点。

假设北半球的一列振幅为 a 的自由长波，通过一条无限长、具有侧向铅直边界、水深为 h 的水道，如图 4-15 所示。

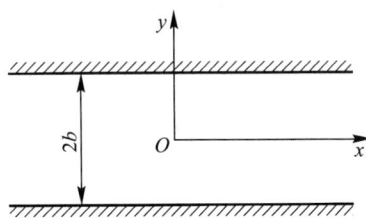

图 4-15 狭长水道及其坐标

设水道的宽度为 $2b$，x 轴取在水道中央，y 轴与水道垂直。波动以波速 c 沿 x 轴传播。可得波动方程解的形式为

$$\zeta = a \exp\left(-\frac{f}{c}y\right) \sin\left(\sigma t - \frac{\sigma}{c}x\right)$$

$$u = \frac{g}{c} a \exp\left(-\frac{f}{c}y\right) \sin\left(\sigma t - \frac{\sigma}{c}x\right) \qquad (4\text{-}67)$$

$$v = 0$$

式中：c——波速，$c = \sqrt{gh}$；

ζ——波面，它是 x, y, t 的函数；

u, v——x 与 y 方向上水质点的速度分量；

f——科氏参量，$f = 2\omega \sin \varphi$；

σ——圆频率。

式(4-67)给出了开尔文波的基本特性:开尔文波是波速 $c=\sqrt{gh}$ 沿 x 方向传播的长波;由于波面 ζ 与水质点运动水平分量 u 的表达式仅是振幅上的差异,因此变化是同步的;水道的限制使得水质点在 y 方向上的速度分量 $v=0$。开尔文波具有重力波的基本特性。然而在重力波中,波动振幅为常量,而开尔文波的振幅与 y 有关:面向波浪传播方向的左岸,即 $y=+b$,其振幅为 $a\exp\left(-\dfrac{f}{c}b\right)$;右岸,即 $y=-b$,其振幅为 $a\exp\left(\dfrac{f}{c}b\right)$;在水道中央,即 x 轴上 $y=0$ 处,其振幅为 a。可见在传播方向的左岸波动的振幅比右岸小,因此当处于波峰,便会出现波面是右高左低,处于波谷处波面是左高右低的现象(图4-16)。

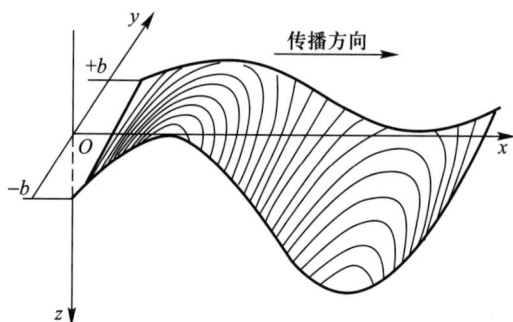

图4-16　北半球开尔文波的传播

出现上述现象是由于科里奥利力作用的结果。因为 u 与 ζ 的变化是同步的,即 $|\zeta|$ 最大时,$|u|$ 也最大。在波峰处,ζ 最高,u 在 x 方向上也最大,由于科里奥利力作用,海水向右岸堆积,导致海面自左岸向右岸上倾;在波谷处,ζ 最低,u 在 x 的负方向上最大,在科里奥利力的作用下,海水自右岸向左岸堆积,导致海面从右岸向左岸上倾。故通过水道的波动在水道两岸的振幅不等,呈现出右岸大左岸小的特征。对南半球而言恰好相反。这即是开尔文波的基本特征。

(二)罗斯贝波

罗斯贝波是一种远远小于惯性频率 f 的低频波,亦称行星波。其恢复力是科里奥利力随纬度的变化率 $\beta=\dfrac{\partial f}{\partial y}$。在考虑 β 效应的前提下可得到波动方程的解。

罗斯贝波在密度均匀的海洋中的频散关系如下:

$$\sigma=-\frac{\beta k_x}{|\boldsymbol{K}|^2} \tag{4-68}$$

式中: $\boldsymbol{K}$——波数,表示波浪传播的方向,称为波数向量。它的三个分量分别为 k_x,k_y,k_z。

在波动只沿水平方向传播时,$k_z=0$。因此

$$|\boldsymbol{K}|^2=k_x^2+k_y^2 \tag{4-69}$$

沿波向及沿 x、y 方向的波速分量分别记为

$$c=\frac{\sigma}{|\boldsymbol{K}|},\ c_x=\frac{\sigma}{k_x},\ c_y=\frac{\sigma}{k_y} \tag{4-70}$$

又因 $|\boldsymbol{K}|>k_x>k_y$,所以沿波向的波速 c 最小,将式(4-68)代入式(4-70)得

$$c_x = -\frac{\beta}{|\boldsymbol{K}|^2}, c_y = -\frac{k_x\beta}{k_y|\boldsymbol{K}|^2} \qquad (4-71)$$

在坐标系中 x 正向为东，y 正向为北，z 正向为上，故 β 值为正。$\boldsymbol{K}$ 及其分量皆为实数，故 c_x 始终为负值，罗斯贝波的传播方向始终偏向西方。

罗斯贝波的波速极慢，比相应的长重力波小几个量级；其周期为 14 天，比相应的长重力波大好几个量级。

当波长很大时，罗斯贝波的频散关系具有如下形式

$$\sigma = -\frac{\beta k_x}{|\boldsymbol{K}|^2 + \frac{1}{R^2}} \qquad (4-72)$$

式中：$\dfrac{1}{R^2} = \dfrac{f^2}{gh}$，即

$$R = \frac{\sqrt{gh}}{f}$$

为罗斯贝形变半径。在 $h = 500$ m 时，在中纬度 45° 海域 $R = 2.1 \times 10^3$ km，而在纬度为 10° 的水域，$R = 8 \times 10^3$ km。

位涡守恒的原理可以用来解释罗斯贝波的传播机制，在海底平坦时，有位涡守恒

$$\frac{\mathrm{d}(\zeta + f)}{\mathrm{d}t} = 0 \qquad (4-73)$$

式中：ζ——相对涡度；

f——行星涡度。

ζ 和 f 之和为绝对涡度，当 f 增大时 ζ 值为负，产生顺时针旋转；反之，产生逆时针旋转。

用图 4-17 可以说明罗斯贝波传播的机制：若在参考纬圈上海水的相对涡度为零，在扰动下，向北运动的海水，由于 f 值增大，据式（4-73），则 ζ 为负值，产生顺时针的环流；同理，向南运动的海水，将产生逆时针方向的环流。且离开参考纬圈越远的海水涡度越大。在实线上与 D 点相距无穷小的两点，所产生的环流将在 D 点相切，在偏北那点环流的南向分量要比偏南那点的向北分量大，在 D 点产生了一个净向南的分量。同理，在 A 点也产生一净向南的分量，而在 C、B 两点产生净向北的分量。图中虚线所示为下一时刻各点新位置的连线，表明罗斯贝波向西传播。

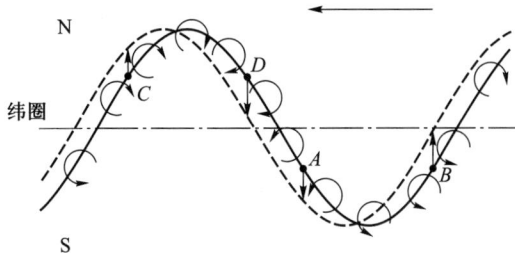

图 4-17　罗斯贝波传播示意图

罗斯贝波的波长很大,因此相比之下其在铅直方向上的运动十分微弱,实际海洋中可看成一种水平流系,流向基本与波向垂直。

六、内波

波动不仅发生在海面,在海洋内部也会发生。这种发生在海洋内部的波动称为海洋内波。与发生在自由海面上的表面波不同,内波往往发生在海水密度层结稳定的海洋中,并且最大振幅出现在海洋内部,对自由海面没有多大影响,其频率局限于惯性频率($f = 2\omega\sin\varphi$)与浮力频率之间。由于自由海面的海水上升需要克服重力,因此大幅度的升高受到限制,但是海洋内部海水上升时,重力被浮力抵消一部分,故升高比较容易,也就是说若以相同能量激发,内波最大振幅要远大于表面波。内波的振幅、波长和周期分布在很宽的范围内,一般分别为几米至几十米、几十米至几十千米和几分钟至几十小时;内波传播缓慢,相速仅为相应表面波的几十分之一,即不足 1 m/s。

(一)界面内波

界面内波是内波的一种最简单的形式,它是指发生在密度不同的两层海水界面处的波动。海洋的密度并没有严格的层次划分而是连续变化的,因此实际海洋中的内波是相当复杂的。但如果跃层很强,则其厚度会很薄,跃层便会趋于一个界面,便可将波动视为界面内波,通过这种方法可以解释海洋中很多内波现象。值得注意的是,界面内波的性质与连续层结流体中内波的性质之间有很大的区别,界面内波的性质更接近于表面波。事实上,界面波与表面波并没有本质区别,表面波是界面波的一种,即是发生在密度很小的空气与密度很大的海水之间的界面波,而在研究过程中,表面波往往忽略空气密度的影响。

如图 4-18 所示,假定海水中没有其他流动,海水不可压缩且上轻下重(密度 $\rho_2 > \rho_1$),不考虑地转效应,依据流体静力方程考虑流体内部的压力分布,即压力只与深度有关,上层与下层的厚度分别为 h_1 与 h_2。通过理论推导可知界面上存在正弦波,其波速(相速)可表示为

$$c = \left\{ \frac{gL(\rho_2 - \rho_1)}{2\pi\left[\rho_2\operatorname{cth}\left(\dfrac{2\pi h_2}{L}\right)\right] + \rho_1\operatorname{cth}\left(\dfrac{2\pi h_1}{L}\right)} \right\}^{\frac{1}{2}} \tag{4-74}$$

式中:cth 为双曲余切函数。

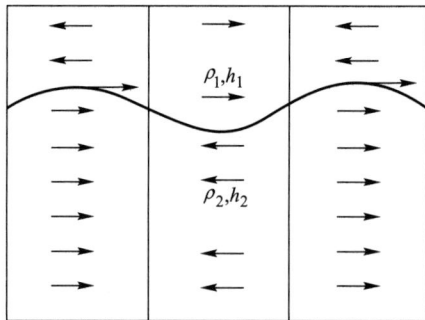

图 4-18 界面内波示意图

1. 界面短波和长波

当波长 L 比两层厚度 h_1、h_2 小得多 ($L \ll h_1, h_2$)，即界面处于无限深海的中部时，式 (4-74) 可简化为

$$c = \left[\frac{gL(\rho_2 - \rho_1)}{2\pi(\rho_2 + \rho_1)} \right]^{1/2} \tag{4-75}$$

当波长 L 比两层厚度 h_1、h_2 大得多 ($L \gg h_1, h_2$) 时，式 (4-74) 可简化为

$$c = \left[\frac{gh_2 h_1 (\rho_2 - \rho_1)}{(h_2 + h_1)\bar{\rho}} \right]^{1/2} \tag{4-76}$$

式中：$\bar{\rho} = \dfrac{1}{2}(\rho_2 + \rho_1)$。

前面已知，深水表面波动的波速为 $c_s = \left(\dfrac{gL}{2\pi} \right)^{\frac{1}{2}}$，而当水深很浅时波速为 $c_s = (gh)^{\frac{1}{2}}$，其中下标 s 表示表面波。因此，界面内波与表面波波速公式不同之处仅在于：界面内波含有系数 $\left[\dfrac{(\rho_2 - \rho_1)}{(\rho_2 + \rho_1)} \right]^{\frac{1}{2}}$，而表面波没有。海洋中两层流体的密度相差很小 ($\rho_2 - \rho_1 \ll \rho_2$ 或 ρ_1)，故系数 $\left[\dfrac{(\rho_2 - \rho_1)}{(\rho_2 + \rho_1)} \right]^{\frac{1}{2}}$ 也非常小，即使在温跃层也仅约 1/20。由此可知，当界面波与表面波波长 L 相同时，速度 c 之比约为 1/20，即界面波的传播速度比表面波慢得多。

2. 界面内波的振幅

振幅为 a_0 的正弦表面波在一个波长内的能量为

$$E_0 = \frac{\rho_1 a_0^2 g L}{2} \tag{4-77}$$

而相应界面内波的能量为

$$E = \frac{(\rho_2 - \rho_1) a^2 g L}{2} \tag{4-78}$$

若使 $E = E_0$，即界面内波和表面波的能量相等，则有界面内波和表面波的振幅之比为 $a/a_0 = \left[\dfrac{\rho_1}{(\rho_2 - \rho_1)} \right]^{\frac{1}{2}} \approx 30$，因此正如上面提到的，当界面内波与表面波获得相同的激发能量时，界面内波的振幅约为表面波的 30 倍。

与海面处空气和海水的密度差异相比，海洋中密度铅直方向的变化较小，即使在强跃层处其相对变化也不很大，因而海水微团即使受到某种能量不大的扰动，也会偏离其平衡位置并在恢复力的作用下发生振幅相当大的振动。波高为几米乃至几十米的内波在海洋调查中经常可以被记录到。图 4-19 给出了内波引起的海水等温线随时间变化的图像，可以反映出内波振幅的相对大小。

3. 界面内波中的水质点运动

界面上质点运动的水平速度和界面下质点运动的水平速度方向相反。在紧贴界面上下的质点，当其处于波峰或波谷时，有最大的水平速度，此处质点的水平速度随深度的变化极

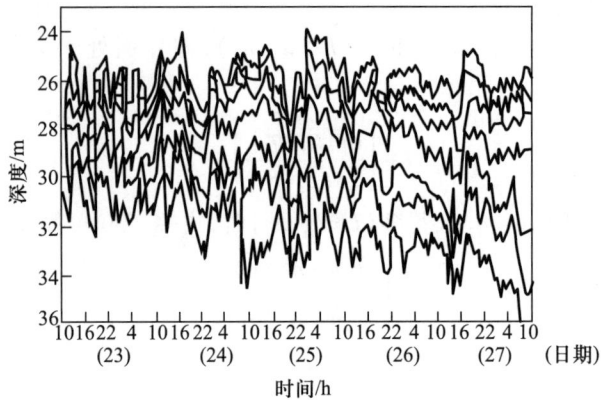

图 4-19　内波引起等温线随时间的变化

快,即形成强烈的流速剪切;而界面处的质点恰好通过界面平衡位置时,具有最大的铅直向速度,波峰前的向上,波峰后的向下。这样,在浅跃层处,当在晴天有微风吹拂,或海面上漂浮着油斑或碎物时,界面波可能在峰前谷后形成辐散区而在谷前峰后形成辐聚区,于海面呈现明暗清晰的条带图案:辐散区呈光滑明亮条带,辐聚区呈粗糙暗淡状态。图 4-20 给出了这种运动的流线、海水运动的方向及明暗条带的位置,并且这些条带可随波的传播而移动。

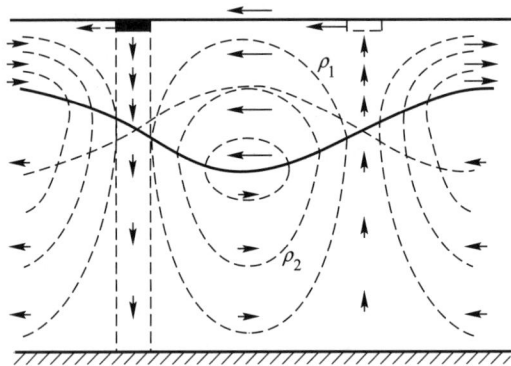

图 4-20　界面内波中水质点的运动

(二) 密度连续变化海洋中的内波

由于实际海洋中的密度是连续变化的,内波不单单发生在强跃层那种准界面上,在海洋内部处处都有发生的可能。现对密度连续变化海洋中的内波性质简要介绍如下。

1. 内波的恢复力

表面重力波的恢复力主要为重力,而内波的恢复力则为科里奥利力与弱化重力(即重力与浮力之差):频率较高的内波,其恢复力主要是重力与浮力之差,频率较低时主要是科里奥利力。所以这种内波也是一种重力波或者叫作内惯性重力波。由于其具有恢复力很弱的特点,从而使其运动比表面波慢得多,也就使得它的传播速度及其引起的水质点运动都较慢。

2. 内波的频率

在密度层结稳定的海洋中,海水微团受到某种力的干扰后,在重力和浮力的作用下将产生浮力振荡,该自由振动的频率为浮力频率,又称 Brunt-Vaisala 频率或重力稳定频率。当密度的分布是稳定层结,即 $\dfrac{\mathrm{d}\rho}{\mathrm{d}z}<0$ 时,假定流体微团的铅直移动为绝热过程(等熵等盐),忽略流体微团与周围流体的热量交换,但考虑由于压力改变所致流体微团自身密度的变化,可以通过理论推导得出 Brunt-Vaisala 频率的表达式为:

$$N=\left(-\frac{g}{\rho}\frac{\mathrm{d}\rho}{\mathrm{d}z}-\frac{g^2}{c_0^2}\right)^{\frac{1}{2}} \tag{4-79}$$

式中:c_0——声速。

内波的频率 σ 介于惯性频率

$$f=2\omega\sin\varphi \tag{4-80}$$

与 Brunt-Vaisala 频率之间,即

$$f<\sigma<N \tag{4-81}$$

3. 内波的传播方向和能量的输送

与界面内波仅在水平方向上传播不同,内波的传播方向一般是沿与水平方向呈 α 角传播的,α 角为内波频率 σ 的函数,即

$$\tan\alpha=\left(\frac{N^2-\sigma^2}{\sigma^2-f^2}\right)^{\frac{1}{2}} \tag{4-82}$$

当 N 为常量时,频率 σ 不同的内波,不但相速度的大小不同,而且方向各异:当内波频率较低时,α 变大,传播方向会偏离水平方向,变得陡峭;当频率近似于惯性频率时,相速度的方向接近铅直,群速的方向接近于水平;当内波频率增大时,相速与水平之交角 α 变小,传播接近水平方向。

密度连续变化的流体中的内波,若水质点的运动速度与波的相速度垂直,群速也与相速垂直。能量是以群速输送的,而内波的群速在量值上与相速不等,其方向与相速垂直并在同一个铅直平面上。因此,内波的能量是沿群速方向传播与相速方向垂直的,亦即当波形向斜上(下)方传播时,波动能量则向斜下(上)方输送。如图 4-21 所示。

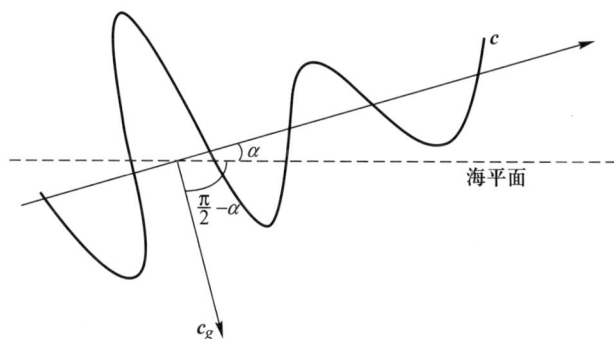

图 4-21　内波的传播

当内波能量在传送中遇到海面或海底,会出现反射现象,如图 4-22 所示。由于内波的群速方向与波速垂直,波速与水平方向的夹角,也就等于群速与铅直方向的夹角。与光线遇到界面的反射不同,内波的入射能束与反射能束与铅直方向上的夹角相等,即若入射能束指

向斜下(上)方,则反射能束则指向斜上(下)方。如果海底坡度较缓,反射波与入射波群速度水平分量方向一致;若超过一定临界水平,则相反(图 4-23)。

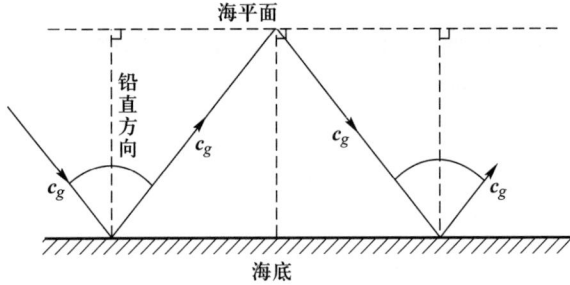

图 4-22 内波的反射

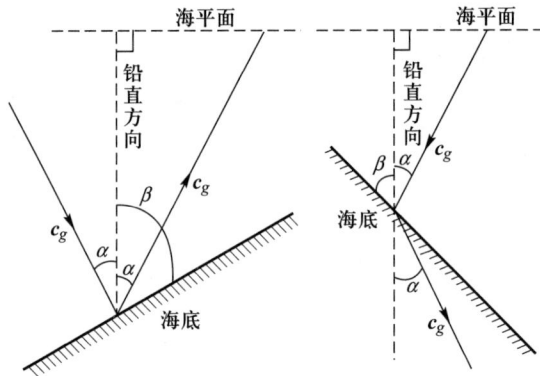

图 4-23 不同海底坡度情况下内波的反射

4. 内波的叠加

由于表面与底面(或转折深度处)的反射,入射内波与反射内波可能在铅直方向上通过内波叠加形成驻波(但在水平方向上仍为进行波)。

驻波可能会有不同数目的波腹,依次可将驻波划分为几个模态,含有几个波腹就称为内波的第几模态,模态越高,运动就越复杂。在海洋中不同层化情况和反射条件下,内波可能呈现出明显的能束形式或模态形式。

5. 内波的动力学特性

内波的产生因素有很多,可来自海面、海底和海水内部,例如海面风应力、海面气压场、上混合层中海水密度水平分布不均匀、潮流或海流流经凸凹不平的海底、海水内部流速存在剪切等。

内波破碎、平均剪切流和海水内部与边界的摩擦作用都会消耗内波能量。内波破碎可将能量传递给海洋内部小尺度湍流,平均剪切流在吸收内波能量的过程中使内波能量得以耗散。

内波的生成、耗散和传播过程所影响的海水的物理性质,都具有很强的随机性。内波调查时,需要记录下海水的温度、盐度、流速、流向等各种物理性质的时间序列和空间序列资料,应用随机过程理论进行分析,进而获得海洋内波的统计及动力学特性。在 20 世纪 70 年代前期,盖瑞特和蒙克(C. Garret 和 W. Munk,1972、1975)用这样的方法绘出了大洋内波的频率波数谱模型,较好地描述了大洋内波的统计特性。

6. 内波的环境效应

内波能将大、中尺度运动过程的能量传递给小尺度过程,能引起海水内部混合,是形成温、盐细微结构的重要原因。内波可以将深层较冷的海水连同其中的营养盐输送到海洋上层,对海洋初级生产过程有重要作用。同时内波使海水上下波动,将浮游植物从深层带到较浅的水层,有利于渔业产量的提高。

内波可以引起等密面的波动,因此会改变海洋中声速大小与传播方向,进而影响声呐的效能,对潜艇的准确定位和探测产生影响,因而内波在军事上的潜艇活动和反潜战中起着举足轻重的作用。由于海水等密面的起伏,会导致水下潜艇上下颠簸,甚至出现断崖式起伏,并酿成灾难事故。潜艇的运动也会产生扰动形成内波,所以在潜艇经过的航线上内波会增强,从而被探测到而暴露目标。

在密度分层的海洋中,内波虽不像海面波浪那样汹涌澎湃,但频繁活动的内波常使人们防范不及,会对海洋中的建筑物产生很大的冲击,从而对其安全性和正常运行造成直接的破坏性影响。内波之所以有强大的破坏力,主要因为在产生内波的跃层上下,会形成两支流向相反的内波流,这种内波流的速度可达 1.5 m/s,破坏力极大。

七、风浪和涌浪

海洋中的波浪分为风浪、涌浪和近岸波,它们是由风直接作用形成,然后在不同海域传播的波动。风浪是由当地风产生并一直处在风作用之下的海面波动;涌浪则是海面上由其他海区传来的波动,或者当地风力迅速减小、平息,或风向改变后海面上遗留下来的波动。

风浪具有以下特征:在海面上分布不规律,波峰通常尖削,波峰线短,波动周期小,当遇大风时常出现波浪破碎现象,形成浪花。涌浪的特征是:在海上的传播比较规则,波面比较平坦、光滑,波峰线长,波动的周期、波长都比较大。

在海洋中风浪和涌浪会单独存在,但往往也同时存在,它们的传播方向也常常不同。

(一) 风浪的成长与消衰

能量的摄取与消耗决定了风浪的成长与消衰。一般认为,首先由于海面受到风的扰动,引起毛细波(波纹),这就为风进一步向海面输送能量提供了必要的粗糙度。然后波面受到风的压力,继续摄取风提供的能量,从而不断成长。同时,由于海水黏性和速度切变也会带来能量损耗。由于海底摩擦或者发生破碎使波浪的能量损耗殆尽,当波浪传至浅水或岸边时波浪会逐渐消失。

(二) 风浪成长与风时、风区的关系

风与浪的关系可以用"风大浪高""无风起浪"等说法来表达,但这种说法只有在一定的情况下才成立。例如,由于受到了水域的限制,在小水湾中风再大也不可能形成汪洋大海中的惊涛骇浪;短暂的风即使吹拂在辽阔的海洋中,也不会产生滔天巨浪。可见,风浪的成长,不仅由风力决定,同时也受风所作用水域大小和风所作用时间长短影响。

在对风浪成长的讨论中,常常用到风时和风区两个概念。风时是状态相同的风持续作用在海面上的时间。风区是指状态相同的风持续作用的海域范围,具体来讲,从风区的上沿沿风吹方向到某一点的距离称为风区长度,简称为风区。风浪的成长还受其他因素影响,如海洋水深、地形、岸线形状等。

如图 4-24 所示,假定风沿 Ox 方向吹,且风速一定,O 点为风区上沿,OA 为风区内某一位置 A 的风区长度。

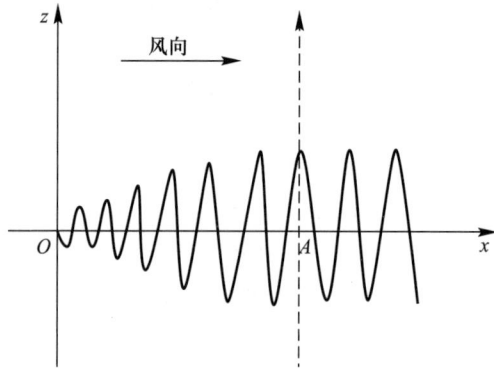

图 4-24　不同长度风区对应的风浪分布

在风的作用下,风区内各处都会产生一系列尺寸相同的波浪并随风沿 Ox 方向传播,传播中波浪从风中摄取能量而成长,因此,在风力作用下的时间越长,传播至 A 处的波浪获得的能量越多,尺寸就越大。同理,在 A 的上风向距 A 越远处的波浪传至 A 处的尺寸就越大。风区上沿(O 处)处产生的波浪传播到 A 后,A 处波浪达到理论上的最大值,此后便达到定常状态保持稳定。A 点上风向的波浪比 A 更早达到定常状态,而 A 下方的波浪在 A 点达到定常状态后还会继续增大,称为过渡状态。定常状态的波浪只与风区长度有关,距上沿距离越远,达到稳定状态时的尺寸越大;过渡状态则只受制于风时,风时延长过渡状态的波浪会继续增大直至达到定常状态。

从上面的讨论可以看出,对于特定风区中的某一位置,在定常风作用下,风浪达到定常状态所需的最短时间是一定的,称之为最小风时,即为风区上沿产生的波浪传播到该位置所需的时间。因此,若实际风时大于最小风时,波浪为定常状态,反之为过渡状态。同样,如果风时确定,波浪能达到理论上最大尺寸所需要的最短距离称为最小风区。当实际风区小于最小风区时,风浪可成长为定常状态,否则为过渡状态。

当风时和风区都是足够大时,风浪也不会无限增长。随着波浪的增长,由于内摩擦等原因产生的能量消耗逐渐增加,直至与能量摄入平衡,此时波浪的尺寸便不会继续增大,即达到了充分成长状态。充分成长状态对应的风区和风时称为充分成长的风区和风时,图 4-25 为风速 15 m/s 时波浪成长与风时、风区的关系。

（三）涌浪的传播

海面风力迅速减小或波浪离开风区后,波动不会立即消失,它们会继续存在甚至传播到其他海区,在传播过程中逐渐衰减,这种波动称为涌浪。

涌浪在传播过程中会发生弥散和角散。波浪由许多个波长、周期和振幅不同的分波叠加而成,因此在传播过程中波长大的速度快,波长短的速度慢,使波动分散开来,这种现象称为弥散;另一方面,各分波的传播方向也不相同,传播过程中向各方向分散开来,称为角散。由于弥散和角散作用,加上内摩擦不断消耗能量,涌浪在传播过程中波高会逐渐降低,波长、周期逐渐变大,波速变快。

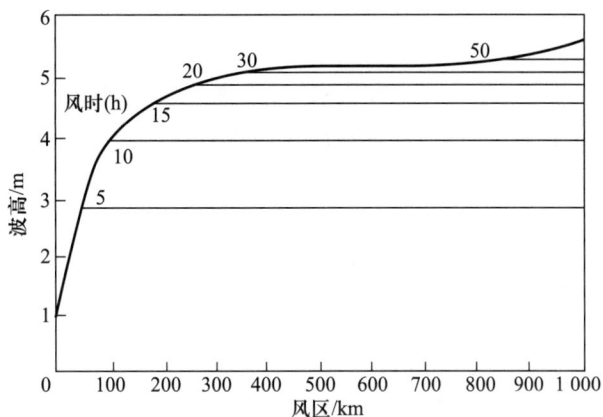

图 4-25　当风速为 15 m/s 时波浪成长与风时、风区的关系

由于弥散,随着传播距离的增大,大波长、长周期的涌浪占据优势,由于波高降低,故在海面上难以察觉。但当涌浪传到近岸时波高增大,形成猛烈的拍岸浪,会侵蚀岸滩、破坏沿岸建筑。如果观测到周期很大、波高很小的涌浪,随后周期逐渐变小,波高逐渐变大,则表示有可能有风暴袭来,这种涌浪称为先行涌,有时甚至先于风暴潮抵达的几天到来。

涌浪在传播过程中遵循短波的规律,波速决定于本身的性质[式(4-59)]。但在近岸浅水区,更符合长波的性质,波速决定于当地的水深[式(4-60)]。

(四) 近岸波的传播、变形和破碎

波浪传入近岸浅水区后,受水深、地形、岸形的影响,将发生浅水效应、折射、绕射、反射、波浪破碎等现象,导致波高、波长、波向发生变化,这种变化后的波况要素是海岸工程设计和规划的重要参考。

1. 波速、波长的变化

由前面的讨论可以知道,波速、波长、水深有如下关系

$$c^2 = \frac{gL}{2\pi}\tanh\left(2\pi\,\frac{h}{L}\right)$$

在深水中有 $\tanh\left(2\pi\,\dfrac{h}{L}\right) \rightarrow 1$,因此可写成

$$c_0^2 = \frac{gL}{2\pi}$$

下标"0"表示深水情况的值(下同),两式相除得

$$\frac{c^2}{c_0^2} = \frac{L}{L_0}\tanh\left(2\pi\,\frac{h}{L}\right)$$

观测表明,当波浪传至浅水和近岸时,其周期最为保守。设 $T = T_0$,因此 $\dfrac{c}{c_0} = \dfrac{L/T}{L/T_0} = \dfrac{L}{L_0}$,联合上式则可得

$$\frac{c}{c_0} = \frac{L}{L_0} = \tanh\left(2\pi\,\frac{h}{L}\right)$$

$$或 \quad \frac{c}{c_0} = \frac{L}{L_0} = \tanh\left(2\pi\,\frac{h/L_0}{L/L_0}\right) \tag{4-83}$$

从式（4-83）可以得到波浪在深水和浅水中,波速、波长与水深 h 或相对水深 h/L_0 的关系,见图4-26。当波浪传入浅水时,波速和波长都减小。

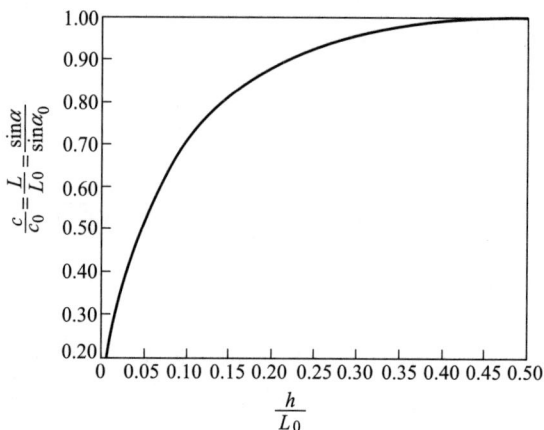

图4-26　波速、波长随相对水深的变化

2. 波浪的折射

在浅水中波浪传播会受到波速和地形的影响,波向会发生改变。如图4-27所示,等深线 EF 两边的水深与波速分别为 h_1、c_1 与 h_2、c_2,有 $c_1>c_2$,$h_1>h_2$。EF 两边波向线与等深线垂向方向的交角分别为 α_1 与 α_2。A 点经过 $\mathrm{d}t$ 时间移动了 $AA'=c_1\mathrm{d}t$ 的距离,B 点移动了 $BB'=c_2\mathrm{d}t$ 的距离。

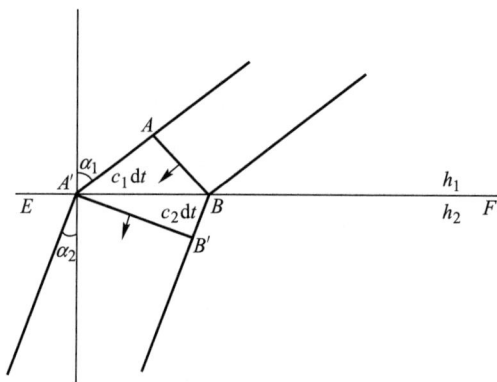

图4-27　海浪的折射

从图中可见:

$$\sin\alpha_1 = \frac{c_1\mathrm{d}t}{A'B}$$

$$\sin\alpha_2 = \frac{c_2\mathrm{d}t}{A'B}$$

两式相除,有

$$\frac{\sin \alpha_1}{\sin \alpha_2} = \frac{c_1}{c_2} \tag{4-84}$$

从式(4-84)可得,因为 $c_1>c_2$,所以有 $\alpha_1>\alpha_2$。故波浪传播到浅水后,波峰线趋于与等深线平行,波向线趋于与等深线垂直。这就可以解释外来波动传至近岸时波峰线总是大致与岸线平行。从图4-28可以看出,在海岬处由于折射原因波向线产生辐聚,波浪比较大;而在凹陷的海湾,波向线产生辐散,波浪较小。

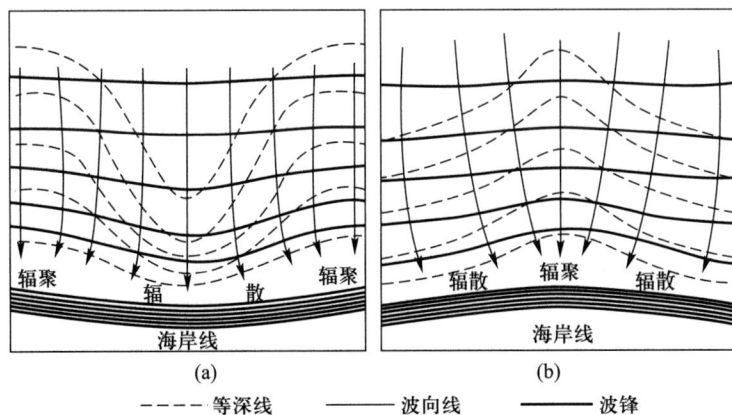

图4-28　海浪的辐聚与辐散

3. 波高的变化

波高在浅水中的变化与波向折射、水深和波速都有关。

假设波浪进入浅水后周期不变,并且不考虑摩擦引起的能量消耗,则跨过两波向线与其垂直的断面间能量守恒,即

$$Encl = E_0 n_0 c_0 l_0$$

式中:　E——单位水面下铅直水柱内的能量;

　　　　l——两波向线间的距离;

下标"0"——深水情况。$nc = c_g$ 为群速,即能量的传播速度。

由于波浪的能量与波高的平方成正比,即 $\dfrac{E}{E_0} = \dfrac{H^2}{H_0{}^2}$,因此有

$$\frac{H}{H_0} = \sqrt{\frac{l_0}{l}} \cdot \sqrt{\frac{n_0 c_0}{nc}} \tag{4-85}$$

其中 $\sqrt{\dfrac{l_0}{l}}$ 称为折射因子。当 $l_0>l$ 时,波向线辐聚,能量集中,波高增大。反之当 $l_0<l$ 时,波向线辐散,波高减小。折射因子反映了波向转折对波高的影响。

$\sqrt{\dfrac{n_0 c_0}{nc}}$ 为能量因子,即群速随水深的变化对波高变化的影响因子。

令 $D = \sqrt{\dfrac{n_0 c_0}{nc}}$,参照前面波群 c_g 公式,可得

$$D = \left(\frac{c_0}{c} \cdot \frac{1}{1+\frac{2kh}{\text{sh}2kh}} \right)^{\frac{1}{2}}$$

它是相对水深 $\frac{h}{L}$ 的函数。图 4-29 为 D 随相对水深的变化。由图可以看出,当波浪从深水 $(h>\frac{1}{2}L)$ 传入浅水时,D 会首先略有下降,然后迅速增大。浅水海底的摩擦作用是引起这一变化的原因,实验也证明了这种趋势。

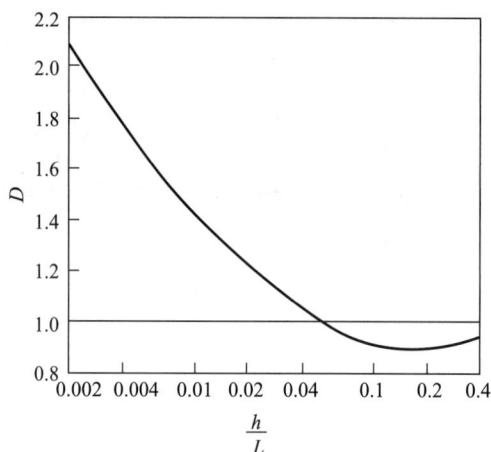

图 4-29　因子 D 随相对深度的变化

折射因子和能量因子都会对波高产生影响,一般而言后者的作用会更大,但在海岬与海湾处,折射因子作用更明显。

4. 波浪的破碎、顺岸流与离岸流

当波浪的波陡超过一定值(1/7)之后,波浪就会发生破碎。当海洋中风力增大,或者波浪传至近海后波高增大、波长变短,抑或波峰处与波谷处水深不同导致的相速差异以及海底摩擦作用,都会使波面变形引起波陡增大。波峰前坡度很大时,会发生卷倒现象,在岸边形成拍岸浪。海洋中浅滩、沙洲、暗礁区也会出现波浪破碎现象,称为溢浪。

当波浪在近岸破碎时,能把相当多的水量带入破碎区,这些海水最终会经过破碎带重新返回到海洋中,从而形成离岸流。离岸流之间存在顺海岸流动的顺岸流。离岸流流速非常大,可达 1.5 m/s,但维持时间短,只有几分钟,流动距离也只有破碎带的 2~8 倍。离岸流和顺岸流对海岸泥沙输运有重要影响。离岸流的分布受海底和海岸形状的影响,平直海岸处离岸流等距分布(图 4-30)。在海岬处波浪辐聚,海水沿两边流向海湾顶部,在海湾中部形成离岸流(图 4-31)。

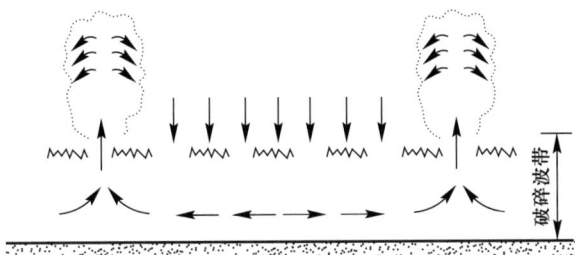

图 4-30 破波引起离岸流

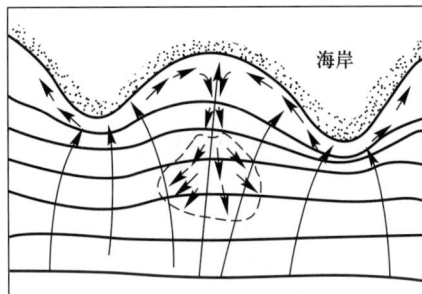

图 4-31 弯曲海岸离岸流

5. 反射与绕射

当遇到码头、港湾等较为陡峭的海岸时,波浪会发生反射,从而形成驻波。而当遇到岛屿、海岬等障碍物则会发生绕射,波浪可绕到障碍物后面的水域。

(五) 海浪的随机性与海浪谱

海浪的形式多种多样,难以用简单的波动理论进行描述。从 20 世纪 50 年代初,人们就已经将海浪视为许多简单波动的叠加,它们的振幅和频率都为随机量。

在这种假设下,海浪的总能量也是各组成波的叠加,能量当量用 $S(\sigma)$ 表示,代表总能量相对于频率 σ 的分布,称为海浪频谱或能谱。再考虑各组成波的传播方向不同,因此不同组成波的能量以 $S(\sigma,\theta)$ 或 $F(\sigma,\theta)$ 来描述,称为方向谱。海浪谱一般是从观测中获得海面的起伏资料,通过谱分析得到 $S(\sigma)$ 随 σ 分布的曲线,然后进行拟合而得到其数学表达式。现今已有不少海浪谱的具体表达式,但大部分都是半经验、半理论的。

图 4-32 是在不同风速下充分成长的 6 条 P-M(Pierson-Moscowitz)谱,横轴为频率 σ,纵轴为相应频率组成波的能量。从图中可以看到,各条谱线能量显著部分集中在某一频率范围之内;随风速的增大,海浪的能量越大,因而其曲线的面积越大,能量显著部分向低频方向移动,说明对应的波高与周期随风速增大而增大。

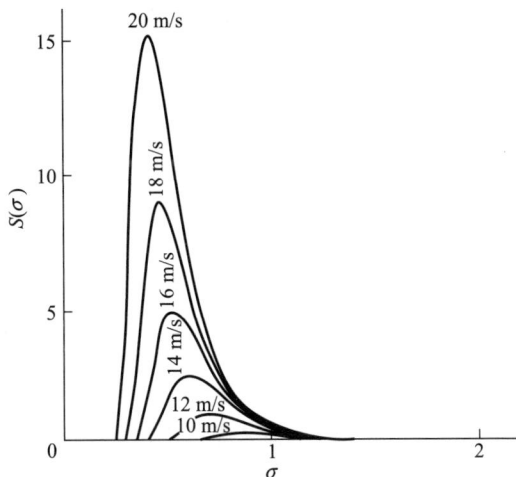

图 4-32 一种海浪谱随频率的分布

第四节   海 洋 潮 汐

一、 潮汐现象

潮汐也是一种波动,是指海水在天体(主要是月球和太阳)引潮力作用下所产生的周期性运动,通常把海面铅直方向的涨落称为潮汐,在水平方向的流动则称为潮流。

单位质量海水所受的月球引力与惯性离心力的合力称为月球引潮力。

设 M 为月球质量,μ_0 为万有引力常数,D 为地月中心的距离,r 为观测点到地心的距离,θ 为月球天顶距。在地球上的观测点所受月球引潮力的铅直分量和水平分量分别为

$$F_v = \frac{\mu_0 Mr}{D^3}(3\cos^2\theta - 1) \ ; \ F_H = \frac{3}{2}\frac{\mu_0 Mr}{D^3}\sin 2\theta$$

引潮力与天体的质量成正比,与距离的立方成反比,所以虽然太阳的质量比月球的质量大很多,但由于地球离太阳的距离遥远,因而太阳的引潮力小于月球引潮力,大约为月球引潮力的 46 %。当地、月、日三者在一条连线上时,引潮力为太阳引潮力与月球引潮力的代数和,引潮力最大;当月地连线与日地连线垂直时引潮力最小。其他情况下,运动着的地、月、日相对位置出现多种变化的周期,海洋中的水体产生多种周期组合的复杂波动;同时这种波动在海陆分布、水深、岸形等因素的共同影响下,形成各自的潮波系统。

二、 潮汐要素

图 4-33 表示潮位(即海面相对于某一基准面的铅直高度)涨落的过程曲线,纵坐标是潮位高度,横坐标是时间。涨潮时潮位不断增高,达到一定的高度之后,在短时间内潮位不涨也不退,称之为平潮,平潮的中间时刻称为高潮时。各个地区的平潮持续时间有所不同,从几分钟到几十分钟不等。平潮过后,潮位开始下降。当潮位退到最低的时候,与平潮情况类似,即潮位不退不涨,称之为停潮,其中间时刻称为低潮时。停潮过后潮位又开始上涨,如此周而复始地运动着。从低潮时到高潮时的时间间隔叫作涨潮时,从高潮时到低潮时的时间间隔则称为落潮时。在很多地区,涨潮时和落潮时并不一样长。上涨到最高位置时的海面高度叫作高潮高,下降到最低位置时的海面高度叫低潮高,相邻的高潮高与低潮高之差叫潮差。

三、 潮汐类型与潮汐不等现象

(一)潮汐类型

从各地的潮汐观测曲线可以看出,无论是涨潮还是落潮时,潮高、潮差都呈现出周期性的变化,根据潮汐涨落的周期和潮差的情况,可以把潮汐大体分为以下四种类型:

(1)正规半日潮。在一个太阴日(约 24 时 50 分)内,有两次高潮和两次低潮,从高潮到低潮和从低潮到高潮的潮差几乎相等,这类潮汐就叫作正规半日潮[图 4-34(a)]。

(2)不正规半日潮。在一个朔望月中的大多数日子里,每个太阴日内一般可有两次高潮和两次低潮;但在少数日子里(当月赤纬较大的时候),第二次高潮很小,半日潮特征就不显著,这类潮汐就称为不正规半日潮[图 4-34(b)]。

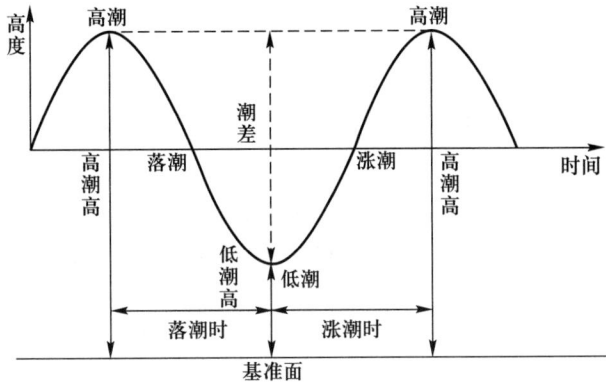

图 4-33 潮汐要素示意图

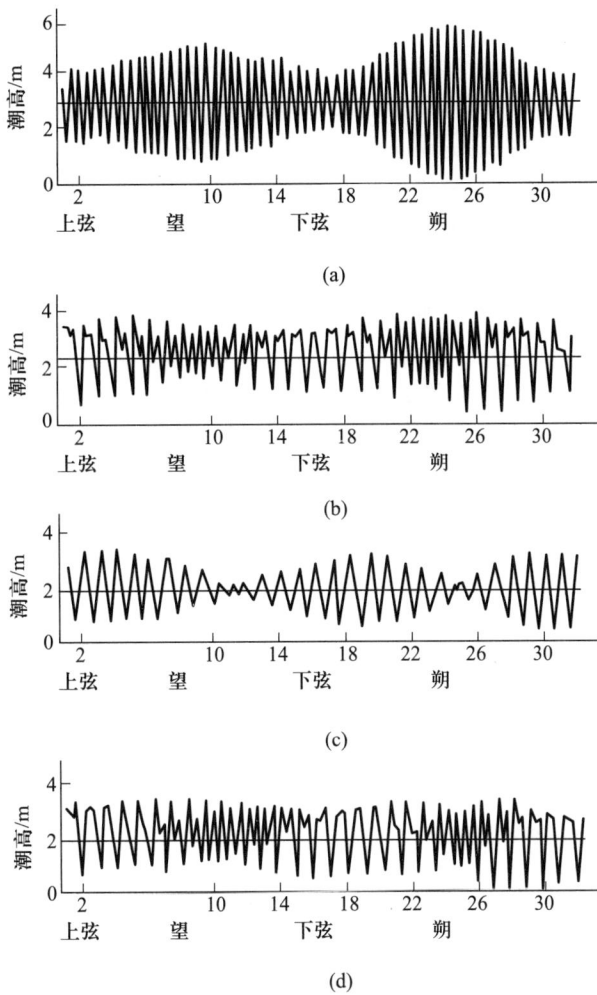

(a)

(b)

(c)

(d)

图 4-34 各类型潮汐的月过程曲线

（a）正规半日潮；（b）不正规半日潮；（c）正规日潮；（d）不正规日潮

（3）正规日潮。在一个太阴日内只有一次高潮和一次低潮,称之为正规日潮,或称正规全日潮[图 4-34(c)]。

（4）不正规日潮。在一个朔望月中的大多数日子里,潮汐具有日潮型的特征,但有少数日子(当月赤纬接近零的时候)则具有半日潮的特征,称为不正规日潮[图 4-34(d)]。

（二）潮汐的不等现象

如果一天之中两个潮的潮差不等,涨潮时和落潮时也不相等,则将这种不规则现象称为潮汐的日不等现象。高潮中比较高的一个叫高高潮,比较低的叫低高潮;低潮中比较低的叫低低潮,比较高的叫高低潮。

从潮汐过程曲线(图 4-34)还可看出,潮差也是每天不同。在一个朔望月周期中,朔、望之后 2~3 天潮差最大,这时的潮差叫大潮潮差;反之在上、下弦之后,潮差最小,这时的潮差叫小潮潮差。

四、 平衡潮理论

平衡潮理论或称潮汐静力理论假定:地球为一个圆球,其表面完全被等深的海水所覆盖,不考虑陆地的存在;海水没有黏性及惯性,海面能随时与等势面重叠;海水不受地转偏向力和摩擦力的作用。在这些假定下,海面在月球引潮力的作用下相应地上下移动,建立新的平衡。由此可知,考虑引潮力后的海面发生形变,变成了椭球形,称为潮汐椭球,它的长轴恒指向月球。由于地球的自转,地球的表面相对于椭球形的海面运动,这就造成了地球表面上的固定点发生周期性的涨落而形成潮汐,这就是平衡潮理论的基本思想。

平衡潮完全是一种假想,实际的海洋潮汐受到陆地、摩擦、惯性各种因素的影响,呈现非常复杂的变化,潮汐静力理论虽有缺点,但仍然可以用来解释许多潮汐现象。

设平衡潮的高度为 $\overline{\zeta}$,根据平衡潮理论,月球的平衡潮潮高为(下标 M 代表月球)

$$\overline{\zeta}_{M} = \frac{3}{2} \frac{\mu_0 M r^2}{g D_M^3}\left(\cos^2\theta_M - \frac{1}{3}\right)$$

太阳的平衡潮潮高可用相同的形式表达为(下标 S 代表太阳)

$$\overline{\zeta}_{S} = \frac{3}{2} \frac{\mu_0 M r^2}{g D_S^3}\left(\cos^2\theta_S - \frac{1}{3}\right)$$

取地球的平均半径 a 和平均重力加速度 g 代入上式,得到月球的平衡潮平均潮差为 53 cm,太阳平衡潮平均潮差为 24 cm。在朔日,月球和太阳在天球上的经度差不多相同,在望日,则相差 180°,因此,在朔和望时太阴潮和太阳潮互相加强,合成潮差最大为 78 cm,与大洋岛屿的实则最大潮差接近。

五、 假想天体和分潮

基于平衡潮理论及实测的资料,可以用调和分析的方法进行较为准确的潮汐预报,而调和分析法的基础和前提是假想天体和分潮概念。

由于月球和太阳的位置不断地改变,月球和太阳相对于地球的运动是十分复杂的。它们的运动又具有诸多的周期。人们为了计算太阳、月球的引潮力所引起的海洋潮汐,就把具有复杂周期的潮汐看作是许多不同周期潮汐叠加而成的,并且假设每一个周期的潮汐都对应一个天体,即假想天体。例如,人们假设有一个理想的天体(称为 M_2),它的周期与月球周期相同,但 M_2 位于赤道平面上,并且它的对地球公转轨道是圆形,地球就位于这个圆的圆心,且其每时每刻的运动速度都相同。这样一来,可以假定真正的天体对潮汐产生的影响,等同于由一个或几个假想天体,每个假想天体产生的潮汐称为分潮。

从理论上讲,多数分潮的影响不大。大量的观测结果表明:在一般情况下,对于在一个不很长的时间里(例如几个月、一年、十多年或者几十年)的潮汐变化来说,需要采用近百个分潮才可以准确地推算实际潮汐。依实用而言,通常只要选用其中 8 ～ 11 个较大的分潮,就可以得到比较准确的结果。但是对于浅水海区,除了几个假想天体的分潮外,还要补充几个由于潮波在浅水区变形和干涉引起的浅水分潮。表 4-1 列出常用的 8 个分潮和 3 个主要的浅水分潮。

表 4-1　常用分潮及其周期、相对振幅

分潮符号 (即假想天体符号)	名称	周期/h (平太阳时)	相对振幅/cm
半日分潮			
M_2	太阴主要半日分潮	12.421	100
S_2	太阳主要半日分潮	12.000	46.5
N_2	太阴椭率主要半日分潮	12.658	19.1
K_2	太阴-太阳赤纬半日分潮	11.967	12.7
全日分潮			
K_1	太阴-太阳赤纬全日分潮	23.934	58.4
O_1	太阴主要全日分潮	25.819	41.5
P_1	太阳主要全日分潮	24.066	19.3
Q_1	太阴椭率主要全日分潮	26.868	7.9
浅水分潮			
M_4	太阴浅水 1/4 日分潮	6.210	
M_6	太阴浅水 1/6 日分潮	4.140	
MS_4	太阴、太阳浅水 1/4 日分潮	6.103	

六、潮汐动力理论

针对潮汐静力理论存在的缺点,许多学者从海水运动的观点出发,讨论在引潮力作用下潮汐的形成问题,建立了潮汐动力理论。

潮汐动力理论是从动力学的观点出发来研究海水在引潮力作用下产生潮汐的过程。此理论认为,海洋潮汐实际上是海水在月球和太阳水平引潮力作用下的一种潮波运动,即水平方向的周期运动和海面起伏的传播,海洋潮波在传播过程中,除了受引潮力作用之外,还受到海陆分布、海底地形(如水深)、地转偏向力以及摩擦力等因素的影响。

七、 潮波数值计算

潮波数值模拟就是利用数值方法求解潮波运动的控制方程,从而认识研究海区不同地点的潮位及潮流的分布及变化规律。海洋中的潮波运动是三维的,但在水平尺度远大于铅直尺度的近岸海域、河口海湾、等宽浅型水域等,潮混合较强,铅直向要素分布较均匀,可以用二维模型来近似描述潮流的运动。在大多数情况下,二维模型已能满足要求,下面介绍二维模型的运动方程组。

(一)深度平均运动方程组

描述潮波运动的参考坐标系,通常置于 f 平面上,即不考虑地球曲率的影响,这种近似描述适用于水平范围远小于地球半径的海域,如沿岸海域和海湾等。假定 f 平面上的直角坐标系(xOy 平面)和静止海面重合,组成右手坐标系,z 轴向上为正,于是正压海洋的深度平均运动方程组为

$$\begin{cases} \dfrac{\partial \zeta}{\partial t}+\dfrac{\partial (Hu)}{\partial x}+\dfrac{\partial (Hv)}{\partial y}=0 \\[3mm] \dfrac{\partial u}{\partial t}+u\dfrac{\partial u}{\partial x}+v\dfrac{\partial u}{\partial y}=-g\dfrac{\partial \zeta}{\partial x}+fv-\dfrac{g}{C^2}\cdot\dfrac{\sqrt{u^2+v^2}}{H}u+\dfrac{\tau_{sx}}{pH}+A_x\left(\dfrac{\partial^2 u}{\partial x^2}+\dfrac{\partial^2 u}{\partial y^2}\right) \\[3mm] \dfrac{\partial v}{\partial t}+u\dfrac{\partial v}{\partial x}+v\dfrac{\partial v}{\partial y}=-g\dfrac{\partial \zeta}{\partial x}-fu-\dfrac{g}{C^2}\cdot\dfrac{\sqrt{u^2+v^2}}{H}v+\dfrac{\tau_{sy}}{pH}+A_y\left(\dfrac{\partial^2 v}{\partial x^2}+\dfrac{\partial^2 v}{\partial y^2}\right) \end{cases}$$

式中: ζ——从平均水平面起算的水面高度;

H——水深 $H=\zeta+H_0$;

H_0——从平均水平面起算的水体深度;

f——科里奥利参数,$f=2\omega\sin\varphi$;

g——重力加速度,$g=9.8\mathrm{m/s^2}$;

A_x,A_y——水平涡动黏滞系数;

τ_{sx},τ_{sy}——风应力,$\tau_{sx}=r^2\rho_a W^2\cos\theta$,$\tau_{sy}=r^2\rho_a W^2\sin\theta$;

W——风速;

ρ_a——空气密度;

θ——风方向角;

r^2——风应力系数;

u,v——对应于 x、y 轴的平均流速分量;

t——时间;

C——谢才(Chezy)系数($\mathrm{cm^{1/2}/s}$),主要取决于海底粗糙度,同时依赖于水深,通常应用曼宁(Manning)公式,$C=\dfrac{4.64}{n}H^{1/6}$;

n——表征海底粗糙度的曼宁系数。

方程的定解条件为:

① 初始条件:$t=0$ 时,$u=0$,$v=0$,$\zeta=0$。

② 边界条件:开边界,$\zeta=\zeta'$,ζ' 由调和常数进行计算;岸边界,$\boldsymbol{V}\cdot\boldsymbol{n}=0$(沿岸移动),$\boldsymbol{n}$ 为边界法线方向。

在实际计算中,无论二维还是三维,由于浅海较强的湍耗散作用,总是取零值作为初始条件,因为任何初始能量,经一定时间后总要耗散掉,故当计算达一定时间长度后,初始效应总会消失掉,而只有水界处 ζ' 这一协振潮的唯一强迫函数在起作用。显然,对于 ζ' 的取值,需要具有尽量高的满意精度,这再次证明了水界验潮资料的重要性。

（二）数值解法

随着计算机和数值计算方法的发展,以及出于实际问题的需要,目前已出现了许多潮流数值模拟方法。按差分网格形状分,有三角形、正方形、矩形、四边形、曲线坐标网格及各种形状网格的组合等。按计算方法分,有限差分法(显式法、隐式法、半显半隐法)、有限元法、分裂算子法等。具体的数值求解方法可参看相关专业文献。

八、世界大洋潮波简介

大洋潮波是在天体引潮力的作用下,由于各大洋海底地形对引潮力的某些频率共振响应而形成的,大多数为旋转潮波系统。潮波从大洋向其附属海域传播,在深度骤然变浅的海域,波速变慢,此时发生能量聚集的现象,导致潮差变大,潮流流速变大,同时潮波能量的消耗加大。

Pekeris 和 Accad(1969)由拉普拉斯方程和摩擦效应求得的世界大洋 M_2 分潮的数值解。Hendershott(1972)引入地潮效应计算了 M_2 分潮的同潮图。图 4-35 为基于卫星高度计数据的 OTIS(the Oregon State University Tidal Inversion Software,Egbert et al.,1994;Egbert and Erofeeva,2002)给出的 M_2 分潮同潮图。

彩图 4-35

M_2

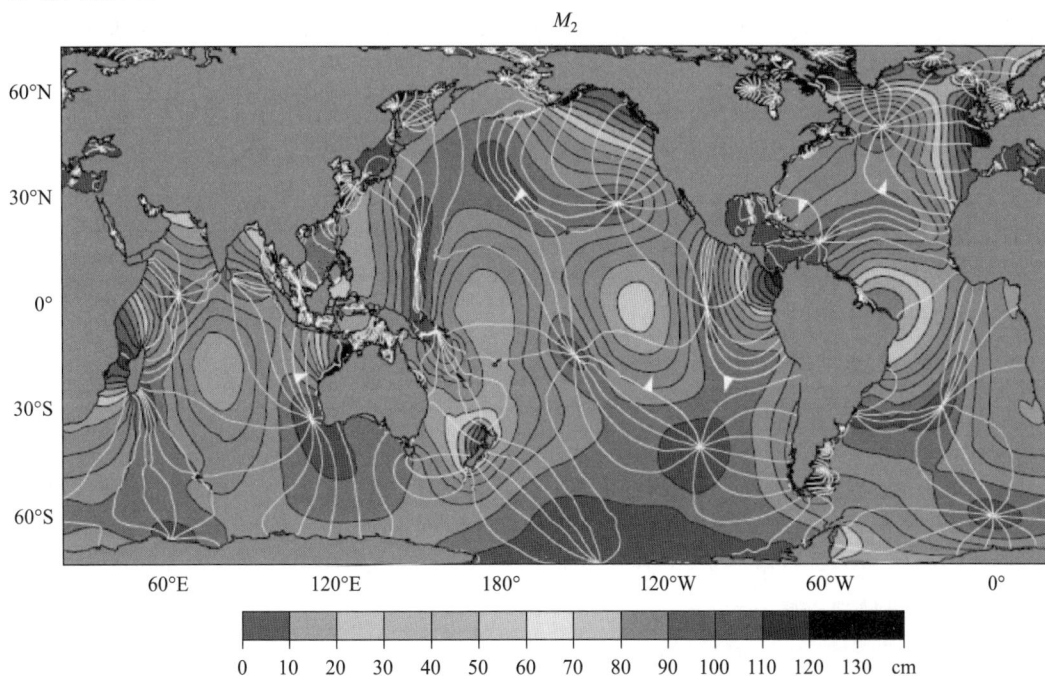

图 4-35　OTIS 给出的世界大洋 M_2 分潮同潮图

以上研究结果均显示,全球海洋大多数海区为正规半日潮类型。北半球大部分潮波呈逆时针方向旋转,南半球普遍为顺时针方向旋转。在赤道太平洋海域出现两个 M_2 分潮高振幅区,其振幅均超过了 40 cm,甚至超过 60 cm。整体上来说,大洋潮汐很小,接近于平衡潮计算的潮差, M_2 分潮振幅在北太平洋和北大西洋的东边界大于西边界,而在南太平洋和南大西洋的情况则恰好相反。

九、风暴潮

（一）风暴潮定义

风暴潮(storm surges)是由强烈的大气扰动(如强风和气压骤变)所招致的海面异常升高的现象。若风暴潮与天文潮结合,尤其是在天文潮高潮阶段时,可引起影响海域水位暴涨,并造成巨灾。

从动力学角度看,海水运动由于天文引潮力和气象强迫力的共同作用呈现为相互耦合的非线性现象。验潮曲线中的主要成分是天文潮,若要研究风暴潮,把天文潮和风暴潮分开是首要任务。

目前人们通常采用实测潮位减去正常天文潮预报值的办法来计算风暴潮位。显然,由于潮波与风暴潮产生相互作用,两者并非严格的线性叠加,所以当两者非线性作用不强时,用线性分离法才可以获得较好的效果。

（二）风暴潮分类

风暴潮分类的方法众多,通常按诱发风暴潮的大气扰动特征分为两类:一是由热带风暴(如台风、飓风等)所引起的;二是由温带气旋所引起的。

热带风暴可引起风暴潮,尤以夏秋季突出。北太平洋西部、南海、东海、北大西洋西部、墨西哥湾、孟加拉湾、阿拉伯海、南印度洋西部、南太平洋西部沿岸和岛屿等处均是风暴潮的暴发地。日本沿岸经常受太平洋西部台风的侵袭,风暴潮灾害多,面向太平洋的诸岛更易遭受潮灾。中国东南沿海也是台风潮侵袭地。加勒比海附近的飓风侵袭,会造成墨西哥湾沿岸及美国东岸的飓风潮。印度洋发生的热带风暴(通常称为旋风)也会诱发风暴潮,孟加拉湾的风暴潮尤其典型。

温带气旋引起的风暴潮,主要发生于冬、春季节。在欧洲北海和波罗的海沿岸,以及美国东岸均为此类型的风暴潮。

上述两类风暴潮的差别在于:热带风暴引起的风暴潮会伴有急剧的水位变化,而由温带气旋引起的风暴潮的水位变化是持续性的。这是由于热带风暴比温带气旋移动快,风场和气压的急剧变化会造成水位的快速变化。

此外,在渤海、黄海还有一种特殊类型的风暴潮存在,为由不具有低压中心的寒潮或冷空气引起的风潮。这种风暴潮多发生在春、秋过渡季节,且冷暖气团角逐较激烈的地域,水位变化不急剧,具有持续性。

（三）热带风暴潮特征

传到大陆架或港湾中的热带风暴可引发风暴潮,其过程可分为 3 个阶段:

第一阶段。在风暴潮尚未到来前,潮位在验潮曲线中有所体现,有时会有 20 cm 或 30 cm 波幅的缓慢的波动存在。因此,把这种在风暴潮来临前趋岸的波称为先兆波。先兆波有时为海面的微升,也会有海面的微降,但也有时海面不发生明显变化。

第二阶段。在风暴逼近或过境时,会产生水位的急剧升高,潮高可达数米,称为主振阶段,持续时间大约为数小时或一天。风暴潮灾主要发生在该阶段。

第三阶段。风暴过境后,在港湾乃至大陆架上仍会有一系列的振动——假潮或(和)自由波存在。边缘波就是在这种情况下产生的一种特殊类型的波动,它往往发生在风暴平行于海岸移行的时候。这种事后余振可长达 2～3 d,并且在其高峰与天文潮高潮相遇时,导致水位超出警戒水位,并可能产生洪灾。

(四)风暴潮预报

关于风暴潮的预报,通常采用"经验统计预报"(即"经验预报")和"动力数值预报"(即"数值预报")两种方法。

经验统计预报,是指运用回归分析和统计相关来确立指标站的风、气压与特定港口的风暴潮位之间的经验预报方程或相关图表。其优点在于简单、便利、易于学习和掌握,且对于某些单站预报能有较高精度。然而该方法也具有很大的局限性:首先,由于其必须依赖于特定港口的充分长时间的验潮资料和有关气象站的风、气压的历史资料;其次,由于巨大的、危险性高的风暴潮发生时,难以获取观测样本,而导致资料稀缺,对最具有实际意义的、最危险的大型风暴潮的预报常常有较大的不确定性;再次,利用经验方法针对特定港口的预报公式和相关图表的推广存在较大困难。

风暴潮数值预报是在数值天气预报基础上的风暴潮数值计算,二者是一个统一的整体。其中,通过数值天气预报给出风暴潮数值计算时所需要的海上风场和气压场,在适当的边界条件和初始条件下,再利用风暴潮数值计算求解风暴潮的基本方程组,从而给出风暴潮位和风暴潮流的时空分布,其中包括了特别具有实际预报意义的岸边风暴潮位的分布和随时间变化的风暴潮位过程曲线。因此,该法具有更客观、更有效的特点,成为风暴潮预报主要发展方向。

💬 思考题

1. 海水微团受到的作用力有哪些?如何分类?
2. 什么叫地转偏向力?此力具有什么性质?
3. 什么是地转流?地转流与压强场、密度场、温度场和盐度场有什么关系?
4. 简述埃克曼无限深海漂流和浅海风海流的空间结构与体积输运。
5. 分析世界大洋上层环流的总特征。
6. 世界大洋表层有哪些辐聚下沉和辐散上升区?分别是如何形成的?
7. 简述世界大洋五个基本水团的形成过程及主要特征。
8. 海洋中的波动现象有哪些?分别是怎么形成的?
9. 运用线性波动理论,分析周期与波长之间的关系,讨论波形传播速度、水质点运动轨迹以及波动能量的特点。
10. 驻波和波群分别是怎么形成的?各有什么基本特征?
11. 风浪和涌浪是怎样形成的?各有什么特征?
12. 风浪的成长有哪几种状态?它们与风时、风区之间的关系如何?
13. 波浪传播至浅水和近岸有何变化?
14. 什么叫潮汐现象?地球表面引潮力的分布有什么特征?
15. 论述潮汐静力学理论和动力学理论的基本思想。

16. 什么叫风暴潮? 有哪些种类?

参考文献

[1] 陈宗镛,甘子钧,金庆祥. 海洋潮汐[M]. 北京:科学出版社,1979.

[2] 陈宗镛. 潮汐学[M]. 北京:科学出版社,1980.

[3] 方国洪,郑文振,陈宗镛,等. 潮汐和潮流的分析和预报[M]. 北京:海洋出版社, 1986.

[4] 冯士筰. 风暴潮导论[M]. 北京:科学出版社,1982.

[5] 冯士筰,李凤岐,李少菁. 海洋科学导论[M]. 北京:高等教育出版社,1999.

[6] 黄祖珂,黄磊. 潮汐原理与计算[M]. 青岛:中国海洋大学出版社,2005.

[7] 蒋德才,刘百桥,韩树宗. 工程环境海洋学[M]. 北京:海洋出版社,2005.

[8] 景振华. 海流原理[M]. 北京:科学出版社,1966.

[9] 文圣常. 海浪原理[M]. 济南:山东人民出版社,1992.

[10] 叶安乐,李凤岐. 物理海洋学[M]. 青岛:青岛海洋大学出版社,1992.

[11] 中国海岸带水文编写组. 中国海岸带水文[M]. 北京:海洋出版社,1995.

[12] Sverdrup K A, Armbrust E V. An Introduction to the World's Oceans [M]. New York:McGraw-Hill, 2009.

[13] Nitani H. Beginning of the Kuroshio [A]. Seattle:University of Washington Press,1972.

[14] Lynn D T, George L P, William J E, et al. Descriptive Physical Oceanography:An Introduction [M]. Amsterdam:Elsevier, 2011.

风海流　　　　海浪　　　　潮汐要素和类型

本章重难点视频讲解

第五章 海洋与大气相互作用

海洋和大气间具有耦合作用。一方面是能量交换,海洋贮存的能量以潜热和感热交换的形式输送给大气;大气向海洋提供动量,改变洋流并重新分配海洋中的热量。另一方面是物质交换,大气沉降既为海洋初级生产者提供营养物质,也向海洋输送污染物;海气之间的辐射活性气体交换又影响着区域和全球气候。

第一节 大气成分及其变化

一、大气垂直分层

依照大气的热力性质、电离状况、成分组成等随高度变化的特征,大气圈有不同的垂直分层方法。通常按大气的热力性质,即大气温度场的垂直结构,将大气由地面向上分为对流层、平流层、中间层、热层以及外大气层(外逸层)等。这些层次的上界或各过渡带分别称为对流层顶、平流层顶、中层顶。大气分层及其高度范围、垂直温度和气压分布见图5-1。

(一)对流层

对流层是大气的最底层,从地球表面至对流层顶。对流层顶的高度随纬度而变化,赤道附近一般为17~18 km,中纬度平均为10~12 km,高纬度地区平均为8~9 km。对流层的厚度也具有季节变化,通常夏季大于冬季。对流层集中了80%以上的大气质量和几乎全部水汽,主要的天气过程,例如寒潮、大风、降水、热带气旋、沙尘暴等,都发生在这一层。

对流层的主要特点是:

(1)通常情况下,气温随高度升高而降低。对流层大气的能量主要来自地表,大气通过吸收地球表面放出的长波辐射,以及通过对流和湍流运动、蒸发凝结的潜热输送,从地表得到热能。随着高度增加,大气从地表获得的热能愈来愈少,对流层大气的温度愈来愈低,到对流层顶约为217 K。

(2)强烈的垂直混合。在对流层,大气的垂直混合非常强烈,这不但影响温度的垂直分布,也有利于水汽、气体成分和气溶胶粒子在垂直方向上的输运。但是,对流层内各高度上都有可能出现气温上高、下低的逆温层。逆温层存在时,大气层结稳定,垂直混合交换作用弱,不利于污染物的扩散。

(3)气象要素水平分布不均匀。对流层受其下垫面影响很大,海洋和陆地的差异,山地和平原的差异,农田和沙漠的差异,森林和草原的差异等都直接影响着对流层大气温度、水汽含量及化学成分的变化,造成了水平方向上气象要素分布的不均匀。

(二)平流层

由对流层顶向上到50 km左右为平流层。由于大气臭氧对太阳紫外辐射的强烈吸收,平流层内温度随高度增加而增高,上半部的温度增高明显大于下半部,平流层顶的温度可达

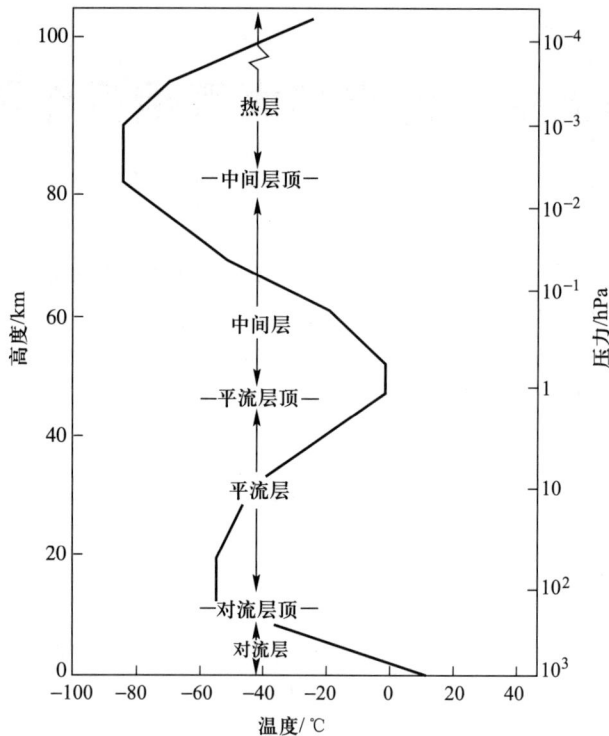

图 5-1　大气温度和压力的垂直分布及其分层

（引自 Seinfeld J H 等,1998;石广玉,1994）

270~290 K。由于这一热力特征,平流层大气稳定,垂直对流很弱,多为平流运动,时空变化小。大气气溶胶进入平流层后能长期存在,形成一个平流层气溶胶层,该层强烈反射和散射太阳辐射,导致平流层增温、对流层降温,从而影响区域和全球气候的变化。

（三）中间层

中间层是从平流层顶到 85 km 高度左右的大气层。这层大气对太阳辐射吸收很少,与对流层的情况类似,中间层内温度随高度的增加而递减,而且递减率远大于对流层的情形,中间层顶的温度可达 190 K 以下,是大气层中最冷的一层。由于温度递减率很大,中间层内垂直对流和湍流混合相当强烈。

（四）热层

热层是中间层顶至 250 km(太阳宁静期)或 500 km(太阳活动期)的大气层。由于波长小于 0.175 μm 的太阳紫外辐射几乎全部能被热层的分子氧和原子氧吸收,再加上太阳微粒辐射、宇宙间高能粒子的影响,被吸收的能量转化为分子、原子的动能,使这一层的温度随高度的增加迅速增高,可高达 2 000 K(太阳活动期)。该层大气热量的传输主要靠热传导,但由于分子稀少,热传导率低,具有巨大的垂直温度梯度。热层大气处于高度电离状态,由于带电粒子与中性粒子间碰撞机会很少,几乎没有相互作用,带电粒子受到地球磁场的控制越来越大,沿着地球的磁力线做回旋运动。因此,500 km 以上又称为磁层。

（五）外大气层（外逸层）

热层以上直到 2 000~3 000 km 大气的最外层。在这里,空气极端稀薄,一些高速运动的中性分子可以克服地球引力,逃逸到行星际空间。

　　海洋上空大气的热力结构与陆地基本相同,但也有其自身的特征,主要是低层大气受到海洋的影响而出现差异,如低纬度海洋上夏季(或白天)对流层的高度小于陆地,冬季(或黑夜)则相反。

二、地球大气的组成

　　地球大气的形成和演化,是各种复杂的物理、化学和生物过程相互作用的结果。生命的出现和生物圈的形成在地球大气的演变中起到了重要作用。现代地球大气由多种气体和飘浮在其中的固态、液态等颗粒物质组成。任何高度上各种气体成分的混合比例取决于分子扩散和湍流混合两个物理过程的强弱。在 85 km 以下的大气层内,湍流混合起主导作用,大气中各种物质的比例与高度基本无关,这一层被称为均质层。一般情况下,人们主要关注均质层,特别是对流层中大气成分的浓度及其变化。

(一) 干空气的组成

　　通常把不包含水汽、液体和固体微粒的大气称为干洁大气,简称干空气。

　　表 5-1 给出了现代地球大气干空气的组成。干空气的成分可分为两类,一类是定常成分,主要有氮气、氧气、氩、氖、氦、氪和氙,这类气体在大气中的含量随时间与地点的变化很小,其中,氮气、氧气、氩三种气体约占整个地球大气总体积的 99.96%。另一类是可变成分,如二氧化碳、一氧化碳、甲烷、氮氧化物、臭氧、二氧化硫、氨与碘等,其含量随地点与时间都有显著变化。可变成分在干空气中所占比例不到大气总体积的 0.1%,但它们在影响地球辐射平衡及大气化学过程等方面具有极为重要的作用。

表 5-1　现代地球大气的组成

成分	分子式	相对分子质量($^{12}C=12$)	在干空气中的体积分数	总质量/g
地球大气	—	28.97	—	5.136×10^{21}
干空气	—	28.964	100.0%	5.129×10^{22}
氮气	N_2	28.013	78.08%	3.87×10^{23}
氧气	O_2	31.999	20.95%	1.185×10^{24}
氩	Ar	39.948	0.934%	6.59×10^{19}
水汽	H_2O	18.015	可变	1.7×10^{19}
二氧化碳	CO_2	44.01	379×10^{-6}	$\sim2.76\times10^{18}$
氖	Ne	20.183	18.18×10^{-6}	6.48×10^{16}
氪	Kr	83.80	1.14×10^{-6}	1.69×10^{16}
氦	He	4.003	5.24×10^{-6}	3.71×10^{15}
甲烷	CH_4	16.043	1.774×10^{-6}	$\sim4.9\times10^{15}$
氙	Xe	131.30	87×10^{-9}	2.02×10^{15}
臭氧	O_3	47.998	可变	$\sim3.3\times10^{15}$

续表

成分	分子式	相对分子质量($^{12}C=12$)	在干空气中的体积分数	总质量/g
氧化亚氮	N_2O	44.013	319×10^{-9}	$\sim2.3\times10^{15}$
一氧化碳	CO	28.01	120×10^{-9}	$\sim5.9\times10^{14}$
氢	H_2	2.016	500×10^{-9}	$\sim1.8\times10^{14}$
氨	NH_3	17.03	100×10^{-9}	$\sim3.0\times10^{13}$
二氧化氮	NO_2	46.00	1×10^{-9}	$\sim8.1\times10^{12}$
二氧化硫	SO_2	64.06	200×10^{-12}	$\sim2.3\times10^{12}$
硫化氢	H_2S	34.08	200×10^{-12}	$\sim1.2\times10^{12}$
CFC-12	CCl_2F_2	120.91	538×10^{-12}	$\sim1.0\times10^{13}$
CFC-11	CCl_3F	137.37	251×10^{-12}	$\sim6.8\times10^{12}$

注:引自 Hartmen D L,1994;IPCC,2007。

氮是大气中含量最多的成分,性质稳定。闪电能把大气中的氮高温氧化成 NO_2,NO_2 通过大气化学过程转化为硝酸盐,然后经过大气干湿沉降进入土壤或海洋。另外,极少量氮能被豆科植物的根瘤菌和海洋中的某些蓝绿藻转变为氨,并加以利用。地球也通过不同方式,如火山爆发、地气交换等,把大量的含氮化合物排入大气。大气含氮化合物种类繁多,如 NO、NO_2、N_2O_5、N_2O_3、NH_3 和 N_2O 等,其中 NO 和 NO_2 等在大气中浓度最高,常统写为 NO_x。NO_x 为大气中的主要污染成分之一,且可溶于水而生成硝酸和硝酸盐,由此产生的酸性降水,对土壤、河流和湖泊的酸碱平衡产生影响。随大气沉降进入海洋的含氮化合物,则是海洋浮游植物生长所需营养盐的重要来源。

大气中 O_2 的出现与生命的出现及演化有着重要关系。大气中的氧主要来源于植物的光合作用和水的离解,而大部分氧是由光合作用产生的,解离反应是否为大气中氧的主要来源还存在争议。大气中 O_3 在近地面含量很少,主要分布在 $10\sim50$ km 的中层大气内,尤以 $20\sim30$ km 层的含量最高,该层通常称为臭氧层。虽然 O_3 在大气中占的比例很小,但 O_3 对太阳辐射有强烈的吸收作用,从而对地球上的生命及人类有保护作用,同时臭氧层吸收的太阳紫外辐射使平流层大气增温,对平流层的温度场和大气环流起决定性作用。

大气微量气体中,有些成分对气候和环境有重要影响。大气中的 CO_2、CH_4、N_2O 等,对地表散发的长波辐射具有强烈吸收作用,但对太阳辐射透明,因而对地表有保温作用,称这类气体为"温室气体"。

大气中的 CO_2 多集中在 20 km 以下,主要的人为源是化石燃料的燃烧和工业生产。从全球平均来看,大气向海洋输送 CO_2,海洋是碳的巨大"储存库",海洋对全球的 CO_2 起着重要的调节作用。

CH_4 在大气中的寿命约为 12 年,其来源有自然源也有人类源。CH_4 不仅是温室气体,也是化学活性气体,在大气中容易被氧化产生一系列氢氧化物和碳氢氧化合物。

N_2O 是一种长寿命温室气体,在大气中的寿命可以超过 100 年。虽然 N_2O 在大气中的浓度不到 CO_2 浓度的千分之一,但其全球增温潜势(global warming potential,GWP)约为 CO_2

的 300 倍,因此对全球变暖有一定的贡献。

氯氟碳化合物(CFCs)是一类人工合成的化合物,主要是氟利昂 11(F-11)和氟利昂 12(F-12)两种成分。由于其惰性,CFCs 在大气对流层中的浓度逐步累积,并向上进入平流层,在平流层内 CFCs 分解产生 Cl,对臭氧有破坏作用。另一方面,CFCs 又是温室气体,在地气系统的辐射收支中也具有一定的作用。

还有一类气体,如 SO_2、CO、H_2S、NH_3、碳氢化合物等,对地球的生态和环境以及人类健康有不同程度的危害,通常称为"污染气体"。

大气中的含硫成分既是化学活性的,又是辐射活性的。大气中主要含硫成分包括 H_2S、CH_3SCH_3(DMS)、CS_2、OCS 及 SO_2。SO_2 是一种主要的大气污染物,主要来自化石燃料的燃烧。海洋是 DMS 的主要来源,排入大气后能够迅速氧化为 SO_2,并通过气粒转化作用成为硫酸盐气溶胶,可作为云凝结核影响海洋上空云的形成,因此可对气候变化产生重大影响,这即是著名的 CLAW 假说[①]。

(二)水汽

水汽在大气中所占的比例很小,一般为 0.1%~3%,几乎全部聚集在对流层内。水汽在天气过程、气候变化、地气系统的水循环和能量平衡中具有重要作用。此外,水汽也是一种重要的温室气体。

(三)大气气溶胶

大气气溶胶是指悬浮在大气中的固体和(或)液体微粒,其直径在几纳米(nm)到几十微米(μm)之间。大气中的烟、霾、尘及悬浮的微生物、花粉等皆可为大气气溶胶粒子。按其粒径大小,可将大气气溶胶分为不同的类别:① 总悬浮粒子(TSP),其粒径绝大多数在 100 μm 以下;② 飘尘,也称为可吸入粒子,在大气中可长期悬浮,其粒径主要在 10 μm 以下;③ 降尘,由于重力作用会很快沉降的粒子,其粒径在 30 μm 以上。在某些情况下,也将粒径大于 2 μm 的粒子称为粗粒子,粒径小于 2 μm 的粒子称为细粒子。

大气气溶胶是由自然过程和人类活动所产生的。自然气溶胶的来源包括:地面尘埃、沙尘暴粒子、火山尘埃、宇宙尘埃、海水溅沫、微生物、孢子和花粉等。人类活动产生的气溶胶是由人类的生活、生产活动所产生的烟尘、粉尘以及放射性粒子等。海沫产生的海盐颗粒是海洋上气溶胶粒子的主要来源。大气中还有许多气溶胶粒子,它们并不是从某个排放源直接释放到大气中的,而是由气态的前体物通过化学或光化学反应所形成的,称为二次气溶胶。

大气气溶胶可以散射和吸收太阳短波辐射和地球长波辐射,影响地气系统的辐射平衡。此外,它们还可以影响云的形成及其辐射特性,以及作为反应表面影响大气化学反应等。因此,大气气溶胶在大气辐射、大气环境和气候变化等方面均有重要意义。

三、大气成分的变化

地球大气经历了漫长的演化过程,直到工业革命以前,这种演化主要由自然原因支配。此后,随着人类生产和社会活动的加剧,人为过程对大气组成的影响愈加明显,大气微量气

---

① CLAW 假说:1987 年 R. J. 查尔森、J. 洛夫洛克、M. 安德里亚、S. 沃伦提出上述理论,取其姓名缩写来命名该假说。

体的含量已经发生了急剧的变化。突出的例子是大气 CO_2 和 CH_4 等温室气体的增加,以及 SO_2 和硫酸盐气溶胶浓度的变化。表 5-2 给出了全球平均的主要温室气体的浓度变化。

表 5-2 受人类活动影响的主要温室气体及其变化

气体	CO_2	CH_4	N_2O	CFC-11	CFC-12	HCFC-22	HFC-23	CF_4	SF_6
工业革命前大气含量	278	715	270	0	0	0	0	40	0
2019 年大气含量	409.9	1 866.3	332.1	226.2	503.1	246.8	32.4	85.5	9.95
2011—2019 年大气含量变化率	5.0%	3.5%	2.4%	−4.5%	−4.8%	16.1%	35%	8.2%	36.1%

注:CO_2 的单位为 10^{-6}(体积分数),CH_4 与 N_2O 的单位为 10^{-9}(体积分数),其他气体的单位为 10^{-12}(体积分数)。
引自 IPCC AR6

(一)二氧化碳

图 5-2 给出了近年来地面大气 CO_2 浓度变化和过去 1 万年以来大气 CO_2 浓度变化。在美国夏威夷冒纳罗亚观象台($19°32'N$,$155°35'W$,海拔 3 397 m)的观测表明,大气 CO_2 的浓度从 1958 年的体积分数 $315×10^{-6}$ 增加到 2020 年的 $415×10^{-6}$,年平均增幅为 $1.6×10^{-6}$。根据冰芯记录和当代观测,工业革命以前的很长时间内,大气 CO_2 的体积分数基本上保持在 1750 年前后的 $2.80×10^{-4}$ 左右,浓度快速增加主要体现在近 200 多年。目前,普遍认为这种增加主要是受人类活动的影响。近期观测到的 CO_2 浓度的增加率同化石燃料的燃烧和土地利用的变化有很好的对应关系。CO_2 体积分数在北半球高于南半球 $2×10^{-6}$ ~ $3×10^{-6}$,这与北半球的燃料消耗,并且消耗量逐年增加的现实相符。

(二)甲烷

与大气 CO_2 浓度变化的情形类似,工业革命以来,大气 CH_4 的浓度有显著的增加。工业革命以前,大气 CH_4 的体积分数只有 $700×10^{-9}$ 左右,但 2019 年已经达到 $1 866×10^{-9}$,增长了约 2.5 倍。依据冰芯资料,过去 65 万年期间,大部分时间内大气 CH_4 体积分数都小于 $600×10^{-9}$。工业革命以来,大气 CH_4 体积分数的增加已经超出了自然变化的范围,这主要是受人类活动的影响所致。全球范围的观测表明,南半球的大气 CH_4 体积分数大约比北半球低 6% ,这与大气 CH_4 的源主要在北半球相一致。

(三)卤烃

大气中含卤成分的来源,包括海洋生物过程、海盐气溶胶生成、生物质燃烧以及工业合成等自然源和人为源。直到 1940 年,大气中人工制造的卤代烃的含量几乎可以忽略不计,至今大气中主要含卤气体的浓度已有明显的增加。

(四)含硫气体

大气中的硫化物,也是受人类活动影响最严重的大气成分之一。1860 年以来北半球 SO_2 释放的变化趋势表明,早在 20 世纪 20 年代以前,北半球 SO_2 人为释放就超过了自然释放,显然这与北半球的人类活动有关。根据 IPCC AR6,大气中 SO_2 含量的变化趋势存在着强烈的区域性。北美和欧洲的 SO_2 浓度在 1980 年至 2015 年期间呈下降趋势。在亚洲,SO_2 的趋势差异明显,中国在 2005 年左右增长达峰后急剧下降,印度 SO_2 释放还在增加。

(五)氧化亚氮

依据冰芯记录和观测数据,在工业革命以前的很长时间里,除了在小冰期略有减少外,

大气中 N_2O 的体积分数基本上很稳定,大约在 270×10^{-9}。工业革命以后,体积分数持续上升,2005 年其体积分数为 319×10^{-9},2019 年其体积分数上升到 332×10^{-9}。据 IPCC AR6,2007—2016 年期间,人类活动释放到大气中的 N_2O 通量大约是 7.3×10^9 g/a(以 N 计),其中来自农业活动的贡献约为 3.8×10^9 g/a,化石燃料燃烧和工业排放约为 1.0×10^9 g/a,陆地大气氮沉降约为 0.85×10^9 g/a,其他的人为源释放量相对比较小。除人为源外,更多的 N_2O 来自自然源释放,约 9.7×10^9 g/a,其中土壤释放约为 5.6×10^9 g/a,海洋释放约为 3.4×10^9 g/a。

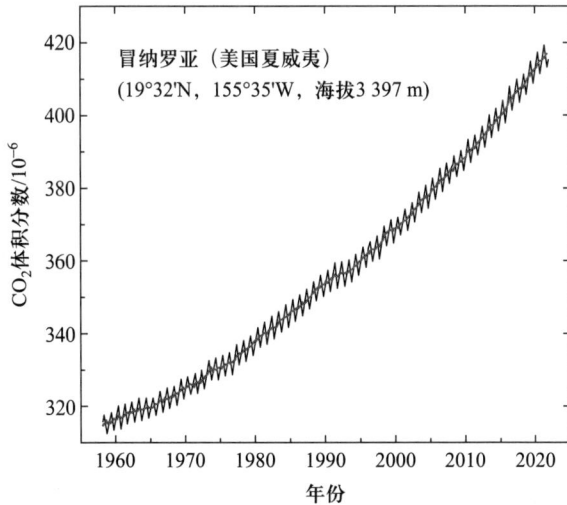

(a)

彩图 5-2a

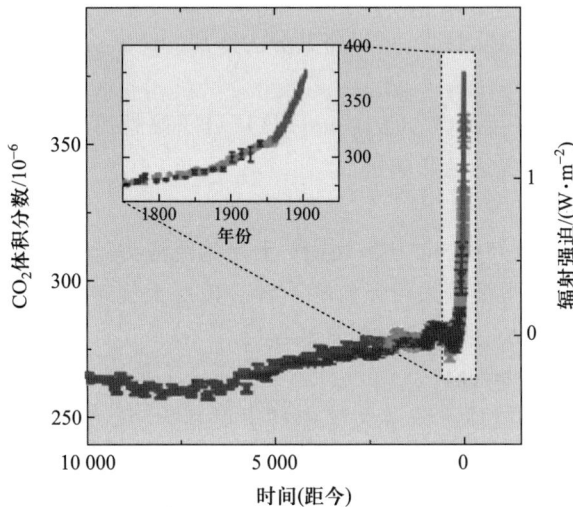

(b)

彩图 5-2b

图 5-2　大气 CO_2 浓度的变化

(引自 NOAA,2021)

(a)夏威夷冒纳罗亚 1958 年以来的仪器观测结果;(b)1 万年以来的变化

第二节　海洋-大气边界层及界面通量

海洋-大气边界层由大气的底边界层和海洋的上边界层组成。本节重点关注的是海气边界层的结构以及两者之间的相互作用。

一、大气边界层的结构和特征

大气边界层是大气与其下垫面相互作用的层次,又称为行星边界层。大气边界层的厚度变化很大,晴天白天高度可达 1~2 km,而夜间只有 100 m 的量级。平均而言,其厚度约几百米至 1 km。

大气边界层在自由大气与地球表面之间动量、感热、潜热(水汽)及物质(如 CO_2、CH_4、气溶胶等)的垂直交换中起着重要的作用。大气边界层中的热量和水分主要来源于下垫面,而动量主要来源于上层大气。在这一层中,湍流运动把下垫面的热量和水汽往高处输送;同时,把高处的动量向低层输送,以补偿下垫面的摩擦而消耗的动量。目前的地球系统模式、气候模式、大气环流模式、中小尺度天气及中长期数值天气模式中都或繁或简地考虑了大气边界层过程。

(一) 大气边界层的结构

大气边界层总是处于湍流状态,这是其大气运动的主要特征。大气湍流可分为热力湍流和动力湍流。白天,太阳辐射加热地面引发的热力湍流占主导地位;夜晚,地面辐射冷却,热力湍流受到抑制,以动力湍流为主。大气温度层结对湍流运动的发生和发展具有重要影响。

根据大气边界层的动力学特性,可以将其分为 3 层。

1. 黏性副层

该层紧贴地面,典型厚度通常小于 1 cm。该层分子黏性力远大于湍流切应力,地表起伏及其细微结构对该层空气运动影响极大。

2. 近地面层

从黏性副层往上到 50~100 m。这一层中,大气湍流应力远超过分子黏性力,而气压梯度力和地球自转产生的科里奥利力可以忽略不计。该层大气中动量、热量和水汽的垂直湍流输送通量随高度变化很小,所以又称为常通量层。

3. 埃克曼层(Ekman layer)

近地面层以上至边界层顶。该层大气中科里奥利力、压力梯度力与湍流应力都同等重要。

(二) 海洋大气边界层的特征

海洋具有许多与陆地不相同的热力学和动力学性质。海洋上部强的混合作用使得表层水体温度日变化很小,这意味着海洋对大气边界层的影响也是缓慢变化的,导致海洋大气边界层厚度的时空变化相对较慢。

1. 热状况

海水的热容量远大于土壤的热容量,而且太阳短波辐射在海洋大气边界层的底部可穿透海洋表面,透射到海面以下几十到上百米的水层。被加热的海洋上混合层储存了热量,反过来可在较大的时间尺度上对大气边界层施加影响。而在陆地上,全部短波辐射只被 0.1 mm 厚的表层所吸收,地表具有吸热快、放热快的特点。因此,海面大气边界层的日变化比陆地上小得多。

2. 层结特征

相对陆地而言,海洋表面粗糙度比较小,风速较大,低层大气层结大都接近中性,因此各物理量在水平方向上更加趋于各向同性。但是在不同性质的洋流交汇处,海洋大气边界层也可能出现其他层结类型,气温的水平分布也很不均匀,每千米可以相差几度。

3. 海洋大气边界层的影响因素

除太阳辐射外,台风、海雾、波浪、海洋锋面、上升流、海表温度变化等,都会对海洋大气边界层产生影响。研究发现,中国南海在台风来临之前大气边界层中存在一个深厚的混合层;台风过境后,大气边界层出现多个混合层,并对应着多个逆温层。

海表面温度对海洋大气边界层特征影响明显,暖水区会引起表层风速增加,而冷水区风速减小。暖水区海表对大气边界层加热明显,显著抬升大气边界层高;上升流区域,海水温度相对较低,混合层高度较低(图 5-3)。

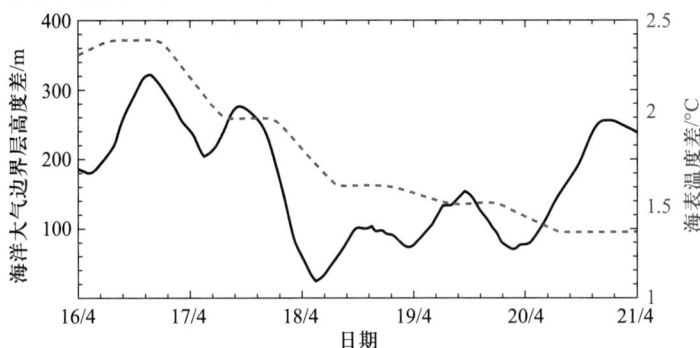

图 5-3 暖水区与冷水区海表温度差(SST)与海洋大气边界层高度差(MABL)
(2013 年 4 月,Shi 等,2017)

(三)热带海洋大气边界层

热带地区宽广的洋面为大气提供了丰富的水汽,同时热带海洋是全球海面温度(SST)最高的区域,积云对流盛行并对大尺度热带大气系统有一定的影响。热带海气相互作用与全球天气、气候变化之间有着密不可分的联系,与中高纬度海洋大气边界层相比,在整个大气运动系统中有其特殊的重要性。

热带海洋大气边界层的铅直结构,因大尺度气象场和下垫面交换过程的不同而不同,可以分为不稳定条件和稳定条件。前者一般出现在热带开阔海面上,这种条件又分为无扰动的信风地区和有扰动的对流活动区两类;后者一般出现在海岸区以及赤道涌升区海面上方,这种条件下海表热通量很小。

二、海洋上混合层

与大气交汇的海洋上边界层,常常称为海洋上混合层,是通过湍流作用在海洋上层形成的温度和盐度垂直梯度较小、垂向密度相对均匀的海水层(图 5-4)。海洋上混合层直接受到海面动量、热量和淡水通量的调控,海气之间的物质、动量和能量交换大部分都发生在该层内。由于海洋温跃层现象的存在,海洋上混合层可通过混合层底的夹卷作用与温跃层进行质量、热量和物质交换。

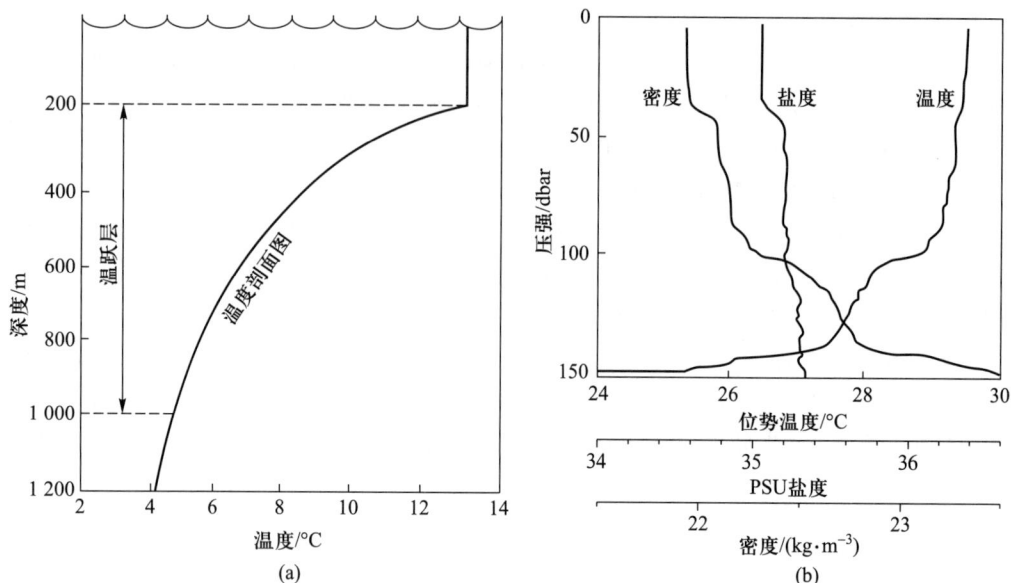

图 5-4 (a)上混合层与温跃层示意图;(b)温度、盐度和密度的垂直分布示意图

海洋上混合层的动力过程主要取决于表面热驱动和风搅拌两个过程。风的搅拌过程对混合层有决定性作用,是混合层的发展和维持的动力因素。没有风搅拌,海表热通量即使再强,加热也仅局限于表层 1 m 深度内。海表加热越强,层化越强,热量更难向下输送,因此热量被困在一个薄层之内,称为捕集深度(trapping depth)。反之,如果海表是冷驱动,即使没有风搅拌,混合层也会在热力作用下加深。

关于海洋上混合层深度的计算,通常有两种方法。① 差值法:与参考深度处的温度或密度相差一定值的深度;② 梯度法:温度梯度或密度梯度达到一定值的深度。差值法的优势在于仅依赖于垂直分辨率较低的剖面观测资料即可,计算简单易行,但是计算得到的混合层深度有较大偏差;梯度法的优势在于计算得到的混合层深度更精确,但是需要较高的垂向分辨率资料,而且容易受到"淡盖"的影响,出现虚假的浅混合层。

三、海气界面交换与通量

(一)太阳辐射在大气和海洋中的传输

太阳辐射进入大气层后,分别受到大气中的水汽、二氧化碳、尘埃、氧气和臭氧,以及云滴、雾、冰晶、空气分子的吸收、散射、反射等作用,使其在向海面传输的过程中损耗能量,传输方向也发生改变。

太阳辐射经过整层大气时,太阳光谱中 0.29 μm 以下的紫外辐射几乎被大气全部吸收。在可见光区,大气吸收很少,只有不强的吸收线带。但在红外区则有很多很强的吸收带。大气对太阳辐射的吸收,在平流层以上主要是氧气和臭氧对紫外辐射的吸收,平流层以下,主要是水汽、二氧化碳和其他温室气体对红外辐射的吸收。整体而言,假设大气层顶的太阳辐射是100%,那么太阳辐射通过大气后发生散射、吸收和反射,向上散射占4%,大气吸收占21%,云吸收占3%,云反射占23%。因此,到达海洋表面的太阳辐射能只有大气层顶所接受能量的50%。这部分能量辐射达海水表面时,一部分被反射回大气(大约10%),一部分折射到海水中。其中反射回大气中的能量取决于太阳高度,因此每天到达海洋表面任一点的太阳辐射能是太阳高度、昼日长度和天气条件的函数。

(二)海气界面的热量通量

海洋和大气之间的热量通量,取决于三个基本过程:① 辐射热交换,即海面吸收的太阳辐射和海面有效辐射之差;② 感热交换,这是海面以湍流方式向大气输送(或从大气得到)热量,主要取决于海面与大气的温度差;③ 潜热交换,这是水相变产生的热量,主要取决于海面蒸发量及其在大气中的凝结。

海面热量通量的计算公式为:

$$Q_s = \rho_a C_p C_s |\vec{W}|(T_s - T_a) \tag{5-1}$$

$$Q_E = \rho_a C_L L_E |\vec{W}|(q_s - q_a) \tag{5-2}$$

式中:$\vec{W}$——海面10 m处的风矢量;

ρ_a——空气密度。

其他变量与参数的含义见表5-3。

在实验观测时,辐射热交换可通过仪器直接测得。感热交换量和潜热交换量的确定方法有涡旋相关法(又称直接法)、热收支法及整体传输公式计算法。涡旋相关法在研究陆地下垫面的大气湍流结构和输送方面有广泛应用,在海洋大气边界层的研究中也逐渐得到普及。

(三)海气界面的动量通量

大气以风应力的形式向海洋输送动量。海气界面上垂直动量通量可写成如下形式:

$$\vec{\tau} = C_D \rho_a |\vec{W}|\vec{W} \tag{5-3}$$

式中:$\vec{\tau}$——海面10 m处风应力。

其他变量与参数的含义同前或见表5-3。

表5-3 有关通量计算的变量和参数取值

符号	变量	取值与单位
C_p	空气比热	$1\,030\ \text{J} \cdot \text{kg}^{-1} \cdot \text{K}^{-1}$
C_D	拖曳系数	$(0.44 + 0.063 U_{10}) \times 10^{-3}$
C_L	潜热交换系数	1.35×10^{-3}
C_s	感热交换系数	0.9×10^{-3}
L_E	蒸发潜热	$2.5 \times 10^6 \text{J} \cdot \text{kg}^{-1}$
q_a	10 m处大气的比湿	$\text{kg}(水蒸气) \cdot \text{kg}(空气)^{-1}$
q_s	海面大气的比湿	$\text{kg}(水蒸气) \cdot \text{kg}(空气)^{-1}$

续表

符号	变量	取值与单位
Q_a	感热通量	$W \cdot m^{-2}$
Q_E	潜热通量	$W \cdot m^{-2}$
T_a	10 m 处的气温	K 或 ℃
T_s	SST	K 或 ℃
U_{10}	10 m 处的风速	$m \cdot s^{-1}$

（四）海气界面的物质通量

海气界面的物质交换,既包括海洋向大气的海盐气溶胶粒子释放以及自然或生物因子导致的微量气体排放,也包括大气中气体和气溶胶颗粒向海洋表层的物质沉降。关于海洋气溶胶和生源气体的海洋释放,在海洋环境化学一章将有论述,本节主要介绍大气沉降对海洋的物质输入。

大气是除河流之外许多自然物质和污染物质从大陆输送至海洋的重要途径。大气物质以气体和气溶胶两种形态,通过干、湿沉降过程进入海洋。这一过程受控的因子和过程包括:海洋大气边界层特征,交换物质的物理、化学特性及其在不同介质中的浓度梯度,海洋表层的流、浪特征以及海洋中的生物地球化学过程等。从全球尺度看,许多物质的大气输入通常等于或大于河流向海洋的输入。对于大多数物质而言,北半球海洋的大气输入通量明显大于南半球。在不同海区,通过大气入海的物质的量是不同的,其在同类物质入海总量中占有的比例也不同。在远离人类活动影响的开阔大洋,大气物质入海占有了绝对的比重,而在近岸海域,大气沉降也是那里营养物质和污染物质的重要来源。

1. 营养物质的大气输入

就全球海洋而言,溶解性氮的大气沉降与河流入海量大致相当。在美国切萨皮克湾,大气输入占该海区陆源氮总输入量的 25%。在欧洲波罗的海,大气氮沉降占该海区陆源氮总输入量的 21%,而在欧洲北海则占 30% 左右。在波的尼亚湾,大气氮和磷的沉降量分别为 6×10^4 t/a 和 1 100 t/a,分别占该海区总陆源输入的 54% 和 28%。在地中海,大气氮和磷的沉降量分别为 1.068×10^6 t/a 和 6.6×10^4 t/a,分别占该海区总陆源输入的 51% 和 33%。据估计,北太平洋中部海洋上 40% ~ 70% 的 NO_3^- 来自于大气沉降。在黄海海域,溶解无机氮和磷的大气沉降量分别为 14×10^9 mol/a 和 0.3×10^9 mol/a;NH_4^+ 的大气沉降量超过了河流的输入量,而 NO_3^- 的大气输入则明显小于河流输入量,仅为河流输入的 12.6%。

2. 重金属、矿物质和持久性有机污染物的输入

海水中的溶解性微量元素,如 Pb、Cd 和 Zn,全球大气输入大于河流输入;Cu、Ni、As 和 Fe 等,大气和河流两种途径的输入大致相等。据估计,美国切萨皮克湾汞的大气输入占总陆源输入的 50% ~ 80%。根据 1987—1992 年 10 个航次的观测资料,渤海、黄海和东海的大气矿物质的年输入量分别为 26.38 g/m^2、9.27 g/m^2 和 5.0 g/m^2,分别占大气和河流输入总量的 0.2%、20.3% 和 0.6%。

持久性有机污染物(persistent organic pollutants,POPs)经大气、水和生物等媒介可以长距离迁移。在我国近海沉积物中,PCBs、有机氯农药、PAHs 等都有存留,其浓度可为背景地区(西藏南迦巴瓦峰、北极湖泊)浓度的几十倍至上百倍。以珠江口为例,表层沉积物中艾氏剂、狄氏剂、异狄氏剂、DDT、六六六、七氯和PCBs的最高残留量分别为 5.11 μg/kg、1.54 μg/kg、7.40 μg/kg、90.99 mg/kg、1 628.81 mg/kg、0.29 μg/kg 和485.45 mg/kg,多数指标超过我国《海洋沉积物质量》(GB18668—2002)中规定的第三类水平。我国海洋沉积物中 PAH 除来自径流和废水入海外,大部分燃烧来源的 PAHs 可能来自大气颗粒物的干湿沉降。近年来,微塑料的大气输送和大气沉降已成为海洋环境研究的前沿问题之一,得到了越来越多的关注。

与陆地相比,海洋大气沉降通量的估计还存在很大的不确定,主要原因是海洋大气中污染物浓度和沉降通量的直接观测资料依然十分缺乏,因此仍将是海洋环境研究关注的重点问题之一。这有可能通过进一步的强化观测,以及与数值模拟和机器学习等方法的有机结合,逐渐提高大气沉降的估算精度。

第三节　海气相互作用的典型过程和机制

一、海气相互作用

海洋-大气之间的相互作用是指大气和海洋之间能量、动量和物质交换,以及由此产生的海洋和大气之间热状况、运动状态和物质平衡的相互影响、相互制约及相互适应的关系。海气相互作用是气象学和海洋学交叉的研究领域。

海气相互作用通常分为三种尺度:湍流尺度、区域尺度与行星尺度。在湍流尺度上,主要研究物质、能量、动量的输送和交换过程与机制,以及海洋大气边界层结构和特征。在区域尺度上,主要研究海洋对天气系统发生、发展、气团变性等过程的影响,以及在天气系统作用下海洋上层热力结构和运动状况的变化过程。在行星尺度上,研究大尺度的大气环流和海洋环流与海洋热状况之间的相互联系,以及他们在气候形成和变化中的作用。这三种尺度的物理过程是相互联结的,小尺度的物理过程既是大尺度物理过程的内部机制和重要环节,也受到较大尺度过程的控制;大尺度海气相互作用则包括了海洋-大气整个系统在整体上的相互作用。

在海洋-大气系统中,海洋主要通过向大气输送能量,尤其是提供潜热来影响大气运动;大气主要通过风应力向海洋提供能量,改变洋流及重新分配海洋的热含量。可以简单地认为,在大尺度海气相互作用中,海洋对大气的作用主要是热力的,而大气对海洋的作用主要是动力的。

(一)海洋对大气的热力作用

1. 海洋对大气系统热力平衡的影响

海洋吸收的太阳入射辐射的绝大部分(85%左右)被储存于海洋上混合层中,这些能量又以潜热、长波辐射和感热交换的形式输送给大气,驱动大气的运动。热带海洋是大气热量和水分的主要源地,也是海洋和大气相互作用最活跃的地区。海洋热状况的变化以及海面蒸发的强弱都将对大气运动的能量产生重要影响,从而引起气候的变化。

低纬度海区获得的净太阳辐射能多于高纬地区,因而热量从低纬向高纬地区输送。全球平均而言,68%左右的经向能量输送是由大气完成的,其余32%左右的经向能量输送由海洋承担。在不同的纬度带,大气和海洋输送能量的比值也不同。在 0 °N—30 °N 中低纬度带中,主要由海洋环流把低纬度的能量向较高纬度输送,极值在 20 °N 附近,在此海洋的输送达到 74%;在 30 °N 以北的区域,大气输送的能量超过海洋的输送;通过海气间的强烈热交换,海洋把相当多的热量输送给大气,再由大气环流以特定形式将能量向更高纬度输送,极值在 50 °N 附近。可见,如果海洋对热量的经向输送发生异常,必将对全球气候产生重要影响。

2. 海洋对水汽循环的影响

大气中的水汽含量及其变化既是天气和气候变化的表征之一,又会对天气和气候产生重要影响。大气中水汽的绝大部分(占 86%)来源于海洋,尤其低纬度海洋是大气中水汽的主要源地。全球从海洋来的水汽相变所产生的潜热相当于辐射量的 23% 左右。因此,通过蒸发和凝结过程,不同的海洋状况及其与大气之间的耦合作用,将会对天气和气候及其变化产生影响。

3. 海洋对大气运动的滤波作用

海洋的热容量大,大气的热容量小,在海气耦合系统中,海洋是大气的"稳定器"。相较于大气,海洋的运动和变化具有明显的缓慢性和延续性。海洋的这一特征一方面使海洋有较强的"记忆"能力,海洋可以把大气环流变化的信息通过海气相互作用储存于海洋中;另一方面,海洋的热惯性使得海洋状况的变化具有滞后效应,例如,海洋对太阳辐射季节变化的响应要比陆地落后 1 个月左右;海气耦合作用还可以将较高频率的大气变化(扰动)滤掉,从而在此耦合系统中呈现出一种缓慢的低频运动。

(二)大气对海洋的动力作用

大气对流层下部的风、温度和水汽含量影响着上层海洋的速度场、温度场和含盐量。这种大气对海洋的影响主要通过动力作用,也通过热力作用调控洋流和上层混合。

大气对海洋影响的最典型的例子是风应力的作用。大洋表层环流的显著特点之一是在北半球低纬度大洋环流为顺时针方向,南半球为逆时针方向。另外一个特点是"西岸强化",最典型的例子是在西北太平洋和北大西洋的西部海域,流线密集,流速较大,而大洋的其余部分海区流线稀疏,流速较小。上述大洋环流的主要特征与风应力强迫有密切关系。根据覆盖全球大洋的历史船舶资料,计算得出的全球大洋表面风应力,其分布与表面风很相似。风应力的全球分布,与大洋表层环流的基本特征也有很好的相似性。

二、海气界面过程

海洋和大气界面过程在很大程度上影响着全球气候和环境的变化。反之,气候和环境的变化又极大地影响着海洋-大气这一耦合系统的基本特征和变化趋势。海气相互作用是通过其界面过程完成的,主要的作用过程如图 5-5 所示,其中的一些作用可能同更高层次的大气以及更深层次海洋过程相联系。

(一)海气界面的交换过程

海气界面的能量和物质交换取决于穿越大气和海洋两种流体边界层界面的湍流传输过程。湍流传输速率由表面粗糙度、浮力和风速等因子决定,降水、海气界面的热稳定性、辐射传输以及海洋微表层和海冰等因子也会影响海气间的动量通量、热量通量和(或)气体交换率。这些因子对海气能量传输和物质交换的影响机制是海气界面交换过程研究的主要内容。

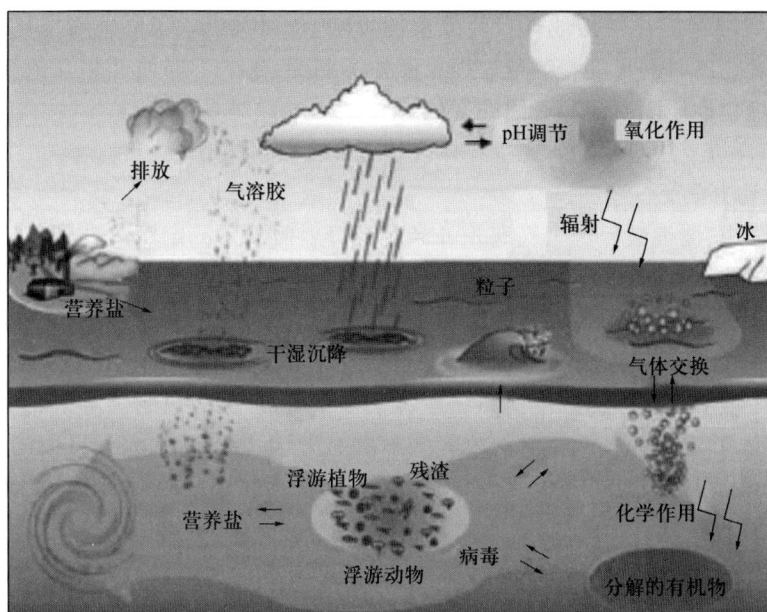

(a)

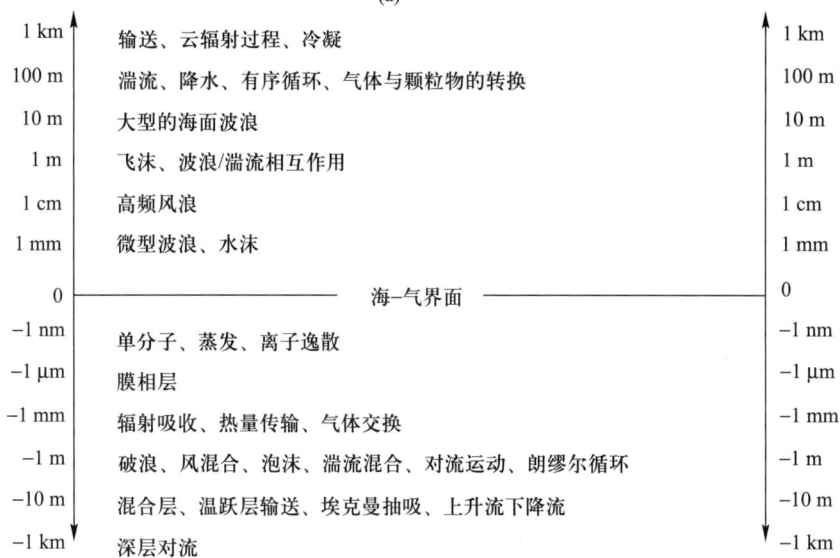

1 km	输送、云辐射过程、冷凝
100 m	湍流、降水、有序循环、气体与颗粒物的转换
10 m	大型的海面波浪
1 m	飞沫、波浪/湍流相互作用
1 cm	高频风浪
1 mm	微型波浪、水沫
0	海—气界面
−1 nm	单分子、蒸发、离子逸散
−1 μm	膜相层
−1 mm	辐射吸收、热量传输、气体交换
−1 m	破浪、风混合、泡沫、湍流混合、对流运动、朗缪尔循环
−10 m	混合层、温跃层输送、埃克曼抽吸、上升流下降流
−1 km	深层对流

(b)

图 5-5　海气交换中的重要过程及其垂向空间尺度

（引自冯士筰等，2006）

（a）海气交换的重要过程；（b）海气交换重要过程的垂向空间尺度

（二）海洋边界层过程

由于风、表面浮力和辐射的共同作用，上层海洋表现为混合和分层交替出现的状况。在海洋边界层中，上层海洋环流和生物地球化学转化控制着海洋与大气的能量和物质交换。风混合、波浪作用和流剪切等提供了随时间和空间不断变化的动能的输入。上层海洋对这种动态输入的时间响应还受到地球自转效应的影响,从而又引入了其他时空尺度的过程。生物地球化学转化的时间尺度与物理过程尺度并不匹配,这些不同而又相互依存的过程导致了表层海水理化性质随空间和时间的变化。

目前,对海洋边界层过程的研究主要体现在三个方面:

1. 气泡流动力学

在上层海洋中,波浪破碎产生气泡并可穿透至海表面以下一定距离。气泡流向下的穿透及其演化受到波浪作用、层流(流环和涡旋)和湍流的共同作用,这种作用还会受到表面活性物质、粒子以及气泡浮力等因素的影响。

2. 上层海洋微量气体浓度的控制因子

上层海洋中溶解性气体的浓度受到物理、化学和生物过程的控制。对于非生物和化学活性的气体来说,其在海洋上混合层的浓度大小由平流、下层夹卷和海气界面的交换决定。不过,即使在比较简单的情况下,量化海气交换对海洋中气体浓度的贡献也非常困难。

3. 上层海洋的反馈作用

上层海洋的物理性质和营养盐水平及其垂直梯度对海气交换具有影响和反馈作用,并具有重要的环境和生态学意义。在层化的热带海域,海洋的生态学和生物地球化学特征对气候变化的反馈作用不可忽视。

(三)大气边界层过程

大气边界层中的能量、动量和物质的传输是通过一系列过程完成的。干湿沉降、海洋飞沫以及大气的热力学和动力学结构等都是影响这些过程的重要因素。微量物质通过积聚、凝结以及扩散作用(布朗运动)分散于大气中,成为云凝结核(CNN),其粒径谱以及吸湿性对控制云的微物理过程、化学和光学性质都非常关键。

海洋气泡到达海水表面时,破裂产生小水滴,增加了水-气界面物质交换的有效表面积,小水滴在边界层中广泛散布并起到云凝结核作用。由于海面飞沫可携带生物和化学成分(包括气体),并向上输送到边界层,为最终进入自由大气起到了载体的作用。海洋飞沫脱水可以形成海盐气溶胶,进一步影响气候。

大气通过干湿沉降向海洋输入物质,其中干沉降包括气溶胶沉降和气体交换。大气粒子的干湿沉降是微量营养物质(如铁、氮和磷等)进入上层海洋的主要路径。此外,诸如 SO_4^{2-}、NO_3^-、NH_4^+ 和 Al 等物质的大气沉降通量可在一定程度上反映其前体物质(SO_2、NO_x、NH_3 和地壳尘土)在上游源区的释放情况,同时也提供了其在大气中的转化速率和寿命等相关信息。

三、海洋和大气的耦合作用

海洋-大气耦合系统存在明显的季节变化、年际变化和更长时间尺度的变化。在天气尺度和季节内尺度上,海气相互作用也非常重要。这里主要讲述天气尺度的台风及年代际尺度的 ENSO 现象。

(一)热带气旋与台风

热带气旋是一种具有闭合低压中心,伴有强风和强降雨的螺旋状雷雨天气系统。发生在洋面上的热带气旋,在不同地区沿袭使用不同的名称。产生于西太平洋、西北太平洋及其临近海域的热带气旋被称为台风(typhoon);产生于大西洋和东太平洋的热带气旋被称为飓风(hurricane);产生于印度洋和南太平洋的热带气旋可能被称为气旋风暴(cyclonic storm)或简称为气旋(cyclone)。

根据国际惯例,对发生在北太平洋西部和南海的热带气旋,依据中心最大风力将其分为:热带低压(tropic depression),最大风速 6~7 级(10.85~17.1 m/s);热带风暴(tropic storm),最大风速 8~9 级(17.2~24.4 m/s);强热带风暴(severe tropic storm),最大风速 10~11 级(24.5~32.6 m/s);台风(typhoon),最大风速 12~13 级(32.7~41.4 m/s);强台风(severe typhoon),最大风速 14~15 级(41.5~50.9 m/s);超强台风(super typhoon),最大风速 16 级或以上(>51.0 m/s)。台风的生命期一般为 3~8 天,台风直径一般为 600~1 000 km,最大的可达 2 000 km,最小的只有 100 km。在我国近海及邻近大洋,台风集中发生在7—10月,尤以 8—9 月最多。

台风在北半球呈逆时针旋转(在南半球呈顺时针旋转),在地面天气图上等压线表现为一个圆形(或椭圆形)对称的、气压梯度极大的闭合低气压系统,中心气压值一般在 960 hPa以下,水平气压梯度达 5~10 hPa/10 km。由于发生在热带,台风没有冷暖锋面,且中心附近近似为轴对称分布。

发展成熟的台风有台风眼,台风眼为平均直径 30~40 km 的近似圆形的晴空少云区。台风眼外围的圆环状云区称为台风云墙或眼壁,由一些高大对流云组成,其高度通常在15 km 以上,宽度为 20~30 km,云墙区域有强烈的上升运动,其值可达 5~13 m/s,大风暴雨常常发生在云墙附近。台风云墙的外侧有若干呈气旋性旋转的螺旋状云带,云带区对流活动旺盛,有显著的上升运动。台风风速分为切线速度和径向速度。切线速度与离台风中心的距离和高度有关,在水平方向上,愈接近台风中心风力越大,但台风眼区除外。在整个对流层内,台风的径向速度很弱,但均指向台风眼;在对流层上层,台风风场流向台风外围。

图 5-6 给出了成熟台风的三维结构模式。低层由于边界层的摩擦作用,外围空气气旋式旋转着流向台风中心区,到达眼壁附近,内流急剧减小,相应地辐合最强,形成高耸的云墙。台风顶部空气辐散外流,在台风外部开始下沉,形成台风的铅直环流圈。有外雨带时,内外雨带之间也存在着一支下沉气流。台风中心也有速度不大的下沉气流。

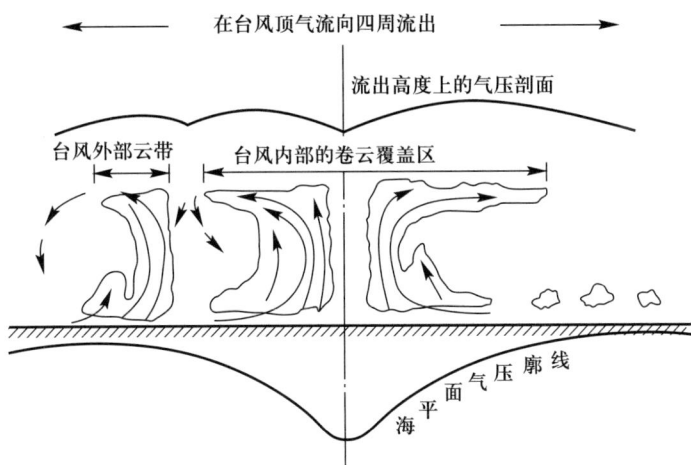

图 5-6 成熟台风的流场模式

(引自朱乾根,2007)

台风的主要能量来源于海水蒸发产生的热量,伴随台风的发生、发展,能量得以转换和传递。海表空气主要在温暖的海表获得热量,热空气在云墙内上升并冷却;空气在台风顶部流出,在对流层顶将热量散发到环境大气中;空气在台风的外缘消退和变暖。

另一方面,当热带气旋经过海面时,在埃克曼平流影响下,海表面上层水体辐散,导致上层海水抽吸,深层的冷水被抽吸至上层,引起表层海水冷却,而海水表层冷却则可以抑制台风的进一步发展。

通常认为,热带风暴等级及以上的热带气旋的形成有四个必要条件:

1. 广阔温暖的洋面,水温高于 26.5 ℃,暖水层深 50 m 以上

广阔的高温洋面不断向低层大气输送热量和水汽,使低层大气的层结稳定度大大降低,一旦得到初始扰动的外力抬升,其中的水汽便凝结,释放的大量潜热促使扰动对流发展,使空气湿绝热上升,造成从地面到十几千米高度的温度都比周围空气高,促使台风暖心(warm core)结构的形成,并使暖心结构和垂直环流得以维持。

2. 低层初始扰动

低层初始扰动为热带气旋发展成为台风提供了动力条件。这种初始扰动多源于热带辐合带和东风波,热带辐合带中的涡旋发展而成的台风约占总数的85%,东风波发展起来的约占15%。

3. 科里奥利力大于一定数值

只有科里奥利力足够大,低层的辐合气流才能由径向风速转变为切向风速,逐渐形成涡旋,并随着低层大气辐合的加强,气旋性旋转的风力迅速增加而达到台风的强度。赤道两侧5°以内的地区科里奥利力非常小,即使有扰动,也无法形成强的大气涡旋;只有在赤道5°以外的地区,才有可能加强发展成为台风。

4. 小的对流层垂直风切变

对流层风速垂直切变小,水汽凝结释放的潜热不易流散,可始终加热同一个有限范围的空气柱,利于形成台风的暖心结构,促使台风形成。

(二)ENSO 现象

ENSO 是厄尔尼诺(El Niño)和南方涛动(Southern Oscillation)的合称。厄尔尼诺现象是指赤道东太平洋海表温度(SST)在年际尺度上的持续异常增温现象,南方涛动指发生在热带东南太平洋与热带西太平洋及东印度洋之间的气压跷跷板式的反相振动,常用南方涛动指数(Southern Oscillation index,SOI)表示其强弱。两者之间存在紧密联系,是大尺度海气相互作用的突出反映。ENSO 发生具有 2~7 年的准周期性,又叫作 ENSO 循环,即暖、冷状态的交替出现。

现在通常采用海洋尼诺指数(ONI)作为识别热带太平洋厄尔尼诺(暖)和拉尼娜(冷)现象的标准。ONI 是指 Niño 3.4 区(即 5°N—5°S,120°W—170°W)海表温度 3 个月滑动距平值的异常程度,即距平值 ≥0.5 ℃ 或者距平值 ≤-0.5 ℃,并且异常期达到连续 5 个时期(相当于连续 7 个月)。依据 ONI 的大小,可将暖、冷事件分为弱、中等、强、超强 4 个等级(表 5-4)。

表 5-4　基于海洋尼诺指数(ONI)的热带太平洋 ENSO 现象判别标准

等级	厄尔尼诺现象	拉尼娜现象
弱	0.5~0.9	−0.5~−0.9
中等	1.0~1.4	−1.0~−1.4
强	1.5~1.9	−1.5~−1.9
超强	≥2.0	—

ENSO 循环一般分为如下几个阶段:

1. 中性阶段

气候平均状态下,通过海气间的热量交换,空气在中、东太平洋冷水区上空下沉,在低层向西流动,在西太平洋一带暖水区上升到高空,转而向东流动,之后又在东太平洋下沉,形成沃克环流(Walker circulation)的太平洋部分(图 5-7),对应热带太平洋西暖东冷,温跃层西深、东浅。该阶段尼诺 3.4 区 ONI 的变化在±0.5 ℃以内。

彩图 5-7

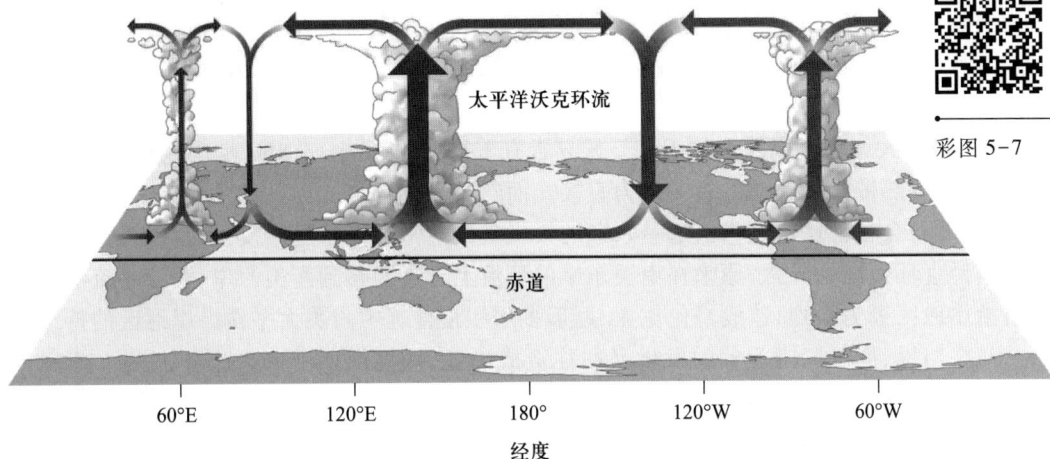

图 5-7　热带太平洋海气相互作用平均态示意图(美国海洋与大气局,NOAA)

2. 暖阶段——厄尔尼诺现象

当沃克环流减弱或逆转以及哈德莱环流增强时,发生厄尔尼诺现象。在厄尔尼诺现象发生期间,赤道东太平洋的海表面温度会比正常值偏高,最高可达 3 ℃。此时,南美洲西北部近海的冷水上升流较少发生或根本不发生,导致海表面异常增暖,赤道西太平洋温跃层变浅,赤道东太平洋温跃层变深。

3. 冷阶段——拉尼娜现象

沃克环流和信风的增强导致拉尼娜现象。冷水上升流的加强导致热带太平洋中部和东部海表面异常变冷、温跃层东西倾斜更强。在拉尼娜现象发生期间,赤道东太平洋的海表面温度会比正常值偏低。

南方涛动是厄尔尼诺/拉尼娜对应的大气变化,即热带太平洋东部和西部海域之间的表面大气压的振荡。厄尔尼诺现象对应负 SOI,拉尼娜现象对应正 SOI。

关于 ENSO 形成机制,最早的是 Bjerknes-Wyrtki 信风张弛假说,认为 ENSO 现象是赤道东太平洋海气相互作用的结果。该假说的主要观点是:如果赤道东太平洋海表温度有正异常,降低了纬向 SST 梯度,沃克环流减弱,使得信风减弱。在信风减弱区,由于赤道海洋的一系列响应又导致海温的进一步升高,如此相互作用使得海洋和大气的异常逐步增幅形成 ENSO 的暖位相。Bjerknes-Wyrtki 假说也可以说是 ENSO 形成的正反馈机制,没有考虑 ENSO 暖(冷)现象转化为冷(暖)现象的负反馈机制。

20 世纪 80 年代以来,ENSO 现象出现了与以往相反的海温距平分布和演变特征,观测事实对经典的 ENSO 理论提出了挑战,随之又提出了影响 ENSO 消亡的四种负反馈机制,即海洋西边界的波反射时滞振子理论(the delayed oscillator)、Sverdrup 输运过程中的充电-放电振子理论(the recharge-discharge oscillator)、西太平洋风驱动开尔文波反向西太平洋振子理论(the Western Pacific oscillator)、异常纬向环流平流-反射振子理论(the advective-reflective oscillator)。这些理论分别从不同的角度解释了 ENSO 循环中暖(冷)态向冷(暖)态的转换机理。时滞振子理论假定 ENSO 的负反馈过程为西边界对 Rossby 波的反射,西太平洋振子理论强调西太平洋赤道异常东风为 ENSO 振荡提供负反馈机制,充电放电振子理论认为赤道热含量的储存和释放过程使得耦合系统发生振荡,平流—反射振子理论则强调与东、西边界波反射相关的纬向平流及在暖池东边界辐合的平均纬向流的重要性。这些理论的具体内容可参考相应的专业文献。

ENSO 对大气环流以及全球天气气候异常有着重要的影响。ENSO 期间,赤道东太平洋持续升温,对热带大气环流的影响最为直接。而热带大气环流的异常变化,必然牵动全球大气环流,因而会在全球范围内引起一系列的天气气候异常。厄尔尼诺发生时,由于赤道地区东西向铅直环流圈的异常,原来在南美东岸的环流上升支西移到南美西岸,积云对流活动在秘鲁沿岸地区极为强烈,造成哥伦比亚、厄瓜多尔和秘鲁等中南美太平洋沿岸地区的持续大雨。与之相反,厄尔尼诺现象的发生又往往造成南亚、印度尼西亚和东南非洲的大范围干旱;厄尔尼诺现象的发生使中高纬度西风加强,阿留申低压往往比正常时强(气压值低),常给北美西岸地区造成频繁的强风暴活动。

ENSO 对东亚和我国气候有重要影响。ENSO 循环对东亚夏季风、降水的影响取决于 ENSO 循环的阶段,在 ENSO 循环的不同阶段,东亚夏季降水异常有明显的不同。ENSO 现象对西太平洋副热带高压的活动有明显影响。当赤道东太平洋海温增高时,副热带高压强而且西伸。反之,副热带高压偏弱且位置偏东。两者之间的时滞关系为 6 个月左右。由于厄尔尼诺年副热带高压加强西伸,使夏季长江流域及浙北沿海处于稳定的雨带之下,降水增多。拉尼娜年长江流域易出现干旱。厄尔尼诺发生的当年,西太平洋和南海的台风数量以及登陆我国的台风数量均较常年明显偏少。登陆我国的初台偏晚,终台结束较早,但每个台风平均持续的日数较多。而拉尼娜年,登陆我国的台风数量则明显偏多。

第四节 气候变化及其海洋环境效应

一、 气候系统与气候变化

20 世纪 70 年代末提出了一个新的科学概念"气候系统",认为地球气候的形成和变化不仅是大气内部的热力、动力过程所驱动,而是气候系统各个分系统(组分)共同作用和影响的结果。气候系统主要包括五个组分,即大气圈、水(尤其是海洋)圈、冰雪圈、陆地圈和生物圈(包括人类活动)。这些各不相同圈层之间的相互作用,可以形成月-季度、年际、年代际以及 100 年以上时间尺度的气候变化。

　　气候变化指长时期内气候状态的改变,是气候振动、气候振荡、气候演变和气候变迁的总称。狭义的气候变化指气候平均状态统计学意义上的巨大改变或者持续较长一段时间的(典型的为 10 年或更长)气候变动。《联合国气候变化框架公约》(UNFCCC)第一款中,将"气候变化"定义为"经过相当一段时间的观察,在自然气候变化之外由人类活动直接或间接地改变全球大气组成所导致的气候改变",即把将因人类活动而改变的"气候变化"与归因于自然原因的"气候变率"区分开来。

　　人类活动影响气候变化的因素包括:① 工业革命以来,向大气中排出大量气体和颗粒物,地球大气成分已经并正在继续发生显著的变化;大气中 CO_2、CH_4、N_2O 以及 CFCs 等温室气体(GHGs)和大气气溶胶浓度的增加,是引起全球气候变化的主要原因。② 土地利用与土地覆盖格局的变化,由此引起的地表反照率以及陆-气能量和物质交换通量的改变,可产生气候效应。

　　如何辨识人为因子与自然因子对气候变化的不同效应,不仅对于解释过去的气候变化,而且对未来气候变化的预测以及对策研究也具有重要的科学价值和实际意义。

二、气候变化的辐射强迫

　　太阳辐射是气候系统外强迫的主要因子,它提供了驱动气候系统的几乎所有能量。地球气候可以在任一时间尺度上因太阳短波辐射的散射和吸收以及地气系统吸收和发射的红外热辐射的变化而变化。若其吸收的太阳辐射能等于地球和大气向外空发射的红外辐射能,则气候系统处于平衡态。任何能够干扰这种平衡并因此可能改变气候的因子都被称为辐射强迫因子,它们所产生的对地气系统的平均净辐射的改变称为辐射强迫。辐射强迫既可来自人类活动的影响,亦可来自火山活动与太阳变化等自然因子。

　　按照产生强迫的物理机制,辐射强迫可分为:① 直接辐射强迫,由增强温室效应的 GHGs(主要是 CO_2、CH_4、N_2O、对流层 O_3、CFCs 和其他卤代烃)以及大气气溶胶等的变化产生的辐射强迫;② 间接辐射强迫,GHGs 或气溶胶通过化学或物理过程影响其他辐射强迫因子所产生的间接效应,例如:NO_x、CO 等的变化将影响 GHGs(特别是对流层 O_3)的浓度,大气气溶胶影响云的辐射特性等;③ 对于大气气溶胶而言,还有半直接效应等。

　　联合国政府间气候变化专门委员会第五次评估报告(IPCC AR5)认为人类活动对气候系统的影响是明显的,第六次评估报告(IPCC AR6)则进一步指出人类活动是导致极端天气和气候变化的主要驱动力。

　　根据 IPCC AR6,全球存储能量在 1971—2006 年间和 2006—2018 年间分别增加了 282(177~387)ZJ(ZJ 为能量单位,1 ZJ = 10^{21} J)和 152(100~205)ZJ,对应全球平均不平衡能量分别为 0.50 (0.32~0.69) W/m^2 和 0.79 (0.52~1.06)W/m^2。表 5-5 给出了工业革命(1750 年)以来不同辐射强迫因子所产生的全球平均辐射强迫的估计值及其不确定性范围的最新估计。

　　工业革命以来,人为排放的温室气体及其前体物对有效辐射强迫(ERF)的贡献为 3.84

$(3.46\sim4.22)\,\mathrm{W/m^2}$。其中,均匀混合温室气体的贡献为 $3.32(3.03\sim3.61)\,\mathrm{W/m^2}$,剩余来自臭氧(包括对流层和平流层)和平流层水汽(来自甲烷氧化)变化的贡献。在均匀混合温室气体的 ERF 中,CO_2 的贡献为 $2.16(1.90\sim2.41)\,\mathrm{W/m^2}$,$CH_4$ 为 $0.54(0.43\sim0.65)\,\mathrm{W/m^2}$,卤代烃为 $0.41(0.33\sim0.49)\,\mathrm{W/m^2}$,$N_2O$ 为 $0.21(0.18\sim0.24)\,\mathrm{W/m^2}$(表 5-5)。

气溶胶的 ERF 为 $-1.1(-1.7\sim-0.4)\,\mathrm{W/m^2}$。其中,由气溶胶-云相互作用产生的有效辐射强迫(ERFaci)贡献了大部分,估计值为 $-0.84(-1.45\sim-0.25)\,\mathrm{W/m^2}$,剩余部分来自气溶胶-辐射相互作用产生的有效辐射强迫(ERFari),估计值为 $-0.22\ (-0.47\sim0.04)\,\mathrm{W/m^2}$(表 5-5)。

工业革命以来,人为活动总的 ERF 为 $2.72(1.96\sim3.48)\,\mathrm{W/m^2}$。该值相较于 AR5(1750—2011 年)增加了 $0.43\,\mathrm{W/m^2}$。土地利用变化,冰、雪表面吸收性颗粒沉积以及飞机引起的航迹卷云也对人为 ERF 有贡献,分别贡献 $-0.20(-0.30\sim-0.10)$,$+0.08(0\sim0.18)$ 和 $+0.06(0.02\sim0.10)\,\mathrm{W/m^2}$。

有关温室气体、大气气溶胶(包括火山气溶胶和对流层气溶胶)、太阳变化和云的辐射强迫机制及其计算方法,以及辐射强迫的气候效应的科学评价方法,可参考相应的专业文献。

表 5-5　工业革命以来全球平均辐射强迫的估计

辐射强迫因子		全球平均辐射强迫/$(\mathrm{W\cdot m^{-2}})$				
		SAR (1750—1993)	TAR (1750—1998)	AR4 (1750—2005)	AR5 (1750—2011)	AR6 (1750—2019)
温室气体	CO_2	1.56 [1.33~1.79]	1.46 [1.31~1.61]	1.66 [1.49~1.83]	1.82 [1.63~2.01]	2.16 [1.90~2.41]
	CH_4	0.47 [0.40~0.54]	0.48 [0.41~0.55]	0.48 [0.43~0.53]	0.48 [0.43~0.53]	0.54 [0.43~0.65]
	N_2O	0.14 [0.12~0.16]	0.15 [0.14~0.16]	0.16 [0.14~0.18]	0.17 [0.14~0.20]	0.21 [0.18~0.24]
	卤代烃	0.26 [0.22~0.30]	0.36 [0.31~0.41]	0.33 [0.30~0.36]	0.36 [0.32~0.40]	0.41 [0.33~0.49]
	对流层 O_3	0.4 [0.2~0.6]	0.35 [0.20~0.50]	0.35 [0.25~0.65]	0.40 [0.20~0.60]	0.47 [0.24~0.71]
	平流层 O_3	-0.1 [-0.2~0.05]	-0.15 [-0.25~0.05]	-0.05 [-0.15~0.05]	-0.05 [-0.15~0.05]	
	平流层水汽	未估算	[0.01~0.03]	0.07 [0.02~0.1]	0.07 [0.02~0.12]	0.05 [0.00~0.10]

续表

辐射强迫因子		全球平均辐射强迫/(W·m^{-2})				
		SAR (1750—1993)	TAR (1750—1998)	AR4 (1750—2005)	AR5 (1750—2011)	AR6 (1750—2019)
气溶胶	气溶胶-云	-0.5 [-0.25~1.0]	未估算	-0.50 [-0.90~0.10]	-0.45 [-0.95~0.05]	-0.22 [-0.47~0.04]
	气溶胶-辐射	[-1.5~0]	[-2.0~0]	-0.7 [-1.8~0.3]	-0.45 [-1.2~0]	-0.84 [-1.45~0.25]
土地利用		未估算	-0.2 [-0.4~0]	-0.2 [-0.4~0]	-0.15 [-0.25~0.05]	-0.20 [-0.30~0.10]
地表反射 (冰面、雪面沉积的黑碳与有机碳气溶胶)		未估算	未估算	0.10 [0~0.20]	0.04 [0.02~0.09]	0.08 [0~0.18]
航迹卷云		未估算	[0~0.04]	未估算	0.05 [0.02~0.15]	0.06 [0.02~0.10]
人为强迫总计		未估算	未估算	1.6 [0.6~2.4]	2.3 [1.1~3.3]	2.72 [1.96~3.48]
太阳辐射		0.3 [0.1~0.5]	0.3 [0.1~0.5]	0.12 [0.06~0.30]	0.05 [0~0.10]	0.01 [-0.06~0.08]

注:引自 IPCC AR6。

三、气候变化的海洋环境效应

气候变化的影响是多尺度、全方位、多层次的,正面和负面影响并存。气候变化对海洋环境的影响主要体现在以下几方面。

(一)海洋热含量增加

海洋的热容量比大气和陆地更大,既储存了巨大的热量,又储存了全球变暖的主要信号。大量温室气体排放破坏了原有的地球系统能量平衡,地球系统增加的能量中约有90%被海洋所吸收,造成海洋热含量上升。海洋热含量变化可直接影响海平面变化,也可以通过海-冰-气的热通量形式与大气、海冰进行热量交换,从而影响区域气候。

依据 IPCC 2019 年发布的《气候变化中的海洋和冰冻圈特别报告》(SROCC),过去一个世纪全球海洋的增暖在末次间冰期结束以来(约 1.1 万年)最快。自 1970 年以来,几乎确定海洋上层 2 000 m 在持续增暖。1993—2017 年间的增暖速率至少为 1969—1993 年的 2 倍,体现出显著的变暖增强趋势。此外,在 20 世纪 90 年代以后,2 000 m 以下的深海也已观测到了变暖信号,尤其是在南大洋(30°S 以南)。在 1970—2017 年间南大洋上层 2 000 m 储存了全球海洋 35%~43% 的热量,在 2005—2017 年间增加到 45%~62%。2021 年,海洋升温持续,这一年已成为有现代海洋观测记录以来海洋最暖的一年。

海洋变暖存在明显的空间变率,大西洋和南大洋是海洋变暖最为显著的海区。垂向上,海洋变暖首先发生在表层并逐渐向深海扩展;不同深度的变暖差异减弱了表层和深层海水之间的交换,导致海洋层结加强,整体更为稳定。

(二)海洋吸收 CO_2 的能力降低

海洋具有贮存和吸收大气 CO_2 的能力,影响大气 CO_2 的收支平衡,是人类活动产生的 CO_2 的最重要的汇和碳储藏库。

大气 CO_2 不断地与海洋表层进行着碳交换,人类活动产生的碳排放中约30%被海洋吸收,但海洋缓冲大气 CO_2 浓度的能力不是无限的,这种能力的大小取决于岩石侵蚀所能形成的阳离子数量。由于人类活动导致的碳排放速率比阳离子的提供速率大几个数量级,因而在千年尺度上海洋吸收 CO_2 的能力将不可避免地会逐渐降低。 CO_2 在变暖的海水中也不易分解。以往 CO_2 碳排放量的40%是由南极洲附近的寒冷海洋吸收的。随着海水升温,溶解于海洋中的有机碳会更快地分解,向大气中的释放量会增加。因此,随着海水温度上升,海洋吸收的 CO_2 总量及能力会相应减少。

海洋表层水中的 CO_2 分压也受到生物过程的强烈影响。海洋生物作为一种生物泵以碎屑沉降的方式将有机物形成的碳从表层水中输送到深层,虽然海洋深层的 CO_2 也可以通过向上传输来平衡海洋表层水中碳向下输送造成的损失,但"生物泵"的净效果是减少表层水中的碳含量。尽管在冰期的寒冷期内海洋中增强的生物活动可能是造成大气 CO_2 维持低浓度水平的原因,但是它对几百年以内的时间尺度过程的影响是不大的。

海洋吸收过量的 CO_2,可导致海洋 pH 下降,海水持续酸化。20世纪80年代末以来,海洋表层 pH 每10年下降 $0.017 \sim 0.027$ pH 单位。海洋酸化已经由海洋表层扩大到海洋内部,在 3 000 m 深层水中也观测到了酸化现象。

(三)海冰减少与海平面上升

在全球变暖趋势下,两极的海冰,尤其是北冰洋的海冰总量及覆盖面积有显著的下降趋势。依据 IPCC AR6,2011—2020 年北极海冰平均面积达到 1850 年以来最小,夏季海冰面积至少是过去 1 000 年里最小的;相比于 1979—1988 年,2010—2019 年北极海冰面积显著减少(9月约40%,3月约10%)。

北极海冰减少直接导致表面反照率下降,海洋吸热增多,进一步加剧海冰融化,使温室效应导致的全球变暖在高纬度和极区大气增温最强最快,该现象称为"北极放大"。寒极增温幅度更大的现实改变了地球热机的行为,从而影响整个地球气候系统。

气候变暖导致的海水增温膨胀、陆源冰川和极地冰盖融化等因素是造成全球海平面上升的基本原因。1901—2018 年,海洋增温膨胀对全球海平面上升的贡献为29%;冰川和冰盖质量损失对全球海平面上升的贡献分别为41%和29%,且近40年来不断增加。

依据 IPCC AR6,在近 3 000 年来,1900 年以来的全球平均海平面上升比任何一个世纪的都要快,呈加速状态,且有不可逆的趋势。1901—1971 年间海平面平均上升速率为 1.3 $(0.6 \sim 2.1)$ mm/a,1971—2006 年间增加至 1.9 $(0.8 \sim 2.9)$ mm/a,2006—2018 年间进一步增加至 3.7 $(3.2 \sim 4.2)$ mm/a。

高海平面必然抬升风暴增水的基础水位,顶托下泄洪水,加大风暴潮和滨海洪涝的致灾程度,以及海水入侵、海岸侵蚀的风险和程度。

（四）与海洋变化有关的极端事件、突变及其影响

《气候变化中的海洋和冰冻圈特别报告》指出：气候变化背景下，与海洋有关的海洋热浪频发，极端厄尔尼诺事件加强，大西洋经向翻转环流减弱等。同时，沿海地区极端海平面上升，极端海浪增高，极端热带气旋影响加强（表 5-6）。

1. 海洋热浪

持续数天到数月的极端海洋高温事件（MHW），其影响的海域范围可达数千千米，水深达数百米。而 MHW 受厄尔尼诺事件、气候模态变率（太平洋年代际振荡（PDO）、北大西洋年代际振荡（AMO）和印度洋偶极子（IOD）等）和北极海冰的影响。

MHW 对于海洋生物和生态系统结构具有关键作用。过去 20 年，MHW 严重影响了所有海域的海洋生态系统及其生态服务功能。自 1997 年以来，MHW 已经造成了大尺度珊瑚礁白化事件的频率增加，导致了全球珊瑚礁减少。除此之外，MHW 也增加了海洋生态系统的脆弱性。

2. 极端厄尔尼诺事件和印度洋偶极子事件

将赤道西太平洋暖池东移并引起大气对流的发展，且赤道东太平洋尼诺 3 区 11—2 月降水强度>5 mm/d 被定义为极端厄尔尼诺事件。极端厄尔尼诺事件可导致全球多地产生洪水灾害，如美国西海岸、北美部分地区、南美部分地区、英国和中国南方地区。

极端厄尔尼诺和 IOD 事件的增加可对全球部分地区造成广泛影响，除引起降水变化和影响热带气旋外，还会对自然系统（包括海洋生态系统）与冰川的增加和退缩产生影响。

3. 海洋循环突变

大西洋经向翻转环流（AMOC）将海洋上层的暖水向北输送，并将深层冷水向南输送，是全球海洋环流系统的重要组成部分。如果 AMOC 发生中断或显著变异就属于气候变化突变。当代观测、气候模拟和古气候资料重建表明，自工业革命以来，AMOC 呈现减弱的趋势。

AMOC 一旦发生显著减弱，会导致欧洲冬季风暴增加，大西洋热带气旋减少，北美东北沿海区域海平面上升，欧洲北部降水增加，欧洲南部降水减少等区域性气候变化。

表 5-6　海洋变化有关的极端事件、突变及其影响

极端事件	观测变化	预估变化	对人类和生态系统的影响
海洋高温热浪（MHW）	1998—2017 年所有大洋盆地均观测到了 MHW 1982—2016 年间，MHW 的频率很可能翻了 1 倍，并且持续时间更长，强度和范围也在增加（很高信度）	未来全球增暖下 MHW 的频率、持续时间、影响范围以及强度会继续增加（很高信度）	影响所有海域海洋生态系统和生态服务；增加海洋生态系统的脆弱性；影响陆地上的生态系统、人体健康和经济
极端厄尔尼诺事件	20 世纪以来共有 3 次极端厄尔尼诺事件（1982/1983、1997/1998、2015/2016 年）	在 RCP2.6 和 RCP8.5 情景下，21 世纪极端厄尔尼诺的频率是 20 世纪的 2 倍（中信度）	影响自然系统（包括海洋生态系统）和冰川的增加和退缩；影响人类活动、公共健康和农业生产等

续表

极端事件	观测变化	预估变化	对人类和生态系统的影响
大西洋经向翻转环流(AMOC)	当代观测、气候模拟和古气候资料重建表明,自工业革命以来,AMOC 呈现出减弱的趋势(中信度)	在 RCP8.5 情景下,到 2100 年,不大可能发生 AMOC 中断;到 2290—2300 年,这种可能性为 44%。在 RCP2.6 情景下,到 2290—2300 年,发生 AMOC 中断可能性是 37%	欧洲冬季风暴增加,大西洋热带气旋减少,北美东北沿海区域海平面上升;影响海洋的含氧量,可利用的营养物质,以及净生产力;北太平洋海洋生物量减少
热带气旋	1800 年以来登陆澳大利亚东部的强热带气旋频率减少,1923 年以来美国风暴潮事件频率增加,近期阿拉伯海季风期后极端风暴增加,近几十年来东亚和东南亚台风登陆增加,全球强热带气旋占比增加	未来 4～5 级热带气旋将增加(中信度),其平均强度及所伴随的降水也将增加,RCP8.5 情景比 RCP2.6 情景增加更明显(中信度)	增加伴随热带气旋发生的降水(中信度)、大风(低信度)以及极端海平面事件(高信度);影响珊瑚礁、红树林、海洋生物及其栖息地;导致人员伤亡
海浪和极端海平面	1985—2018 年间,南大洋和北大西洋的极端海浪高度的增加速率分别为 1.0 cm/a 和 0.8 cm/a(中信度);极端海平面事件正在加速增加(高信度)	在所有排放情景下,到 2050 年,一些站点其百年一遇的极端海平面事件将变为至少一年一遇,尤其在热带地区(高信度)	引起极端海平面事件、海岸侵蚀和冰川洪水;影响沿海湿地

注:引自余荣,翟盘茂,2020。

思考题

1. 工业革命以来,地球大气微量成分的含量发生了怎样的变化?

2. 海气界面物质、能量交换的主要形式和过程有哪些?

3. 什么是海洋-大气边界层?

4. 什么是海气相互作用? 不同时空尺度上有哪些作用形式?

5. 讨论海气交换的主要影响因子和作用机制。

6. 热带气旋如何分级?

7. 分析台风的基本结构、特征和形成原因。

8. 什么是 ENSO？它对全球天气气候及我国气候有何影响？

9. 论述海洋在气候系统中的地位和作用。

10. 论述气候变化的海洋环境效应。

参考文献

［1］Hartmen D L. Global Physical Climatology［M］. San Diego CA：Academic Press, 1994：411.

［2］Seinfeld J H, Pandis S N. Atmospheric Chemistry and Physics：From Air Pollution to Climate Change ［M］. Trenton：John Wiley & Sons Inc. ,1998.

［3］盛裴轩,毛节泰,李建国,等. 大气物理学［M］. 北京：北京大学出版社,2003.

［4］冯士筰,石广玉,高会旺.上层海洋与低层大气研究的前沿科学问题［M］. 北京：气象出版社,2006.

［5］石广玉. 大气辐射学［M］. 北京：科学出版社,2007.

［6］朱乾根,林锦瑞,寿绍文,等. 天气学原理和方法［M］. 北京：气象出版社, 2007.

［7］刘秦玉,谢尚平,郑小童.热带海洋—大气相互作用［M］. 北京：高等教育出版社,2013.

［8］IPCC. Climate change 2021：the physical science basis ［M/OL］. 2021［2021-08-01］.

［9］Charlson R J, Lovelock J E, Andreae M O, et al. Oceanic phytoplankton, atmospheric sulfur, cloud albedo and climate［J］. Nature, 1987,326：655-661.

［10］Chameides W L, Stelson A W. Aqueous-phase chemical processes in deliquescent sea-salt aerosols：A mechanism that couples the atmospheric cycles of S and sea salt［J］. Journal of Geophysics Research, 1992, 97：20565-20580.

［11］Paerl H W. Coastal eutrophication in relation to atmospheric nitrogen deposition：current perspectives ［J］. Ophelia, 1995, 41：237-259.

［12］康跃惠,麦碧娴,盛国英,等. 珠江三角洲河口及邻近海区沉积物中含氯有机污染物的分布特征 ［J］. 中国环境科学,2000,20(3)：245-249.

［13］Shi R, J Chen, X Guo, et al. Ship observations and numerical simulation of the marine atmospheric boundary layer over the spring oceanic front in the northwestern South China Sea［J］. Journal of Geophysical Research：Atmospheres, 2017, 122：3733-3753.

［14］Qi J, Liu X, Yao, X, et al. The concentration, source and deposition flux of ammonium and nitrate in atmospheric particles during dust events at a coastal site in northern China［J］. Atmos Chem Phys, 2018, 18：571-586.

［15］成里京.SROCC：海洋热含量变化评估［J］. 气候变化研究进展,2020,16（2）：172-181.

［16］蔡榕硕,韩志强,杨正先. 海洋的变化及其对生态系统和人类社会的影响、风险及应对［J］. 气候变化研究进展,2020,16(2)：182-193.

［17］余荣,翟盘茂. 海洋和冰冻圈变化有关的极端事件、突变及其影响与风险［J］. 气候变化研究进展,2020,16(2)：194-202.

［18］张华,王菲,赵树云,等.IPCC AR6 报告解读：地球能量收支、气候反馈和气候敏感度［J］.气候变化研究进展,2021,17(6)：691-698.

［19］翟盘茂,周佰铨,陈阳,等.气候变化科学方面的几个最新认知［J］.气候变化研究进展,2021,17(16)：629-635.

［20］王慧,李文善,范文静,等. 2020 年中国沿海海平面变化及影响状况［J］.气候变化研究进展,2022,18(1)：122-128.

第六章　海洋环境化学

海洋环境化学是以海洋元素地球化学为理论基础,利用海洋化学、海洋生物化学和环境科学等相关学科知识,重点对人类活动所引起的海洋环境问题进行系统分析,主要内容包括污染物质在海洋环境中的迁移转化和循环过程,以及相关的环境质量变化。

第一节　海洋环境化学要素

一、海水的化学组成

(一)海水的化学组成

海水与淡水不同,是一个含有多种物质的复杂体系。海水中所含的物质可分为溶解物质和非溶解物质两类。溶解物质包括无机盐类、有机化合物和气体;非溶解物质包括以气相存在于水体中的气泡和以固相存在于水体中的无机和有机物质颗粒。据目前测定,海水中含有 80 多种元素,大体分为五类:常量元素、营养元素、微量元素、溶解气体和有机物质。

1. 常量元素

常量元素即海水的主要成分(表 6-1),它们占海水中总盐分的 99.9%。除组成水的 H 和 O 之外,溶解组分含量大于 1 mg/L 的仅有 11 种,包括 Na^+、Mg^{2+}、Ca^{2+}、K^+、Sr^{2+} 五种阳离子,Cl^-、SO_4^{2-}、CO_3^{2-}(HCO_3^-)、Br^-、F^- 五种阴离子,以及 H_3BO_3 分子。

表 6-1　海水(盐度 $S=35$)的主要成分

阳离子	物质的量浓度/$(mmol \cdot L^{-1})$	阴离子/中性分子	物质的量浓度/$(mmol \cdot L^{-1})$
Na^+	480.57	Cl^-	559.40
Mg^{2+}	54.14	SO_4^{2-}	28.93
Ca^{2+}	10.53	HCO_3^-	2.11
K^+	10.46	Br^-	0.87
Sr^{2+}	0.09	F^-	0.07
		H_3BO_3	0.43
总和	555.79		591.81

注:引自 Pilson, 1998。

由于这些成分在海水中的含量较大,而且性质稳定,各成分间的浓度比值近似恒定,且基本上不受生物活动和盐度变化的影响,所以又称为保守元素。但其中 CO_3^{2-} 和 HCO_3^- 的保守性略差,它们受大陆径流的影响较大,且与 Ca^{2+}、Mg^{2+} 容易产生 $CaCO_3$、$MgCO_3$ 沉淀,当受压力或生物活动的影响时又可以重新溶解;海洋中的生物通过光合作用吸收 CO_2,代谢作用放出 CO_2,对 CO_3^{2-} 和 HCO_3^- 浓度也有影响。

海水中 Si 的含量有时也大于 1 mg/L,但由于其浓度受生物活动的影响而变动较大,且性质不稳定,属于非保守元素而不列入主要成分。

2. 营养元素

主要是与海洋生物活动有关的元素,通常指 N、P 和 Si,它们一般是以离子或有机物的形式存在于海水中。由于含量较低,受生物活动的影响也较大,所以这些元素有时被称为非保守成分。另外,海水中一些微量金属元素,如 Fe、Mn、Cu、Zn 等与生物的生长也有着密切的关系,但通常将它们归入微量元素。

3. 微量元素

除常量元素和营养元素以外都可归入这一类。这类元素种类很多,但在海水中的浓度却非常低,仅占海水总含盐量的 0.1% 左右。它们在海底沉积物、固体悬浮颗粒及海洋生物体中比较容易富集,因此输入和输出海洋的通量往往并不小。重金属元素(如 Cu、Pb、Zn、Cd、Hg 等)的监测及其环境效应是海洋环境化学研究的重点之一。

4. 溶解气体

海水中溶有大量来源于大气的气体,如 O_2、N_2、CO_2 及惰性气体等。这些气体通过海气界面进入海水后,由于水体的混合运动而遍及整个海洋。其中,除 O_2 和 CO_2 的含量明显受生物的影响外,其他气体基本保持着海气间的平衡。此外,海水中的气体还来自海底火山爆发、海洋生物活动和化学反应等,如 CH_4、N_2O、二甲基硫(DMS)等。

5. 有机化合物

海水中的有机物包括活的和死的生物体、悬浮颗粒有机物(如浮游动物、粪便、生物碎屑、有机高分子化合物等)和溶解有机物。海洋中的有机化合物除少数由河流、大气输入之外,几乎都是海洋中活生物体的分泌、排泄等代谢产物和死生物组织的破裂、溶解、氧化的产物。海水中有机物的氧化可影响海洋环境的氧化还原电位,如在海水循环较慢的海区,有机物的氧化可大量消耗水体中的氧,造成水体低氧或缺氧,影响还原环境。海水中溶解有机物与金属离子的相互作用会影响金属元素的化学存在形态、毒性、迁移和归宿。

(二)海水主要成分的相对恒定性

Marcet 和 Dittmar 先后分析了各大洋中不同深度的海水样品,发现尽管这些海水样品的含盐量不同,但其主要溶解成分间有恒定的比值。这就是海水主要成分的恒比定律,也称为 Marcet-Dittmar 恒比定律。

大洋水体中的主要成分符合恒比定律(表 6-2)。然而,在某些异常条件下,它们与氯度的比值会有相当大的偏离。如在河口区或较封闭海区,受大陆径流的影响,SO_4^{2-} 与 Cl^- 的比值会高于正常值;在某些海区,由于有机物分解需要消耗大量的溶解氧,易形成还原性环境,这使得附着在沉积物上的硫酸盐还原菌迅速繁殖,这些细菌将 SO_4^{2-} 还原为硫化物,从而导致 SO_4^{2-} 与 Cl^- 的比值低于正常值。

表6-2 大洋水(盐度 $S=35$)中主要成分的含量及其与氯度比值

主要成分	含量/(g·kg⁻¹)	与氯度比值
Cl^-	19.35	0.998 94
Na^+	10.76	0.555 56
SO_4^{2-}	2.712	0.140 00
Mg^{2+}	1.294	0.066 80
Ca^{2+}	0.411 7	0.021 25
K^+	0.399 1	0.020 60
HCO_3^-	0.142	0.007 35
Br^-	0.067 2	0.003 47
H_3BO_3	0.025 6	0.001 32
Sr^{2+}	0.007 9	0.000 41
F^-	0.001 30	0.000 067

注:引自 Holland,1978。

(三)海水中二氧化碳-碳酸盐缓冲体系

海洋中的碳主要以溶解无机碳(DIC)、溶解有机碳(DOC)、颗粒有机碳(POC)等形式存在,其比例近似为 2 000:38:1。其中溶解无机碳的含量最高,主要存在形态为 HCO_3^-、CO_3^{2-}、H_2CO_3 和 CO_2。海水中二氧化碳-碳酸盐体系是海洋中重要而复杂的体系,影响海气界面、海洋沉积物与海水界面以及海水介质中的化学反应。该体系中各分量之间的平衡关系(图6-1)控制着海水的 pH,使海水呈弱碱性,并具有缓冲溶液的特性。大洋海水的 pH 变化幅度不大,一般为 8.0~8.5,表层通常稳定在 8.1±0.2,中、深层一般为 7.8~7.5。海水的这种弱碱性环境有利于海洋生物利用 $CaCO_3$ 而形成壳体。

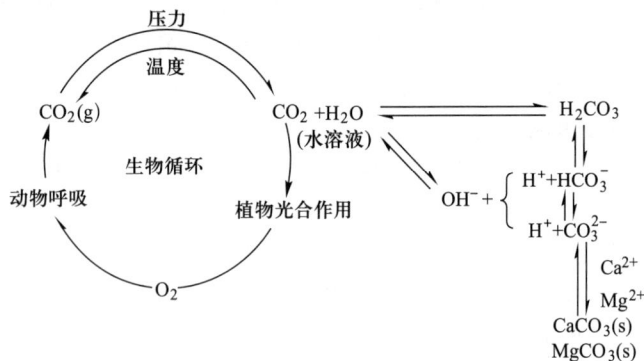

图6-1 海水中二氧化碳-碳酸盐体系的化学平衡

(引自郭锦宝,1997)

二、海洋环境的主要化学参数

（一）pH 与碱度

pH 是水溶液中氢离子活度的负对数，可以表示为

$$pH = -\lg a_{H^+} = -\lg \gamma [H^+] \tag{6-1}$$

式中：$[H^+]$——H^+ 的浓度；

γ——H^+ 的活度系数；

a_{H^+}——H^+ 的活度（有效浓度）。

海水中含有大量的溶解盐类，其中主要的阳离子是碱金属和碱土金属离子，而阴离子除了强酸型阴离子外，还有 HCO_3^-、CO_3^{2-}、$H_2BO_3^-$ 等弱酸型阴离子。由于 HCO_3^-、CO_3^{2-} 的浓度远高于 $H_2BO_3^-$ 的浓度，所以海水的 pH 主要由庞大的碳酸盐缓冲体系控制。

海水 pH 的分布和变化规律与碳酸盐缓冲体系的变化密切相关。H_2CO_3 的解离平衡如式（6-2）所示。

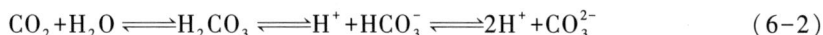

$$CO_2 + H_2O \rightleftharpoons H_2CO_3 \rightleftharpoons H^+ + HCO_3^- \rightleftharpoons 2H^+ + CO_3^{2-} \tag{6-2}$$

因此，海水中的 H^+ 浓度与 H_2CO_3 的一级解离和二级解离相关，其关系可以用一级解离常数 K_1' 和二级解离常数 K_2' 来表示。

$$K_1' = \frac{a_{H^+} \times c_{HCO_3^-}}{c_{CO_{2(T)}}} \tag{6-3}$$

$$K_2' = \frac{a_{H^+} \times c_{CO_3^{2-}}}{c_{HCO_3^-}} \tag{6-4}$$

式中：$c_{CO_{2(T)}}$、$c_{HCO_3^-}$ 和 $c_{CO_3^{2-}}$ 分别为 $CO_2 + H_2CO_3$、HCO_3^- 和 CO_3^{2-} 的浓度。

对式（6-3）和式（6-4）取对数可以得到

$$pH = \lg \frac{c_{HCO_3^-}}{c_{CO_{2(T)}}} - \lg K_1' \tag{6-5}$$

$$pH = \lg \frac{c_{CO_3^{2-}}}{c_{HCO_3^-}} - \lg K_2' \tag{6-6}$$

K_1' 和 K_2' 为温度、盐度和压力的函数，当温度、盐度和压力变化时，海水的 pH 也发生变化。一定条件下的海水，碳酸的 K_1' 和 K_2' 为常数，此时海水的 pH 取决于 $\frac{c_{HCO_3^-}}{c_{CO_{2(T)}}}$ 和 $\frac{c_{CO_3^{2-}}}{c_{HCO_3^-}}$，即碳酸各种解离形式之间的比值。可见，海水的 pH 除了与温度、盐度和压力有关外，还与 CO_2 体系中各分量的相对比值有关。

pH 是海水系统中的控制性参数，因为海洋中的许多性质、过程和反应依赖于 pH 条件。如 pH 影响某些元素的水解、影响变价元素的存在形态、影响海洋生物介壳的形成等。海水碳酸盐体系的平衡控制着海水 pH，因此，凡是影响碳酸盐体系平衡的因素都会影响海水 pH 的分布。当温度升高时，由于解离平衡常数变大，导致海水的 pH 降低，如果实际测定海水 pH 时的水温与现场温度不同，就需要对 pH 进行温度校正；海水盐度增加时，离子强度增

大,海水中碳酸的表观解离平衡常数变小,从而 H^+ 的活度系数及活度均减少,即海水的 pH 增加;海水的静压增加,碳酸的表观解离平衡常数变大,海水的 pH 降低。

另外,$CaCO_3$ 和 $MgCO_3$ 沉淀的形成和溶解也会影响 pH 的变化(图 6-1)。海水中的 Ca^{2+} 和 Mg^{2+} 与 CO_3^{2-} 形成 $CaCO_3$ 和 $MgCO_3$ 沉淀,这些沉淀物在一定的深度下,受压力、生物等作用又可溶解。当 $CaCO_3$ 和 $MgCO_3$ 沉淀形成时,CO_3^{2-} 和 HCO_3^- 浓度降低,所以 pH 降低,当沉淀物溶解时,CO_3^{2-} 和 HCO_3^- 浓度升高,所以 pH 升高。

海洋生物活动也能影响海水碳酸体系的平衡,进而影响海水的 pH。海洋生物的光合作用消耗海水中的 CO_2,使碳酸的反应平衡[式(6-2)]向左移动;而生物的呼吸作用和有机物的降解产生 CO_2,这时平衡向右移动。当海洋生物的光合作用强于呼吸作用的时候,海水中出现 CO_2 净消耗,所以平衡总体上向左移动,pH 升高;当呼吸作用和有机物的降解作用强于光合作用时,海水中总 CO_2 升高,平衡总体上向右移动,pH 降低。

海洋环境中 pH 垂直分布如图 6-2 所示。浅层海水中 pH 出现极大值,这是由于浮游植物的光合作用而消耗水体中的 CO_2,导致 pH 增加。随深度的增加,生物的光合作用逐渐减弱而呼吸作用逐渐增强,所以 pH 逐渐降低,加之生源碎屑随着深度的增加不断被氧化分解,pH 进一步降低,至 1 000 m 左右出现极小值,这时生源碎屑的氧化分解基本完全。此后,深层水中 pH 又有所增加,这是由于深层水的静压增大,使得 $CaCO_3$ 溶解的缘故。

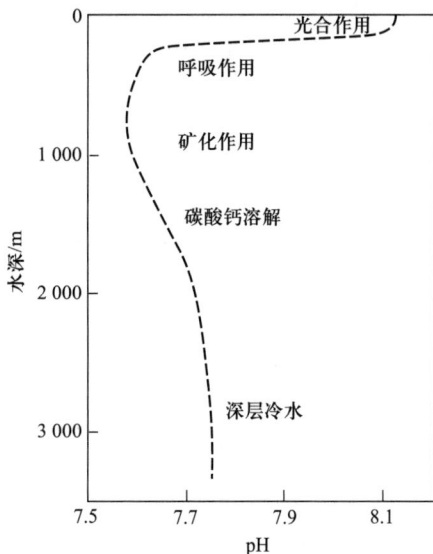

图 6-2 海洋环境 pH 垂直分布
(引自 Culberson, 1968)

(二)溶解氧

海水中的溶解气体以空气的组成成分为主,大多数气体随着海气交换不断地溶解到表层海水中。当气体在大气与海水之间达到动态平衡时,其溶解度主要受控于气体在海水表面上空的大气分压、海水的温度和盐度。也就是说,气体在海水中的溶解度(C_g)是该气体的大气分压(p_g)、海水的温度(T)和盐度(S)的函数,可以表示为

$$C_g = f(p_g, T, S) \tag{6-7}$$

气体的溶解度随温度的增大而降低,随盐度的增大而降低。当海水的温度和盐度一定时,气体在海水中的溶解度(C_g)与该气体的大气分压(p_g)成正比。假设大气中各种气体之间没有相互作用,那么分压为p_g的气体在海水中的溶解度可以用亨利定律表示

$$C_g = p_g / K_g \tag{6-8}$$

式中:K_g为亨利常数。

气体在海水中的溶解度与温度和盐度的关系可以用下式表达

$$\ln C_g = A_1 + A_2(100/T) + A_3 \ln(T/100) + A_4(T/100)$$
$$+ S[B_1 + B_2(T/100) + B_3(T/100)^2] \tag{6-9}$$

式中:
T——热力学温度;

S——盐度;

A_1, A_2, A_3, A_4及B_1, B_2, B_3——与气体性质有关的常数。

海水中气体溶解度的单位,过去一般使用在标准状态下每升海水溶解的气体的毫升数,但这种表示方法没有考虑海水的体积与温度和压力的关系。为了与海洋学上其他化学参数(如营养盐)的表示相一致,常用毫克/升(mg/L)。国际单位也采用 cm^3/dm^3,cm^3/kg,$\mu mol/cm^3$,$\mu mol/kg$。

氧气的溶解度(简称溶解氧)是指单位体积的水体中溶解的氧气的量,常用单位为mg/L 或 mL/L。一般情况下,海水中溶解氧的平均浓度大约为 6 mg/L。表 6-3 给出了计算氧气溶解度的各常数取值。温度范围在 0~40 ℃,盐度范围在 0~40 时,根据式(6-9)计算得到海水中的溶解氧浓度范围为 163~456 $\mu mol/L$。

表 6-3　气体溶解度公式各常数取值

常数	$C_g/(mL \cdot L^{-1})$	$C_g/(\mu mol \cdot kg^{-1})$
A_1	−173.429 2	−173.989 4
A_2	249.633 9	255.590 7
A_3	143.348 3	146.481 3
A_4	−21.849 2	−22.204 0
B_1	0.033 096	−0.037 62
B_2	0.014 259	0.016 504
B_3	−0.001 700 0	−0.002 056 4

注:总压 101.325 kPa,相对湿度 100%,通过气体溶解度公式(6-9)计算。

大气中的氧气通过海气界面的气体交换进入海洋表层,并通过涡动扩散和对流作用,将表层的富氧海水带入海洋内部及深层。海洋真光层中浮游植物光合作用产生氧气是海洋中溶解氧的另一个重要来源。海洋生物的呼吸作用、生物碎屑的降解,以及海水中其他有机化合物的氧化分解则会消耗溶解氧。因此,海洋中溶解氧的分布主要是生物过程和物理过程共同作用的结果。

溶解氧垂直分布的一般规律可用图 6-3 表达。表层海水,溶解氧浓度均匀且趋近饱和值,这是由于风浪的搅拌作用,使氧在大气和表层海水之间的分配较快地趋于平衡;光合带,

由于光合作用产生氧气,溶解氧最大值出现的深度与最大生产力的深度相一致。之后,随着深度的增加,光合作用逐渐减弱,呼吸作用逐渐增强,溶解氧含量逐渐降低。在某一深度下,溶解氧的生产量恰好等于消耗量,该深度即被称为溶解氧的补偿深度。光合带以下的深层水中,下沉的生物残骸和有机体在分解过程中消耗了氧,使溶解氧含量急剧降低,通常在700~1 000 m处出现氧含量的极小值。极深海区,溶解氧含量可能经最小值后又有所上升,这是由于高纬度地区低温富氧水下沉的补充交换所致。但在某些静水区,溶解氧浓度较低,也可能成为无氧、无生命区。

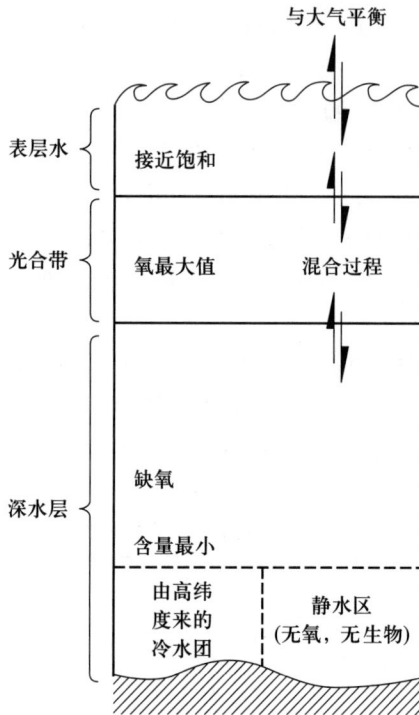

图 6-3   海洋中溶解氧的垂直分布图解

(引自郭锦宝,1997)

(三) 化学需氧量

海洋中,尤其是近海海洋环境中,有机物的来源既包括海洋生物的生产,也包括陆源地表径流的输入,以及生活污水和工、农业生产废水的排放。海水中有机物的分解要消耗氧气,有机物含量越高,分解有机物所消耗的氧气量越大。在某些污染严重的水域,有机物分解消耗大量氧气,使得水体中溶解氧的含量显著降低,导致水质恶化。因此有机物含量的多寡,在一定程度上可以表征水质的好坏。通常以化学需氧量(COD)和生化需氧量(BOD),分别表征天然水体中有机物的近似含量及其可能消耗氧的量。这种表示方法多适用于近岸有机物含量较高的海水,对于离岸和大洋中有机物含量低的水体不适用。

化学需氧量,即是用强氧化剂氧化水体中的有机物,根据耗氧多少来间接判断有机物的多寡,其定义为:水体中易被强氧化剂氧化的还原物质所消耗氧化剂折算成氧的量。

测定化学需氧量时所使用的氧化剂有高锰酸钾、重铬酸钾和碘酸钾等。由于上述氧化剂的氧化能力有所不同,使用不同氧化剂测试同一水样的化学需氧量数值是不一样的,因此根据测定时所使用的氧化剂种类,化学需氧量分为高锰酸钾耗氧量、重铬酸钾耗氧量和碘酸钾耗氧量等。后两种氧化剂的氧化效率较高,可以氧化水体中绝大多数有机物,但也能将海水中 Cl^- 氧化,且测定过程烦琐。高锰酸钾耗氧量方法氧化效率较低,测定过程简便快捷,鉴于海水介质中有机物含量不高、氯离子含量高,海水化学需氧量选用碱性高锰酸钾法测定。

近海海域有机物含量主要受现场生物生产和陆源输入的影响。生物生产多,水体中颗粒物和溶解有机物含量高,相应地氧化有机物所需要的氧气量增大,即 COD 值高。对于近海环境来说,陆源输入也是 COD 的主要控制因素之一。

(四)悬浮颗粒物

悬浮颗粒物简称悬浮物,亦称悬浮体、悬浮固体或悬浮胶体,是能在海水中悬浮相当长时间的固体颗粒,包括有机和无机两大部分。无机部分包括陆源矿物碎屑(例如石英、长石、碳酸盐和黏土)、水生矿物(例如沉淀的海绿石和钙十字石等硅酸盐类、碳酸盐类和硫酸盐类等)。有机部分大多数是碎屑颗粒,它们是由碳水化合物、蛋白质、类脂物等所组成。具体监测时,以 0.45 μm 孔径的滤膜所阻留的固体物为悬浮物,表示了海水中"不可溶"的部分。悬浮物的粒径一般在几至几百微米之间,最终大都沉降于海底,其沉降速率主要取决于粒径大小和几何形状,例如粒径为 2~20 μm 的球状悬浮物,其沉降速率为 0.1~10 m/d。悬浮物特别是细小粒子,由于其比表面积很大,同时又是带电的,这些特点决定了它与海水中溶解物质相互作用的主要方式是吸附和解吸。悬浮物的吸附特性使其富含重金属和有机物,常常成为微生物的载体。因此,悬浮颗粒物是海洋环境化学研究中的一个重要参数,是许多元素由表层向底层输送,由河流向大洋输送的主要载体,在元素输送、循环和清除过程中起着重要作用。

近海和大洋悬浮颗粒物含量和时空变化规律有明显的差别。近海悬浮颗粒物以陆源输送为主,其分布特点主要受陆源颗粒物类型和水动力控制。不同类型河口和近海区域悬浮颗粒物含量差别很大,清澈海区的颗粒物含量接近 0,浑浊河口区的颗粒物含量最高可以达到 1 000 mg/L 以上;而且同一河口区颗粒物随季节而变化。在河口区,由近岸至离岸方向,由于河口区潮汐作用或絮凝作用等原因,会出现一个悬浮颗粒物含量最高的区域,被称为最大浑浊带。最大浑浊带的存在导致水体透明度降低,从而限制了浮游植物的光合作用。

三、海水中的营养盐

在海洋中,除碳和氧元素外,还有氮、磷、硅等元素也与生命活动息息相关。海水中化合态的氮、磷、硅是海洋浮游植物生长不可缺少的化学成分,也是海洋初级生产力和食物链的基础。氮和磷是组成生物细胞原生质的重要元素,而硅则是硅藻等海洋浮游植物的骨架和介壳的主要组成部分。反之,氮、磷、硅在海水中的分布,明显地受海洋生物活动的影响。在海洋学上,把氮、磷、硅称为"营养盐""生源要素"或"生物制约元素"。

海洋中的营养盐一方面来自外源输入,主要为大陆径流带来的岩石风化物质,有机物腐解的产物与排入河流的废弃物,以及大气的干湿沉降;另一方面则为内源,即海洋自身,包括海洋生物的腐解、海中风化、极区冰川作用、火山及海底热泉,以及海底沉积物的释放。由于这些营养盐参与了生命活动的整个过程,它们的存在形态和分布受到生物的制约,同时受到化学、地质和水文等因素的影响,因此它们在海洋中的含量和分布既不均匀也不恒定,而有着明显的季节变化和区域差异。分析它们的存在形态、分布和迁移转化规律,对研究海洋生态环境和开发海洋生物资源具有重要意义。

(一)营养盐的存在形态和循环

1. 氮

海水中氮的主要存在形态包括 N_2、N_2O、NO_3^-、NO_2^-、NH_4^+、溶解有机氮(DON)和颗粒有机氮(PON)。海水中溶解的 N_2 几乎处于饱和状态,它的浓度通常比其他形态氮的浓度高几个数量级,在各种形态氮中占 95.2%。但因 N_2 处于"0"价态,不能被绝大多数植物所利用,只有转化为化合态的氮后才能被植物所利用。在化合态氮中,通常认为能被海洋浮游植物直接利用的是溶解无机氮(DIN),包括 NO_3^-、NO_2^- 和 NH_4^+,这三种离子也因此常被称为氮营养盐,其中以 NO_3^- 在海水中的含量最高。DON 主要为蛋白质、氨基酸、脲和甲胺等含氮有机化合物。近年来的研究表明,海洋浮游植物也可以直接利用一部分 DON,如尿素是引起定鞭藻增长的主要营养物质,有机氮也可促进海洋硅藻的生长。PON 主要包括活的微生物机体组织、生物碎屑和含氮排泄物等。N_2O 是海水中的溶解气体,主要来自海洋氮循环中细菌的还原过程,因对全球气候变化能产生一定的影响,因此正在受到密切关注。

海水中各种形态氮处在不断地相互转化和循环之中(图 6-4),这些转化和循环过程受到了化学、物理和生物等各种因素的影响。

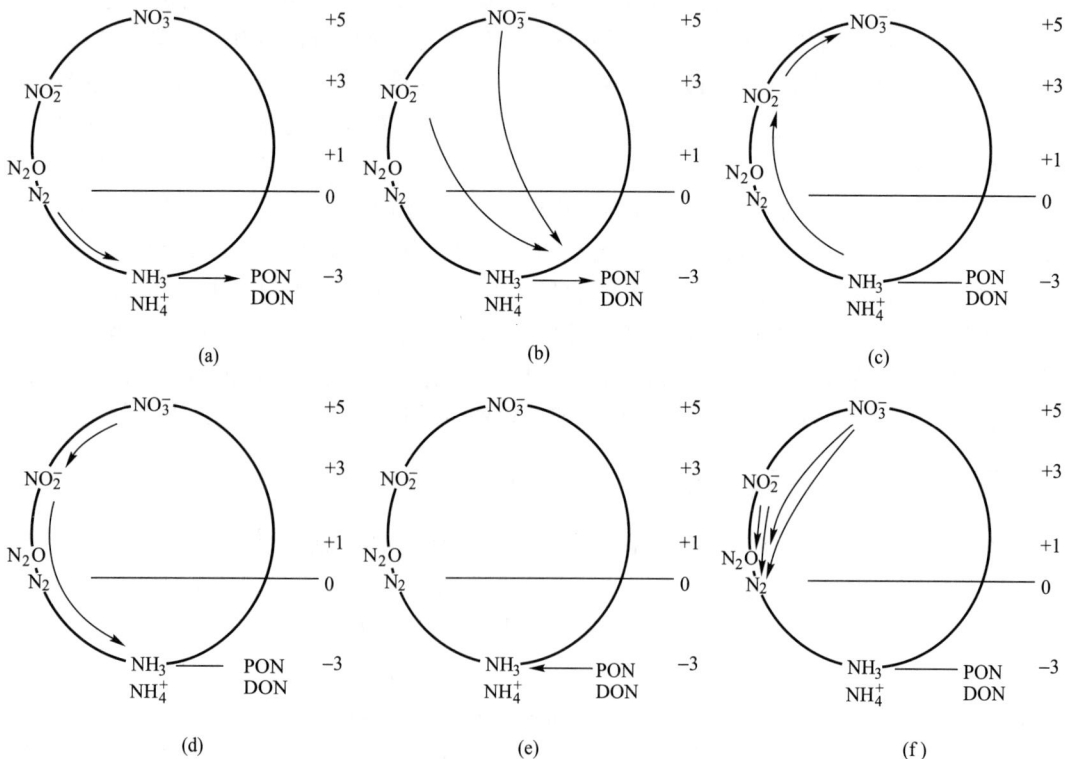

图 6-4　海洋中氮循环的主要过程

(引自郭锦宝,1997;Sverdrup 等,1942)

(a)生物固氮作用;(b)氮的同化作用;(c)硝化作用;(d)硝酸盐的还原作用;(e)氨化作用;(f)反硝化作用

（1）生物固氮作用。海水中的溶解 N_2 可在某些细菌和蓝藻的作用下还原为 NH_3、NH_4^+ 或有机氮化合物的过程。长期以来，开阔大洋中初级生产力的氮源被认为主要是上升流从深层水中带来的 NO_3^- 提供的。近年来的研究表明，在百慕大和夏威夷海域，生物固氮作用可提供初级生产力所需氮的 50%。在某些海域还出现由于固氮蓝藻的大量繁殖而导致的水华现象。

（2）氮的同化作用。NO_2^-、NO_3^-、NH_3 或 NH_4^+ 被生物体吸收合成有机氮化合物的过程。当 NO_3^- 被生物体利用时，首先需在硝酸盐还原酶和亚硝酸盐还原酶的作用下被还原为 NH_4^+，然后在酶的作用下合成生物有机体。而 NH_4^+ 无须改变氮的价态即可在酶的作用下转化为生物有机体，因此通常认为浮游植物首先吸收海水中的 NH_4^+，然后才是 NO_3^-。但海水中 NO_3^- 是三种氮营养盐中含量最高的组分，因此在海洋生态系统中 NO_3^- 是最主要的氮营养盐。

（3）硝化作用。在某些微生物类群的作用下，NH_3 或 NH_4^+ 被氧化为 NO_2^- 或 NO_3^- 的过程。微生物的这种氧化作用可由自养菌或异养菌来进行，它们从溶解的 CO_2 中获得碳，从硝化过程中获得所需的能量。

（4）硝酸盐的还原作用。NO_3^- 被细菌作用还原为 NO_2^-，并进一步转化为 NH_3 或 NH_4^+ 的过程。在海洋沉积物和厌氧水体中，当氧的含量不能满足有机体呼吸作用的需要时，NO_3^- 可作为氧化剂氧化有机物质，而其本身被还原为 NH_3 或 NH_4^+。

（5）氨化作用。又叫脱氨作用，指有机氮化合物经微生物分解产生 NH_3 或 NH_4^+ 的过程。这类微生物，被称为氨化微生物。

（6）反硝化作用。NO_3^- 在某些脱氮细菌的作用下，还原为 N_2 或 NO_2 的过程，一般发生在厌氧环境或 O_2 浓度小于 2 μmol/L 的低氧环境中。反硝化过程是使氮迁移出海洋的唯一过程，也是使化合态氮转化成元素氮的唯一过程。

2. 磷

海水中磷的主要存在形态是溶解无机磷（DIP）、溶解有机磷（DOP）、颗粒有机磷（POP）和颗粒无机磷（PIP），通常以 DIP 为主要形态。DIP 包括 PO_4^{3-}、HPO_4^{2-}、$H_2PO_4^-$、H_3PO_4，它们之间存在以下平衡

$$H_3PO_4 \Longrightarrow H^+ + H_2PO_4^- \Longrightarrow 2H^+ + HPO_4^{2-} \Longrightarrow 3H^+ + PO_4^{3-} \tag{6-10}$$

在 pH 为 8.0 的海水中，HPO_4^{2-} 为 87%，PO_4^{3-} 为 12%，$H_2PO_4^-$ 为 1%。因此海水中的 P 主要以 HPO_4^{2-} 和 PO_4^{3-} 的形式存在。现行的海洋调查规范中，海水中磷酸盐的分析采用磷钼蓝分光光度法，这种方法测定的是 PO_4^{3-}、HPO_4^{2-} 和 $H_2PO_4^-$ 的总和，因此现有文献中给出的基本上是 DIP 的数据，但一般计作"PO_4^{3-}"，也称为磷营养盐。DOP 在海水各种形态磷中只占很少一部分，但在表层海水中，DIP 可能被浮游植物消耗殆尽，因此 DOP 的含量有可能超过 DIP。PIP 主要以磷酸盐矿物形式存在于悬浮颗粒物中，在河口区，其含量较高。POP 包括生物有机体和有机碎屑中所含有的磷。

海水中的磷营养盐在整个海洋中进行着大范围的迁移和转化（图 6-5）。富含营养盐的上升流是海洋真光层中磷酸盐的主要来源，在这里 DOP 通过光合作用被吸收进浮游植物体内。浮游植物被浮游动物所吞食，其中一部分成为动物组织，再经代谢作用还原为 DIP 释放入海水；一部分未被动物消化完全，有些经磷酸酶的作用还原为无机磷，有些则分解为可溶性有机

磷,有些则形成难溶颗粒态磷,这些磷通过动物的排泄释放到海水中;DOP 和颗粒态磷再经过细菌吸收代谢而还原为无机磷。在表层未被分解的部分颗粒沉降至深层,其中大部分在深层被分解,参加再循环;少部分未被分解的颗粒磷进入海洋沉积物。沉积物中的磷经过漫长的地质过程,逐步得到再生而成为无机磷。这些在沉积层和深层水中的无机磷又会在上升流、涡动混合和垂直对流等水体运动的作用下被输送到表层海水,再次参加光合作用。

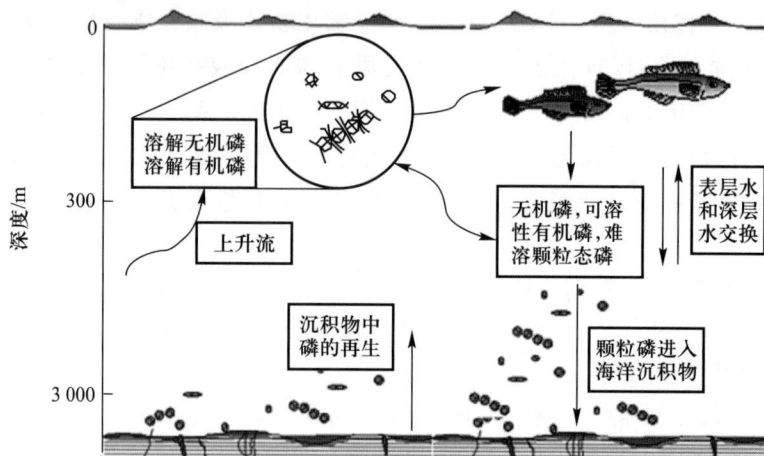

图 6-5　海洋中磷的循环

(引自 Sverdrup 等,1942)

3. 硅

海水中硅的存在形态包括可溶性硅酸盐、胶体状态的硅化合物、悬浮状态的二氧化硅和作为生物组织的硅,其中溶解硅酸盐和悬浮二氧化硅是硅的主要存在形态。溶解硅酸盐在海水中存在如下平衡

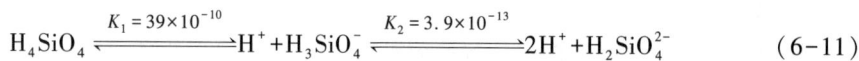

$$H_4SiO_4 \underset{}{\overset{K_1 = 39 \times 10^{-10}}{\rightleftharpoons}} H^+ + H_3SiO_4^- \underset{}{\overset{K_2 = 3.9 \times 10^{-13}}{\rightleftharpoons}} 2H^+ + H_2SiO_4^{2-} \tag{6-11}$$

在 pH 为 7.8~8.3 的海水中,约 95% 的溶解硅以 H_4SiO_4 的形式存在。在海洋学上,将可通过 0.45 μm 滤膜,并可用硅钼黄比色法测定的低聚合度溶解硅统称为"活性硅酸盐",这部分硅酸盐易于被硅藻所吸收。

大陆径流带入海洋中的硅是海水中硅的主要来源。在海洋中,硅藻的生长消耗溶解性硅,生物死亡后其残体缓慢下沉,并不断被分解,缓慢释放出部分溶解性硅。未被分解的颗粒态硅下沉至海底,成为硅质沉积物,经过漫长的地质年代后,通过地质循环再重新进入海洋(图 6-6)。

(二)营养盐的含量和分布特征

1. 氮

海水中 NO_3^- 含量一般为 0.07~40 μmol/L。水平分布呈现河口近岸高于外海,如我国长江口海域 NO_3^- 含量高达 65 μmol/L。在垂直分布上,随着深度增大而增加,在深层水中,由于氮化合物不断被氧化,积存了相当丰富的 NO_3^-。图 6-7 为三大洋 NO_3^- 含量的垂直分布情况,太平洋、印度洋的 NO_3^- 含量高于大西洋。在大洋的表层,由于生物活动吸收 NO_3^-,使 NO_3^- 的含量很低,甚至降到零值。在 500~800 m 处,含氮颗粒受重力作用下沉或被生物—

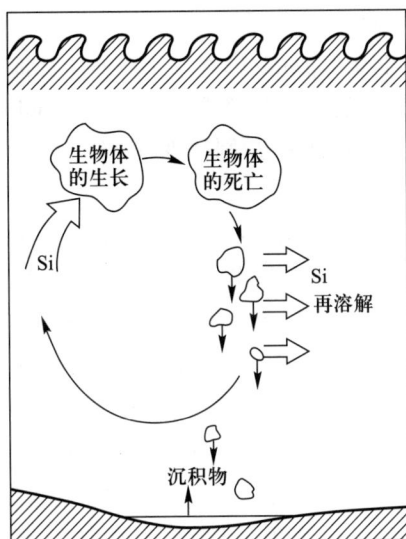

图 6-6　海洋中硅的循环

(引自 Sverdrup,1942)

直带到深海,由于细菌的作用,不断地把 NO_3^- 释放回海水,从而使 NO_3^- 的含量随深度而迅速增加,一直达到最大值。在最大值处,海水中的有机物基本上被完全分解;最大值以下,由于垂直涡动扩散,使不同水层的 NO_3^- 含量趋于均等,随深度的增加变化很小。

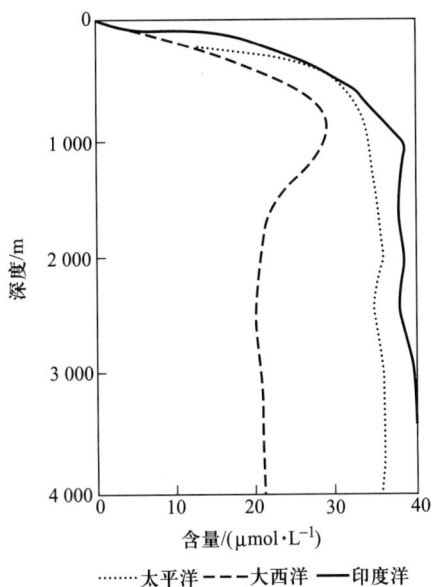

········太平洋 — — — 大西洋 ——— 印度洋

图 6-7　三大洋中 NO_3^- 的分布

(引自 Sverdrup,1942)

海水中 NH_4^+ 含量一般为 $0.35 \sim 4$ μmol/L,很少超过 4 μmol/L,但是在封闭海区的深层缺氧水中,其 NH_4^+ 的含量可高达 100 μmol/L。NH_4^+ 的水平分布是近岸高于远岸,一般在远离大陆的海区,其含量很低且均匀。NH_4^+ 的垂直分布,在近岸为表层低、底层高,在远岸则呈现表层较高,随深度增加而减少。

海水中 NO_2^- 含量通常低于 0.1 μmol/L,在水平分布上因海区不同而不同。在垂直分布上,从有氧环境向缺氧环境转变的过渡带,含量可大于 2 μmol/L,在浅水区域内,海底附近也可以有 NO_2^- 存在,但在一般海区的深层,则很少有 NO_2^-。

2. 磷

大洋表层海水中无机磷酸盐的含量随海区和季节的不同而变化,但在许多海区其最大含量变化范围一般不超过 0.5~1 μmol/L(以 PO_4^{3-}—P 计)。在生物生产力大的海洋表层水中,PO_4^{3-} 的含量最低,通常为 0.1~0.2 μmol/L。图 6-8 为三大洋中 PO_4^{3-} 的分布情况,可以看出总体上 PO_4^{3-} 的分布为太平洋、印度洋含量高于大西洋,其垂直分布与 NO_3^- 非常相似。在太平洋和大西洋的表层水中 PO_4^{3-} 的含量有差异,在深层水中差异更大。

PO_4^{3-} 的含量由大西洋深层水向北太平洋深层水方向增高,与大洋深层水的形成和运动有关。因为低温、高盐和营养元素含量低的大西洋表层水在大西洋北部的拉布拉多海沉降,成为大西洋深层水,继而向南转东再到北太平洋。这期间,含磷颗粒从表层沉降到深海的过程中不断被氧化腐解而释放出营养盐,这些被再生的营养盐和未被腐解的颗粒物质随着深层水流向太平洋方向迁移,并继续富集,致使深层水中 PO_4^{3-} 的含量从大西洋深层的 1.2 μmol/L,逐渐升高到北太平洋深层的 3 μmol/L。

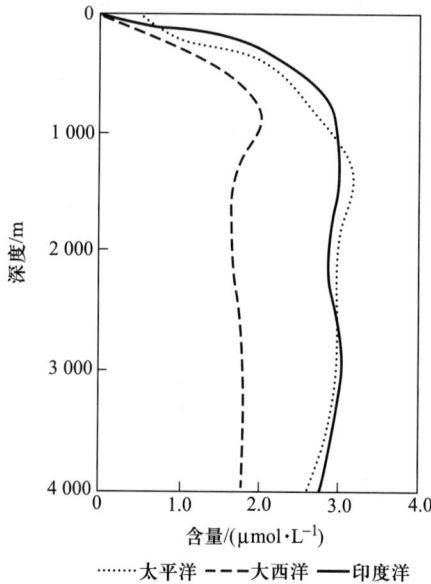

图 6-8　三大洋中 PO_4^{3-} 的分布

(引自 Sverdrup,1942)

3. 硅

海水中可溶态硅的平均含量约为 36 μmol/L,在大洋深层水中可达 100~200 μmol/L。图 6-9 为三大洋中硅酸盐的分布情况。总体而言,硅酸盐的含量随深度增加而逐渐增大,但无明显的最大值。与 N、P 相似,深层水中的硅含量由大西洋向着太平洋的方向逐渐增加,太平洋深层水中硅的富集是大西洋深层水的 5 倍,但太平洋深层水中 NO_3^- 和 PO_4^{3-} 却仅为大西洋深层水的 2 倍。这是因为由 SiO_2 构成的硬壳组织比 N、P 构成的有机组织沉降到更深的海水中才被溶解,其返回到表层海水的机会较小,因此在深层水流动的方向上 Si 的富集程度高于 N、P。

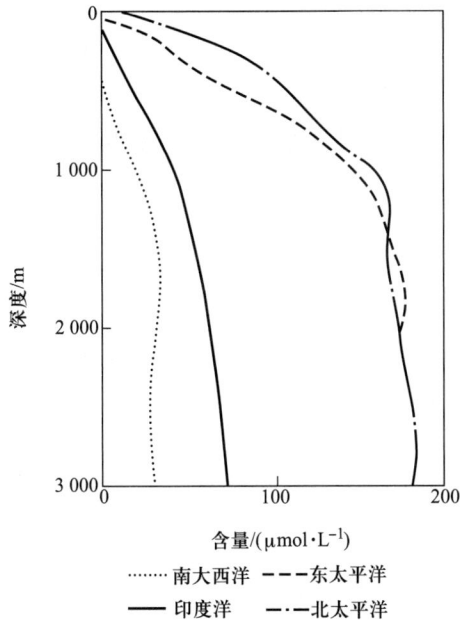

图 6-9　三大洋中硅酸盐的分布

(引自 Sverdrup,1942)

(三) 营养盐的比值及限制问题

海洋浮游生物对营养盐的吸收一般按照 C∶N∶P = 106∶16∶1 进行,这一比例关系常被称为 Redfield 值。大洋深层水中营养盐的比值基本保持恒定,其中 N/P 比值约为 15(表 6-4)。对大洋水的平均情况而言,N/P、Si/N、Si/P 的比值与生物在吸收或释放这些营养元素之间的比值是相当吻合的。但是,在封闭海域或表层水中,以及近岸的浅海区,N/P 比值并不恒定。如在我国近海主要河口、海湾水体中 N∶P 比值几乎都偏离 Redfield 值,低者可至 1～2,高者可达数百,且有明显的季节变化。营养盐比例不平衡,可能会导致浮游植物生长受制于某一相对不足的营养盐,通常被称为营养盐限制。

表 6-4　主要大洋深层水中营养盐的比值

大洋	N/P	Si/N	Si/P
东南太平洋	13～14	3～5	55～65
赤道印度洋	15	3	40～50
北大西洋	12～16	1～2	20～40

注:引自 Chow 等,1965。

海洋中浮游植物所需的营养成分很多,除了 N、P、Si,还有有机物、微量元素及各类维生素,但后者在海水中的量都相对较大,通常认为不会成为浮游植物生长的限制因素。因此,海洋中影响浮游植物生长的限制因素多数情况下只有 N、P 两种元素。用近海海水进行的生物培养实验发现,N∶P<8 时,浮游植物生长受氮限制;N∶P>30 时则受磷限制。除氮限制和磷限制外,在高营养盐低叶绿素的海区,铁成为主要的限制性元素,即铁限制。

四、 海水中的微量元素

海水中含量小于 1 mg/L 的元素称为微量元素,浓度在 1 nmol/L 以下的称为痕量元素。微量元素广泛地参加海洋的生物地球化学循环,因而不但存在于海水的一切物理过程、化学过程和生物过程之中,而且参与海洋各界面交换,包括海水-河水、海水-大气、海水-海底沉积物、海水-悬浮颗粒物、海水-生物体等。尽管海水中微量元素含量很低,但由于海水体积大,总贮存量仍是相当可观的。如含量为 0.001 mg/L 的铀,海水中的总贮存量多达 4.2×10^9 t,而陆地上的铀资源估计只有 10^6 t 左右。另外,微量元素含量虽低,但它们在海底沉积物,海水中的固体悬浮颗粒及海洋生物体中却比较容易富集。它们输入海洋和输出海洋的通量往往并不小,因此也是海洋环境化学研究的重点。

(一)海水中微量元素的来源及清除过程

海水中的微量元素可来自外部和海洋自身的再生过程。主要的外部来源包括:大气或河流把陆地岩石风化的产物输入到海洋中;海底扩张中心的高温热液活动和低温海水的相互作用而释放的微量元素。再生过程包括:中层、深层颗粒物质的氧化分解,浮游生物外壳骨骼的溶解,以及海底沉积物的重新溶解等。

海水中微量元素的清除途径主要包括:浮游生物的吸收,浮游生物的粪便或尸体向海底的沉降;有机颗粒物质的吸附和清除作用;水合氧化物和黏土矿物的吸附并沉降至海底;微量元素结合到铁锰结核上。

(二)海水中微量元素的存在形式和形态

海水中微量元素的存在形式和形态与其在海洋中的生物地球化学过程密切相关,决定了其在环境中的危害性及清除效率。溶于海水中的自由离子及有机、无机络合物比在悬浮颗粒物中更稳定。如 Cr 在海水中溶存形式有 Cr^{3+}、CrO_4^{2-},其中以 CrO_4^{2-} 形式较为稳定,而以 Cr^{3+} 形式则易被颗粒物吸附而沉淀至海底沉积物中。不同形式金属元素的毒性也大不相同,Cr(Ⅵ) 的毒性大于 Cr^{3+},Cu^{2+}、$Cu(OH)^+$ 的毒性大于有机络合的铜,无机砷的毒性大于有机砷,而烷基汞的毒性远大于无机汞。可见,对海水中微量元素的存在形式和形态的研究非常重要。

按照粒子的大小将海水中的微量金属进一步分为 7 种存在形态(表 6-5)。

(三)海水的络合容量

海水中有机物与金属离子相互作用,生成有机-金属络合物,因此用常规的化学法或生物鉴定法均检测不出金属离子。海水的这种具有部分掩蔽金属离子的性质用络合容量表示,定义为每升海水样品络合所加入的金属(通常用 Cu^{2+})的物质的量(摩尔数)。络合容量是金属-缓冲容量的一种量度,可用于定量评价海水中污染金属的归属。

络合容量表示海水对重金属的总络合能力,它不考虑水中络合剂的种类,而只考虑其对重金属能产生络合作用的配位体总量。海水的络合容量越大,对有毒金属的解毒能力越强,但同时也会阻碍生物对 Ca^{2+}、Fe^{2+} 等必需元素的摄取,影响生物生长。络合容量可用化学法测定也可用生物鉴定法测定,两种方法都是根据连续加入反应的金属离子络合配位体的微量滴定法,但二者确定滴定终点的方法不同。不同水体的络合容量变动较大,总体而言,污水、内陆水和海水的平均络合容量分别为 4.63 μmol/L、1.35 μmol/L 和 0.27 μmol/L，这表明富含有机物的内陆水比海水具有较大的金属缓冲容量。

表 6-5　海水中金属元素的存在形态

←─────────────────── 可过滤的 ───────────────────→

←──────────── 滤膜可过滤的 ────────────→

←──────── 可渗析的 ────────→

←──── 真溶液 ────→

自由金属离子	无机离子对无机络合物	有机络合物螯合物	高分子量有机金属化合物	高分散胶体的金属络合物	吸附在胶体上的金属化合物	沉淀物、有机颗粒、活生物体残骸
粒径范围 ←── 10^{-3} μm ──────────── 10^{-2} μm ──────── 10^{-1} μm ──→						
实　例						
$Cu^{2+}(aq)$ $Fe^{3+}(aq)$ $Pb^{2+}(aq)$	$Cu_2(OH)^{2+}$ $Pb(CO_3)^0$ $CuCO_3$ $AgSH$ $CdCl^+$ $CoOH^+$ $Zn(OH)_3^-$ $Ag_2S_2H_2^{2-}$	Me—SR Me—COOCR (结构式：H_2C—C=O，NH_2 与 Cu 配位，O=C—CH_2 络合物)	Me—酯类化合物 Me—腐殖酸聚合物 泥炭类化合物 腐殖酸类化合物 Me—多糖化合物	FeOOH $Fe(OH)_3$ Mn（Ⅳ）氧化物 $Mn_7O_{13}\cdot 5H_2O$ $NaMn_{14}O_{27}$ Ag_2S	$Me(OH)_3$，$MeCO_3$、MeS 等吸附在黏土矿物上，FeOOH 或 Mn（Ⅳ）在氧化物上	

注：引自 Stumm W，1980。

五、海水中的有机物

海水中的有机物主要是海洋内部生物过程和化学过程产生的，还有一部分来自陆源输入，包括人类生活、生产活动所产生的多种有机物质。尽管海水中有机物质的含量很低，但可参与海洋中的许多化学变化和生物地球化学作用，因此研究海水中的有机物质对认识海洋环境中所发生的各种过程具有重要意义。

（一）海水中有机物的种类和含量

海水中的有机物质按粒径大小可分为 3 类：溶解有机物（DOM），颗粒有机物（POM）和胶体有机物。凡能通过孔径为 0.5~1.0 μm 滤膜的有机物称为溶解有机物，否则为颗粒有机物；胶体有机物的粒径范围为 0.001~1 μm，属于高分子量的溶解有机物。海水中有机物的含量一般以含碳量表示，溶解态的浓度高于颗粒态，为 0.5~3 mg/L。在近岸和河口区水中，DOM 的浓度往往较高，有时高达 100 mg/L。

海水中的有机物种类繁多，但大多数有机化合物尚未被鉴定出来，目前只有约 25% 的有机物的成分被确定。这些已鉴定出的部分，主要包括氨基酸、糖类、烃、尿素、脂肪酸、维生素、甾醇等简单分子的化合物。其余尚未鉴定出的有一部分被统称为腐殖质或黄色物质，为海水中有机物的 60%~80%。腐殖质是一类结构复杂的高分子聚合物，含有羧基、羰基、羟基、酚羟基、氨基和醌基等活性基团，从而使腐殖质具有特有的反应活性，对海洋中生物学、环境化学和地球化学具有重要意义。

（二）海水中有机物对海水性质的影响

海水中有机物的含量虽低，但能够影响海水的物理化学性质，并对海洋生物的生长繁殖有重要作用。海水中的有机物通过共价键或配位键与多价金属离子形成有机-金属络合物，可影响海洋环境中金属的化学存在形态、毒性和迁移过程，如使铜离子等有毒重金属离子的毒性降低，甚至可以转化成无毒的物质；有机物能够改变一些成分在海水中的溶解度，如可作为配体与一些离子形成溶解络合物而增加难溶盐的溶解度，还可附着在一些沉积物表面的生长点上，阻碍沉积物的形成；有机物的氧化还原作用影响海洋环境的氧化还原电位，也影响着海水的生物过程和化学过程。无机悬浮物上吸附的有机物在细菌的作用下可发生降解和转化；海水中微表层富含的某些有机物，因有促使微表层起泡沫的性能，从而能降低气体在海气界面的交换速率；由于有机物被悬浮物吸附后能增加悬浮物的稳定性，故还可影响海水的颜色和透明度。此外，海水中存在的一些生物分泌的微量化学传导有机物质，还能对海洋生物的生理过程起作用。

（三）海水中的有机污染物

海水中的有机物除来自海洋本身外，还有一部分来自陆源的输入。由于人类生产、生活所产生的大量工业废水和生活污水排放入海，海洋环境，尤其是近海、河口区的水域受到污染。海水中的有机污染主要包括石油污染、合成有机化合物污染和一般有机化合物污染。石油污染是海洋中最普遍、最严重的一种污染，主要来自海上运输和海底油气开发。沿海工业，尤其是炼油厂的排放，也将大量的石油带入海中。此外，陆地上的各种工矿企业和各类车辆所排放的含油废气，可经由大气沉降入海。人工合成的有机化合物，如有机氯农药，在环境中和石油一样是不易降解的一类污染物，且因其毒性强、残效长、稳定性高，对生物具有持久的危害。这些人工合成的有害物质通过各种途径进入海洋环境，积蓄在鱼贝虾蟹体内，对海洋水产资源造成日益严重的危害。进入海洋的一般有机污染物，如食品工业的废渣、酵母、蛋白质，农业废水和生活废水等，一部分可直接被动物摄取，但大部分被细菌分解成 CO_2 和 N、P 化合物，从而造成水体的富营养化，甚至可能引发赤潮。

六、海水中的溶解气体

海水中还溶解一些气体，如 O_2、CO_2、N_2 等。海水中所溶解的气体主要来自大气、海底火山活动、海水中发生的化学反应、生物过程及地球化学过程等。溶存于海水中的 N_2、氩气和其他惰性气体，不参与海水的化学反应和生物过程，称为保守气体或非活性气体。而 O_2 和 CO_2 会参与海水中的化学反应和生物过程，为非保守性气体或活性气体。此外海水中还含有一些微量气体，如 N_2O、CO、CH_4 和二甲基硫（DMS）等，其含量会受到人类活动或其他活动的影响，因此常被称为微量活性气体。海水中的这些活性气体有的具有温室效应，如 CO_2、N_2O、CH_4 等，有的具有负温室效应，如 DMS。海洋可以从大气中吸收、也可以向大气释放这些气体，从而影响全球的气候变化。近年来，这些具有辐射活性的气体在海气之间的交换正在受到广泛关注。

（一）气体在海水中的溶解度

在大气压为 1 013.25 hPa 时，一定温度和盐度的海水中，某一气体的饱和含量称为该温度、盐度下该种气体的溶解度，单位符号为 $\mu mol/L$ 或 $\mu mol/kg$。

当气体在大气和海水之间达到平衡时,气体在海水中的溶解速率与逸出速率相等,它在海水中的溶解度主要取决于其本身的性质、在水面上的分压以及海水的温度和盐度。气体在海水中的溶解度随温度升高而降低,随盐度升高也降低。因此,气体在海水中的溶解度低于其在淡水中的溶解度。如由于盐度的影响,海水中氧的溶解度只有淡水中的80%。气体在海水中的溶解度除了与海水的温度和盐度有关外,主要与气体的性质有关,图6-10给出了海水中一些气体的溶解度。气体的溶解度一般随相对分子质量的增加而增加,如He的相对分子质量只有4,溶解度最低,而Xe(相对分子质量为131)的溶解度最高。但也有例外,如CO_2尽管相对分子质量低于Ar、Kr、Xe,但却是溶解度最高的气体(在0 ℃、1 013.25 hPa条件下,溶解度为1 460 cm^3/L),这是由于CO_2能与水发生反应生成H_2CO_3,从而使得其溶解度大大增加。

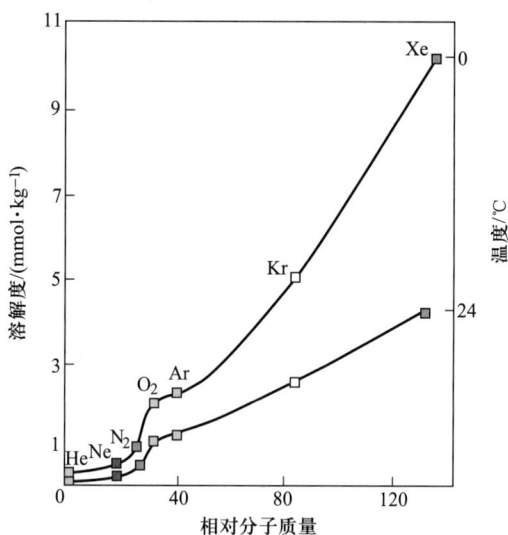

图6-10　海水中气体的溶解度(气压为1 013.25 hPa)

(引自 Riley J P,1975)

（二）海水中的二氧化碳

海水中总CO_2一般约为2 mmol/kg,比溶解有机碳(DOC)含量高一个数量级,比颗粒碳也高很多。受物理、化学和生物等多种因素的影响,CO_2在海洋中的变化很大。从海洋对大气CO_2的调节作用着眼,人们最关心的是CO_2的垂直转移过程。在上混合层中,由于光合作用,CO_2不断被转化成有机碳和碳酸盐。在混合层以下,这些碳部分以碎屑的形式下沉,在海洋较深处发生分解和溶解,导致氧的消耗,释放出营养盐以及再生CO_2。上述的一系列生物地球化学过程实现了碳从表层向深层的转移,称之为海洋生物泵。

在CO_2的垂直转移过程中,光合产品中的有机物大部分在上层1 000 m内发生分解,仅一小部分抵达海洋底层,深海沉积物中有机碳含量不到1%。海水中总CO_2随海水深度增加而增加。深层水中总CO_2的含量在不同海域也有很大变化。图6-11给出了北太平洋和北大西洋总CO_2(TCO_2)和归一化的TCO_2($NTCO_2$,TCO_2对盐度进行了归一化处理,消除了盐度的影响)的垂直分布,可以看出表层水的总CO_2值都接近2.05 mmol/L,而深层水则分别为 2.45 mmol/L 和 2.21 mmol/L,北太平洋深层水总 CO_2 比北大西洋高,主要与深层水的循环形式和速率有关。由于南、北半球高纬度深层水分别向北和向南运动,北大西洋深层水的循环周期很短,仅为 80 年,由于年龄较小,接受有机物分解和碳酸钙溶解的 CO_2 较少。与此相反,北太平洋深层水循环周期很长,约为 1 000 年,较老的深层水意味着积累更多的 CO_2,因此总 CO_2 较高。

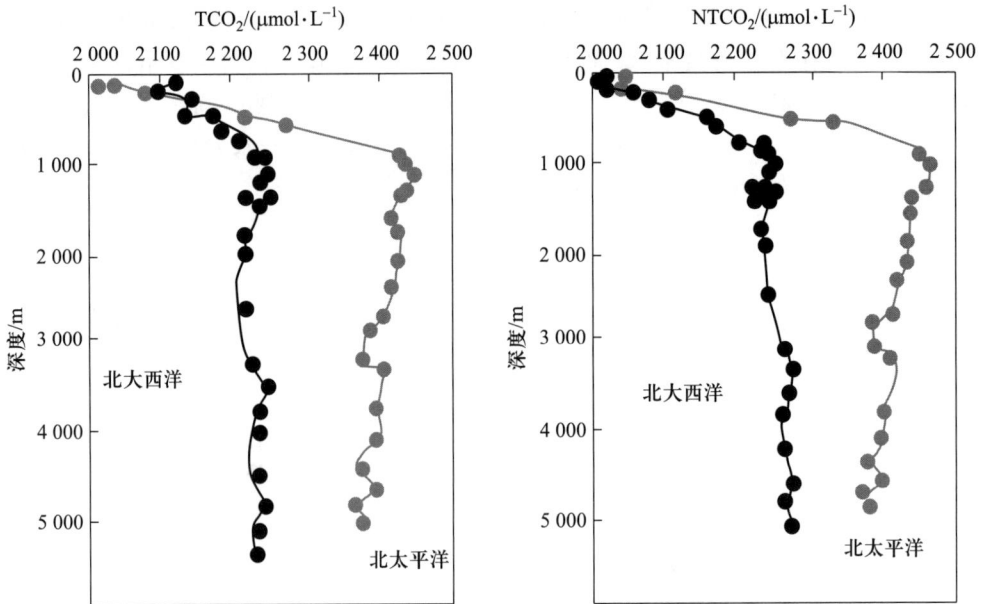

图 6-11　北大西洋和北太平洋 TCO_2 和 $NTCO_2$ 的垂直分布

(引自 Millero,1996)

(三) 海水中的微量辐射活性气体

1. 氧化亚氮(N_2O)

海水中 N_2O 均处于不同程度的过饱和状态,因此可以认为海洋是大气 N_2O 的一个源。南太平洋 N_2O 的含量为 $6.8 \sim 11.6$ nmol/L,北大西洋为 10.6 nmol/L,几乎是与大气 N_2O 平衡量的两倍。N_2O 在水体中的垂直分布不仅随时空变化,而且与溶解氧有关。图 6-12 是北大西洋 N_2O 的垂直分布图,可以看出在不同深度处 Ar 为饱和状态,而 N_2O 均为过饱和状态,最高可达 200%,且 N_2O 浓度的最大层对应着 O_2 浓度的最小层。在缺氧区域,如阿拉伯海、西北印度洋、亚丁湾、热带东太平洋等,广泛观测到垂直方向上存在的两个最大 N_2O 浓度,其中较浅的最大值一般位于混合层的底部,较深的最大值位于 $500 \sim 1000$ m,而且范围较宽。N_2O 在深层最大值出现的位置恰好为 O_2 最小值所在之处,且随着测定站位北移,该最大浓度在数值和出现深度上都呈增加趋势。在该最大浓度以下,N_2O 浓度随深度增加而逐渐减小,在两个最大浓度之间的最小 N_2O 浓度出现的位置,恰好对应着由反硝化作用而产生的第二亚硝酸盐最大浓度。在非贫氧海区,如孟加拉湾、波罗的海、东印度洋及阿拉伯海的贫氧区以外的其他海区,通常只能观测到一个中等深度的 N_2O 最大值,该最大值对应着较低 O_2 浓度,且随着测定站位北移,浓度也逐渐增大。

海洋中 N_2O 产生的重要途径是硝化和反硝化过程。但是反硝化过程除可以产生 N_2O

外,在贫氧区核心或无氧海水及沉积物环境中,N_2O 可进一步转化为 N_2 而出现净消耗。另外,在特定条件下硝酸盐还原为氨的同化作用也是海洋中 N_2O 产生的可能途径。关于产生和消耗 N_2O 的生物过程在不同海洋环境中的相对重要性,主要取决于水体中 O_2 含量。由于硝化细菌是好氧菌,因此在高 O_2 含量的海水中,硝化过程是产生 N_2O 的主要来源,而高 O_2 含量对反硝化过程有抑制作用,只有在 O_2 浓度足够低时才能发生反硝化。至于开始发生反硝化的临界 O_2 浓度尚无定论。

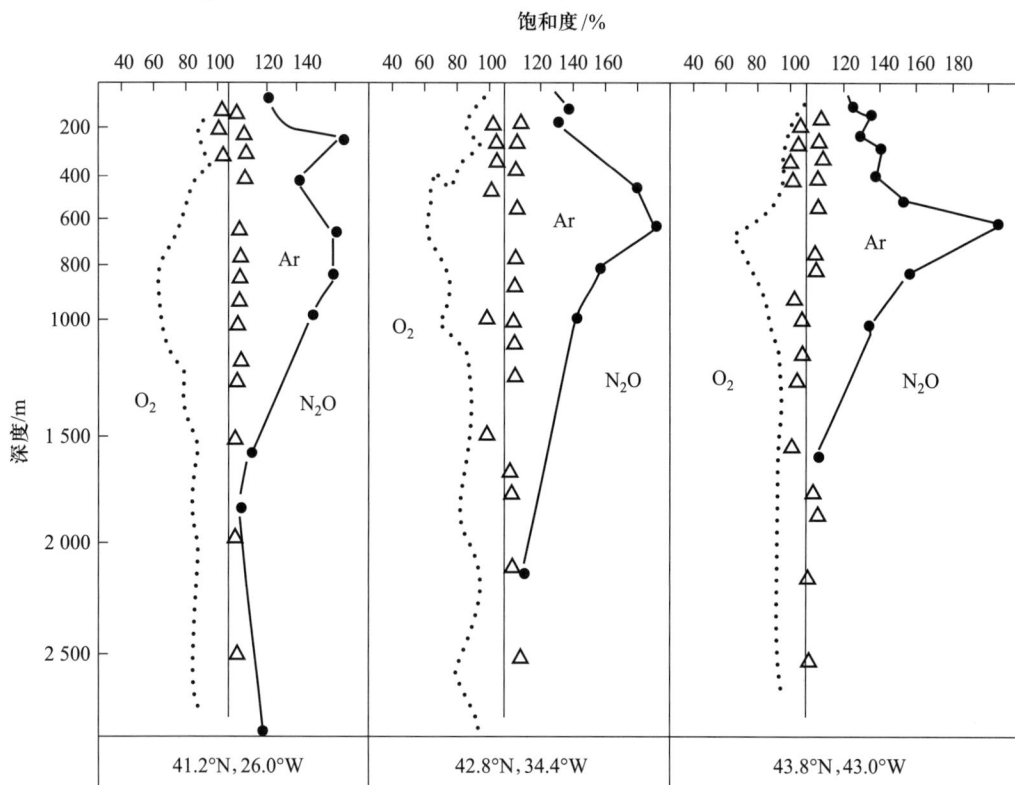

图 6-12　北大西洋 N_2O 的垂直分布(与 Ar、O_2 对比)

(引自郭锦宝,1997)

2. 甲烷(CH_4)

海洋中溶存甲烷的浓度随时空有很大变化,而且在海湾区、陆架区和大洋区明显不同。大洋表层海水中,甲烷浓度比较接近,一般在 $1.8 \sim 3.1$ nmol/L,基本处于轻度过饱和状态。甲烷在大洋的典型垂直分布是:从表层到混合层中上部,甲烷浓度分布比较均匀,处于轻度过饱和状态;在混合层下部,甲烷浓度逐渐增大,并在混合层底部或温跃层顶部出现一个明显的次表层最大浓度,在该深度以下甲烷浓度逐渐降低(图 6-13)。在次表层出现极大值,被认为是大洋中甲烷垂直分布的一个共同特征,但该极大值出现的深度和浓度随时空而变化。陆架区和海湾区,甲烷浓度比大洋区要高。除水温较低的部分水域外,陆架区表层海水中甲烷浓度为 $3.1 \sim 5.0$ nmol/L,处于中度过饱和状态。由于地理环境差异,海湾区表层海水中甲烷浓度离散性大,为 $30 \sim 235$ nmol/L。

甲烷的来源主要包括:现场生物产生、沉积物释放、富甲烷河水的输入和海底甲烷的泄漏等。在开阔大洋中,一般认为现场生物产生是维持混合层中甲烷高度饱和的主要原因,但其机理尚不十分清楚。在沿岸海域的表层海水中,除现场生物产生外,富甲烷河水的输入也是其重要来源。甲烷的汇主要包括:表层海水通过海气交换向大气的净输送和海水中溶存甲烷通过细菌氧化过程的消耗。

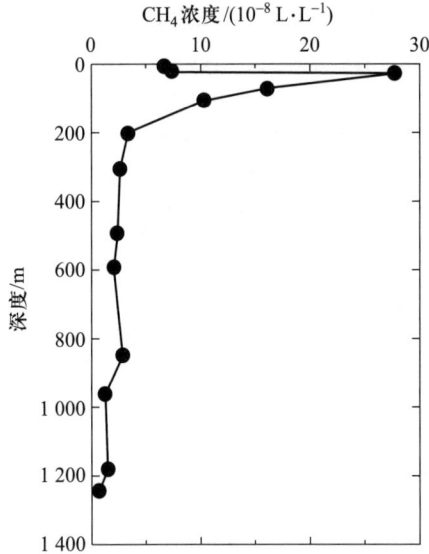

图 6-13　墨西哥湾 CH_4 浓度的垂直分布

(引自 Millero,1996)

3. 二甲基硫(DMS)

海水中 DMS 的浓度分布呈现明显的区域变化,其浓度范围为 $0.03 \sim 44$ nmol/ L,超过 3 个数量级。近岸高生产力海域中的 DMS 含量一般高于低生产力的大洋海域(图 6-14)。在开阔大洋、沿岸海域、上升流海域的表层水体中,DMS 的平均浓度分别为 1 nmol/ L、$1 \sim 2$ nmol/ L、$2 \sim 5$ nmol/ L。由于 DMS 主要来源于浮游植物的释放,因此 DMS 主要存在于海洋真光层中。由于不同藻类产生 DMS 的速率相差很大,使得 DMS 的垂直分布并非与浮游植物和叶绿素 a 的垂直分布完全一致。DMS 浓度一般在春夏季较高,冬季达到最低点。但在热带海域,DMS 的季节变化幅度要比高纬度地区小得多,如在赤道太平洋海域的表层水体中,DMS 平均浓度基本保持恒定,为 2.7 ± 0.7 nmol/ L。

DMS 主要是通过生物活动产生的,约 95% 来自浮游生物的生产与转化。DMS 首先是在海洋大型红藻(*Polysiphonia lanosa*)中被发现的,此后在一些大型海藻和微型海藻中发现了 DMS 的前体物二甲基硫丙酸(DMSP)。DMS 的产生包括海藻的同化硫酸盐还原、前体物 DMSP 的合成与释放、DMS 的生成等过程。海水中的 DMS 一旦生成,立即被转化、降解或排放到大气中。海洋 DMS 的去除途径主要有:光化学氧化、向大气排放和微生物降解。全球范围内,表层海水中 DMS 被光氧化破坏的速率约为 0.15 mg/($m^2 \cdot$ d);全球平均的 DMS 海气通量约为 0.20 mg/($m^2 \cdot$ d)。在太平洋的热带海域,DMS 的微生物降解速率比海气交换速率大 $3 \sim 340$ 倍,因此被认为是海水中 DMS 去除的最主要途径。

彩图 6-14

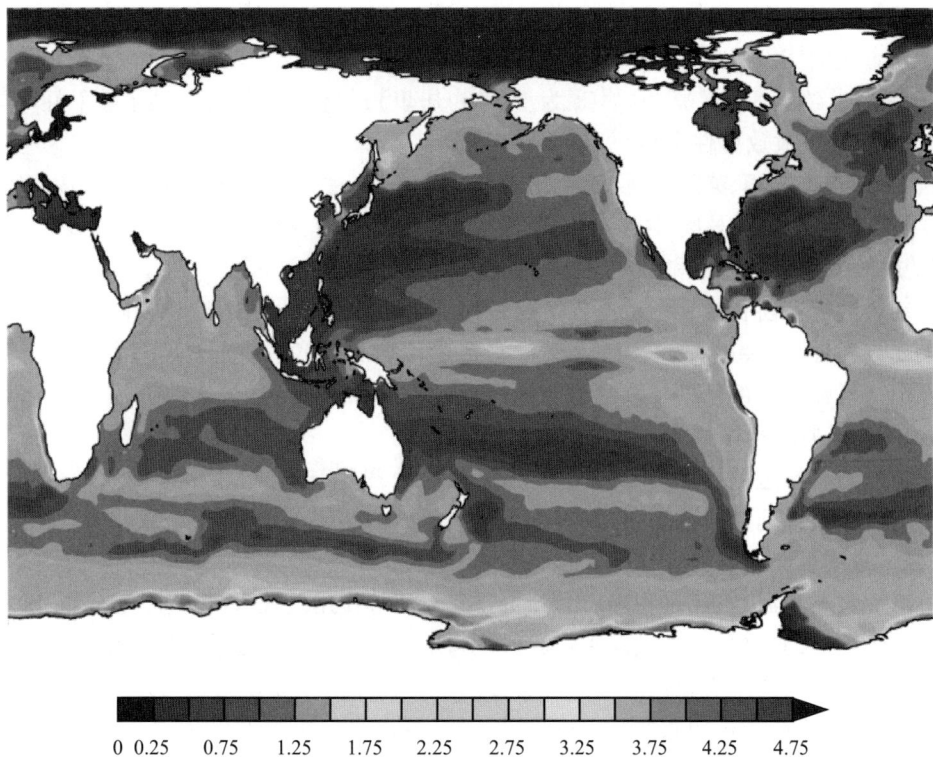

图 6-14　全球海洋表层海水中 DMS 分布(nmol/L)

(引自 Kloster,2007)

七、 海洋中的放射性元素

海洋中的放射性元素分为天然放射性核素和人工放射性核素两大类。天然放射性核素存在于海洋环境的各种介质中,被称为放射性本底;人工放射性核素是由于人类利用原子能而产生的放射性核素,一般被认为是放射性污染物。

(一) 天然放射性核素的来源

海洋中天然放射性核素包括三部分。一是在地球形成时就生成的放射性核素,主要有^{40}K、^{87}Rb。尽管^{40}K 仅占天然 K 成分的 0.011 8%,但因为 K 是海水中的常量元素,在大洋水中的含量平均为 0.397 1 g/L,所以^{40}K 在海洋放射性中居首位,占海水总放射性的 90%以上。^{87}Rb 占天然总 Rb 的 27.85%,大洋中 Rb 的平均含量为 $2.0×10^{-5}$ g/L,也是海洋放射性本底的重要组成部分。二是铀系、锕系、钍系等三大天然放射系的元素,是在核反应过程中产生的放射性核素。三是宇宙射线与空间物质作用生成的核素,这类元素有^{3}H、^{14}C、^{10}Be、^{32}Si 和^{129}I 等。一般情况下,上述绝大部分元素含量处于稳定状态,构成了海洋放射性本底。

(二) 人工放射性核素的来源

1. 核爆炸

核爆炸所产生的裂变核素和诱生(中子活化)核素共有 200 多种,其中^{90}Sr、^{137}Cs、^{239}Pu、

^{55}Fe,以及^{54}Mn、^{65}Zn、^{95}Zr、^{95}Nb、^{106}Ru、^{144}Ce等最引人注意。据估算,到1970年为止,由于核爆炸注入海洋的^{3}H为10^8居里(1居里=3.7×10^{10}次核衰变/s),裂变核素达$2\times10^8\sim6\times10^8$居里(其中^{90}Sr约为$8\times10^6$居里,^{137}Cs为$12\times10^6$居里),使整个海洋都受到了放射性污染。

2. 向海底投放放射性废物

从1946年起,美国、英国、日本、荷兰、法国等国家先后向太平洋和大西洋海底投放放射性核废料。据调查,少数盛装核废料的容器已出现渗漏现象,成为海洋的潜在放射性污染源。

3. 放射性核素的应用和事故

核动力舰艇在航行过程中也有少量放射性废物泄入海中,会对舰艇周围的局部海域造成污染。放射性核素事故,如2011年3月发生在日本福岛第一核电站的核泄漏,使其附近海域及西太平洋区域的某些核素浓度明显升高。

4. 核工厂向海洋排放低水平放射性废物

建在海边或河边的原子能工厂,包括核燃料后处理厂、核电站和军用核工厂,将低水平放射性废液直接或间接排入海中,对局部环境的污染问题应予重视。

(三)放射性核素在海洋中的迁移和转化

放射性物质入海后,经过物理、化学、生物和地质等作用过程,改变其时空分布。海流是转移放射性物质的主要动力,风能影响放射性物质在海表的水平迁移。由于温跃层的存在,上混合层海水中的离子态核素难于向海底方向转移。放射性物质可通过水体垂直运动、被颗粒吸着、与有机或无机物质絮凝,或通过累积了核素的生物的排粪、蜕皮、产卵、垂直移动等途径向海洋底部聚集。海洋沉积物对大多数核素有很强的吸着能力,其富集系数因沉积物的组成、粒径、环境条件有较大的差异。

第二节   海洋界面过程及物质通量

海洋与大气、河流、陆地和洋底相接,这些相接之处被称为界面,主要包括海洋-陆地(海洋-河流)、海洋-大气和海洋-沉积物三大类型。海洋与其他介质和环境存在差异,因此在界面处往往发生物质的形态结构、分布特征的显著变化。在海洋内部,海洋生物作为有生命的颗粒分散于海洋环境中,与海洋环境进行物质交换,影响甚至控制某些元素的含量、形态、迁移和转化,因此海洋生物与海水之间构成了生物-水界面。

一、河海混合界面

河海界面是河流与海洋的交汇区,既是河流的终点,又是海洋的开始。河海界面同时受到河流(如淡水和颗粒物的输送)和海洋(如潮汐、海流)的影响,这里发生着淡、咸水混合,径流和潮流的相互作用,并伴随着复杂的物理、化学和生物学过程。

(一)河海界面的特点

与典型的陆地和海洋环境相比,河海界面区有其不同的特征。与绵延数千米的陆地和浩瀚万里的大洋相比,河海界面是一个狭窄的区域,从几十到几百千米不等,界面的宽度主要与区域的地形地貌和河流规模相关。河海界面生态系统同时具有陆地生态系统和海洋生态系统的特征,并且存在一个由陆向海的渐变过程。河海界面是一个深受人类活动影响的区域,包括废水排放、航运、海岸工程、水产养殖和溢油等。河海界面具有物理、化学和生物过程快速变化的特征,这一区域的生态系统最为复杂和敏感,生物多样性也最为丰富。

（二）河海界面的物理化学过程

河海界面可以看作一个化学锋面。盐度的巨大变化是河海界面的最明显特征,也是水体物质组成变化的综合指征。盐度的变化由淡水输入量和输入时间控制,受潮汐和界面处地形地貌的影响。盐度的巨大变化,尤其在一些大河河口区,可能产生垂直方向的层化现象,这种层化现象阻碍了上下层水体之间的物质交换,往往导致底层水体中溶解氧被耗尽,并进一步产生显著的化学和生物效应。

海水和河水中化学组分含量存在显著差异（表6-6）。大多数溶解物质在河海界面的混合过程,可以看作两个端元水体混合的化学梯度变化,分为保守型混合和非保守型混合。保守型混合仅是发生简单的稀释过程,通常以盐度或氯度作为保守型混合的参照物质。而非保守型混合,除稀释过程外还发生了组分的亏损或添加,主要缘于组分和颗粒物的吸附和解吸作用,吸附意味着组分亏损,解吸意味着组分添加。

河流除了向海洋输送淡水之外,还携带了大量的泥沙,泥沙与海水之间的物理化学作用使泥沙在河海界面发生絮凝现象。泥沙在随河流径流输运的过程中,大的沙粒逐渐被沉降清除,进入河口区的泥沙颗粒很小,通常在0.05 mm以下。海水是含有大量电解质的液体,与表面带有负电荷的泥沙胶粒发生离子代换,致使部分泥沙颗粒之间产生引力,颗粒相互聚合变大（其沉降速率大大提高）而下沉,这种物理化学现象称为泥沙絮凝作用。在泥沙下沉的同时,由于溶解态物质如微量元素和有机污染物质等极易吸附在细颗粒的泥沙上,从而使得这些溶解态的物质也随着泥沙发生沉降,这不仅影响了河海界面上物质的存在形态、分布特征和迁移转化等过程,也直接影响了河流向海洋输出的净物质通量。

表 6-6　海水和河水主要组分的含量

组分	海水/$(mmol \cdot L^{-1})$	河水/$(mmol \cdot L^{-1})$
Na^+	452.2	0.26
Mg^{2+}	51.3	0.17
Ca^{2+}	10.0	0.38
K^+	9.9	0.07
Sr^{2+}	0.1	—
Cl^-	527.5	0.22
SO_4^{2-}	27.2	0.11
HCO_3^-	2.3	0.96
Br^-	0.8	—

注:引自 Turekian,1968; Sarin,1984。

（三）河海界面的物质通量

河流是陆地物质向海洋输送的主要途径。据估计,每年由陆地进入海洋的物质大约有

85%经由河流输送。河流向海洋的物质输送对近海海域最重要,随着向大洋的延伸其重要性逐渐降低。河流除了输送泥沙和淡水外,各种污染物和营养盐等化学物质也通过河流向海洋输送。因此,估算河海界面的物质通量,可以评价人类活动对海洋生态环境的影响,也可以为海洋环境保护和管理部门的决策提供科学依据。

河流入海物质的通量 F,若依据多次监测资料,F 可由下式计算

$$F = \sum_{i=1}^{n} c_i \cdot Q_i \cdot t_i \tag{6-12}$$

式中:c_i——第 i 次监测时段内物质的平均浓度;

　　　Q_i——第 i 次监测时段河流的平均入海径流量;

　　　t_i——第 i 次监测所代表的时段长度;

　　　n——监测频次。

河海界面是一个由河向海的过渡带,选取不同的监测断面作为界面计算入海通量时,其通量的量值存在较大差异,因此界面的选择对通量的计算非常关键。2015 年,国家海洋局颁布了《江河入海污染物总量监测与评估技术规程(试行)》,2020 年 12 月生态环境部正式发布了国家环境保护标准《近岸海域环境监测技术规范　第七部分　入海河流监测》(HJ 442.7—2020),明确了河流入海物质通量计算时监测断面的布设原则。

监测断面的设置应具有代表性,原则上应与水文监测断面一致,布设在感潮河段起点(受到海洋潮汐影响的河段,盐度小于 2),并在河流受潮汐影响最小的时段采样;若感潮河段起点难以实施监测,则应从可监测河段的最小盐度处开始设置监测断面,并按照盐度梯度向海一侧布设 5 个以上监测断面,各监测断面之间的盐度梯度不大于 5。监测时间应覆盖河流的平水期、丰水期和枯水期。监测频次依据河流的特点确定,每年不低于 3 次。河流入海物质浓度为感潮段起点处监测断面上的实测值,或者通过对不同监测断面的物质浓度和盐度进行拟合,推算感潮河段起点的物质浓度。入海径流量应与水质指标同期监测,也可从当地水文监测部门获取同期的水文数据。

二、海气界面的气体交换

大气和海洋之间的气体交换是一种动力学过程。当气体分子以同样的速率进入或离开海洋时,大气与海洋即处于平衡状态,这时气体在海水中达到饱和,气体的净交换通量为零。但通常情况下,大气与海洋处于不平衡状态,也就是说气体进出海洋的速率不同,有气体的净交换通量。如果气体在大气中的分压高于其在海洋中的分压,气体就会通过海气界面进入海洋,这时海洋就是大气的汇,反之,则海洋中的溶存气体就会进入大气,海洋就是大气的源。但气体在海气之间的交换,不仅取决于气体在二者之间的分压,而且取决于气体交换速率,还与海面的动力学和热力学状况有关。

(一)影响气体交换的因素

1. 温度的影响

大气与海洋之间的气体交换主要取决于气体在两相中的分压差。海水温度升高或降低都会使海水中气体的分压发生变化,因而引起气体在两相间的交换。如 25 ℃海水中 CO_2 的海气交换速率是 5 ℃时的 2 倍。

2. 风速的影响

海表面风速的变化会影响扩散层的厚度,从而影响气体交换速率。风速增加会使扩散层厚度减小,气体的交换速率增大。当风速为 0~3 m/s 时,交换速率几乎保持恒定;而在 3~13 m/s 时,交换速率迅速增加。

3. 海面状况的影响

海面状况的不同也会影响气体交换,当海洋表面因为波浪变得越粗糙时,气体的交换通量越大,而越光滑的海面,气体的交换通量越小。

4. 气体溶解度的影响

不同气体在海水中的溶解度各不相同,对于某一恒定的分压差,各种气体进入海洋的交换通量相差悬殊,如 N_2、O_2、CO_2 的交换通量比为 1:2:70。

(二) 气体的交换模型

为了估算海气交换通量,提出了几种气体交换模式,常用的有滞膜模型(stagnant film model)和双层模型(two-layer model)。滞膜模型假定每一流动相都是混合均匀的,气体交换的主要阻滞来自气相和液相交界面,气体通过气、液交界面的方式是分子扩散(图6-15)。在此模式中,气体的交换通量是由穿过滞膜厚度为 z 的气体交换速率 k 决定的。气体的交换通量($\mu mol/(m^2 \cdot s)$)可根据以下公式进行计算

$$F = k \times (C_{obs} - C_{eq}) \tag{6-13}$$

$$k = \frac{D}{z} \tag{6-14}$$

式中:k——气体交换速率(cm/s);

C_{obs}——溶存气体在表层海水中的浓度($\mu mol/dm^3$);

C_{eq}——表层海水中的气体与大气达到平衡时的浓度($\mu mol/dm^3$);

D——气体在水中的分子扩散系数(cm^2/s);

z——薄层厚度(cm),与海洋表面状况有关,尤其受风速影响大。

利用滞膜模型计算海气交换通量时,仅使用一个估算的平均薄层厚度,由于薄层厚度 z 值随风速变化而改变,从而使计算结果有很大的不确定性。因此目前常用双层模型定量计算气体交换通量。

双层模型假定:① 在海气界面两侧分别存在一个气体薄层和一个液体薄层,而它们是分子通过界面转移的主要阻力;② 气体在界面上的转移只局限于分子扩散;③ 界面两侧附近处流体均匀混合;④ 气体在界面处遵守亨利定律。该模型计算气体交换通量仍采用式(6-13),但将 k 定义为风速和施密特数 Sc(Schmidt number)的函数,常用计算公式如表6-7所示。其中 Sc 为水的动力黏度与气体分子扩散速率之比,对于特定气体,Sc 与水温、盐度等物理参数有关。Wanninkhof(1992)和 Salitzman(1993)给出了海水中 CO_2、N_2O、CH_4 和 DMS 气体 Sc 与水温 T(℃)的关系式分别为

$$Sc(CO_2) = 2\,073.1 - 125.62\,T + 3.627\,6\,T^2 - 0.043\,219\,T^3 \tag{6-15}$$

$$Sc(N_2O) = 2\,301.1 - 151.10\,T + 4.736\,4\,T^2 - 0.059\,431\,T^3 \tag{6-16}$$

$$Sc(CH_4) = 2\,039.2 - 120.31\,T + 3.420\,9\,T^2 - 0.040\,437\,T^3 \tag{6-17}$$

$$Sc(DMS) = 2\,674.0 - 147.12\,T + 3.726\,T^2 - 0.038\,T^3 \tag{6-18}$$

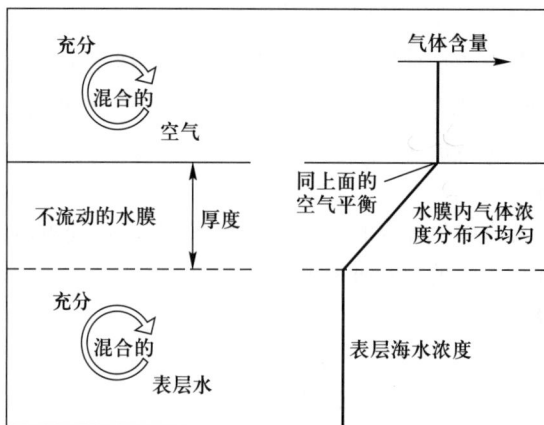

图 6-15 气体交换滞膜模型示意图

(引自 Riley J P,1975)

表 6-7 与风速有关的气体交换速率计算公式

公式作者	k 计算公式	$U_{10}/(\text{m} \cdot \text{s}^{-1})$
Liss 和 Merlivat	$k = 0.17 U_{10}(Sc/600)^{-1/2}$	$0 < U_{10} \leqslant 3.6$
	$k = (2.85 \times U_{10} - 9.65)(Sc/600)^{-2/3}$	$3.6 < U_{10} \leqslant 13$
	$k = (5.9 \times U_{10} - 49.3)(Sc/600)^{-2/3}$	$13 < U_{10}$
Wanninkhof	$k = 0.31 U_{10}(Sc/660)^{-1/2}$	
Erickson	$k = [9.58(1-W) + 475.07 W] \cdot (Sc/885)^{-1/2}$	$U_{10} < 3.6$
	$k = [9.58(1-W) + 475.07 W] \cdot (Sc/885)^{-2/3}$	$3.6 < U_{10}$
Zhao D	$k = \min \begin{cases} 6.81(U_{10}H_s)^{0.63}(Sc/660)^{-1/2} \\ 0.75 U_{10}^{1.89}(Sc/660)^{-1/2} \end{cases}$	

注:W 为海洋表面被白浪(白冠)覆盖的分数;U_{10} 为水面上方 10 m 高度处的风速(m/s);Hs 为海浪有效波高(m)。

（三）海洋中微量辐射活性气体的交换通量

根据现场测定的气体的 C_{obs} 和 C_{eq} 及由气体交换速率公式计算得到的 k,可以计算出不同海域中不同气体的海气交换通量。关于全球范围内 N_2O 从海洋向大气的释放量,利用滞膜模型估算出全球海洋释放 N_2O 为 30×10^{12} g/a。利用双层模型估算出全球海洋释放 N_2O $1.9 \times 10^{12} \sim 10.7 \times 10^{12}$ g/a。关于全球范围内海洋甲烷的海气交换通量。全球海湾区、陆架斜坡区和大洋区的甲烷年释放量分别为 1.8×10^{12} g、0.55×10^{12} g 和 3.9×10^{12} g,由此计算出全球海洋甲烷的总释放量为 6.25×10^{12} g/a。基于太平洋和大西洋的实测数据,估算出全球海洋 DMS 释放通量分别为 16×10^{12} g/a 和 27×10^{12} g/a,两者的差别主要源于采用了不同的气体交换速率,而不在于 DMS 浓度间的差别。

（四）二氧化碳的海气交换通量

CO_2 在海洋与大气之间通常处于不平衡状态,穿越海气界面 CO_2 通量的大小和方向是

由海气间 CO_2 分压差决定的,并间接地受到海水温度、生物活动和海水运动等因素的影响。图 6-16 是基于 1970 年以来观测的 300 万个表层海水 CO_2 分压的直接测量结果,以 2000 年为参考年给出了全球海洋 CO_2 海气交换净通量。可以看出,赤道太平洋海域(14°N—14°S)是全球海洋最大的 CO_2 源区,每年向大气释放 0.48×10^{15} gC/a,约占海洋向大气释放 CO_2 总量的 68%。北半球和南半球 14°—50°之间的温带海洋是全球海洋的主要汇区,每年吸收的 CO_2 分别约为 0.7×10^{15} gC/a 和 1.05×10^{15} gC/a,分别约占海洋吸收大气 CO_2 总量的 33% 和 49%。高纬度北大西洋,包括北欧海域和部分北冰洋,是单位面积上最强的 CO_2 汇区,月均吸收大气 CO_2 的通量为 2.5×10^6 gC/($km^2 \cdot m$)。在南大洋的无冰区(50°S—62°S),由于夏季吸收 CO_2 的量被冬季释放 CO_2 的量(由深水上升流引起)所抵消,故年平均交换通量很小,为 0.06×10^{15} gC/a。总体而言,海洋是大气 CO_2 的净汇,当前海洋净吸收 CO_2 的年均量值为 $(1.6 \pm 0.9) \times 10^9$ tC/a,占人为排放 CO_2 的 1/4~1/3。

彩图 6-16

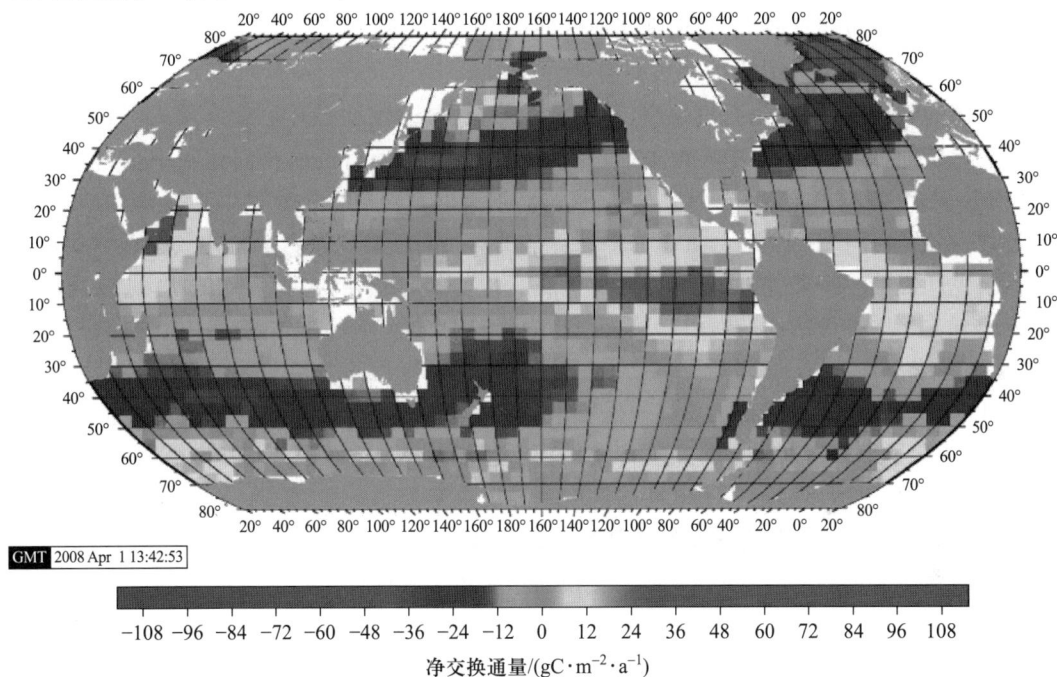

净交换通量/(gC·m⁻²·a⁻¹)

图 6-16　全球海洋 CO_2 的海气净交换通量

(引自 Takahashi,2009)

三、海水沉积物界面

海洋沉积物主要来自陆地颗粒物的河流、冰川和风的输送,海洋自身的物质生产,以及火山喷发和洋底热液。海水中的颗粒物不断下沉,最后沉降到海底,这些颗粒物在到达海底之前所发生的物理和化学变化,被称为早期成岩。在海水沉积物界面上,不断地发生着物质在海水和沉积物之间的埋藏和再溶解;同时物质的迁移和转化,也受到海水沉积物界面的氧化还原条件控制和影响。

（一）沉积物的上覆水和间隙水

沉积物上覆水是指海底沉积物之上一定厚度层的海水。在取样时,一般把离底 2~3 m 的海水作为海洋沉积物的上覆水。这层水是海洋上层水与表层沉积物(间隙水)之间进行物质交换的通道,同时也是海水沉积物界面间物质交换的接受体或物质源。

间隙水是占据海底沉积物颗粒之间及岩石颗粒之间孔隙的水溶液,也叫孔隙水。间隙水的化学成分反映了沉积过程和埋藏后发生的各种变化历程。因此,间隙水的组成和海水不同。影响间隙水组成变化的主要因素为:① 沉积速率;② 氧化还原电位;③ 沉积物中有机物的含量。这三个因素之间也互有影响。例如,当沉积速率较小时,沉积物中的有机物在分解过程中消耗的主要是上覆水中的溶解氧,因此间隙水的氧化还原电位降低幅度较小。由于有较充裕的时间进行分子扩散,上覆水和间隙水中的化学组成比较接近。当沉积速率较大时,沉积物挟带的有机物很快被埋藏起来,难以被上覆水中的溶解氧所氧化,因而有较多的有机物被保存在沉积层中,随后逐渐被间隙水中的硝酸盐或硫酸盐所氧化,从而使间隙水的氧化还原电位降低较大,形成强还原性环境。

（二）海水-沉积物界面的物质交换

海洋的各种陆源碎屑、有机物质、悬浮颗粒等,经过一定的循环后最终埋入沉积物。由于有机物质的分解,沉积物中各种早期化学成岩反应往往使得沉积物间隙水中生物营养元素(如 N、P、Si 等)的浓度高于上覆水体,这些高浓度的营养盐通过底栖生物活动、浓差扩散等过程,不断地迁移到上覆水,沉积物中营养盐的再生对于海水中营养盐的收支循环动力学和初级生产力的维持非常重要。另外,由于底沉积物的再悬浮、生物活动的扰动,以及沉积环境中氧化还原条件的改变而引起的沉积物中污染物的置换和释放,使污染物向上覆水迁移,从而带来海洋的"二次污染"。物质在海水-沉积物界面的交换和通量在很大程度上与其所处的沉积环境有关。在沉积物快速堆积的河口和近岸带,物质在界面上的交换受到抑制,而在沉积速率较慢时界面交换就比较显著。在相对稳定的沉积环境中,物质的交换通量与其扩散系数、间隙水和上覆水之间的浓度差等因素有关。

1. 海水-沉积物界面物质交换通量的理论估算

化学物质通过海水-沉积物界面的交换通量可由下式计算

$$F = -\phi D_s (\partial C / \partial z) \tag{6-19}$$

$$D_s = D_0 \phi^{m-1} (\phi \leqslant 0.7 \text{ 时}, m = 2; \phi > 0.7 \text{ 时}, m = 2.5 \sim 3.0) \tag{6-20}$$

式中:F——通过海水-沉积物界面的扩散通量($\mu g/(m^2 \cdot d)$);

Φ——沉积物孔隙度;

$\partial C / \partial z$——海水-沉积物界面的浓度梯度,一般用表层沉积物间隙水浓度与上覆水浓度差 $\Delta C (\mu g/dm^3)$ 与迁移距离 $\Delta z (cm)$ 的比值估算;

D_s——包括沉积物颗粒排列不规则的弯曲效应在内的分子扩散系数(cm^2/s);

D_0——无限稀释溶液中溶质的扩散系数(cm^2/s)。

这种理论估算方法,是将海水-沉积物界面上物质交换过程简化为分子扩散,忽略了生物扰动、浪和流搅动等作用对交换过程的影响,而且也忽略了沉淀-溶解、吸附-解析、氧化还原等过程对交换过程的贡献。因此,这种方法往往低估了物质在海水-沉积物界面上的交换通量,优点是方法较为简单。

2. 海水-沉积物界面物质交换通量的实测方法

实测的方法分为实验室培养法和原位培养法。实验室培养一般用箱式采样器或者多管采样器,采集未受扰动的柱状沉积物,在船甲板上或实验室加入现场采集的海水,在温度、氧化还原环境等尽量与现场一致的条件下进行培养。一般将培养的柱子置于有现场海水流过的培养箱中,在避光条件下进行培养,培养过程采用磁力或电动搅拌方式或者是通入气体使培养的柱子中的海水均匀混合,每取出一定体积的海水样品,则加入相同体积的同一站位过滤过的底层海水以保持上覆水的体积不变。通入 N_2 或者 O_2,以保持水体中一定的溶解氧浓度。培养时间一般为 50 h,每间隔 3~4 h 取样测定上覆水中化学组分浓度的变化。

这种方法存在的问题是,培养过程中每隔一定时间取样后补加的上覆水会扰动物质在海水-沉积物界面上的交换动力学过程,从而影响其在海水-沉积物界面上的交换速率。采取充气的方法虽然可以保持水体中恒定的氧化还原电位,但必然引起实验条件和现场条件的差异,从而造成交换速率的偏差。

原位培养的方法,一般将培养装置固定在海底,上部密封,围起一定面积的沉积物和一部分海水,用搅拌装置使容器内海水保持均匀,并通过特定的采样口采样。同时采用微型电极测定培养箱内水体温度、pH 和溶解氧等因子。培养时间一般为 2 d,分析物质浓度的变化,上覆水中的物质浓度随时间变化关系曲线的斜率即为交换速率。这种方法解决了实验室与现场条件的差异引起的不确定性,但是实验费用、技术要求、工作强度和难度都较高。目前,该方法的推广应用还有一定的难度。

第三节　海洋污染与环境问题

海洋是人类的资源宝库,不仅蕴藏着丰富的自然资源,而且在调节全球气候方面发挥着重要作用,与人类的可持续发展息息相关。海洋还是世界上一切废污的最后"归宿地"。随着社会经济的不断发展和海洋开发的不断深入,海洋环境问题不断出现,除海水富营养化、海洋石油污染、有机农药污染、重金属污染、放射性污染等传统环境问题外,海洋酸化、海洋低氧、海洋微塑料等新兴环境问题已成为全球海洋环境治理的新难点。

一、近海富营养化

近岸海域富营养化问题是困扰世界沿海国家的首要生态环境问题。关于富营养化的定义很多,1998 年我国出版的《海洋大词典》对富营养化的定义为"水体由于营养物质的过量积累,造成藻类的大量繁殖,导致水质恶化的过程"。这个定义强调了人类活动的影响,并提及了水质恶化的负面效应。2007 年出版的《海洋科技名词》对富营养化的定义是"水体中氮、磷营养物质含量过高的现象"。

(一)海水富营养化效应

海水富营养化的效应包括正、负两个方面。对于富营养化,人们可能更关注它的负面效应,实际上适度的富营养化不仅有益于当地的水产养殖和渔业生产,而且对缓解全球变暖有一定贡献(加速海洋对大气 CO_2 吸收、增加海洋 DMS 释放量),这就是富营养化的正效应。营养化的负面效应表现在很多方面,对海洋浮游生物、底栖生物、生态系统结构和生物分布,对沿岸旅游业、人类健康、工业用水等都能产生影响。

在富营养化的海水中,温度和光照适宜时浮游植物便会大量繁殖,相应地浮游动物也会大量繁殖。藻类的大量繁殖降低了水体透明度,从而限制了生活在较深水域的其他藻类的繁殖。藻类的大量繁殖很快使海水中营养盐耗竭,导致藻类大量死亡、大量有机物向底层转移,底栖动物来不及吃掉沉降下来的有机物,这些多余的有机物分解时消耗大量的氧气,加之底栖动物的大量繁殖也要消耗大量的氧气,从而使底层水体处于厌氧环境,一些厌氧细菌通过消耗硫酸盐和硝酸盐来进行新陈代谢,使水体中出现 H_2S、NH_3 等有毒气体,最后引起底栖生物的大量死亡。这又给厌氧细菌提供了大量的高质量的"食物",使其繁殖更加迅速,从而形成恶性循环。

水体富营养化在改变浮游植物结构的同时,也改变了生态平衡。如在水体富营养化以前,通常是硅藻占支配地位,这时鲑鱼等高等鱼种的生产量较高。而在富营养化之后,水体中的浮游植物则以鞭毛藻类为主,食植动物增加、食肉动物减少,高级鱼种开始减少、低级鱼种增加,对渔业生产非常不利。另外,在浮游生物量增加的同时,种群数量减少,生物多样性降低,原有的生态平衡可能会遭到破坏。

由富营养化引起的有毒藻类的大量繁殖还会造成贝类等海洋生物中毒,从而也会间接地影响人类健康。此外,海水富营养化引起的浮游植物的大量繁殖,影响了海滨的景观,对沿岸旅游业造成不利影响;海水中大量的藻类还会堵塞工业冷却水通道,对工业用水造成影响;大量死亡的浮游植物在沉降的同时也吸附了大量的悬浮物,改变了海域的沉积模式,从而影响河口、海湾的地形地貌。

(二) 富营养化评价方法

判别海水富营养化的方法包括单项指标法、富营养化指数法、营养状态质量指数法、模糊数学综合评价法、潜在性富营养化评价法等。其中,富营养化指数法是我国应用最广泛的方法,在《中国海洋生态环境状况公报》中也采用该方法。

富营养化指数法同时考虑了化学需氧量、溶解无机氮和溶解无机磷等指标,综合反映了海水富营养化的程度。富营养化指数(E),表示为以下公式

$$E = \frac{化学需氧量(mg/L) \times 无机氮(\mu g/L) \times 无机磷(\mu g/L)}{4\,500} \tag{6-21}$$

当 $E \geqslant 1$,即表示水体富营养化,指数值越大,说明富营养化程度越高。当 $1 \leqslant E \leqslant 3$,表示水体为轻度富营养化;当 $3 < E \leqslant 9$,表示水体为中度富营养化;当 $E > 9$,表示水体为重度富营养化。

针对我国近海主要河口、海湾等存在着营养盐限制的特征,提出了潜在性富营养化评价法。若海域存在 P 或 N 的限制,则浮游植物在利用营养盐时必然有一部分 N 或 P 营养盐相对过剩,而在现行的海水富营养化评价标准中,这部分过剩的 N 或 P 都被计算在内,从而高估了海域的富营养化水平。水体中过剩的 N 或 P 并没有被浮游植物所利用,所以不应被视为对富营养化有实质性的贡献,而只能看作一种潜在性。只有在水体得到适量 N 或 P 的补充,使 N∶P 值能满足浮游植物的最优生长需求时或接近 Redfield 比值时,这部分 N 或 P 对富营养化的贡献才能真正体现出来,把这种现象称为潜在性富营养化。

在潜在性富营养化评价法中,为了突出营养盐的限制特征,选取对浮游植物生长起瓶颈制约作用的溶解无机氮和活性磷酸盐作为评价参数。营养级的划分在考虑氮、磷含量的同

时,兼顾了 N：P 的比值。根据氮、磷含量高低,划分出贫营养、中度营养和富营养 3 级。该方法将我国二类海水水质标准作为贫营养的上限阈值,将三类海水水质标准作为富营养的下限阈值。中度营养级则介于贫营养和富营养级之间。同时,根据 N：P 值大小,将 N：P>30 定义为磷限制,N：P<8 定义为氮限制。富营养化等级分为九级,如表 6-8。

表 6-8　潜在性富营养化评价方法中富营养化等级划分

级别	营养级	DIN/(mmol·m⁻³)	PO₄³⁻-P/(mmol·m⁻³)	N：P
I	贫营养	<14.28	<0.97	8~30
II	中度营养	14.28~21.41	0.97~1.45	8~30
III	富营养	>21.41	>1.45	8~30
IV$_P$	磷限制中度营养	14.28~21.41	—	>30
V$_P$	磷中等限制潜在性富营养	>21.41	—	30~60
VI$_P$	磷限制潜在性富营养	>21.41	—	>60
IV$_N$	氮限制中度营养	—	0.97~1.45	<8
V$_N$	氮中等限制潜在性富营养	—	>1.45	4~8
VI$_N$	氮限制潜在性富营养	—	>1.45	<4

注:引自郭卫东,1998。

随着对河口和沿岸海域富营养化问题的深入认识,以及环境管理部门决策的需求,建立了若干以富营养化症状为基础的多参数评价方法。1999 年美国启动了"国家河口富营养化评价"计划,提出"河口营养状况评价法"(ASSETS 评价模型)并应用于美国大陆 138 个河口、海湾的富营养化状况调查和评价。1998 年欧盟启动了"奥斯陆-巴黎抗击富营养化战略",2001 年提出了"综合评价法"(OSPAR-COMPP),并应用于所有欧盟成员国沿岸海域的富营养化状况评价。美国的"河口营养状况评价法"和欧盟的"综合评价法"都是以富营养化症状为基础的多参数评价体系,能比较全面地评估富营养化的致害因素及其引起的各种可能的富营养化症状。

二、海洋石油污染

石油的大规模勘探开采和运输,石油化工业的发展及其产品的广泛应用,使得海洋环境中的石油污染成为普遍而严重的问题。据统计,每年通过各种渠道泄入海洋的石油和石油产品,约占全世界石油总产量的 0.5%,倾注到海洋的石油量达 200 万~1 000 万 t,由于航运而排入海洋的石油污染物达 160 万~200 万 t。

(一)海洋石油污染现状

海洋石油污染包括偶发性污染和非偶发性污染。偶发性污染主要包括海上石油钻井平台发生井喷或爆炸事故、油轮发生碰撞、触礁事故等短时间内造成大量原油入海;非偶发性污染包括石油开采、炼制、运输过程中含油污水的排放、工业废水排放、含油废气排放以及天然海床沉积岩的石油渗漏等。其中偶发性污染对海洋生态环境的破坏性强,治理难度大。

偶发性污染中船舶碰撞发生的石油污染数不胜数,但在过去的 50 年中,海上溢油事故趋势明显好转,几十年来呈显著下降趋势。国际油轮船东防污染联合会的统计数据显示,20世纪70年代至2013年,油轮7 t以上的溢油事故共1 782起,溢油总量达574×10⁴ t;2019年,因油轮事故而造成环境污染损失的溢油总量估计约为1 000 t。钻井平台也事故多发。2010年美国美孚石油公司在尼日利亚一处钻井平台事故造成约300桶原油泄漏。2010年,英国石油公司在美国墨西哥湾租用的钻井平台"深水地平线"发生爆炸,污染可能导致墨西哥湾沿岸1 000英里(约1 609 km)长的湿地和海滩被毁、渔业受损、脆弱的物种灭绝等;在事故发生10年后的2020年,研究人员在墨西哥湾的数千种鱼类中发现了较高含量的油污染。2011年壳牌石油公司的海上钻井平台事故,造成218 t原油泄漏到英国北海。

我国石油污染事故也很多。2010年大连新港一艘利比里亚籍油轮卸油时发生管路爆炸起火,导致1 500 t原油流入大海。2011年中国海洋石油集团有限公司与美国康菲公司合作开发的蓬莱油田发生溢油事故,总漏油量约240 m³,造成约6 200 km²海域的石油污染。2013年山东黄岛中国石化输油管线破裂,造成胶州湾海面严重污染,过油面积约3 000 m²。2018年巴拿马籍油船"桑吉"轮在我国长江口海域发生的溢油事件,溢油分布区面积近200 km²。2021年巴拿马籍杂货船"义海"轮与利比里亚籍锚泊油船"交响乐"轮在青岛海域发生相撞事故,造成溢油入海约400 t。

（二）海洋石油污染的危害

石油进入海洋环境后,主要以漂浮在海面的不透明油膜,溶解、乳化分散在海水中,以及沥青球3种形式存在,可对海洋生态环境、人类的健康和生产、生活造成危害。

1. 对海洋生态环境的危害

污染海域表层漂浮的油膜降低了光的通透性和海表温度,影响藻类的光合作用,进一步制约了海洋动物的生长和繁殖;石油中的有毒组分,妨碍浮游生物的繁殖,对海洋生物有毒杀作用,降低海洋生物丰度;石油污染使水鸟的羽毛缠结,影响其飞行和羽毛的保温性能,易导致海鸟的死亡;石油降解会消耗海水中的溶解氧,而油膜的阻隔又影响氧气通过海气界面交换进入海洋,导致海水中缺氧;油膜的阻隔作用还降低了CO_2通过海气界面进入海洋的速率,减小了海洋在缓解全球气候变暖中的作用。石油污染同时还会造成滨海湿地破坏、海水水质恶化等,并可进一步导致海洋生态系统失衡。

2. 对人类健康和生产生活的危害

海洋石油污染会引起海边居民及污染清理者的眼部刺激和头痛等症状;误食了石油污染的海产品后,有毒成分会对人体的肝、肠、胃及肾等器官造成危害;石油的油臭成分侵入鱼类、贝类体内,使鱼贝失去食用价值,危害水产养殖业,造成渔民的经济损失;海洋石油污染会改变某些经济鱼类的洄游路线,影响渔获量;石油易黏附在海滩上,影响滨海旅游业。

（三）海洋石油污染的治理

针对石油污染的治理主要有物理法、化学法和生物法。

物理方法。① 围栏法:主要是阻止石油在海面上扩散;② 撇油器:在不改变石油性质的基础上,对石油进行回收;③ 吸油材料:用亲油性的材料,将石油进行吸附回收。这类方法主要用于偶发性石油污染的处置,快捷有效,对非偶发石油污染一般不采用这类方法。

化学方法。① 燃烧:将大量浮油在短时间内烧净,但燃烧排放的芳香烃化合物,对大气和海洋又会造成二次污染;② 乳化剂:将油粒分散成小的油滴,使其易于降解,只能用于低浓度油的处理;③ 凝油剂:将油凝聚成黏稠物,用机械方法去除;④ 集油剂:增加油膜厚度,然后用物理方法去除。一般使用化学试剂时要考虑其二次污染风险、消油作用效果和价格等多方面因素。

生物方法。目前最经济有效、最有前途的一种治理方法,具有对人和环境影响小、费用低、不易引起二次污染等优势。目前,在海洋中已经发现 100 多个属、200 多种的石油降解菌,这些菌群中包括细菌、真菌、海藻、霉菌等。降解菌对石油的降解速率以及对受污染海域的修复效率受到多种因素影响,这些影响因素包括降解菌的种属、生物量,受污染海洋的环境因子,如海水的 pH、温度、盐度、营养物质氮、磷含量等,以及石油的理化特性、降解过程中产生的代谢产物等。为了提高微生物降解石油的能力,生物修复石油污染一般有 3 种方式:使用活性剂,增大海水中微生物与石油的接触面积,促进微生物降解;增加微生物的种群数量,使污染海水中的石油被高效降解;向需要除污的海水中添加氮、磷等营养盐,促进微生物对石油的降解。

三、合成有机污染物

全世界每年合成近百万种新的化合物,其中约 70%以上是有机化合物。这些有机物通过各种途径进入海洋,对海洋生态环境造成直接或间接的影响,尤其是有机农药的大量入海,已经给近海海洋环境带来很大的危害。虽然我国在 1983 年就颁布了禁止生产和使用一些有机农药,但至今仍在近岸水体和沉积物中检出这些农药残留。

(一)有机农药和多氯联苯

1. 来源及分布

有机农药(有机氯、有机磷)和多氯联苯(PCBs)来源于农业废水排放、化工生产、固体废弃物燃烧等,主要通过陆地径流和大气沉降进入海洋。这些化合物毒性强,难降解,易于在生物体内富集,可通过食物链在各营养级生物体内累积放大。随着大气、海流和海洋生物的传递,已经影响到南北极地海域及世界海洋最深处。两极的海洋生物体内均检测到了这些污染物,在水深 6 980~10 908 m 的马里亚纳海沟表层沉积物中也检测到多氯联苯,且发现多氯联苯总浓度高于其他较浅海域沉积物。

有机农药的施用主要在陆地农业生产中,并可随陆地径流汇入海洋。因此,海水中的有机农药往往集中在河口、海湾和近岸等海域,呈现近岸含量高于远岸的趋势(表 6-9)。但它们在底质中的分布与海水中不同,呈现近岸河口区的含量小于远岸海域,表现为从河口向外递增,随后又降低的弧形分布。这是由于有机农药(六六六、滴滴涕)是脂溶性的,它们主要吸附在悬浮颗粒物上,随河流入海后受到海水 pH、盐度以及水动力条件等影响而逐渐沉积到远岸的沉积物中。

2010 年对我国南海海域的调查显示,有机氯农药和多氯联苯类化合物的浓度在表层海水中分别为 0~92.30 ng/L 和 1.16~76.24 ng/L;200 m 层海水中分别为 0~69.85 ng/L 和 0~49.63 ng/L;500 m 层海水中分别为 0~56.68 ng/L 和 0~26.47 ng/L。其含量分布特征,大致呈现表层>200 m 层>500 m 层,原因是污染物主要来自周围地表径流或大气沉降,且随着时间的推移,污染物吸附于悬浮体并由表层向下层迁移。

有机氯农药结构稳定,不易分解,进入水体后易吸附在颗粒物上并一起沉降到沉积物中,在沉积物中长期存留蓄积。图 6-17 显示了长江口沉积物中六六六和 DDT 的垂直分布特征:有机氯农药污染在 20 世纪 60 年代末到 80 年代中期最为严重,并在 20 世纪 70 年代到达顶峰;该分布特征与中国有机氯农药的使用量相对应。中国于1983年禁止生产和使用有机氯农药,此后长江口沉积物中有机氯农药含量逐年降低,但是仍然能被检出,说明在土壤中残留有机氯农药不断向海洋输送,并向海洋沉积物传递积累。

表 6-9   1980—1987 年渤海湾海水和底质中六六六、DDT 和多氯联苯的分布   单位:ng · L^{-1}

污染物	海域	海水	底质
六六六	近岸河口	224.76	17.6
	远岸站位	128.54	24.64
滴滴涕	近岸河口	2.62	0.42
	远岸站位	1.69	0.55
多氯联苯	近岸河口	5.01	5.01
	远岸站位	5.02	5.04

注:引自邹景忠,2004。

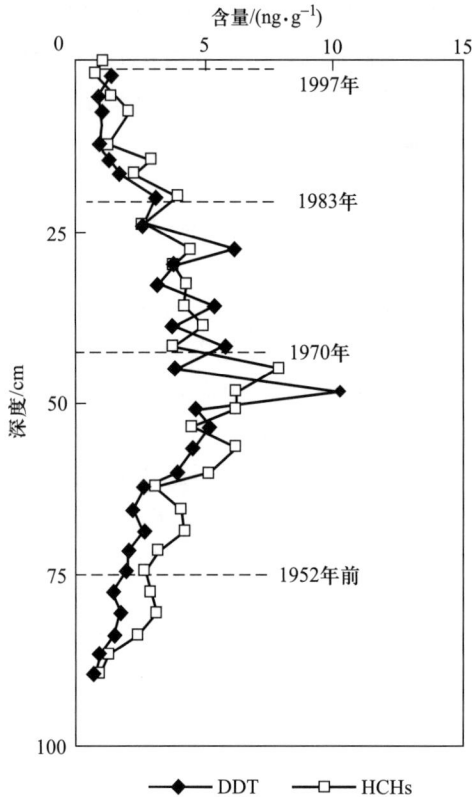

图 6-17   长江口沉积物中滴滴涕(DDT)和六六六(HCHs)的垂直分布
(引自邹景忠,2004)

与有机氯农药相比,虽然有机磷农药残留期较短,但是在南大洋和北冰洋的表层海水中均已被检出。有机磷农药在海洋中的分布通常是在河口、海湾区域较高,而在外海较低。例如,2019 年,东海、南海及其边缘区域表层海水中检出了 33 种有机磷农药,总有机磷含量为 4.73~14.15 ng/L,其中高值主要出现在长江口、闽江口和珠江口,平均为 11.60 ng/L,低值则出现在远离河口的海域,平均为 6.72 ng/L。另外,不同海域有机磷农药的组成不同,如在南海表层海水中,敌敌畏和乙基谷硫磷对总有机磷农药的贡献为东海的 4~6 倍,但哌草磷对总有机磷农药的贡献在东海为 7.2%,在南海仅为 0.4%。不同海域有机磷农药的来源不同是造成其组成差异的原因。

2. 对海洋生态环境的危害

有机氯农药能够抑制浮游植物的光合作用。例如,海水中 DDT 浓度为 1 μg/L 时,会抑制小球藻的光合作用,浓度为 10~100 μg/L 时,抑制硅藻的光合作用,而有的绿藻,即使 DDT 浓度达到 1 000 μg/L,也不会呈现明显的影响。因此,DDT 污染会改变浮游植物的群落结构。有机氯农药通过生物富集和食物链传递,造成对海洋生物,甚至对人类的危害。例如,相对于海水中 DDT 的浓度,牡蛎和蛤蜊等贝类对 DDT 的富集因子约为 2 000,而甲壳类和鱼类的富集因子为 $10^2 \sim 10^5$,海鸟的富集因子高达 $10^6 \sim 10^7$。这些污染物在生物体内的高度富集作用,可引起贝类、鱼类、海鸟繁殖力的衰退,如干扰海鸟的钙代谢,使蛋壳变薄,降低孵化率。它们的致癌、致畸、致突变性还会使海洋生物出现变异,破坏原有的海洋生态平衡。

多氯联苯对海洋生物的危害作用包括致死、阻碍生长、损害生殖能力、导致鱼类甲状腺功能亢进,以及对外界环境变化和疾病抵抗力的下降等。多氯联苯还能导致哺乳动物性功能紊乱,如波罗的海和瓦登海海豹的繁殖失败,被认为与其体内高浓度的多氯联苯有直接关系。

有机磷农药对海洋藻类的毒性较低,在环境残留量的水平下,对藻类生长一般不产生抑制作用,而相反具有一定促进作用。浮游动物对有机磷农药的敏感性远远高于浮游植物,其对有机磷农药的半效应浓度一般为 0.001~1 mg/L,比浮游植物要高 2~6 个数量级。因此,在自然环境中,有机磷农药是通过对浮游动物群落结构的影响,导致浮游动物对浮游植物的选择性摄食,从而影响浮游植物的群落结构。

(二)有机锡污染

有机锡化合物是目前种类最多的金属有机化合物之一,可以作为防污涂料、杀虫剂、防腐剂而被广泛应用于农业、工业和造船业等方面。海洋中极低浓度的有机锡既可引起海洋生物的性畸变,还可通过食物链对人类健康产生威胁,被认为是人为引入海洋的毒性最大的物质之一。

海洋中的有机锡污染物主要是丁基锡和苯基锡,它们来自海上船舶和建筑物的防污处理中使用的三丁基锡和三苯基锡。另外,入海的排污河流和排污口也是近海有机锡污染的重要来源。

自 20 世纪 80 年代中期以来,相继在世界各地的海水、海底沉积物、海洋生物、河水、城市污水中检出了有机锡。船舶活动频繁和陆源排污严重的海域,有机锡污染状况较严峻。例如香港近岸海水中三丁基锡和圣地亚哥湾海水中丁基锡的最高检出浓度,远远高于南极长城湾附近的丁基锡含量。一般情况下,近岸海水中的丁基锡浓度高于离岸海水。比较我国渤海、东海和南海近岸海水与台湾岛以南海域的海水,发现近岸海水中丁基锡浓度远高于开阔海域海水。此外,悬浮颗粒物和浮游生物对水体中的有机锡有很高的富集作用。有机锡可在海洋环境中长期残留,20 世纪 80 年代至 90 年代初,美国、英国和加拿大等国陆续限制或禁止生产和使用有机锡涂料,但在 10 年之后,相关海域中有机锡的含量仍没有明显降低。

有机锡对海洋生态系统的损害是多方面,这些损害常常是不可逆转的。有机锡对藻类有较强的毒害作用,能破坏叶绿体光合片层的网状结构,使敏感海藻和浮游生物生长受阻。三丁基锡和三苯基锡会导致海洋腹足类生物产生性畸变,雌性个体产生雄性的特征,阻碍受精的完成,从而使幼体数目减少,最终导致种群的衰退甚至灭绝。渤海湾海域的脉红螺受到有机锡污染后,性畸变发生率高达 23%。三丁基锡能干扰牡蛎的钙代谢,使其贝壳畸形加厚,含肉量下降,繁殖力衰退,从而降低或丧失牡蛎的市场价值。三丁基锡还对鱼类和哺乳动物的免疫能力具有抑制作用,曾在美国一些海岸发现富集了较多丁基锡的海洋哺乳动物,由于受到病菌感染而搁浅在沙滩上。

(三)环境激素

环境激素(environmental hormones)即环境内分泌干扰物,是一类能够干扰生物体内激素的合成、输送、转化和降解等过程,从而影响生物体的生长、发育、繁殖等生理功能的外源性化学物质。环境激素这一名词是 1977 年日本学者首先提出的。后来这个名词在《我们被偷走的未来》(*Our Stolen Future*)(美国学者西奥·科尔伯恩和环境记者黛安娜·杜迈洛斯基等 1996 年著)这本书中再次被提及,书中描述的"少量的环境激素就可以对生物体产生异常的影响",引起了全球学者对环境激素问题的普遍关注。

环境激素来源广泛,主要包括:① 某些杀虫剂、除草剂和有机氯、有机磷农药;② 以甲基苯、苯胺、酚、烷基类和硝基类化合物为原料的化学、石油和塑料制品(如洗涤剂、消毒剂、防腐剂、涂料等);③ 部分生活用品(如化妆品、洗洁剂);④ 生活垃圾及垃圾焚烧;⑤ 农、牧、渔业生产中添加的激素饲料及类固醇类、避孕药和己烯雌酚等药物。目前已经有 50 多种化合物被列入环境激素名录中,典型的有双酚 A、多溴联苯醚、壬基酚、邻苯二甲酸酯、多氯联苯和三丁基锡等。

大部分环境激素通过废水排放和河流输送进入海洋环境中,因此河口、海湾和近岸的水体中环境激素含量远高于开阔海域,且排污严重和工农业发达的区域更高。环境激素很难降解,进入海洋后会在海水、悬浮颗粒物、海洋生物和沉积物间迁移和分配。因其高脂溶性,易被海洋生物吸收并在体内蓄积,并通过海产品进入人体,对人体健康造成危害。

环境激素对海洋生物的危害主要表现在:① 影响或降低海洋生物的生殖机能,导致繁殖能力下降或异常;② 降低海洋生物的免疫能力,降低抗病力;③ 损害海洋动物的神经系统,引起行为异常。部分环境激素通过食物链传递和富集,损害人体的内分泌功能,增加"三致效应"的风险性。

四、海洋重金属污染

随着工农业生产的发展,重金属的用途越来越多,需要量日益增加,对海洋造成的污染也日益严重。发生于 20 世纪中期的世界著名的"水俣病"就是由汞污染海洋引起的。由于人类活动将重金属输入海洋而造成的污染称为海洋重金属污染。目前,污染海洋的重金属元素主要有 Hg、Cd、Pb、Zn、Cr、Cu 等。

(一)重金属污染的危害

某些微量金属是生物体的必需元素,但超过一定含量就会产生危害作用。甲基汞能引起水俣病,Cd、Pb、Cr 等也能引起机体中毒,有致癌或致畸等作用。其他重金属超过一定限度,对人和其他生物也会产生危害。重金属对生物体的危害程度,不仅与金属的性质、浓度和存在形式有关,而且也取决于生物的种类和发育阶段。对生物体的危害一般是有机汞高于无机汞,六价铬高于三价铬。一般海洋生物的种苗和幼体对重金属污染较之成体更为敏感。此外,两种以上的重金属共同作用于生物体时,比单一重金属的作用要复杂得多,归纳起来有三种形式:① 重金属的混合毒性等于各种重金属单独毒性之和时,称为相加作用;② 若重金属的混合毒性大于单独毒性之和则称为协同作用;③ 若重金属的混合毒性低于单独毒性之和则为拮抗作用。两种以上重金属的混合毒性不仅取决于重金属的种类组成,且与其浓度组合及温度、pH 等条件有关。一般来说,Cd 和 Cu 有相加或协同的作用,Se 对 Hg 有拮抗作用。生物体对摄入体内的重金属有一定的解毒功能,如体内的巯醛蛋白与重金属结合可使金属排出体外。当摄入的重金属剂量超出巯基蛋白的结合能力时,则会出现中毒症状。

（二）重金属的迁移转化及分布

海洋中的重金属,一般要经历物理、化学与生物等多种形式的迁移转化过程。

重金属污染物在海洋中的物理迁移过程,主要是指海气界面重金属的交换,及在海流、波浪、潮汐的作用下,随海水的运动而经历的稀释、扩散过程,往往能将重金属迁移到很远的地方。

重金属污染物在海洋中的化学过程,主要是指重金属元素在富氧和缺氧条件下发生电子得失的氧化还原反应,以及化学价态、活性及毒性等变化过程。重金属在海水中能与无机和有机配位体作用生成络合物和螯合物,使重金属在海水中的溶解度发生变化。已经进入底质的重金属,在此化学过程作用下可能重新进入水体,造成二次污染。此外,重金属在海水中经水解反应生成氢氧化物,或被水中胶体吸附而易在河口或排污口附近沉积,造成底质中重金属的蓄积。

重金属污染物在海洋中的生物过程,主要是指海洋生物通过吸附、吸收或摄食,而将重金属富集在体内,并随生物的运动而产生水平和垂直方向的迁移,或经由浮游植物、浮游动物、鱼类等食物链(网)而逐级放大,致使鱼类等高营养阶的生物体内富集着较高浓度的重金属,或危害生物本身,或由于人类取食而损害人体健康。此外,海洋中的微生物能将某些重金属转化为毒性更强的化合物,如无机汞在微生物作用下能转化为毒性更强的甲基汞。

根据重金属污染来源及迁移转化的特点,一般认为,重金属污染物在海洋环境中的分布规律如下:① 河口及沿岸水域高于外海;② 底质高于水体;③ 高营养级生物高于低营养级生物;④ 北半球高于南半球。

五、 海洋放射性污染

随着全球范围内对核能的广泛利用,海洋放射性污染的风险激增,放射物质的事故性污染将成为海洋环境一个重要问题。

（一）放射性污染的危害

放射性物质排入海洋后,一部分可能沉积在海底,引起局部水域放射性物质浓度升高;另一部分则随着海水的流动,扩散到其他区域。这些放射性物质通过光合作用或摄食作用进入海洋生物体内,并通过食物链传递引起生物富集和放大作用。由于生物的富集,海洋植物、无脊椎动物和鱼类中放射性核素的含量可能比海水中浓度高出数千倍。人类处于食物链的最顶端,这些放射性物质在人体的蓄积浓度可能更高。因此,放射性物质入海,不仅对海洋生态环境,而且对人类的生存健康都是巨大的威胁。

(二) 日本福岛核泄漏事故

2011 年 3 月 11 日,受地震和海啸的影响,日本福岛核电站发生了核泄漏事故,其后有关核污染水处置问题也引起了多方关注。这是近年来海洋放射性污染的典型案例,下面对其污染特点及放射性物质的迁移路径等做重点介绍。

据国际原子能机构报道,福岛核事故发生时,有 $100 \times 10^{15} \sim 400 \times 10^{15}$ Bq 的 ^{131}I 和 $7 \times 10^{15} \sim 20 \times 10^{15}$ Bq 的 ^{137}Cs 释放到大气中,并且有 $10 \times 10^{15} \sim 20 \times 10^{15}$ Bq 的 ^{131}I 和 $1 \times 10^{15} \sim 6 \times 10^{15}$ Bq 的 ^{137}Cs 直接排放到北太平洋。核事故发生后的 6 年间,约 770×10^{15} Bq 放射性物质释放到环境中,其中 80% 进入海洋。2020 年《中国海洋生态环境状况公报》报道了我国海洋环境放射性水平,在我国各个核电站邻近海域的放射性剂量均远低国家标准的限值。但在西太平洋海域,仍能检测到日本福岛核泄漏事故的影响,海水中 ^{137}Cs 活度浓度超出核事故前该海域的背景值,福岛核泄漏事故特征核素 ^{134}Cs 仍可检出,不过海洋生物体内和海洋沉积物中放射性核素活度浓度未见异常。福岛受损核电站退役过程中,每天产生上百吨的核污染水,截至 2020 年 12 月 17 日,已经产生 124×10^4 t 核污染水,并就地储存于近千个储水罐中。日本于 2023 年 8 月 24 日开始第一轮核污染水排海,同年 10 月 5 日开始第二轮。两轮共排放了 1.5 万 t 左右的核污染水。德国海洋科学研究机构采用计算机模拟发现,福岛核污水排放后的 57 d 内,放射性物质将扩散至太平洋大半区域,10 a 后将影响全球海域。该排海行动仍在持续,据分析将至少持续 30 a 之久。日本核污染水中含有大量的 ^{3}H、^{90}Sr、^{134}Cs、^{129}I、^{99}Tc、^{14}C 以及 ^{137}Cs 等放射性物质,这些放射性核素的半衰期分别为 12.31 a、5 730 a、29.1 a、211 000 a、15 700 000 a、2.06 a 和 30 a。绿色和平组织指出日本所采取的多核素去除装置不能去除废水中的 ^{3}H 和 ^{14}C,并且不能完全清除 ^{90}Sr 和 ^{129}I 等放射性核素。因此,一旦将核污染水排海,其对未来的危害严重程度尚无法准确估量。从理论上来说,核污染水排海不仅会对当地环境以及生物造成影响,而且会直接随着海洋环流污染全球海洋,还可能随着大气环流飘散到全球各个角落。

我国科学家采用多尺度三维环流模式模拟了福岛核污染水在水文动力驱动下的“被动”迁移路径和在生物载体驱动下的“主动”迁移路径(图 6-18),并提出我国应重点关注吕宋海峡、东海外陆架(特别是跨陆架输运通道)、黑潮、黄海暖流、朝鲜半岛沿岸流等进入或者影响我国海域的潜在关键通道和路径,并需兼顾表层和次表层海水三维迁移路径,针对福岛核污染水对我国海域的影响开展预警、监测和评估工作。

六、 其他海洋环境问题

(一) 海洋酸化

海洋酸化(ocean acidification)是指由于海洋从大气吸收过量 CO_2 所引起的海水 pH 降低的现象。这是继 CO_2 造成全球变暖之后,带来的又一个全球性环境问题。2007 年,IPCC 发布的第四次全球气候评估报告中,首次提到海洋酸化问题。报告指出,导致全球气候变暖的主要温室气体 CO_2 已经将表层海水的酸性增加了三成;在 21 世纪,全球海水将继续酸化,其 pH 可能降低 0.14~0.35 个单位,由此可能对海洋生态造成难以预测的破坏。

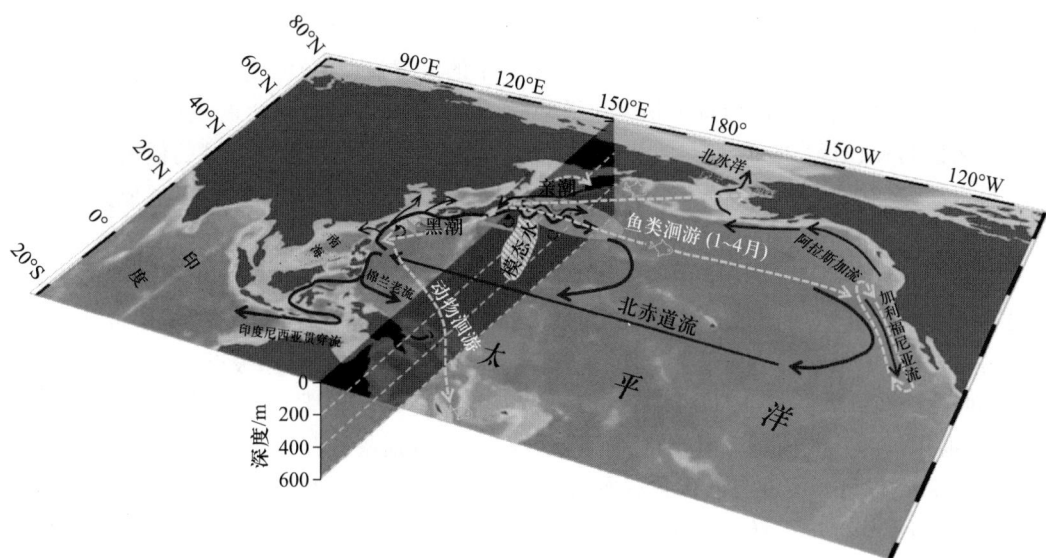

图 6-18　多尺度三维海洋中福岛核污染水的水文动力驱动下的"被动"
迁移路径和生物载体驱动下的"主动"迁移路径

注:(二维码中彩图)红色箭头代表大尺度风生环流,黑色和粉红色圆形箭头代表中尺度
的气旋式和反气旋式涡旋,绿色箭头代表涡旋西向传播,灰色区域代表模态水的空间分布
区域,黄色虚线箭头表示生物载体驱动下的"主动"迁移路径(如鱼类和其他动物洄游等)
（引自林武辉,2021）

彩图 6-18

　　自前工业化时期的 18 世纪 70 年代至 20 世纪 90 年代,由于人类活动产生的 CO_2 而引起的全球海洋表层海水 pH 的年均变化在 -0.12~-0.04,其中南大洋和北大西洋表层海水 pH 下降的幅度最大。基于观测数据,计算得到的全球表层海水 pH 分布显示,2005 年全球表层海水 pH 为 7.9~8.2,温暖的亚热带海洋表层海水的 pH 随季节变化在 8.05~8.15。两个长时间序列测站(百慕大的 BATs 测站和夏威夷的 HOT 测站)记录了从 20 世纪 80 年代至 2010 年表层海水的 pH、碱度、CO_2 分压和总 CO_2 的年际变化,其中海洋 pH 以平均每年约 -0.002 pH 单位的速率下降。

　　有预测显示,在没有气候政策干预的情况下,随着人口的大幅增长,化石燃料消耗变大,到 2100 年大气中 CO_2 浓度将增加到 $936×10^{-6}$,这时海水的 pH 将下降 0.33±0.04 个单位;若在政府干预下,使用可再生能源、不断减少化石燃料的使用率、实施植树造林政策等,大气中 CO_2 浓度将增加到 $538×10^{-6}$,海水的 pH 将下降 0.13±0.01 个单位。可见,若不能实现 CO_2 的有效减排,大气中 CO_2 浓度的继续增加将会持续加速海洋的酸化进程。

　　海洋酸化对海洋生态环境的影响是多方面的。其中最主要的是危害了海洋生物的繁衍生息。海洋酸化会影响某些海洋生物的幼体发育,降低成体的钙化率,改变机体能量代谢方式,干扰生物的感知和运动行为,引起生物体代谢异常、生长缓慢甚至死亡,从而危害整个海洋生态链。另外,海洋酸化能改变海水中溶氧浓度的分布、金属的生物可利用性、改变海水中的铁、氮等主要营养成分的比例,还会导致全球变暖进一步加速。目前,世界范围内对海洋酸化的研究还处于起步阶段,其长期效应和对海洋各区域生物及生态系统产生的影响尚不清楚。

（二）海洋低氧现象

海洋低氧现象（ocean hypoxia）一般是指海水中的溶解氧（DO）浓度低于 2 mg /L。当水体中 DO 浓度过低，不足以维持生物生命活动时，会出现大量生物死亡的现象，这样的近岸水体也被称为死亡区（dead zones）。自 20 世纪 60 年代以来，全球近海海域的低氧面积呈指数增长，且暴发频率和持续时间日益增加。目前，近海海域的低氧问题已经发展成为全球性的重大生态环境问题。

联合国环境规划署（UNEP）2006 年的报告指出，2004 年全球共有 149 个低氧区，2006 年已达 200 个。其中，北美洲西部的北太平洋海岸、美国东北的大西洋海岸、墨西哥湾、波罗的海、挪威海和中国东部沿海低氧分布比较密集。截至 2008 年，全球报道出现的低氧区已超过 400 个，总面积超过 24 500 km^2，它们主要集中于东太平洋、非洲西部的南大西洋、阿拉伯海、孟加拉湾等。我国近海也存在大面积的缺氧区，特别是长江口外的东海，缺氧区面积达 10 000 km^2 以上。国际自然保护联盟（IUCN）2019 年的研究报告显示，自 20 世纪中叶以来，海洋中的氧气含量下降了大约 2%，而完全缺乏氧气的水域自 20 世纪 60 年代以来增长了 15 倍。

富营养化加剧和全球气候变化被认为是导致海洋低氧区形成和扩大的重要原因。富营养化的水体中，浮游植物在短时间内大规模暴发，自身死亡和被高营养级生物摄入后产生的有机质大量积累，好氧细菌分解有机物时消耗大量溶解氧，伴随产生的硝化作用和碳酸盐的矿化过程也要消耗海洋底层的溶解氧，溶解氧消耗速率大于补充速率并持续一段时间，就会产生低氧。全球变暖会使海洋低氧区的范围扩大、程度加剧。随着海水温度上升，水中溶解氧逐渐减少，同时海洋生化需氧量上升，海洋缺氧现象加剧。全球变暖使表层海水升温迅速，水体分层会阻止水体中溶解氧的垂直传输，加剧低氧现象的维持。另外，温度上升也会增加淡水的入海量，这一方面向近海输送了更多的营养物质，增加近海有机物分解的耗氧量，另一方面加剧了近海盐度跃层，加剧水体低氧程度。

海水中的溶解氧与海洋动植物生长密切相关。海洋低氧现象的出现，将严重威胁海洋生态系统，甚至会造成海洋生态系统和渔业资源的崩溃，如 20 世纪 90 年代发生在挪威卡得加特海的龙虾事件和黑海底栖渔业资源崩溃事件。所以，海洋低氧问题已成为制约海洋产业和海洋经济可持续发展的一个关键问题。

（三）海洋微塑料

微塑料是粒径小于 5 mm 的各类塑料碎片的总称。可以进一步划分为纳米塑料（1～100 nm）、亚微米塑料（100 nm～1 μm）、微米塑料（1 μm～5 mm）。微塑料（microplastics）的概念是 2004 年在《科学》（Science）上发表的一篇文章（Lost at Sea：where is all the plastic?）中首次提出。海洋中的微塑料无处不在，其碎片小到用肉眼难以发现，因此微塑料又被称作海洋中的"PM$_{2.5}$"。与大颗粒塑料相比，微塑料更容易随着食物被海洋生物摄入，且塑料颗粒能持续存在于海洋环境中，致使其在海洋中不断积累，对海洋生态系统造成严重危害。微塑料已经被联合国列为一种新污染物，与全球气候变化、臭氧污染、海洋酸化等并列为全球性的重大环境问题。

海洋中的微塑料主要来源于陆源塑料垃圾输入和海上塑料垃圾的分解。其中陆源的输入是其主要来源之一，包括人类生活中有意或者无意丢弃的塑料废弃物，化妆品或者清洁用品中大量的磨砂颗粒、家用洗衣机排出的废水中大量的纺织纤维等。这些微塑料颗粒，由于颗粒小而轻、漂浮在水面上而难以去除,最终会进入海洋。船舶运输和海上养殖捕捞等过程中塑料制品的使用、老化和过往船舶向海洋丢弃塑料废弃物等都会导致塑料产品进入海洋。入海的塑料废弃物中颗粒较大的随着时间的推移,在风力、海洋涡流、湍流与紫外辐射等作用下,最终会逐渐裂解成为微塑料。

全球海水中微塑料平均浓度在 $0.01 \sim 10$ 个$/m^3$。从全球海洋微塑料的分布来看,河口区是陆源微塑料的重要"汇",尤其是大型河流的河口区通常汇聚了较高丰度的微塑料,因此成为海洋微塑料污染的主要"源"。我国从 2016 年开始试点监测海洋微塑料,2017 年开始在渤海、黄海、东海和南海北部海域开展了 6 个断面的海面漂浮微塑料和 6 个海滩的微塑料监测工作。监测断面表层水体微塑料平均密度为 0.08 个$/m^3$。渤海、黄海、东海和南海海面漂浮微塑料平均密度分别为 0.04 个$/m^3$,0.33 个$/m^3$、0.07 个$/m^3$ 和 0.01 个$/m^3$。海滩微塑料平均密度为 245 个$/m^3$。海面和海滩微塑料主要以颗粒、纤维和碎片状存在,成分主要是聚苯乙烯和聚丙烯。

微塑料对海洋生态环境的危害表现在多个方面。微塑料影响浮游植物的光合作用;影响海洋动物生理及摄食行为和运动行为,其中对动物生理的影响主要集中在消化系统、呼吸系统与生殖系统等,这在鱼类、贝类、甲壳类动物、棘皮动物中都有发现。另外,微塑料还会影响海水水质和沉积环境。

(四)抗生素抗性基因

随着抗生素的大量使用,抗生素及抗生素残留物排放到环境中的问题日益严重。抗生素在环境中的存在和扩散已经在细菌中产生了抗生素抗性(耐药性),这些通过遗传转化释放的抗生素抗性基因(antibiotic resistance genes,ARGs)可以很容易地转移到环境细菌和病原体上,增加了对生态环境和人类健康的风险和危害。将抗生素抗性基因作为环境中一种新污染物是 2006 年首次提出的,之后 ARGs 的环境污染与生态毒害问题开始受到广泛关注。

海洋环境中 ARGs 来源于三个途径:一是陆源 ARGs 经河流入海;二是抗生素及残留物随地表径流入海,海洋细菌在其长期选择压力下产生 ARGs;三是对海洋生物分泌的活性代谢产物产生的抗性。ARGs 兼具"可复制或传播"的生物特性和"不易消亡或环境持久"的物理化学特性,因此,海洋环境中的 ARGs 可通过增殖动力学垂直传递给微生物后代,也可在细菌中传播而实现水平基因转移,并在海洋的波浪、潮汐和海流等水动力作用下快速扩散传播。

ARGs 在海洋环境中分布广泛,在近岸海域、深海、极地等不同海洋环境中均已被检出。目前在海洋环境中检测到的抗生素主要包括四环素、磺胺、氟喹诺酮、第 3 代头孢、广谱 β-内酰胺酶产生菌、氯霉素耐药菌及相关 ARGs。渤海、黄海和东海沉积物中均检测到较高丰度的磺胺类 ARGs,而南海深海沉积物中大环内酯类及多肽类 ARGs 丰度较高。我国 13 个主要海水养殖场的养殖海水和沉积物中磺酰胺类 ARGs 的相对丰度最高,其次是四环素类 ARGs。在我国沿海 18 个河口区的沉积物中检测到超过 200 种不同的 ARGs,在高丰度和多样性丰富的 ARGs 中,磺胺类和四环素类 ARGs 检出率较高。

ARGs 在极地海洋中也时有检出。北极海洋沉积物中检测到 26 种 ARGs,以磺胺类 ARGs 丰度最高,β-内酰胺类 ARGs 未检出,南极企鹅粪便中也检测到 ARGs。在南极海水样品中分离出了携带着广谱 β-内酰胺酶型 CTX-M 基因的细菌,而该细菌已在人体中被分离出,说明与人类相关的 ARGs 已传播扩散到全球。已有研究证明,即使在抗生素污染程度低,甚至是没有污染的地区都有 ARGs 的存在。其原因一方面是水平基因转移使得 ARGs 能在不同细菌种群之间扩散,另一方面 ARGs 也能通过相邻水域迁移。基因污染的特殊性使得 ARGs 可通过物种间遗传物质的水平转移方式(转化、接合、转导)无限制地传播开来,存在于基因转移元件上的 ARGs,更是可以通过自我复制一直存在于微生物群落中,难以控制和消除。因此,海洋环境中 ARGs 污染已成为全球海洋环境治理的又一个新难题。

思考题

1. 海水中的常量元素主要有哪些?海水的化学组成有什么特点?
2. 海水的 pH 一般是多少?pH 变化与海洋生物活动有什么关系?
3. 简述海水中氮、磷、硅等营养盐的存在形态和分布特征。
4. 论述微量元素的海洋生物地球化学过程。
5. 海水中有机物对海水的性质有什么影响?
6. 海洋中溶存有哪些辐射活性气体?它们的产生过程和分布规律如何?
7. 河海界面有什么特点?估算河海界面物质通量时应如何布设监测断面?
8. 计算海气界面气体交换通量时,常用的滞膜模型和双层模型有何异同?
9. 估算海水-沉积物界面物质交换通量的方法有哪些?
10. 什么是海水的富营养化?怎样评价海水的富营养化?
11. 海洋中的有机污染物有哪些?简述其分布特征和环境效应。
12. 海洋本底放射性由哪些放射性核素构成?说明海洋放射性污染的来源。
13. 什么是海洋酸化?海洋酸化会对海洋环境产生哪些危害?
14. 什么是海洋低氧现象?简述海水中溶解氧垂直分布的一般规律。
15. 什么是微塑料污染?其危害性主要体现在哪些方面?
16. 什么是抗性基因污染?其在海洋中的传播和分布有何特点?

参考文献

[1] Contribution of Working Groups I, II and III to the Fourth assessment report of the intergovernmental panel on climate change. Climate Change 2007:Synthesis Report (IPCC Fourth Assessment Report) [M]. IPCC, Geneva,Switzerland, 2007.

[2] 全国科学技术名词审定委员会. 海洋科技名词[M]. 2 版.北京:科学出版社,2007.

[3] Berg G M, Glbert P M, Lomas M W. Organic nitrogen up take and growth by the chrysophyte Aureococcus anophagefferens during a brown tide event[J]. Marine Biology, 1997, 129(2):377-387.

[4] Glibert P M, Magnien R, Lomas M W, et al. Harmful algal blooms in the chesapeake and coastal bays of Maryland, USA:Comparison of 1997, 1998, and 1999 events[J]. Estuaries and Coasts, 2001, 24(6):875-883.

[5] Chen Y L, Chen H Y, Karl D M, et al. Nitrogen modulates phytoplankton growth in spring in the South China Sea[J]. Continental Shelf Research, 2004, 24(4-5):527-541.

[6] Hood R R,Michaels A F,Capone D G. Answers sought to the enigma of marine nitrogen fixation[J], EOS, 2000, 81:133.

[7] Chow T J, Mantyla A W. Inorganic nutrient anions in deep ocean waters[J]. Nature, 1965, 206(4982):383-385.

［8］张远辉,王伟强,陈立奇. 海洋二氧化碳的研究进展［J］. 地球科学进展,2000,15(5):559−564.

［9］李新艳,王芳,杨丽标,等. 河流输送泥沙和颗粒态生源要素通量研究进展［J］. 地理科学进展,2009,28(4):558−566.

［10］Wanninkhof R. Relationship between wind speed and gas exchange over the ocean［J］. Journal of Geophysical Research,1992, 97 (C5):7373−7382.

［11］Erickson O J. A stability dependant theory for air-sea gas exchange［J］. Journal of Geophysical Research, 1993, 98:8471−8488.

［12］Liss P S, Merlivat L G. Air-sea gas exchange rates: introduction and synthesis in the role of air-sea exchange in geochemical cyclings［M］. Mass: D Reide, Norwell, 1986:113−127.

［13］Singh H B, Louis J S, Shigeishi H. The distribution of nitrous oxide in the global atmosphere and the Pacific Ocean［J］. Tellus, 1979, 31: 313−320.

［14］Nevison C D, Weiss R F, Erickson D J. Global oceanic emissions of nitrous oxide ［J］. Journal of Geophysical Research, 1995, 100 (C8): 15809−15820.

［15］臧家业,王相芹. 海湾区海水中的溶存甲烷Ⅱ浓度和海气交换通量［J］. 黄渤海海洋,1997,15(3):1−9.

［16］Bates T S, Kelly K C, Johnson J E. Regional and seasonal variations in the flux of oceanic carbon monoxide to the atmosphere ［J］. Journal of Geophysical Research, 1995, 100(D11):23093−23101.

［17］Bates T S,Cline J D, Gammon R H, et al. Regional and seasonal variations in the flux of oceanic dimethylsulfide to the atmosphere ［J］. Journal of Geophysical Research, 1987, 92:2930−2938.

［18］Bates T S, Lamb B K, Guenther A, et al. Sulfur emissions to the atmosphere from natural sources ［J］. Journal of Atmospheric Chemistry, 1992, 14:315−337.

［19］Culberson C,Pytkowicz R M. Effect of pressure on carbonic acid, boric acid, and pH in seawater ［J］. Limnology and Oceanography, 1968, 13(3):403−417.

［20］Libes S M. An introduction to marine biogeochemistry ［M］. Canada:John Wiley & Sons Inc., 1992:144−193.

［21］Staubes R, Georgh H W. Measurement of atmospheric and seawater DMS concentrations in the Atlantic, the Arctic, and the Antarctic region ［A］//Dimethylsulfide: Oceans, Atmosphere, and Climate. Dordrecht: Kluwer, 1993:95−102.

［22］徐永福,赵亮,浦一芬,等. 二氧化碳海气交换通量估计的不确定性［J］. 地学前缘,2004,11(2):565−571.

［23］Drever J I. The Geochemistry of Natural Waters ［M］. Englewood Cliffs, New Jersey:Prentice Hall Inc., 1982.

［24］杨东方,高振会,孙培艳,等. 胶州湾水域有机农药六六六春、夏季的含量及分布［J］. 海岸工程,2009,28(2):69−77.

［25］孔定江,李道季,吴莹. 近50年长江口的主要有机污染的记录［J］. 海洋湖沼通报,2007(2):94−103.

［26］Li X, Jiang S, Zheng H, et al. Organophosphorus pesticides in southeastern China marginal seas: Land−based export and ocean currents redistribution ［J］. Science of the Total Environment, 2023, 858(3):160011.

［27］邹景忠,董丽薄,秦保平. 渤海湾富营养化和赤潮问题的初步探讨［J］. 海洋环境科学,1983,2(2):41−53.

［28］Pilson M E Q. An introduction to the chemistry of the sea［M］. Upper Saddle River,New Jersey:Prentice Hall,1998.

［29］Holland H D. The chemistry of the atmosphere and Ocean［M］. New York：Wiley Interscience, 351：1978.

［30］郭锦宝. 化学海洋学［M］. 厦门：厦门大学出版社,1997.

［31］邹景忠. 海洋环境科学［M］. 济南：山东教育出版社,2004.

［32］Sverdrup H U, Johnson M W, Fleming R H. The Oceans Their Physics, Chemistry, and General Biology［M］. New York：Prentice Hall Inc. , 1942.

［33］Goldberg E D. Marine Chemistry in "The Sea" Vol. 5［M］. New York：Wiley Interscience,1974.

［34］Stumm W, Kummert R,Sigg L. A ligand exchange model for the adsorption of inorganic and organic ligands at hydrous oxide interfaces［J］. Croatica Chem Acta,1980, 53：291-312.

［35］Riley J P, Skirrow G. Chemical Oceanography Vol 1 ［M］. 2nd Edition. London：Academic Press, 1975.

［36］Turekian K K. Oceans ［M］. London：Prentice Hall,1968.

［37］Sarin M M,Krishnaswami S. Major ion chemistry of the Ganga-Brahmaputra river systems, India ［J］. Nature, 1984, 312：538-541.

［38］Zhao D, Xie L. A Practical bi-parameter formula of gas transfer velocity depending on wave states ［J］. J Oceanogr, 2010, 66：663-671.

［39］Takahashi T,Sutherland S C,Wanninkhof R,et al. Climatological mean and decadal change in surface ocean pCO_2, and net sea-air CO_2 flux over the global oceans［J］. Deep-Sea Research II, 2009, 56：554-577.

［40］Saltzman E S, Kin G D B, Holmen K, et al. Experimental determination of the diffusion coefficient ofdimethylsulfide in water［J］. Journal of Geophysical Research, 1993, 98 (C9)：16481-16486.

［41］Kloster S,Six K D,Feichter J E,et al. Response of dimethylsulfide (DMS) in the ocean and atmosphere to global warming ［J］. Journal of Geophysical Research, 112, G03005, doi:10. 1029/2006JG000224.

［42］王朝晖,梁菊芳,林朗聪. 有机磷农药对微藻的毒性作用研究概述［J］. 生态科学,2012,31(6)：678-682.

［43］刘贲,张霄宇,曾江宁,等. 长江口低氧区的成因及过程［J］. 海洋地质与第四纪地质,2018,38 (1)：187-194.

［44］Jiang L, Carter B R, Feely R A, et al. Surface ocean pH and buffer capacity：past, present and future ［J］. Scientific Reports, 2019, 9：18624.

［45］林武辉,余克服,杜金秋,等. 日本福岛核废水排海情景下海洋生态环境影响与应对［J］. 科学通报,2021,66(35)：4500-4509.

［46］陈海燕,杨春宇,徐瑞,等. 核污水的环境及健康影响——从福岛核污水排放说起［J］. 中国辐射卫生,2022,31 (1)：105-112.

［47］Pruden A, Pei R,Storteboom H, et al. Antibiotic resistance genes as emerging contaminants：studies in Northern Colorado［J］. Environmental Science and Technology, 2006, 40(23)：7445-7450.

海水中营养盐的含量和分布　　二氧化碳海气交换通量

本章重难点视频讲解

第七章 海洋环境生态学

海洋环境生态学是研究海洋生物与其环境之间相互关系及其作用规律的科学。本章介绍海洋中浮游生物、底栖生物和游泳生物等主要生物类群,阐述河口、海湾、盐沼等典型海洋生态系统的基本特征,描述海洋中的物质生产和能量流动过程,讨论人类活动对海洋生物生态系统的影响,并简要介绍海洋生态修复相关理论技术及其应用。

第一节 海洋生物类群

根据生态习性,海洋生物可分为浮游生物、底栖生物和游泳生物三大类群。

一、浮游生物

(一)浮游生物基本特征

浮游生物(plankton)是指运动能力较弱,不能做自主定向运动,只能随波逐流营被动漂浮或悬浮生活的一类生物。浮游生物按照其营养方式可以分为浮游植物(phytoplankton)和浮游动物(zooplankton)两大类,前者营自养生活,后者营异养生活。浮游生物共同的特点是缺乏发达的运动器官,运动能力很弱甚至没有。浮游生物个体一般较小,但也有一些浮游生物(如海蜇)直径可以超过 1 m。浮游生物按照亲缘关系隶属于不同的门类,因此它是一个生态学名词,而非分类学名词。浮游生物虽然个体较小,但数量很大,在海洋生态系统的物质循环和能量流动过程中具有重要地位。

浮游植物是海洋初级生产的主要贡献者,其生产量约占海洋总初级生产量的 90% ~ 95%。海洋表层浮游植物所固定的有机碳通过生物泵(biological pump)的形式为深层生物圈提供了碳的主要来源。1985 年提出的生物泵的概念,用以描述初级生产者所固定的有机物通过摄食、转化、分解、沉降等环节从海水表层向深层的转移过程。海洋生物泵通过表层颗粒有机碳(particulate organic carbon,POC)向深层的输送,对维持全球大气 CO_2 浓度具有重要意义。然而近几十年的研究表明,海洋有机碳主要以溶解有机碳(dissolved organic carbon,DOC)的形式存在,其中又以难以被生物利用的惰性溶解有机碳(recalcitrant dissolved organic carbon,RDOC)为主,因此传统生物泵基于颗粒有机碳的沉降机制对碳的储存能力有限。2010 年,中国学者提出了微型生物碳泵(microbial carbon pump,MCP)概念,MCP 解释了具生物活性的溶解有机碳向 RDOC 的转化机制,因此海洋具有更大的储碳潜力。

浮游动物是海洋初级生产所固定的有机物向更高级肉食动物传递过程中的重要环节,某些关键物种既控制着浮游植物的现存量,又直接影响鱼类等大型游泳动物的数量,例如中华哲水蚤(*Calanus sinicus*)是广泛分布于我国沿海的浮游动物,其种群数量与渔业捕获量密切相关。有些浮游生物可以作为水团、海流的指示生物(indicator species),有助于了解水团的运动方向和不同海流交汇锋面的位置。还有一些浮游生物,如有孔虫和放射虫,其尸骸沉积到海底形成厚厚的硅质或钙质软泥,可以为古海洋环境研究提供重要线索。

浮游生物的外形通常具有以下特征:① 个体比表面积大以增加浮力。生物个体越小,其比表面积越大,因此相对于其他类型生物而言,浮游生物的个体相对较小,尤其是浮游植物,通常在几十微米以下。很多浮游生物体表具有毛刺、突起等附属结构,也可以增加浮力。还有些浮游生物,如中肋骨条藻,许多个体首尾相连形成一长链状结构,同样可以增加浮力。② 减小身体密度以增加浮力。有些浮游生物具有气囊,如水母类的管水母和僧帽水母等,还有些浮游生物其细胞质内能形成油滴等密度较小的物质,如浮游硅藻等。另有一些浮游生物的外壳和骨骼退化,降低自身密度以增加浮力,如浮游软体动物明螺,其螺壳小且薄,海若螺的贝壳则完全退化。

海洋浮游生物包括许多门类,通常依据其个体大小进行粒级分类,通用的分类标准见表 7-1。

按照其生活史中浮游生活阶段的时间长短,海洋浮游生物可以分为 3 类。① 终生浮游生物(holoplankton):整个生活史均营浮游生活,大部分浮游生物属于终生浮游生物。② 季节浮游生物(meroplankton):生活史的某一阶段(通常为幼虫阶段)营浮游生活,如鱼卵、底栖贝类动物的浮游幼虫等。③ 偶然浮游生物(tychoplankton):短时间内偶尔营浮游生活,如底栖桡足类、介形类动物偶尔离开底层环境进入水层营浮游生活。

表 7-1　浮游生物个体大小分类标准

类别	个体大小范围	代表性生物
微微型浮游生物(picoplankton)	<2.0 μm	细菌、蓝藻
微型浮游生物(nanoplankton)	2.0~20 μm	微藻、动鞭虫
小型浮游生物(microplankton)	20~200 μm	有孔虫、放射虫
中型浮游生物(meioplankton)	0.2~2 mm	桡足类、季节性浮游幼虫
大型浮游生物(macroplankton)	2~20 mm	端足类、枝角类
巨型浮游生物(megaplankton)	>20 mm	箭虫、水母

注:引自 Lalli,2000。

海洋浮游生物的采样方法如下:大中型浮游生物(大于 200 μm)可采用浮游生物网在水体中水平或垂直拖网采集。浮游生物网的尺寸、孔径和形状因环境特征和研究目的各异。经典的浮游生物网呈圆锥形,较大的开口端固定在金属环上,较小的末端连接着金属网底管。拖网结束后,用海水冲洗网体,截留的浮游生物被收集在网底管内,然后转移到生物样品瓶内,加福尔马林或鲁哥氏溶液固定,在实验室内进行种类鉴定和计数。根据网口的直径和拖网距离可以计算过滤的海水体积,从而计算浮游生物量。还有一些浮游生物网配备不同水深自动开闭装置,从而实现浮游生物的分层采样。微型和超微型浮游生物不能用拖网方法有效采样,而是用采水瓶收集一定体积的海水,通过过滤、离心、沉降等步骤将浮游生物浓缩后再进行鉴定和计数。

(二)浮游植物

目前已经描述的海洋浮游植物大约有 4 000 种,随着研究的深入,新物种还在不断增加。中国海区的浮游植物大约有 1 200 种。海洋浮游植物隶属于不同的门类,包括硅藻、甲藻、蓝藻、绿藻、金藻等。由于海洋微藻种类繁多,以下着重介绍海洋中比较常见、了解比较清楚的门类。

1. 硅藻门

硅藻门(Bacillariophyta)通常在高纬度和温带海区占据优势地位。硅藻均为单细胞藻,有些种类形成较长的链状、星状、树枝状等不同形态的集合体,个体细胞之间通过黏质线相连。硅藻的细胞结构比较特别,其细胞壁基本形成上下两瓣,细胞壁含有硅质成分,占细胞干重的 4%~50%。硅藻壳因种而异,通常有刺、沟、孔、肋等结构。自白垩纪以来,硅藻在海洋中一直大量存在,其死亡后的残骸经过漫长的地质年代在海底堆积成厚厚的硅藻软泥。硅藻细胞内有一到数个色素体,含有叶绿素 a、叶绿素 c1、叶绿素 c2、胡萝卜素、硅甲藻素、硅黄素和岩藻黄素等光合色素。

硅藻的繁殖通过无性和有性两种方式进行,无性繁殖为简单的细胞分裂,和普通植物一样属于有丝分裂。硅藻在细胞分裂过程中,其体积会不断缩小,因此硅藻的无性分裂不能无限进行下去,当子细胞缩小到一定程度后,可以通过复大孢子来恢复细胞体积。

复大孢子由母细胞通过无性或有性过程产生。由复大孢子发育成的子细胞通常较母细胞大 1~2 倍。硅藻的有性生殖包括精子和卵子生成、卵子受精、复大孢子形成、复大孢子分裂等阶段。

另外,硅藻在营养盐缺乏、水温不适、光照过强等胁迫环境下能够产生休眠孢子,休眠孢子对胁迫环境的耐受性较强,当生活环境改善后休眠孢子又可以萌发形成新的个体。

硅藻的分类主要依据细胞的结构、形态和胞壁突出物,也可以根据其他分类信息,如有性繁殖类型和复大孢子形态等。硅藻门可以分为两个纲,中心纲和羽纹纲。中心纲种类的壳瓣呈辐射对称,而羽纹纲呈两侧对称。中心纲的代表种类有直链藻、圆筛藻、骨条藻等,羽纹纲的代表种类有楔形藻、海线藻、舟形藻等。

2. 甲藻门

甲藻门(Pyrrophyta)是数量仅次于硅藻门的浮游植物类群,多数为单细胞体,少数形成链状细胞群。与硅藻不同,甲藻具有两根鞭毛。从形态上一般可分为纵裂甲藻和横裂甲藻两大类:纵裂甲藻细胞由左右两瓣组成,两根鞭毛着生于前端,繁殖时细胞纵分裂;横裂甲藻的两根鞭毛,一根为横鞭,带状,绕于细胞中部的横沟内,另一根向后伸出位于纵沟内,横鞭提供推动力,而纵鞭则决定细胞的运动方向。甲藻都具有壳,壳由质膜、囊体及微管组成。根据壳的构造甲藻可以分为裸露(unarmoured, naked)甲藻和具甲(armoured)甲藻两大类,前者的壳是平滑的,没有花纹,而后者的壳由一系列甲板(plate)组成。甲板的有无及其形状、数量和排列方式是甲藻分类的重要特征。

海洋甲藻分布很广,能够适应不同的生态环境。但暖海种类多,冷海种类少。远洋性种类多为裸露种,而近岸性种类多为具甲种。甲藻的营养类型差别很大,有自养型(autotrophic),混合营养型(mixotrophic)和异养型(heterotrophic)。自养型种类通过光合作用合成有机物并获得它们所需的全部能量;混合营养型种类既可以进行光合作用,又可以吸收溶解有机物或吞噬颗粒有机物;异养型种类则完全吞食其他有机体,因此异养型甲藻也被归入浮游动物。

很多甲藻可以形成赤潮,如原多甲藻属(*Protoperidinium*)、裸甲藻属(*Gymnodinium*)、亚历山大藻属(*Alexandrium*)、原甲藻属(*Prorocentrum*)的某些种和夜光藻(*Noctiluca sintillans*)

等。有些赤潮甲藻可以产生藻毒素并释放到周围水体中,通过浮游动物和软体动物摄食,赤潮毒素可以沿食物链传递并最终进入人体。无脊椎动物对藻毒素不敏感,但脊椎动物如鱼类、鸟类和人类对这些毒素十分敏感,摄入甲藻毒素后会中毒甚至死亡。

甲藻门的分类比较复杂,目前代表性的分类系统把甲藻门分为 4 个纲:甲藻纲、嫩甲藻纲、夜光藻纲和寄生藻纲。

3. 蓝藻门

蓝藻门(Cyanophyta)是最原始的藻类,属于原核生物,与其他门的藻类有明显的区别。蓝藻细胞没有完整的细胞核结构,没有核膜、核仁;没有色素体结构,色素分散在核区以外的原生质内。蓝藻细胞结构简单,生活史中没有有性繁殖。蓝藻门多数物种生活于淡水和陆地环境,少数物种海生,中国海域目前已记录的蓝藻物种包括 48 属 131 种。

蓝藻门中的少数物种在细胞分裂后,子细胞立即分离而成为单细胞体。多数物种在细胞分裂后,子细胞不分离,子细胞之间通过胞间连丝形成丝状群体或球形、立方形、不规则形等非丝状群体。

蓝藻门的物种没有鞭毛和纤毛,通常没有运动能力,但有一些物种尤其是颤藻科的物种,其藻丝可以作左右节律摆动,或沿基底表面滑行。

蓝藻门物种的环境适应能力很强,这与其细胞壁外具胶质衣鞘有关,能抵御不同的恶劣环境,因此能够从赤道到两极,从海洋到陆地,广泛分布。海洋生活的螺旋藻(*Spirulina* sp.)已被广泛开发成保健食品。

蓝藻门的分类目前主要根据藻体形态结构和繁殖特征分为色球藻目、颤藻目和管孢藻目。

(三)浮游动物

1. 浮游动物的主要门类

浮游动物个体差别较大,从微小的单细胞动物到直径数米的水母。按照其在水层中营浮游生活时间的长短可以分为终生浮游动物和季节浮游动物两大类,前者在其整个生活史中均营浮游生活,例如桡足类、水母等;后者则在某一阶段营浮游生活,例如鱼卵、仔稚鱼、底栖无脊椎动物幼体等(图 7-1)。在分类学上浮游动物隶属于多个门类,主要包括原生动物、甲壳动物、腔肠动物、毛颚动物、软体动物等。

(1)原生动物。原生动物是一类最小的浮游动物,包括腰鞭虫(*dinoflagellate*)、动鞭虫(*zooflagellate*)、有孔虫、放射虫、纤毛虫等主要门类。

腰鞭虫部分或全部营异养生活,主要摄食细菌、硅藻、其他鞭毛虫和纤毛虫。夜光虫是该类生物的代表种,直径可达 1 mm 以上,常在近岸海域高密度出现。

动鞭虫完全异养,不含叶绿体,以细菌和有机碎屑为食,虽然其个体很小(通常为 2～5 μm),但其繁殖速率快,种群数量大,通常可以达到微型浮游生物总数量的 20%～80%。

有孔虫具有一钙质多孔壳,伪足从壳孔伸出可以捕食细菌、浮游植物和其他小型浮游动物。有孔虫死亡后其钙质壳下沉,经过漫长的地质年代,在海底形成的沉积物称为有孔虫软泥。

放射虫呈球形,具有硅质壳,纹理精美。放射虫在所有大洋区均有分布,但在冷水区更常见。放射虫死亡后其硅质壳沉入海底后不易分解,因而大量堆积形成放射虫软泥,覆盖面积约占整个地球海底面积的 3.4%。

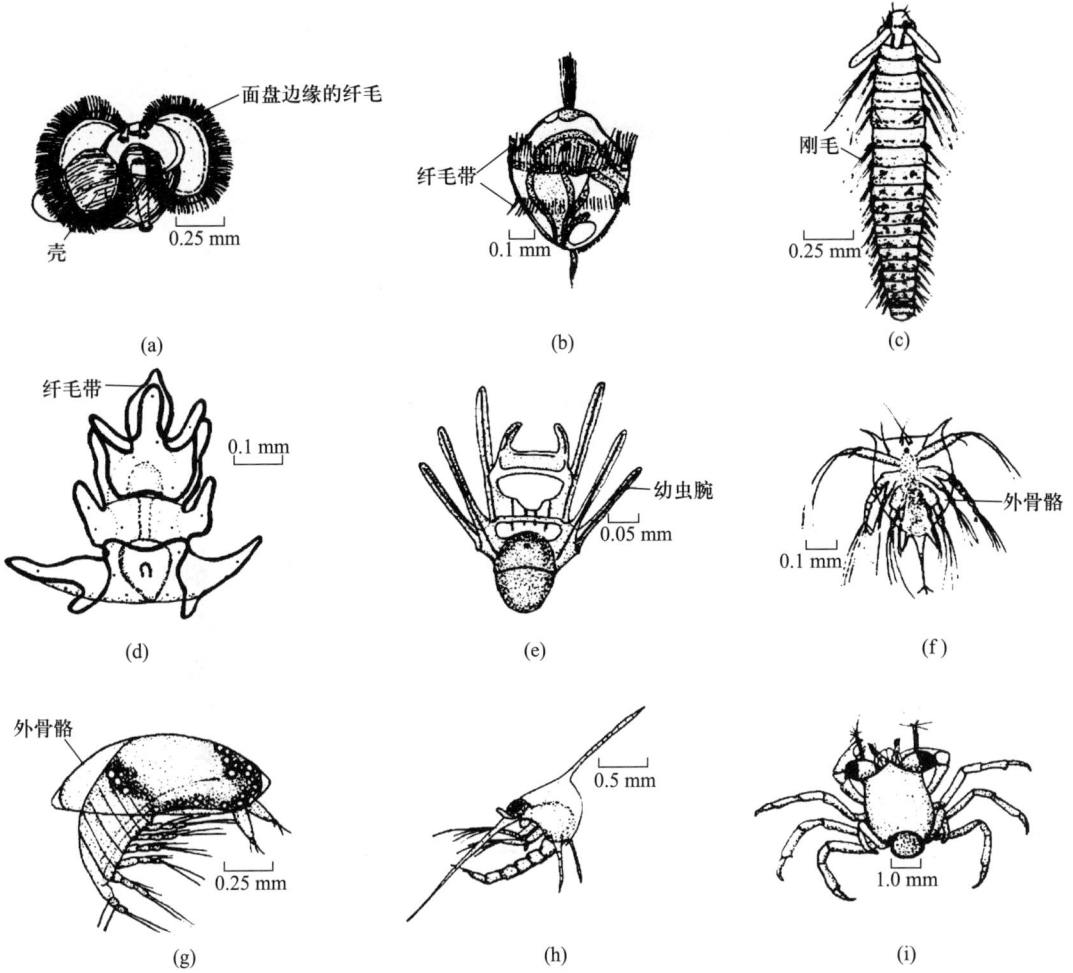

图 7-1 底栖无脊椎动物的季节浮游幼虫

（引自 Lalli，2000）

（a）海螺的面盘幼虫；（b）多毛类的担轮幼虫；（c）多毛类后期幼虫；

（d）海星的羽腕幼虫；（e）海胆长腕幼虫；（f）藤壶的无节幼虫；

（g）藤壶的腺介幼虫；（h）蟹类的蚤状幼虫；（i）蟹类的大眼幼虫

纤毛虫分布于所有海域，它们数量丰富，靠纤毛运动。纤毛虫主要摄食小型鞭毛虫。砂壳纤毛虫（tintinnids）是纤毛虫的代表性类群，种类数超过 1 000 种，其个体大小为 20～640 μm。由于纤毛虫的外壳为蛋白质成分，死亡后易分解，因此虽然其数量丰富，但在海底沉积物中基本不能发现它们的踪迹。

（2）甲壳动物。浮游甲壳动物包括桡足类、磷虾类、端足类等类群，其中桡足类是最重要的类群，包括哲水蚤目、剑水蚤目和猛水蚤目等。哲水蚤目大约有 1 850 种，体长一般不超过 6 mm，身体具有明显的分节，绝大多数种类身体分为前体部、中体部和后体部三部分，主要摄食浮游植物，其数量一般占到网采浮游生物的 70%。哲水蚤的发育过程根据蜕皮或脱去外骨骼过程而划分为 12 个发育期，前 6 期为无节幼体（N I 至 N Ⅵ），后 6 期为桡足幼体(C I ~ C Ⅵ)(图 7-2)。剑水蚤目包括 1 000 多种,其中营浮游生活的种类大约为 250 种,其触角短,体后部分节较多。猛水蚤目营浮游生活的大约有 20 种,个体很小,一般不超过 1 mm,身体分节不显著。

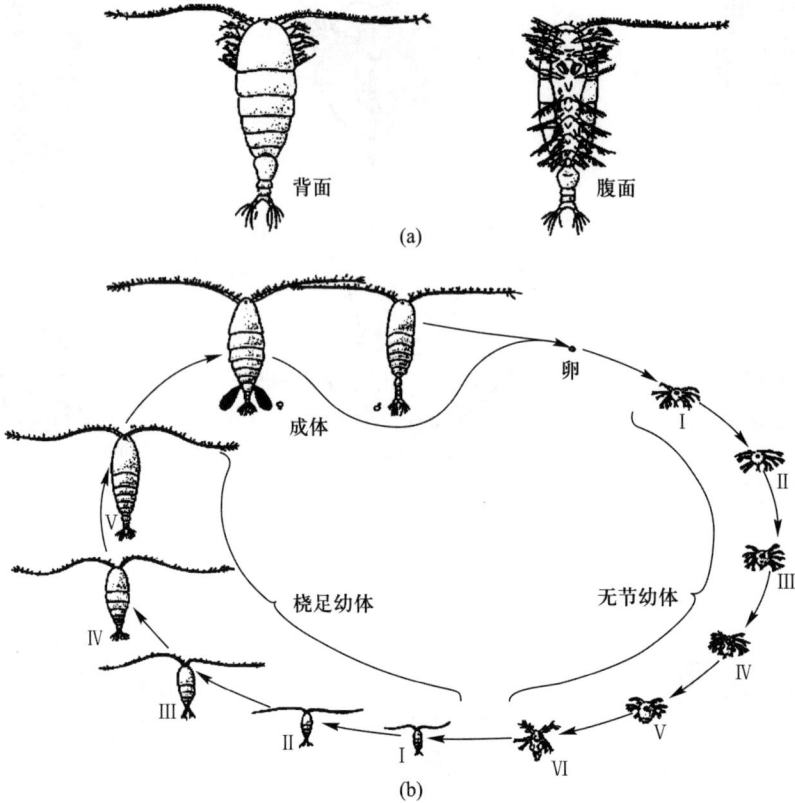

图 7-2　桡足类哲水蚤的身体构造(a)和生活史(b)

(引自 Lalli,2000)

磷虾(euphaussids)是浮游甲壳动物中的另一重要类群,体长一般为 20 ~ 60 mm,分布广泛,是北太平洋和北大西洋及南极海区的重要浮游动物。磷虾属于杂食性种类,摄食浮游植物、小型浮游动物和有机碎屑等,其本身又被须鲸、乌贼等大型游泳动物捕食。

浮游甲壳动物还包括端足类(amphipods)、介形类和糠虾类等,但通常只占浮游动物的一小部分。

(3) 腔肠动物。腔肠动物门包括水母类和栉水母类两大类,其中水母类比较常见。水母身体具有直径大小不一的透明伞状体,大水母的伞状体直径可达 2 m。伞状体边缘布满触手,触手长度有的可达 20 ~ 30 m。水母的种类很多,全世界大约有 250 种,直径 10 ~ 100 cm,常见于各地的海洋中。我国常见的有 8 种,包括海月水母、白色霞水母、海蜇、口冠海蜇等。

腔肠动物门中的栉水母类也是柔软透明的,肉食性,但没有刺细胞。某些栉水母如侧腕水母具有成对的长触手,含黏细胞,用于捕食。还有一些种类如瓜水母没有触手,但口很大,可以吞食猎物。

（4）毛颚动物。毛颚动物又称为箭虫，身体呈细长形，长度一般在 4 cm 以下，雌雄同体。在水体中通常保持静止状态，在捕食时则能做快速弹射运动。对食物通常没有选择性，主要捕食桡足类、仔稚鱼等。毛颚动物种类不多，但分布广，数量大。

（5）软体动物。软体动物主要营底栖和游泳生活，只有少数种类营浮游生活，包括异足类、被壳翼足类和裸翼足类。异足类约有 30 种，由原始的腹足类演化而来，有些种类的身体可以完全缩到螺壳内（小于 10 mm），另一些种类的外壳退化或完全消失。异足类主要捕食其他浮游软体动物、桡足类、毛颚类等。

被壳翼足类多数具有薄的钙质外壳，壳高从几毫米到 30 mm。被壳翼足类借助一对翼或一块融合的翼板进行运动，翼和翼板起源于底栖软体动物的足。被壳翼足类属于悬浮食性者，主要摄食浮游植物、小型浮游动物和碎屑等。

裸翼足类约有 50 种，没有被壳，也靠一对翼进行运动。依靠触手和几丁质钩捕食猎物，主要捕食被壳翼足类。

2. 浮游动物的垂直迁移

多种浮游动物能够进行垂直迁移，包括 24 h 周期内的周日垂直迁移和随季节而变化的季节垂直迁移。周日垂直迁移一般有三种模式。① 夜迁移：这是最普遍的迁移方式，每日升降一次，日落黄昏时开始往上迁移，日出时开始往下迁移。② 晨昏迁移：24 h 内进行两升两降；日落时上升，午夜下沉，日出时再次上升，白天又下降。③ 反向迁移：与夜迁移相反，白天上升至海表，夜间则下降到深水区。关于浮游动物周日垂直迁移的机制目前还很不清楚，通常认为与摄食、躲避捕食或节省能量有关。

某些浮游动物种类还进行季节性垂直迁移，这可能与生殖周期及生活史不同阶段对水深的选择有关。例如加拿大西海岸沿岸水域中的新哲水蚤（*Neocalanus plumchrus*），其成体不摄食，在 300~450 m 深处越冬，12—4 月期间产卵，卵孵化后产生的无节幼虫在中层水发育，并逐渐上升进入表层水。3—5 月由于水温回暖表层水体出现大量的藻类，无节幼虫在表层继续摄食、发育并进入桡足幼体期，6 月初，V 期的桡足幼体开始向深水迁移，并发育至 VI 期，成为成体，进行交配并于冬季产卵，从而完成整个生活史（图 7-3）。

周日垂直迁移和季节垂直迁移在生物学和生态学中均具有重要意义。在垂直迁移中，一个群体会丧失少量个体，同时又从其他群体中得到少量补充，该过程增加了物种遗传基因的多样性，有利于种群的繁衍。另一方面，浮游动物的垂直迁移加速了有机物从表层向深层的传递，极大地增加了深水区有机物的含量。

二、底栖生物

海洋底栖生物（benthos）是指生活于海洋沉积物底内、底表以及以海底生物体或非生物体为依托而栖息的生物生态类群。海洋底栖生物种类繁多，包括底栖植物和底栖动物两大类。根据其个体大小，底栖生物可以分为：大型底栖生物、小型底栖生物和微型底栖生物。底栖生物群落包括生产者、消费者和分解者，通过复杂的营养关系，使上层水体沉降的有机碎屑得以充分利用，营养物质得以矿化，因此底栖生物在海洋生态系统的能量流动和物质循环中具有重要作用。此外，很多底栖生物也是人类可直接利用的海洋生物资源，例如海参、蛤蜊等。

由于底栖环境的异质性和多样性，底栖生物门类繁多，其种类组成和生活方式都比浮游

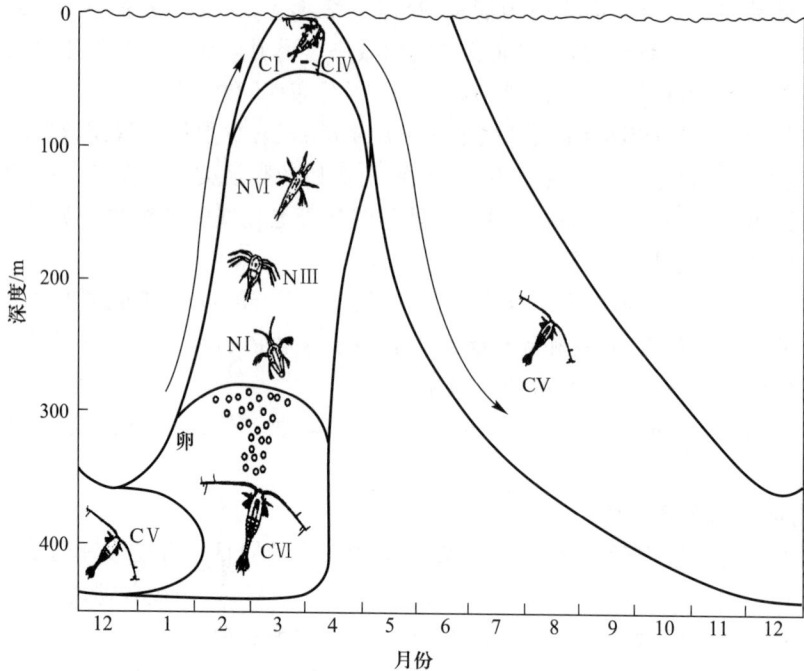

NI ~ NVI 无节幼虫 I ~ VI期；CI ~ CVI 桡足幼虫 I ~ VI期

图 7-3 一种蜇水蚤桡足类 *Neocalanus plumchrus* 的季节性垂直迁移模式

(引自 Lalli,2000)

生物和游泳生物复杂。

（一）底栖环境

相对于水层环境而言,底栖环境因深度、温度、光照以及底质类型不同而呈高度分异。就深度而言,不同深度的海底,环境因子变化剧烈,例如潮间带的高潮带、中潮带和低潮带,温度、光照、盐度、潮汐和波浪等因子变化剧烈。而深海海底的环境条件则相对稳定,温度低、压力大、光线微弱甚至无光等,这些是深海海底环境的主要特点。

由于海底环境的多样性,底栖生物种类繁多,据统计在 100 万种以上,大大超过水层大型浮游动物(约 5 000 种)、鱼类(约 20 000 种)和哺乳动物(约 110 种)的种类之和。

海洋底栖环境按照其离岸的远近可以分为近岸底栖环境和远海底栖环境。

1. 近岸底栖环境

根据海水淹没的时间,近岸底栖环境又可以分为潮上带(supratidal zone)、潮间带(intertidal zone)和潮下带(subtidal zone)。

（1）潮上带。潮上带是海洋底栖环境中覆盖面积最小的一个生态带,处于高潮线以上,一般不受海水浸没,只有在风暴等特殊条件下才被海水淹没。在陡峻的海岸,平时也只有破碎的浪花才能溅到此处,所以,潮上带又称为飞溅带(splash zone)。在这个海洋与陆地过渡的边缘区域,生物种类很少,通常仅可见到拟滨螺(*Littorinopsis intermedia*)、茗荷儿(*Lepas anatifera*)等少数种类。

（2）潮间带。潮间带是位于大潮的高、低潮位之间,随潮汐涨落而周期性被淹没和裸露的地带。潮间带位于真光带内,因而滤食性底栖动物可取食这里的底栖藻类和浮游动物。

由于这里环境变化多样、营养物质丰富,潮间带生物种类众多,包括石鳖、藤壶、牡蛎、贻贝等底栖动物(图7-4)以及浒苔、石莼、马尾藻等底栖藻类(图7-5)。

(a)

(b)

(c)

(d)

图7-4　潮间带主要底栖动物

(a)石鳖;(b)藤壶;(c)牡蛎;(d)贻贝

(a)

(b)

图7-5　潮间带主要底栖植物

(a)石莼;(b)马尾藻

(3)潮下带。潮下带处于低潮线至大陆架外缘深度约200 m处。部分潮下带处在有光带以内,在更深的区域,处于弱光带,底栖植物的种类很少甚至消失。

2. 远海底栖环境

根据海水深度,远海底栖环境可以分为半深海带、深海带和深渊带(图7-6)。

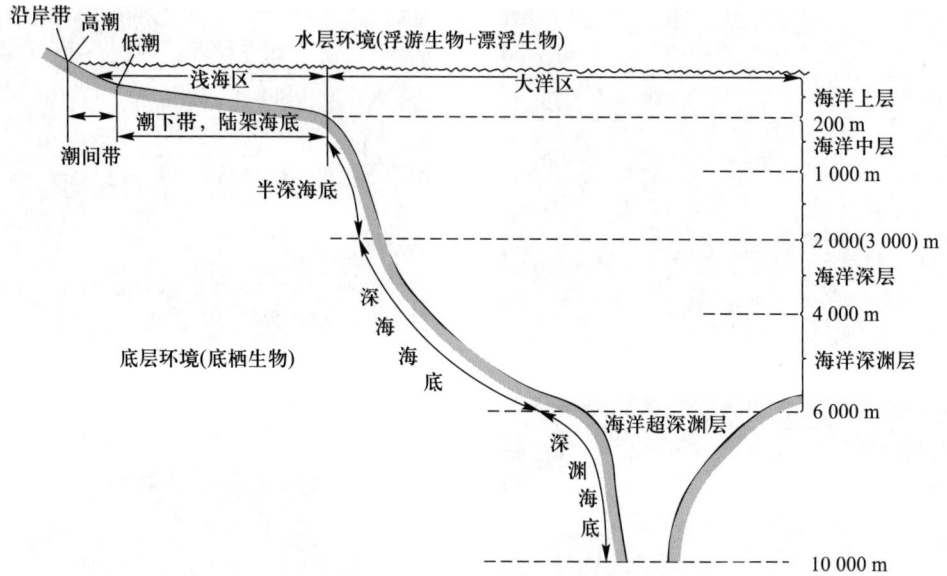

图7-6   海洋环境生物区带示意图

(引自冯士筰,1999)

(1)半深海带。从大陆架外缘到大陆坡,从200 m到2 000 m或3 000 m(下限不确切)的区域,这一生态带约占浸没海底的16%。

(2)深海带。水深从2 000 m或3 000 m到6 000 m的区域,这是底栖环境中最大的一个生态带,约占浸没海底面积的75%。该区带的温度常年维持在4 ℃或更低。

(3)深渊带。水深从6 000~10 000 m的区域,某些区域甚至超过10 000 m。在20世纪60年代以前,人们对深渊带了解很少,认为深渊带没有生物存在,但随着大洋深层环境调查的开展,已在深渊带发现由硫细菌、管栖蠕虫、甲壳类、贝类等多种生物类群组成的特殊化能合成生态系统。

(二)底栖植物

底栖植物固着于浅海海底或沉积物内,主要分布在真光带,即潮间带和潮下带的浅水区。海洋底栖植物包括低等底栖植物和高等底栖植物两大类(表7-2)。其中低等底栖植物主要为单细胞藻类和大型海藻,高等底栖植物主要为大型被子植物。大型底栖植物多营定生生活,有些种类,如红树,可以生活在潮上带。另外,底栖植物还包括浒苔、水云等附着于其他物体或船底的种类。

表7-2   海洋底栖植物的主要类群

底栖植物生态类别	底栖植物门类
单细胞藻	硅藻类
	甲藻类
	蓝藻类

续表

底栖植物生态类别	底栖植物门类
大型海藻	绿藻类
	褐藻类
	红藻类
大型被子植物	红树林
	河口盐沼
	海草床

注:引自 Lalli,2000。

1. 单细胞藻类

主要包括蓝藻、硅藻、甲藻等门类。它们尽管个体小,但数量很大,种类也极其丰富,是浅海水域初级生产力的主要贡献者之一。单细胞藻类主要分布在砂粒、泥滩或其他基质(如大型藻类叶片)表面。甲藻有营自由生活的,也有与珊瑚虫共生的。微型蓝藻在某些海区礁石上生长,称为礁藻。

2. 大型海藻

主要包括绿藻、褐藻、红藻等,是某些植食性动物的直接食物来源,同时也形成大量的碎屑,并随海流带离海岸,最终为食碎屑动物所利用。最常见的是生活在浅水区的绿藻,稍深处的褐藻,以及水深较深处的潮下带红藻。海藻的这种垂直分布特点与其所含有的不同色素对不同波长光的吸收与反射特性有关。海藻的分布也与其周围环境和动物的摄食有关,在潮间带常见几种海藻混杂生活在同一层次。海藻对水层的变化也呈现生理性适应,例如,生活在浅水处的红藻能合成大量胡萝卜素,甚至使藻体呈褐色,这些色素的作用很可能是阻挡太强的蓝光。某些大型藻类,如浒苔,在富营养化条件下可能产生种群的异常暴发事件,21 世纪初在葡萄牙、法国等地都曾发生过浒苔暴发事件。近年来,我国沿海也经常发生浒苔暴发事件,例如自 2008 年以来,青岛近海几乎每年都发生大面积浒苔暴发事件,浒苔分布面积多在 10^4 km^2 以上。

3. 大型被子植物

大型被子植物在一些隐蔽的潮间带环境中经常占优势地位,这里细颗粒的沉积物有利于有根植物的生存。这些群落包括:由耐盐乔木和灌木组成的热带红树林沼泽;以大米草等盐沼植物为主的河口盐沼;集中在潮间带下部的海草床。所有这些大型底栖植物的生产力都很高,但它们的初级生产产物大部分无法被群落内部的动物摄食,剩余部分能形成大量碎屑,并随潮流携带进入其他海区,有助于维持沿岸水域的高生产力。

(三)底栖动物

底栖动物由生活在海洋基底表面或者沉积物中的多种动物组成。底栖动物种类丰富,大部分门类都有底栖种类。例如,软体动物约有 5 万种,已经发现的甲壳类有 3 万~4 万种,其他如环节动物、棘皮动物等都是重要的底栖动物类群。据报道,即使在 4 700 m 深处,底栖拖网仍可以发现数百种大型底栖动物,在超过 6 000 m 的深渊带也有很多生物,甚至在 10 000 m 的深处,也可以发现海葵、海参、多毛类、等足类、双壳类等底栖动物。

底栖生物按照个体大小可以分为三类。

（1）大型底栖动物。大型底栖动物（macrobenthos）体长（径）大于 1 mm，常见的是多毛类蠕虫，其次是双壳类软体动物、端足类和十足目甲壳动物，掘穴的海参类和海葵类也偶尔可见。

（2）小型底栖动物。小型底栖动物（meiobenthos）体长（径）为 0.5~1 mm，通常由线虫、猛水蚤桡足类甲壳动物、涡虫类以及小型底栖动物中唯一的一个门——腹毛动物门组成，其中所包含的动物可能有大型底栖动物的幼体，它们在某个时期内属于小型底栖动物（这类动物又被称为暂时性小型底栖动物）。

（3）微型底栖动物。微型底栖动物（microbenthos）体长（径）小于 0.5 mm，主要是纤毛纲的原生动物。从数量上看，那些穴居的小型多毛类在大型底栖动物中占优势，有时可占一半以上。甲壳类（端足类、等足类、异足类）、软体动物（蛤类为主）以及蠕虫都是常见的底栖种类。有些海域，海蛇尾在大型底栖动物中占有重要地位。

这 3 类不同大小底栖动物的丰富度主要取决于沉积物类型。微型底栖动物在细砂中很常见，而在泥质沉积物中却很少；但大型底栖动物和小型底栖动物则在泥质沉积物中占优势。

大型底栖动物生命周期较长，容易受外界环境条件的影响，而有些物种因适应污染环境可形成特定的生态型，因此可以作为环境污染的指示种。

（四）底栖生物群落调查

对于底栖生物群落调查，视采样要求需要不同的采样工具，主要有箱式采泥器（box corer）、抓斗式采泥器（grabber）和底栖拖网（trawl）等。对于潮间带海滩，取样方法较简单：通过箱式采泥器将沉积物取出，过筛，挑拣生物，样品固定后在实验室内鉴定并称量。对于潮下带底栖生物，通常需要在船上作业，通过绞车和抓斗式取泥器采样，也可以通过拖网的方式采集。

关于底栖生物样品量大小，目前尚无统一标准。一般来说，大量的小样品比少量的大样品更合理，因为对同样的计数前者能够包括更大的栖息地范围。但是，如果样品量太小，取样器由于产生边缘效应就会显著干扰分析结果的准确性。

三、游泳生物

游泳生物（自游生物）（nekton）是一类具有发达运动器官、游泳能力很强的大型动物。海洋游泳生物包括鱼类、游泳甲壳类、游泳头足类、海洋爬行类、海洋哺乳类以及海洋鸟类等多个动物门类。从种类和数量上来看，鱼类是最重要的游泳生物，也是海洋渔业捕捞的主要对象。

（一）游泳生物的生态习性

1. 游泳生物的适应机制

游泳生物都具有适应游泳的机制。游泳动物在水中运动时，必须克服水的阻力，因而其体型通常呈流线型（鱼雷型），这种体型在运动时受到的阻力最小。

游泳生物为了保持身体的漂浮状态，必须具备浮力适应机制，大部分鱼类具有气囊或鱼鳔，其体积占身体体积的 5%~10%。大多数鱼类可以调节鱼鳔内的气体含量，从而改变它的漂浮状态，身体得以保持悬浮在一定深度的水层中。鸟类也有附属气囊，大多数潜水海鸟潜藏在羽毛下的空气可以大大提高浮力。在海洋哺乳动物中,海獭和海熊也可利用潜藏在毛皮中的空气来增加浮力。

有的鱼类,体内缺乏鱼鳔,但脂类含量较高,可以沉积在肌肉、内部器官和体腔等部位,也可以集中在某一特定器官内。例如,鲨鱼的脂类物质主要贮存在肝脏。海洋哺乳动物没有鱼鳔,其体内脂类物质含量较高,通常贮藏在皮下(即脂肪层),不仅可以增加浮力,而且可以减少身体热量的散失。

2. 游泳生物的洄游

洄游是指海洋生物大规模集群进行周期性、定向性和长距离的迁移活动,很多海洋游泳生物具有周期性的洄游习性。洄游主要包括以下三种类型,通常代表游泳生物生活史中的三个重要环节。

(1)产卵洄游。产卵洄游(spawning migration)是产卵季节前海洋动物集群游向产卵场的洄游。根据产卵场所的不同,又分为:① 由外海向近岸浅海的洄游,如我国北方的对虾、小黄鱼、鲐鱼等,每年春季洄游到黄海北部和渤海湾产卵;② 溯河洄游,由大海游向河口并溯河而上到适宜的产卵场产卵,如鲑鱼、鲟鱼等。随后幼体向海洋洄游并继续成长至成体。成体产卵后有的死亡(如太平洋鲑),有的可以再次进行洄游(如大西洋鲑);③ 降河洄游,成体大部分时间在淡水中度过,性成熟后向河口游动,聚集成群向深海产卵,然后死去,如美洲鳗鲡和欧洲鳗鲡。

产卵洄游具有游速快、距离长、分群现象明显、性腺发育变化剧烈、目的地相对固定等特点。

(2)索饵洄游。索饵洄游(feeding migration)是为寻找饵料或猎物所进行的洄游,产卵后的亲体群和性成熟前的群体表现得尤其明显。例如,鲸在温带水域生殖,越冬后游向南大洋或北冰洋索饵。太平洋金枪鱼也有索饵洄游习性。

索饵洄游具有洄游路线方向不固定、主要受营养条件控制、洄游路程短、群体较分散等特点。

(3)越冬洄游。越冬洄游(overwintering migration)主要是暖水性洄游动物的习性,通常在晚秋和初冬水温下降时集群游至温暖的海区。如我国黄、渤海的小黄鱼总是游向水温较高的济州岛附近过冬。

越冬洄游有如下特点:洄游路线沿着水温升高的方向,受等温线分布影响;洄游期间,鱼类通常减少或停止摄食,因此基本不受饵料或猎物分布的影响;只有达到一定的丰满度和含脂量才可进行。

(二)海洋游泳生物的主要类群

1. 鱼类

鱼类是海洋中最重要的游泳动物,分类学上主要包括三个纲。

(1)无颌纲。无颌纲约出现于 5.5 亿年前,是最原始的鱼类。无颌纲只有约 50 种,如盲鳗、七鳃鳗等,身体细长,口部具吸盘,体壁无鳞片。黏盲鳗营腐食性,能钻入动物尸体取食,眼睛退化,但嗅觉和触觉发达,有些能营淡水生活。

(2)软骨鱼纲。软骨鱼纲约出现于 4.5 亿年前,其特征是有软骨,无骨鳞,现存约 300 种,如鲨鱼、鳐鱼和𫚉。鲨鱼是最重要的软骨鱼种类,鲨鱼通常捕食其他大型鱼类,但鲨鱼中个体最大的姥鲨和鲸鲨却捕食浮游生物。鳐鱼身体扁平,多生活在海洋底层,捕食底栖动物,但大型种类蝠鲼通过捕食浮游生物为生。

（3）硬骨鱼纲。硬骨鱼纲约出现于3亿年前,具有硬骨骼,现存海洋鱼类多属于这一纲,有2万多种。硬骨鱼类的栖息环境和食性差别大,包括食浮游生物者和食大型动物者,前者如鲱鱼、沙丁鱼和鳀鱼,体型较小。大型鱼类,如鳕鱼,其幼体可摄食浮游生物,成体则捕食其他鱼类。大型的大洋鱼类,如金枪鱼和鲹科鱼类,则捕食大型动物。

按照鱼类的摄食方式,鱼类又可以分为以下几类:① 滤食性鱼类,滤食细小的动植物;② 刮食性鱼类,以独特的牙齿和口腔刮食岩石上的生物,如鹰嘴鱼;③ 捕食性鱼类,游泳迅速,牙齿锐利,如带鱼;④ 寄生性鱼类,寄生在其他动物体内吸取养分为生,如粘盲鳗。

除了少数定居种类外,大部分海洋鱼类具洄游和集群特性。集群具有显著的生存优势,鱼体交错排列,每一个体可以利用周围鱼体产生的涡流以减轻自身的游动摩擦力,可节省20%左右的能量。集群还可以提高鱼类的御敌能力,也可增加鱼类发现食物群的机遇,提高饵料的利用率。

2. 游泳甲壳类

海洋甲壳类生物隶属于节肢动物门甲壳纲。节肢动物门是最大的门,现存100多万种,约占动物界种类数的84%。甲壳纲大约有25 000种生物,分为六个亚纲,分别是鳃足亚纲、介形亚纲、桡足亚纲、鳃尾亚纲、蔓足亚纲和软甲亚纲。海洋高等甲壳类游泳生物,如虾蟹等,其身体通常可分为头胸部和腹部两部分。

3. 游泳头足类

海洋游泳头足类隶属于软体动物门头足纲。头足纲的动物,足在头部口周围分裂成8~10条腕,贝壳由外壳演变为内壳,以适应快速游泳的生活方式。头足类动物在海洋中分布广泛,由沿岸、浅海至深海,由寒带至热带均有分布,但以暖海种类最多。

鱿鱼、乌贼和章鱼是海洋游泳头足类的代表性生物。鱿鱼的捕捞量约占头足类总捕捞量的70%,但关于其生物学和生态学了解还不多。乌贼也是主要的海洋游泳头足类,其食量大,个体也大,某些深海种类可能是目前最大型的无脊椎动物。头足类生物游泳灵活、迅速,主要靠其腹面的漏斗喷射海水使身体向后推进。

4. 海洋爬行类

海洋爬行动物种类较少,主要有海龟、海蛇、海蜥蜴和海鳄鱼等。目前海龟全球仅有8种,是海洋中躯体最大的爬行动物,通常生活在热带、亚热带海域,有些种类在外海捕食水母或鱼类,也有些种类(如绿海龟)则在浅海摄食海草。海龟产卵均需要回到海岸沙滩上进行,所产的卵有相当一部分被鸟类、蛇类等天敌捕食或被人类采收,孵出的幼龟在本能返回海洋的途中也可能被鸟类、蟹类等动物捕食。由于人类捕杀和海洋生态破坏等原因,目前海龟已成为濒危物种。

海蛇约有60种,主要分布于印度洋、太平洋的河口和珊瑚礁等温暖浅水区。海蛇通常以小鱼和乌贼为食,部分海蛇有剧毒,但其蛇毒有重要的潜在药用价值。

5. 海洋哺乳类

海洋哺乳类有三个目,即鲸目、鳍足目和海牛目。

（1）鲸目。鲸目约有76种,又分为须鲸亚目和齿鲸亚目两个亚目。其中须鲸亚目有10种,如蓝鲸、长须鲸、露脊鲸、座头鲸、灰鲸,主要依靠鲸须滤食浮游动物,也有的种类能捕食较大型的鱼类或吮食底栖动物。齿鲸亚目有66种,有牙齿,无鲸须,包括除须鲸外的其余鲸类和海豚。齿鲸类是凶猛的捕食者,其中虎鲸甚至可以捕食其他海洋哺乳动物。齿鲸类能深潜,如抹香鲸能潜至 2 200 m 深处。鲸类有最适合水中运动的体形,前肢桡状似鱼的胸鳍。多数鲸类还具有由皮肤隆起而成的背鳍,尾部肌肉强大,呈水平尾鳍状,可产生巨大推进力。

鲸类动物的捕食量非常大,如南极须鲸每年可捕食磷虾 $1.9×10^8$ t,相当于世界海洋总渔获量的 2 倍多。全世界的捕鲸行为导致鲸类数目的急剧下降,1946 年成立了世界捕鲸委员会(IWC)以控制商业捕鲸行为,1986 年 IWC 通过决议无限期禁止商业捕鲸。

(2)鳍足目。鳍足目有 32 种,包括海豹、海狮和海象。鳍足目在陆地或浮冰上集群产仔和休息,主要分布于南北极。鳍足目主要捕食鱼类和乌贼,海象能挖掘贝类等底栖动物。它们曾经被过度捕杀,目前种群数量有所恢复。

海豹体型呈流线型,尾巴很小,适应游泳,其四肢适应海洋生活变成桨状,称鳍足。海豹的耳朵和鼻孔能够长时间地关闭,一次吸气(通过肺呼吸)可在水中维持 5 min 以上,适于在水中迅速游泳。海豹在产仔、哺乳和蜕毛时,能上岸到沙滩、岩石或冰块上活动,上岸后其身体十分笨拙,只能靠前肢缓慢爬行,因此容易遭到人类的猎杀。

(3)海牛目。海牛目包括海牛科 3 种,儒艮科 1 种。海牛目是草食性水生哺乳动物,以摄食大型藻类为生,主要分布于近岸浅水,河口海湾等环境。海牛生活于大西洋水域,其尾鳍呈铲型,仅生活于温暖水域,但可以进入淡水。海牛科现存有 3 种,北美海牛,南美海牛和西非海牛。海牛目行动迟缓,易被捕杀。

儒艮,俗名"美人鱼",在我国广东、广西、台湾等省沿海生活,也分布于印度洋、太平洋周边的一些国家。儒艮温顺可亲,以海藻、水草等水生植物为食,体长 3 m 左右,体重约 400 kg,行动迟缓,属于国家一级保护动物。

四、海洋鸟类

海鸟有 260~285 种,占世界鸟类的 3%。南极企鹅是最重要的海鸟种类之一,约有数百万只。一些海鸟(如矶鹬)在海岸生活,不会游泳,另一些海鸟(如海燕、海雀、企鹅)的生活史的大部分时间在海洋中度过。

海鸟与海洋爬行动物和哺乳动物一样,也是由陆地种类演化而来,海鸟具有多种适应海洋生活的机制,主要反映在嘴和翅膀结构上,以适应捕食海洋表层及较深处的浮游动物、鱼类和其他动物。虽然海鸟分布于世界各海域,但在上升流区、海洋锋面等高生产力区数量较多,如智利、秘鲁等上升流区是最著名的海鸟集居处。海鸟均依赖陆地巢穴产蛋,因此面临陆生哺乳类和蛇类的捕食。人类捕杀对海鸟生存构成新的威胁,溢油事故、农药排放等海洋污染则是海鸟生存的更大威胁,近岸湿地退化导致海鸟索饵场和繁殖场的丧失也威胁到海鸟的生活。

第二节 海洋生态系统

整个海洋是一个大生态系统,包括众多不同等级或特点的生态系统,每个生态系统都占据一定的空间,其生物和非生物之间通过能量流动、物质循环和信息交换,构成具有一定结构和功能的统一体。海洋生态系统依据气候、水文、地形、地貌、植被等特征的不同可以分为多种类型。本节介绍海洋中主要生态系统类型,包括河口、海湾、盐沼、海草床、红树林、珊瑚礁等。外海(远海)生态系统水深在 200 m 以上,受陆地排污等人类活动影响相对较少,因此除备受关注的深海热液冷泉生态系统外不做具体介绍。

一、河口

河口(estuary)是河流和海洋之间的生态交错区。河口湾即是淡水与海水交汇、混合的半封闭沿岸水体。

(一)生境特点

河口三面被陆地包围,在径流和潮流的共同作用下水体盐度呈周期性变化。河口区的温度变化也较开阔海域及近岸海域显著。河口水体中通常存在大量的悬浮颗粒,浑浊度较高,而其底质基本以柔软的泥质底为主,富含有机质。在河口口门处悬浮物大量沉积通常形成拦门沙。

(二)河口区的生物组成

河口区环境条件相对恶劣,生物种类组成较贫乏,广盐、广温和耐低氧性是河口生物的重要特征。但河口湾有利于各种植物进行光合作用,包括浮游植物、小型底栖藻类以及海草、大型藻、沼泽林等大型水生植物。河口区生活的动物多是广盐性种类,浮游动物中季节性种类较多,终生性种类较少。

由于河口的温度、盐度等环境条件比较严酷,能适应河口环境的种类较少。然而,河口又是一个高生产力系统,可为适应这种"恶劣环境"的种类提供丰富的食物来源,导致河口的某些种类具有很高的丰度。

(三)河口与人类的关系

河口具有气候调节、物质生产、文化服务等重要生态服务功能,与养殖、航运、旅游等行业关系密切,因此河口研究越来越受到人们的重视。

河口环境也容易受到人类活动的干扰。随着社会、经济的发展,大量工业废水、生活污水及农业退水排入河口区,对河口生态环境造成了严重的破坏。根据《2020 年中国海洋生态环境状况公报》,我国监测的长江口、黄河口等 7 个典型河口生态系统全部呈亚健康状态,多数河口海水富营养化严重。

二、海湾

海湾(bay)地处陆地边缘,是深入陆地形成明显水曲的海域,湾口两个对立岬角的连线是海湾与外海的分界线。《联合国海洋法公约》(1982 年)规定:"海湾是明显的水曲,其凹入程度和曲口宽度的比例使其有被陆地环绕的水域,而不仅为海岸的弯曲。但水曲除其面积等于或大于横越曲口所划的直线作为直径的半圆形的面积外,不应视为海湾。"我国通常以平均高潮线为海岸线,海岸线是海湾水域的陆边界。由于地质和地形条件不同,不同海湾的面积、水深、坡度差别很大,形成了各具特色的海湾生态系统。

(一)生境特点

海湾是海岸带重要的组成部分,由于受到周围大陆的庇护,湾内海流和海浪小,因此比较适合人类的开发活动。我国多数海湾都存在港口、码头、近海油气田,捕捞、养殖、旅游等人类活动强度大,因而具有重要的生态服务功能。随着人类开发活动的加剧,大面积的滩涂围垦等工程开发,已经对海湾的生态环境和生物栖息地造成了严重威胁。例如,青岛胶州湾水域面积 1928 年为 560 km²,由于围海造田,到了 1958 年降为 535 km²,从 20 世纪 70 年代开始,胶州湾填海速度明显加快,到 1985 年下降为 374 km²,而目前胶州湾的水域面积仅有 367 km²,比 1928 年缩小了 1/3。

不同的海湾虽然地形、地貌差别很大,但都具有半封闭的共同特征,相对于开阔海域其水交换能力较弱,污染物不易扩散。另外,海湾通常受到入海河流和排污口的影响,污染物输入量较大。我国的海湾目前普遍存在比较严重的环境污染和生态损害问题。例如,辽东湾是渤海三大海湾之一,沿岸有双台子河、大辽河、大凌河、小凌河、五里河和六股河等在此入海,辽宁省除丹东市外的其余 13 个城市的大量生活污水和工业废水均通过这些河流排入辽东湾,导致辽东湾内生态监控区长期处于不健康或亚健康状态。

(二)海湾的生物组成

海湾与大陆相邻,陆海相互作用强烈,受地表径流和入海河流的影响,海湾海水和沉积物中营养盐和有机碎屑含量相对较高,为生物的生长繁殖创造了良好的条件,生产力水平较高。许多海洋生物将海湾作为产卵场和育幼场。海湾盐度低于外海,因此其生物组成比较复杂,主要以咸淡水混合种为主,但一些淡水种和外海种也可以通过河流和海流输送进入海湾。

三、盐沼

盐沼(salt marsh)是指地表过湿或有薄层积水,土壤盐渍化,生长有喜湿性和耐盐性沼生植物的区域,主要分布于滨海湿地。

(一)盐沼的生物组成

盐沼中植物种类主要有翅碱蓬、芦苇、大米草等。由于其地表过湿,土壤多盐,盐沼中动物种类比较贫乏,主要有一些蟹类和贝类。

(二)盐沼的生态功能

盐沼具有重要的生态服务功能。特别是盐沼具有强大的物质生产功能,蕴含丰富的生物资源。盐沼通过光合作用吸收大量的 CO_2,并释放 O_2,还可吸收大气中的有毒有害气体,从而有效调节大气组分。

受到人类过度开发等因素的影响,盐沼生态系统已严重受损。例如,位于辽宁盘锦双台子河口两岸滩涂的"红海滩",由延绵的翅碱蓬群落组成,在防洪抗旱、调节气候和控制污染等方面具有巨大的环境功能和效益。然而,从 2000 年开始"红海滩"出现了退化现象,土壤盐分含量增加,抑制了翅碱蓬的生长,引起了翅碱蓬的大面积死亡和群落退化。

四、海草床

海草床(seagrass bed)是由沿岸海区营底栖生活的草本植物所组成的独特生物群落。海草是一类有根的高等植物,大部分海草种类形态相似,都具长而薄的带状叶子。海草生活在中潮带至水深 50~60 m 的潮下带,可以在砾石、淤泥等多种基底上生长。

(一)海草床生物群落组成

海草床内生物种类繁多,在海草叶片表面生活有微藻和一些小型动物,在海草床底部生活有线虫、水螅、苔藓虫、甲壳动物和小型鱼类等。

海草床也属于高生产力系统,但海草床生态系统的初级生产量(主要是海草)仅能被少数动物直接利用进入牧食食物链,大部分生产量进入碎屑食物链。海草死亡分解的碎屑不仅为海草床自身系统提供营养物质,也为距离遥远的深海底栖生物提供营养来源。

(二)海草床的生态功能

海草床不仅为多种生物提供直接或间接的食物来源,而且给其中生活的生物提供栖息地。海草的簇状根系可抵御风暴的破坏,起到稳定软底质的作用,对底栖生物也有庇护作用。海草的叶片还可以为其他栖息生物遮阴,使其免受紫外线的照射。海草床还因其能加速沉积过程而使海床面上升,从而起到促淤保滩的作用。

五、红树林

红树林(mangrove)是以红树为主体与其伴生的动物和其他植物共同组成的集合体。红树林处于陆地和海洋界面的浅滩,是由陆向海过渡的特殊生态系。

红树植物(mangrove plants)是为数不多的能耐受海水盐度的一类挺水陆生植物,全世界已记录有 24 科 30 属 82 种。我国的红树林分布于海南、广东、广西、福建和台湾等省(自治区),有 21 科 25 属 37 种。在红树林林冠下方的底栖环境中也生活有大量其他海洋生物,共同构成红树林生物群落。

(一)红树林的生境特征与红树的适应机制

1. 红树林的生境特征

红树生长的最适年平均水温为 24~27 ℃,在温度较低的地区,红树的种类和数量也随之减少。红树植物因具有耐盐特性而成为海岸植物的优势种,也有些种类,如桐花木、白骨壤等,既能在淡水也能在海水环境中生长。

2. 红树对环境的适应机制

(1)根系。生长在淤泥和缺氧的环境,又受到周期性潮汐的浸渍和冲击,红树根系具有各种各样的生态适应特征,如支柱根、气生根等,这些根系有助于红树植物的呼吸作用和抵抗风浪冲击。

(2)胎生。多种红树植物的果实在成熟后仍然留在母树上,种子在母体的果实内发芽,等到幼苗成熟时才下落,插入松软的海滩淤泥中,几天后即可生根并固定在土壤中,避免被海水冲走。

(3)旱生结构与抗盐特性。红树生活于热带海岸的盐水中,适应了这种环境,红树植物能够通过非代谢超滤作用从盐水中分离出淡水,还可以通过叶片的盐腺系统将盐分分泌出体外。

(二)红树林生物群落的组成

红树林生物群落除了红树植物外,还包括一些动物,主要是无脊椎动物。红树林泥滩内常生长各种蟹类、沙蚕等,红树的茎干下部和根部常附着藤壶、牡蛎、螺类等,此外还有营两栖生活的弹涂鱼以及许多水生鸟类。陆生动物及淡水动物也偶尔出现。

红树林区常着生多种藻类,如浒苔、石莼以及底栖硅藻等。另外红树植物能产生大量的凋落物,这些有机质经林地细菌、真菌分解后,可以为群落中的各种底栖动物提供丰富的营养物质来源。

（三）保护红树林生态系统的意义

红树林是热带海岸典型的景观生态系统。红树林是抵御风暴、海浪对海岸冲击的天然屏障,红树林及其根系还能截留和累积沉积物,从而起到促淤保滩的功能。红树林还为许多生物提供栖息地和食物,此外红树林的树干、叶子等具有多种用途。因此保护红树林具有重要的生态和经济意义。

六、珊瑚礁

珊瑚礁(coral reef)是由腔肠动物中某些珊瑚虫在其生命活动过程中分泌的大量石灰质经过世代不断交替堆积而形成的独特的底栖生物类型。珊瑚虫纲的种类很多,按其形态特征可以分为造礁珊瑚(hermatypic coral)和非造礁珊瑚(ahermatypic coral)。中国的珊瑚礁以造礁珊瑚为主。

（一）珊瑚礁的分布及其生境特征

目前,全球已知珊瑚礁的面积约为 $6×10^5$ km²,相当于世界海洋面积的 0.2%。珊瑚礁分布于 20 ℃等温线以内的热带和部分亚热带水域。最佳生长水温为 23~29 ℃,水温低于18 ℃造礁珊瑚则不能生存。珊瑚礁在世界海洋中的分布有不对称的特点,这主要与世界洋流的不对称分布有关。中国的珊瑚礁分布范围大致从台湾海峡南部开始,一直到南海。但真正完全由珊瑚及其他造礁生物所形成的珊瑚岛(atoll)直到北纬 16°N 附近的南沙群岛才出现。

能分泌石灰质的造礁珊瑚对生长环境有严格要求。除温度外,光照条件是珊瑚生长的又一重要限制因子,通常情况下珊瑚适合的生存深度是 25 m 以内,水深超过 50~70 m 就停止造礁。但也有一类珊瑚,生活在水下数百米到数千米的深海环境中,称为深海珊瑚,分布于大西洋、太平洋的海底高原上。盐度也是影响珊瑚分布的重要环境因素,造礁珊瑚的盐度适应范围为 32~35。此外,绝大多数造礁珊瑚要求水质清洁和水流畅通的环境,且需要附着在岩石基底上生长。

（二）珊瑚礁生物群落的组成

珊瑚虫是构成珊瑚礁基本结构的主要生物。现有调查结果表明,印度-太平洋区系共有造礁珊瑚 80 属以上,此外,含钙的藻类和一些软体动物对沉积石灰质也有相当大的作用。

珊瑚礁生物群落是海洋环境中物种最丰富,多样性最高的生物群落,几乎所有海洋生物的门类都有其代表种生活在珊瑚礁各种复杂的栖息空间内,生活方式多样。礁栖脊椎动物主要是鱼类,例如,澳大利亚大堡礁有鱼类 1 500 种以上,菲律宾群岛的珊瑚礁鱼类达 2 000 种以上(表 7-3),我国西沙群岛礁栖鱼类约 500 种。除了鱼类外,海鸟和海龟也常出现于珊瑚礁生物群落中。礁栖无脊椎动物种类也很丰富,例如,太平洋珊瑚礁的软体动物有 5 000 种以上,大堡礁的软体动物有 4 000 多种。

表 7-3　一些珊瑚礁区鱼类的种数

地理区域	鱼类种数
菲律宾群岛	2 177
新几内亚岛	1 700
大堡礁	1 500

续表

地理区域	鱼类种数
塞舌尔岛	880
马绍尔群岛和马里亚纳群岛	669
巴哈马群岛	507
夏威夷群岛	448

注:引自沈国英等,2002。

七、深海热液冷泉

(一)海洋中的独特生态类型

1977年,美国科学家在东太平洋的加拉帕戈斯群岛附近2 500 m深处的洋中脊火山口周围首次发现热液口(hydrothermal vent)。热液区围绕在洋中脊周边,海水穿过洋壳冷却过程中形成的裂隙而被加热,温度可高达350~400 ℃。由于热液密度相对海水密度较小,能穿过海底岩层上涌,在与海水混合过程中,热液中的多种黑色金属硫化物发生沉积作用,在喷溢口周围连续沉淀,不断升高,形成黑烟囱。研究人员发现这种热液口环境中生活着大量的化能合成细菌,同时还存在蠕虫、双壳类、甲壳类等动物,共同形成热液生态系统。

此外,海洋中还存在一类称为冷泉(cold seep)的特殊生态系统,于1984年在墨西哥湾佛罗里达海崖(Florida Escarpment)3 270 m的海底被首次发现。在海底沉积界面之下的以水、碳氢化合物、硫化氢、细粒沉积物为主要成分的流体以喷涌或渗漏方式从海底溢出,并产生系列的物理、化学及生物作用,形成冷泉生态系统。冷泉的温度与海底周围温度基本一致,由于溢出的流体富含甲烷、硫化氢等组分,能够给一些化能自养合成的细菌和古菌提供丰富的养分。

(二)热液和冷泉的环境特征及生态学意义

热液生物群落主要依靠化能合成作用合成有机物质。热液口的化能合成细菌是该区域食物链中的主要生产者,它们可以氧化热液口的硫化物(H_2S)以获得能量,用于还原CO_2并合成有机物。这些细菌的生产量是支持热液生态系统中很多动物高生物量的基础。冷泉中的细菌和古菌利用甲烷、硫化氢等无机物进行化能合成作用,为双壳类、多毛类等动物的生存提供了食物来源,说明大量还原性无机化合物的存在是维持深海高生产力的必要条件。

热液口所处的地质环境是动态的,该环境以高温、高H_2S含量和低氧含量为主要特征,并且这些环境因子波动较大。热液口常密集栖息着一些个体很大、身体结构特殊的动物,其中多数是以前从未发现的种类。热液和冷泉生态系统的生物组成中90%以上是属于这类生境的特有种。

研究热液口的环境与生物组成及其适应机制具有重要的生态学意义。热液口的生物群落分布范围很小,且持续时间不长,随着热液口热液涌出速率的下降和停止,周围的生物群落也逐渐消失。热液和冷泉都依赖细菌等微生物的化能合成作用合成有机物,这与现代生物圈以植物的光合作用合成有机物为主的过程完全不同。一些科学家认为,热液口的环境可能类似于前寒武纪早期生命所处的环境,因而推论地球上的生命可能来源并进化于与热液口相似的环境,并据此提出了地球生命起源研究的新方向。

第三节 海洋生产过程与能量流动分析

一、海洋的生产过程

海洋生物通过同化作用合成有机物质的能力称为海洋生物生产力,通常以单位时间(年或天)内单位面积(或体积)水体中所合成的有机物质的量来表示。它包括以下两部分:

初级生产力(primary productivity)指海洋中自养生物通过光合作用或化能合成作用合成有机物的速率。初级生产力又分为总初级生产力(gross primary productivity)和净初级生产力(net primary productivity),前者是指自养生物生产的总有机碳量,后者是自养生物合成的总有机碳量中扣除自身呼吸消耗后的剩余量。

次级生产力(secondary productivity)是海洋中除初级生产者以外的各级消费者直接或间接利用有机物经同化吸收、转化为自身物质的速率。

(一)海洋初级生产

1. 海洋初级生产过程

海洋生态系统中,初级生产者包括自养微生物、单细胞藻类(如硅藻、甲藻等)、大型藻类(如绿藻、红藻、褐藻等)和海洋高等植物。就整个海洋而言,主要的生产者是单细胞藻类,其生产量占海洋总初级生产量的90%以上。

(1)光合作用。海洋初级生产过程主要通过光合作用完成,光合作用是指初级生产者利用 CO_2 和水合成碳水化合物并释放出氧气的过程,包括光反应和暗反应两个部分。

① 光反应:植物细胞叶绿素吸收光能并通过一系列光化学反应生成 O_2,同时把光能转化为化学能并以腺苷三磷酸(ATP)的形式储存,这些反应必须在光照条件下才能进行,因此称为光反应。

植物细胞首先吸收光能产生还原能

$$H_2O + H_2O \xrightarrow{\text{光能}} O_2 + 4H^+ + 4e^- \tag{7-1}$$

然后能量通过磷酸化反应转移到 ATP 中

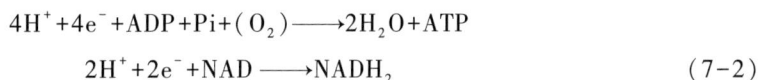

$$4H^+ + 4e^- + ADP + Pi + (O_2) \longrightarrow 2H_2O + ATP$$

$$2H^+ + 2e^- + NAD \longrightarrow NADH_2 \tag{7-2}$$

式中:Pi——无机磷酸盐;

O_2——植物细胞内一系列生物化学反应产生的氧气;

NAD——烟酰胺腺嘌呤二核苷酸;

$NADH_2$——还原型 NAD。

② 暗反应:利用上述光能转化而来的化学能进行酶促反应,即以光反应中产生的高能 ATP 和 $NADH_2$ 把 CO_2 还原为糖类(CH_2O),$NADH_2$ 在反应中起氢供体的作用,该反应不需要光,因此称为暗反应,其化学反应通式可以表示为

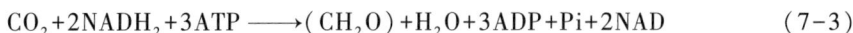

$$CO_2 + 2NADH_2 + 3ATP \longrightarrow (CH_2O) + H_2O + 3ADP + Pi + 2NAD \tag{7-3}$$

(2)化能合成作用。在海洋沉积物或某些缺氧海区生活的化能合成细菌能氧化 H_2S 等简单无机物来获得能量并合成有机物,称为化能合成作用,可以用下式表示其反应过程

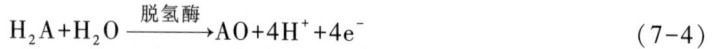

$$H_2A+H_2O \xrightarrow{\text{脱氢酶}} AO+4H^++4e^- \tag{7-4}$$

式中:H_2A——还原性无机物(如 H_2S),通过脱氢酶将其氧化;

AO——氧化中间产物(如 SO_4^{2-})。

以下步骤与光合作用的有关反应类似,即利用所产生的部分还原能合成 ATP

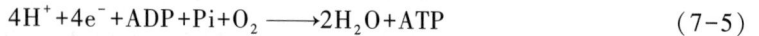

$$4H^++4e^-+ADP+Pi+O_2 \longrightarrow 2H_2O+ATP \tag{7-5}$$

式中:O_2——游离态或无机化合物中的氧;

另一部分能量用于还原 NAD 成 $NADH_2$,后者再用来合成碳水化合物

$$2H^++2e^-+NAD \longrightarrow NADH_2 \tag{7-6}$$

2. 影响海洋初级生产力的因素

(1)光强。光是浮游藻类和大型藻类进行光合作用的基础,光的强度决定了这些植物在海洋中的分布深度。但光强太大时也会抑制植物的生长,夏季表层海水中的初级生产力通常低于次表层,就是浮游藻类受到了光抑制。

(2)营养物质。营养物质是限制浮游植物生长的另一个关键因素,最重要的是无机氮和磷酸盐。但在某些海域,硅酸盐也可能是硅藻生长的限制因子。

铁是植物生命活动必需的一种微量元素,植物细胞内叶绿素、硝酸还原酶和亚硝酸还原酶的合成都需要铁的参与。20 世纪 90 年代,美国科学家提出了"铁假说",即铁限制了高营养盐低叶绿素(HNLC)海域浮游植物的生产力,并进而影响海洋对 CO_2 的吸收和海洋储碳能力。随后,科学家在开阔大洋开展的一系列"铁施肥"试验,证实了铁对浮游植物初级生产的促进作用,但"铁施肥"是否能够提高海洋的储碳能力,以及是否会对海洋生态系统产生多方面的影响,仍需要更多的科学研究来证实。

(3)温度。海洋藻类和高等植物均有其特定的适温范围,当海水温度超过最适温度以后就会引起藻类迅速死亡。在最适温度范围内,光合作用速率是温度的函数,随着水温升高,藻类光合作用速率也随之提高。

另一方面,温度还会引起海水层化现象,从而间接影响海洋初级生产力。在温带和亚热带海区,夏季出现温跃层,深层水体中的营养物质难以进入真光层,真光层水体中营养物质的浓度较低,因此初级生产力较低。

(4)浮游动物的摄食。食植性浮游动物种群的大小取决于该海区的初级生产力水平,但浮游动物又反过来通过摄食影响浮游植物的数量和产量。在中高纬度海区,浮游植物的生物量和生产量呈季节性波动,其主要原因是水文和化学要素的季节变化,同时也受到浮游动物摄食的影响。

3. 初级生产力的组成

海洋初级生产力依赖于海洋中的 N、P 等营养物质,这些营养物质中有一部分是生态系统内部通过食物链循环产生的,另一部分则是从系统外部输入的,例如大气沉降、河流入海等。基于此,Dugdale 和 Goering 等人在 1967 年提出了新生产力的概念,由系统外部输入的营养物质所支持的初级生产力称为新生产力,而系统内部循环产生的营养盐所支持的生产力称为再生生产力。新生产力和再生生产力之和就是总初级生产力,新生产力和总初级生产力的比值被定义为 f。

由于海洋中初级生产通常是氮限制,与新生产力和再生生产力相对应,由系统外部输入的氮称为新生氮,而系统内部循环产生的氮则称为再生氮。

研究新生产力和初级生产力的比值具有十分重要的现实意义,例如在渔业生产中过度捕捞是限制渔业可持续发展的重要因素,而新生产力所支持的渔获物产量是捕捞量的理论上限,当实际捕捞量超过这个值时,就会导致渔业资源的衰退。但评估可持续捕捞量要困难得多,不同海区的影响因素也存在很大差异。

4. 初级生产力的测定方法

(1) ^{14}C 示踪法。丹麦科学家 Steemann Nielsen 在 20 世纪 50 年代首先应用 ^{14}C 法测定海洋初级生产力。该方法的优点是准确性高,对于生产力水平较低的海域也可获得较为满意的结果,一般认为 ^{14}C 法所得结果接近于净产量的数值,但其缺点是存在一定程度的放射性污染。

(2) 叶绿素同化指数法。一定条件下浮游植物细胞内叶绿素含量和光合作用产量之间存在一定的相关性,因此可依据叶绿素含量和同化指数来计算初级生产力。叶绿素同化指数法较 ^{14}C 法简便易行,但浮游植物种类不同和环境条件改变都会影响同化指数。在同一海域,通常需要采用 ^{14}C 法分析部分站位的初级生产力计算得到同化指数,然后用叶绿素同化指数法推算其他站位的初级生产力。

5. 海洋初级生产力的分布

(1) 全球的海洋初级生产力。世界大洋各个海域的浮游植物初级生产力随季节和海域变化很大。海洋中初级生产力高值区通常分布在沿岸海区,大洋初级生产力最高值分布在上升流区。表 7-4 给出了全球海洋不同地区年初级生产力的分布范围。

表 7-4　全球海洋不同地区年初级生产力的分布范围

地点	平均年初级生产力(以 C 计)/$(g \cdot m^{-2} \cdot a^{-1})$
陆架上升流区(如秘鲁海流、本格拉海流)	500~600
陆架坡折(如欧洲陆架、格兰德浅滩、巴塔哥尼亚陆架)	30~500
亚北极海洋(如北大西洋、北太平洋)	150~300
反气旋式涡流区(如马尾藻海、亚热带太平洋)	50~150
北冰洋(冰覆盖)	<50

注:引自钱树本等,2005。

(2) 中国近海海区的初级生产力。我国海域辽阔,过去对各海区的初级生产力仅进行了零星的调查研究。近 20 年来,这方面工作已取得较快的进展,尤其是 2004 年正式实施的我国近海海洋综合调查与评价专项(简称 908 专项),对我国近海海区的初级生产力进行了系统的调查。

总体而言,上升流海区的初级生产力最高。例如浙江沿海上升流区夏季生产力(以碳计,下同)可达 1.25 $gC/(m^2 \cdot d)$,闽南—台湾浅滩上升流区初级生产力夏季平均为 0.62 $gC/(m^2 \cdot d)$。其次是沿岸浅水区,如台湾海峡西部和附近海岸的初级生产力分别为 121 $gC/(m^2 \cdot a)$ 和 101 $gC/(m^2 \cdot a)$,渤海区的生产力为 90 $gC/(m^2 \cdot a)$,南海生产力水平较低,其中部年均值最低,仅 73 $gC/(m^2 \cdot a)$。

(3) 海洋底栖植物生产力。海洋底栖植物分布在潮间带和潮下带区域,不少学者对这类植物的生产力进行过一些研究,但由于这类植物类型繁多,生境也多种多样,测定方法难以标准化。因此,难以较准确估计全球海洋底栖植物的产量。全世界海岸线长度约 4.5×10^5 km,如果底层光照区的平均宽度为 $1 \sim 10$ km,则面积为 $0.45 \times 10^6 \sim 4.5 \times 10^6$ km²。按理论产量潜力和单位面积接受的平均辐射能计算,全年生产量至少为 0.65×10^9 t 有机碳。许多学者认为,全世界海洋底栖植物的平均产量为海洋浮游植物的 $2\% \sim 5\%$。

(二) 海洋次级生产力

1. 海洋动物次级生产量

初级生产力是生产者以上各营养阶层所需能量的唯一来源。初级生产量中被动物吸收用于生长与繁殖的部分,称为次级生产量。对一个动物种群来说,其次级生产量等于动物吸收的能量扣除其排泄物及呼吸代谢所消耗的能量损失。

在所有生态系统中,次级生产量远远小于初级生产量。在海洋生态系统中,植食动物有极高的取食效率,海洋动物利用海洋植物的效率约相当于陆地动物利用陆地植物效率的 5 倍。正因如此,虽然海洋初级生产量大体与陆地初级生产量相当,但海洋次级生产量却比陆地高得多。海洋中只有少数经济鱼类是植食性的,而大多数鱼类都以高端食物链上的生物为食。

底栖动物的生物量和次级生产量随水深增加而明显下降。从表 7-5 可以看出,在 $0 \sim 200$ m 的底栖动物总生物量占全部海洋的 82.6%,而大于 3 000 m 的底栖动物总生物量仅占 0.8%。整个海洋的底栖动物年产量大约为 6.66×10^9 t。

表 7-5　海洋底栖动物生物量的分布

深度/m	占大洋面积比例/%	面积/10^6 km²	平均生物量/(t·km⁻²)	总生物量/10^6 t	占总生物量比例/%
0~200	7.6	27.5	200	5 500	82.6
200~3 000	15.3	55.2	20	1 104	16.6
>3 000	77.1	278.3	0.2	56	0.8
全球海洋	100	36.10	18.5	6 660	100

注:引自沈国英等,2002。

2. 影响海洋次级生产力的因素

温度、食物丰度和动物个体大小等因素是影响动物种群产量的重要因素。

温度与动物的新陈代谢速率有密切关系,在适温范围内,温度升高虽然会增加呼吸消耗,但同时也加速生长发育,从而提高产量,在最适温度范围内,动物有最高的生长率。然而,当自然海区出现反常的高温时,可能造成动物大量死亡。

食物的质量与动物的同化效率有密切关系,食物质量越高,动物的同化效率也随之提高,其生长效率就高。

动物个体大小与产量也有关系,一般是较小的个体有较高的相对生长率,因为大个体生物用于维持其自身代谢消耗的食物能量比例较高,而小个体的相对呼吸率较小。此外,从周转率来看,个体越小的种类,周转率越快,虽然生物量小,但周转时间短,产量高。除此以外,初级生产量,营养级数目和生产效率等食物网结构对次级生产量也有影响。

二、海洋生态系统的能量流动

（一）海洋食物链

食物链是指生态系统中各种生物按其取食和被取食的关系而排列的一种链状结构。海洋中主要存在两种食物链：牧食食物链和碎屑食物链。

1. 牧食食物链

牧食食物链（grazing food chain）以浮游植物为起点，海洋水层的牧食食物链有三种基本类型：大洋食物链、沿岸（大陆架）食物链和上升流区食物链。

海洋食物链所包含的环节数与初级生产者的粒径大小呈相反的关系，大洋区主要的浮游植物是极微小的种类，其食物链营养级可达 6 个之多，而上升流区主要是大型浮游植物，其食物链只有 2~3 个营养级。

2. 碎屑食物链

碎屑食物链（detrital food chain）以碎屑为起点。典型的碎屑食物链为：碎屑（浮游植物及水底大型植物碎屑）→食碎屑者（如线虫、腹足类、虾类等）→小型肉食动物（小鱼等）→大型食肉动物（大鱼等）。

海洋中的碎屑食物链在生态系统物质循环和能量流动中具有重要作用。碎屑对近岸和外海、大洋表层和底层的能量流和物质流起联结作用。在中纬度海区夏季初级生产衰退时，异养生物的营养部分依靠春季水华期形成的碎屑来维持。

3. 营养级和生态效率

食物链上，按能量消费划分的各个环节称为营养阶层或营养级（trophic level）。能量在食物链上流动时，每经过一个营养级就要损失相当多的能量用于呼吸作用，能流越来越细。生态效率就是指从一个营养级获取的能量与向该营养级输入的能力之比，可以用 n 营养级与 $(n-1)$ 营养级的生产量之比来表示：

$$n \text{ 营养级的生态效率}(E) = \frac{n \text{ 营养级的生产量}}{(n-1) \text{ 营养级的生产量}} \tag{7-7}$$

海洋中植食性动物的生态效率在 20% 左右，而较高营养级的生物由于觅食消耗较多能量，其生态效率一般为 10%~15%。大洋群落食物链的平均生态效率比沿岸上升流区的低，这与后者营养关系中浮游植物/植食性动物占优势有关。海洋生态系统平均生态效率通常比陆地的高，其重要原因除上述植食性动物对初级生产量的利用效率较高外，还与水域生活的动物多为变温动物，不必消耗很多能量用于维持体温有关。

（二）海洋食物网

食物网由很多相互联系的食物链组成。海洋生态系统中的食物网非常复杂，一个动物种群通常消费不同营养级的猎物，同一种猎物又被不同营养级的动物所捕食。另外海洋生态系统中有大量能量沿碎屑食物链传递，碎屑很难归入某一特定的营养级。因此，应用食物链营养级来分析能流过程，实际上是用简化的方法来处理复杂的能流关系。

Steele 提出了"简化食物网"的概念，并用以分析北海食物网的结构，将其分为四个营养层次，其中生物种类仅划归到大类。后来很多有关食物网的研究均采纳了这种研究思想。

简化食物网实际上是将一些具有相似功能地位的等值种（equivalent species）归为一类，称为功能群（function group），将那些取食同样食物，并具有同样捕食者的不同物种归并在一起作为一个营养物种。以营养物种来描述食物网的结构就是简化食物网(图 7-7)。

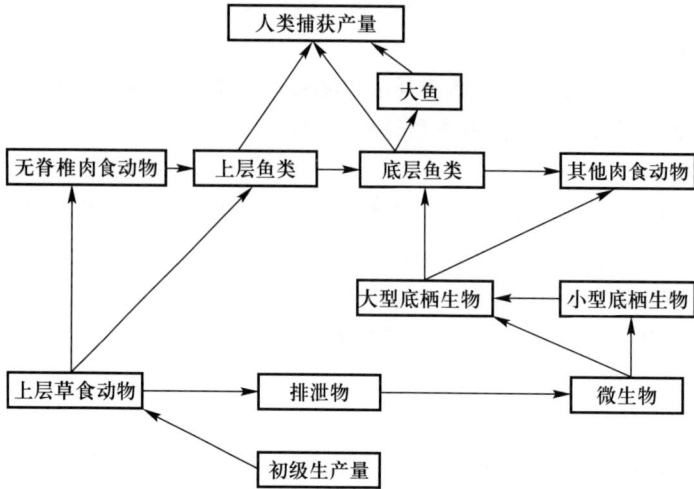

图 7-7　根据主要生物类群做出的北海简化食物网

(引自沈国英等,2002;Steele,1974)

(三) 海洋生态系统的能流分析

Tait 对英吉利海峡西部沿岸水域的生态系统进行了能流分析,下面以该海域的生物生产为例,分析海洋生态系统中的能流过程。

1. 初级生产力

应用 ^{14}C 法测得该水域的净初级生产力约为 120 gC/(m^2 · a)。假设净初级生产力占总初级生产力的 80%,则总初级生产力约为 150 gC/(m^2 · a),其中浮游植物呼吸消耗 30 gC/(m^2 · a)。

浮游植物含碳量与能量的转换关系为 1 gC 相当于 42 kJ,上述净初级生产力中约有80% [96 gC/(m^2 · a)或 4 032 kJ/(m^2 · a)]被水层中的植食性动物所利用,其余 20% 以碎屑形式下沉到底部[24 gC/(m^2 · a)或 1 008 kJ/(m^2 · a)]。

2. 牧食食物链

(1) 水层浮游动物生产量。植食性浮游动物属于第二营养级,其通过摄食浮游植物获得的能量约为净初级生产力的 80%,即 4 032 kJ/(m^2 · a)。浮游动物将食物转化成自身组织的效率比较高,取生态效率为 0.2,那么其能量收支如下:

$$通过摄食获得的能量 = 4\ 032$$
$$未被同化的食物能量(10\%) = 403.2(下沉碎屑)$$
$$呼吸和运动消耗能量(70\%) = 2\ 822$$
$$浮游动物生产量(20\%) = 806.4$$

浮游动物含碳量与能量的转换关系为 1 gC 相当于 47.7 kJ,因此浮游动物的生产量以质量数表示为 16.9 gC/(m^2 · a)。

(2) 水层第三营养级动物生产量。浮游动物的生产量为 806.4 kJ/(m^2 · a),其中部分浮游动物通过碎屑沉降等方式下沉到底部,未被第三营养级动物所摄食,假定这部分损失量略高于 10%,按 92.4 kJ/(m^2 · a)计,则剩余被第三营养级动物摄食的量为 714 kJ/(m^2 · a)。

第三营养级动物呼吸消耗的能量通常较高,一般认为其生态效率为 0.1,即只有 10% 的食物转化为身体组织,那么该营养级的能量收支如下:

$$通过摄食获得的能量 = 714$$
$$未被同化的食物能量(10\%) = 71.4(下沉碎屑)$$
$$呼吸和运动消耗能量(80\%) = 571$$
$$第三营养级动物生产量(10\%) = 71.4$$

第三营养级动物含碳量与能量的转换关系为 1 gC 相当于 47.7 kJ,因此其生产量以质量数表示为 1.5 gC/(m² · a)。

(3)渔获量。据统计,英吉利海峡的渔获量为湿重 $1.46×10^{11}$ g,海域面积为 $8.2×10^{10}$ m²,则渔获率以湿重表示约为 1.8 g/(m² · a),渔获物的干湿比以 1:6 计,换算成干重约为 0.3 g/(m² · a),渔获物干重与含碳量的换算系数以 0.44 计,换算成含碳量约为 0.132 gC/(m² · a)。该海域第三营养级动物生产量约为 1.5 gC/(m² · a),可见渔获量约占第三营养级动物生产量的 8.8%。英吉利海峡的总初级生产量约为 150 gC/(m² · a),则该海域年渔获量接近总初级生产量的 0.1%。

3. 碎屑食物链

假定第三营养级动物生产量的 20% 通过死亡分解等过程产生碎屑,则该部分碎屑产生量为 14.28 kJ/(m² · a)。与浮游植物、浮游动物产生的碎屑一起下沉到底部,碎屑的来源及所含能量如下:

$$初级生产者 \begin{cases} 未被摄食的浮游植物 & 1\ 008 \\ 未被同化的浮游植物(未消化) & 403.2 \end{cases}$$
$$植食性动物 \begin{cases} 未被摄食的浮游动物 & 92.4 \\ 未被同化的浮游动物(未消化) & 71.4 \end{cases}$$
$$食肉性动物 \quad 死亡的水层捕食者 \quad 14.28$$

以上碎屑总量为 1 589 kJ/(m² · a)。此外,底栖大型藻类和陆源有机碎屑也提供一部分碎屑来源。值得注意的是,一部分有机碎屑的能量被结合到底质中而暂时丧失生物可利用性。综合考虑以上因素,预计可供底层生物利用的碎屑能量约为 1 680 kJ/(m² · a)。该部分能量并非全部被底栖动物直接利用,而是被细菌转化后再经微食物环传递给底栖动物。估计底栖动物生产量中的 25% 直接来自碎屑,其余 75% 来自细菌转化。

第四节　人类活动与海洋生物生态响应

人类在开发海洋、利用海洋的过程中由于技术、认识等方面的原因造成了对海洋生物和生态系统的干扰。凡是引起海洋物理、化学、生物或生态系统产生改变或破坏的工程开发及污染物排放等行为及过程统称为人为干扰因素。本节将着重介绍人为干扰对海洋环境及生物生态过程的影响。

一、人为干扰因素

(一)污染物排放

海洋面积辽阔,储水量巨大,因而长期以来是人类排放污染物的最终处置场所。海洋中污染物的来源主要包括陆源、海源和气源,陆源主要包括入海河流、入海排污口、地表径流等,海源主要包括海洋船舶、海上石油平台、输油管道、海上养殖场等,气源主要是大气的干湿沉降。

我国自改革开放以来,工业化和城镇化过程发展迅速,尤其是沿海地区海洋开发活动高度密集,导致大量污染物进入海洋,给海洋环境造成了前所未有的压力。根据《2020 年中国海洋生态环境状况公报》,经由全国 442 个直排海污染源入海的污染物排放量为:化学需氧量(COD_{Cr})148 901 t,总氮(以氮计)46 864 t,氨氮(以氮计)4 256 t,总磷(以磷计)1 453 t,石油类 649.8 t,重金属 17.2 t。2020 年夏季,我国管辖海域海水中营养盐、化学需氧量、石油类和重金属等指标的监测结果显示,符合一类海水水质标准的海域面积占我国管辖海域面积的 96.8%,劣四类水质海域面积约 3.0 万 km^2,约占我国管辖海域面积的 1%,主要超标物质是无机氮和活性磷酸盐。此外,局部海域沉积物受到重金属污染,部分贝类体内石油类等污染物残留水平较高。除了传统的营养盐、重金属等污染物以外,溴系阻燃剂、有机锡涂料、烷基酚等新污染物和持久性有机污染物的危害也开始逐渐显现,对海洋生态系统和食品安全构成了潜在威胁。

(二)海岸带工程

自 20 世纪 90 年代开始,世界沿海国家尤其是发展中国家掀起了向海洋要空间、要资源的新高潮,在沿海地区、海岸带以及近海海域建设了大量的海洋工程项目,包括港口、码头、石化、造船、水坝、火力发电站、核电站、输油管道、石油平台等。就我国环渤海地区而言,近20 年来相继有天津滨海新区、河北曹妃甸循环经济示范区、辽宁沿海经济带、黄河三角洲高效生态经济区等经济开发区被纳入国家发展规划。近岸海洋工程建设需要大规模的土地资源,而沿海土地资源的稀缺加速了围填海工程的建设,从而占用了重要的生态岸线和大面积的海域空间资源,导致物种原生境的丧失和生态系统完整性的破坏。海洋工程建设通过改变海洋中的多种环境因子,如生境面积、高程、水动力、沉积特性、生境连续性等,引起海洋生境的退化。例如辽宁双台子河于 1989 年在距离口门约 60 km 处建设了闸坝,该水利工程虽然可以在防洪、灌溉、发电等方面发挥积极作用,但同时也改变了水文情势,减少了坝后的淡水流量,加剧了下游湿地的盐碱化,从而使得辽河三角洲湿地面积萎缩,芦苇沼泽退化,不仅影响了芦苇的经济价值,同时对芦苇湿地的生态服务功能也产生了严重影响。随着湿地面积的减少,湿地的生态结构和功能也受到威胁,生物多样性下降,梭鱼、面条鱼以及河蟹、河虾等渔业资源出现衰退。另外,河口大坝也阻隔了溯河型和降河型洄游生物的洄游通道,导致生物资源衰退,例如河刀鱼曾经是双台子河口渔业生产的主要品种,建坝前年产 50 万 ~ 100 万 kg,由于水坝的建成使用,切断了其洄游通道,导致河刀鱼的渔业生产出现衰退。

(三)海洋渔业

海洋渔业是海洋捕捞业、海水养殖业和海洋水产品加工业的统称,是利用各种渔具、渔船及设备进行海上捕捞和利用滩涂、浅海、港湾养殖鱼、虾、贝藻及其水产品加工的生产行业。

海洋捕捞是从海洋生态系统中转移生产量的过程,如果人工捕捞量小于海洋新生产力所支持的渔获量,那这种捕捞行为是可持续的,反之就会导致渔业资源的衰退。例如我国渤海由于水质肥沃、饵料丰富,曾经是带鱼、小黄花鱼、大银鱼等多种经济鱼虾贝类的主要产卵场、索饵场和育肥场,但自从 20 世纪 80 年代以来,由于捕捞强度的增大和环境污染的加剧,渔业资源急剧衰退,主要经济鱼类的产量下降了90%以上。

　　海水养殖是我国大农业的重要组成部分,在国民经济中占有重要地位。由于海岸线曲折绵长,生境类型复杂多样,海洋生物资源丰富,我国沿海地区开展海水养殖历史悠久,特别是近半个世纪以来,鱼虾贝藻等品种的增养殖全面发展,2020年我国海水养殖的年产量已超过2 000万t。然而,由于长期战略规划缺乏和环境保护意识淡薄,出现了养殖区病害肆虐、养殖环境恶化和生态系统破坏等问题,造成了严重的经济和生态损失。

　　海水养殖通过构建养殖设施、投入养殖生物以及饵料以获取渔获量,但同时也人为改变了海洋生态系统的结构和功能。网箱和池塘养殖中,饵料的投入和残饵的生成是导致养殖污染的主要因素,例如养虾场中通常有多达30%的饲料未被养殖生物摄食,这些剩余饵料所溶出的营养盐和有机质是导致养殖水体污染的重要原因。除了残饵以外,养殖生物的排泄物含有丰富的N、P和有机质,从而进一步加剧了水体和底泥的富营养化。另外,养殖区筏架或网箱的建设对海流具有阻碍作用从而影响水体交换,也使局部海域的富营养化加重。此外,为防治养殖生物病害,大量使用抗生素药品对海洋生态系统也造成了潜在的危害,例如在海水养殖中普遍使用的磺胺类抗生素,进入水体后容易在水环境中残留,引起非目标生物的毒性效应和微生物群落的结构失调及功能紊乱。

二、海洋污染物的生物生态效应

　　海洋污染物种类繁多,根据其污染性质和毒性以及对海洋生物生态造成危害的方式,大致可以将其分为生活污水和营养盐、石油及其产品、重金属和酸碱类物质、农药、酚类化合物、有机锡涂料、微塑料、放射性核素、热污染等。这些污染物的来源、在海洋环境中的分布及其生态效应等,可参看第六章。

第五节　海洋生态修复

　　随着全球工业化和城市化的发展,海洋环境受人类活动的干扰日益显著,生态服务功能受损。因此,关于受损海洋系统的生态修复日益受到关注。本节介绍海洋生态修复的基本概念、基础理论、技术方法、实践应用及未来发展趋势等。

一、生态修复的基本概念和基础理论

　　生态修复和生态恢复、生态复原、生态改良等名词和概念在涵义上比较接近,都具有恢复和改善的内涵,即让受损的生态系统恢复以实现自然和人类社会的可持续发展。但这些术语在内涵上又具有细微的差别,生态修复和生态改良是指利用生态系统的自我修复能力,辅以人工干预措施,使遭到破坏的生态系统逐步向良性方向发展,其目标是实现生态系统结构和功能的改善。生态恢复和生态复原则是通过人工干预措施,使得生态系统的结构和功能恢复至人类活动或环境变化干扰之前的健康状态。由于生物演替和生态系统发展过程中存在多个稳定状态,生态系统一旦遭到破坏,将很难恢复至原来的状态,而且往往也没有这种必要,通常按照生态系统的多样性、自然性、稀有性等特征加以判断,促使受损生态系统向良好的、健康的状态演化。因此在具体的研究和实践中,生态恢复目标比较难以实现,而生态修复的概念则更加客观和现实。

生态修复所包含的基础理论十分广泛,其主要理论包括:

(1)生态系统健康理论。"健康"的概念来源于医学,最初主要在医学领域用于表征人体及生物的状况,在全球生态系统日益遭到破坏的大背景下,人类对生态系统问题的关注,就像对人类健康的关注一样重要。因此,"健康"一词由医学引入生态系统研究领域,并由此产生了生态系统健康理论。虽然生态系统健康概念的提出只有几十年的历史,但从生态学角度出发,生态系统健康的研究历史可以追溯到 20 世纪 40 年代。1941 年,美国著名生态学家、大地伦理学家奥尔多·利奥波德首先采用"土壤健康"(land health)和"土地疾病"(land sickness)等术语来描绘土地功能紊乱(dysfunction)。20 世纪 60 年代以后,随着全球生态环境的日益恶化,人类社会面临生存与发展的巨大挑战,生态学得到了迅速发展,1976 年,Barrett 提出了胁迫生态学(stress ecology)这一概念。

20 世纪 80 年代后,人们越来越关注胁迫生态系统的管理问题,加拿大生态学教授 Rapport 等系统研究了胁迫下生态系统的行为,并提出不能把生态系统等同为一个生物对待,它在逆境下的反应不具有自主性。1989 年,Rapport 首次提出生态系统健康的内涵,他认为"生态系统健康是指一个生态系统所具有的稳定性和可持续性,即在时间上具有维持其组织结构、自我调节和对胁迫的自修复能力"。1992 年,Costanza 提出了生态系统健康的概念,他认为"如果生态系统是稳定的和可持续的,即它是活跃的并且随时间的推移能够维持其自身组织,对外力胁迫具有抵抗力,并能够在一段时间后自动从胁迫状态恢复过来,那么这样的系统就是健康的。它应该由活力(vigor)、组织(organization)和恢复力(resilience)三方面构成"。

对于生态系统健康的定义,学术界虽然没有公认的观点,但可以看出生态系统健康与人类生存和社会发展的需求密切相关。这一概念从提出到逐步完善蕴含着两层目的:一是保持生态系统本身健康可持续的发展演化,不危及人类的生存和发展;二是保障生态系统更好地发挥其服务功能,促进人类的生存和可持续发展。自 20 世纪 90 年代以来,生态系统健康作为全球管理的新目标,作为分析生态系统的新方法开始受到广泛关注,它在自然科学、社会科学和健康科学之间架起了一座桥梁,为解决生态环境问题和实现可持续发展提供了理论与方法。

(2)生态系统演替理论。生态系统演替是指在自然环境变化或人为活动干扰下,一种生态系统类型逐渐被另一种类型替代的过程,该过程也被称为生态轨迹。例如由于水土流失,草甸生态系统可以逐渐向荒漠生态系统演替。海陆变迁、火山喷发、雷击火烧、山崩海啸等自然因素以及毁林造田、填海造陆、乱砍滥伐、开矿采石等人为活动均可诱发或加速生态系统的演替过程。按演替的方向,生态系统演替可以分为正向演替和逆向演替,前者是指演替从光滩裸地开始,经过一系列中间阶段,最后形成与环境相适应的动态平衡的稳定阶段。后者则是从稳定系统逐渐向简单的、原始的阶段演替的过程。当生态系统各组分之间保持一定的比例关系,物质和能量的输出与输入在较长时间内大致相当,在受到外来干扰时能通过自我调节能力保持系统的相对稳定,这种状态称为生态系统的平衡。生态平衡是相对的,当自然环境急剧变化或人为活动过度干扰下,生态平衡就会被打破,从而出现生态系统的演替,尤其是大规模的人类开发活动会导致生态系统的逆向演替,使得生态系统趋于简单、生态系统的多样性和完整性受损。

(3)生态功能分区理论。从 20 世纪 80 年代开始,国际上基于生态系统的环境管理日益成为主流,这种管理强调了从生态系统健康角度进行管理。在此理念下,环境管理已经从单一的污染控制逐渐向生态综合管理的方向发展,管理目标为生态系统健康和完整性,评价指标从化学指标向生物指标方向发展。生态系统综合管理的基本单元就是生态功能区。在气候、水文、地质、地貌、植被、土壤以及人类活动等多种因素的综合影响下,生态系统的功能将呈现区域性和地带性的分异格局。在综合考虑区域自然环境要素、社会经济发展现状及其相互作用规律的基础上,揭示自然生态系统的区域特征及其分布格局,辨析自然生态系统的健康状况、敏感性与服务功能,分析生态系统演变的驱动力和主要控制因素。在此基础上可以进行自然生态系统的生态功能分区。生态功能分区的意义在于,使管理者跳出单一目标,例如单项污染物或者单个种群的范畴,实现通过保护典型生态系统单元来保护大量普通物种、群落及生态过程。

(4)生态系统管理理论。对生态系统进行有效的管理是系统保护与恢复的重要基础,实施管理的前提是管理者主体与被管理主体尺度的确定,管理者通常具有主体复杂,存在利益矛盾冲突等特点,例如对于河口的管理,就是环保、水利、交通、渔政等多个部门共同进行的管理,而生态系统具有自身的分布格局和完整性特点,生态系统并不会因管理主体的不同出现相应功能的划分。既然是人类活动干扰了生态系统的健康,就应从生态系统整体考虑进行有效的管理。例如美国德拉华河口的管理虽然涉及土地利用、水利、渔业、航运、海军、动物保护等多个部门,但由各部门遴选出代表组成一个专门的河口管理委员会,制定统一的河口生态系统综合管理及修复计划。进入21世纪以来,海岸带综合管理和海洋生态系统综合管理的理念逐步得到认可和发展。

二、海洋生态修复技术与方法

海洋生态系统是海洋中生物群落及其环境相互作用所构成的自然系统,健康的海洋生态系统可以为人们提供丰富的自然资源和巨大的生态系统服务功能。但由于最近几十年来营养盐过量输入、海岸带过度开发,渔业资源过度捕捞等人为活动因素与海平面上升、海洋酸化、风暴潮频发等全球变化因素的共同作用,出现了海洋生态环境退化、海洋生态健康受损和海洋生态服务功能下降的趋势。

为了保障海洋生态系统的健康发展和人类对海洋资源的可持续利用,人们尝试用生态工程的手段改善或修复受损的海洋生态系统,即海洋生态系统修复。近20年来,我国沿海广泛开展了"南红北柳""美丽海湾"等海洋生态修复试验。从技术方法来看,海洋生态修复主要包括生物修复、物理修复和化学修复。由于生物修复具有经济性、二次污染小等优势,因此应用最为广泛。

(一)生物修复

生物修复包括微生物修复、大型植物修复和大型动物修复等。

1. 微生物修复

自20世纪80年代开始,人们就利用微生物来修复受损生态环境,目前微生物修复已发展为一项较为成熟的技术。微生物(细菌、真菌、酵母菌等)是生态系统中的分解者,利用微生物对环境污染物的吸收、代谢、降解等功能可以去除或改善环境污染状况。微生物修复中研究最深入、应用最广泛的是石油降解菌。石油降解菌是一类能分解、矿化石油烃的微生物,目前已鉴定的石油降解菌包括70属200余种。利用石油降解菌修复石油污染的最早报道是 20 世纪 80 年代末美国在 Exxon Valdez 油轮石油泄漏中的生物修复,该项目在短时间内修复了石油污染,是生物修复成功应用的开端。国内利用微生物修复石油污染也有许多成功案例,例如应用石油降解菌开展胜利油田的石油污染清除工作。

2. 大型植物修复

大型植物修复包括大型海藻修复和高等植物修复,国外有关利用大型海藻吸收海水中营养盐的试验已有很多报道。例如,20 世纪 90 年代以来,欧盟启动了利用大型海藻修复海洋富营养化的大型研究计划。国内在大型海藻生态修复方面的研究也取得了很大的进展,例如将石莼和羽藻作为近海富营养化水体环境修复的优选海藻,筛选出蛎菜和草叶马尾藻作为净化水质的优良种类。研究表明,大型海藻在净化富营养化水体方面具有显著的作用,在养殖水域中混养大型海藻也是吸收、利用营养物质和延缓富营养化的有效措施之一。在高等植物修复方面也有许多成功的实践,例如从欧洲引进大米草以促淤保滩,目前大米草在我国多个沿海省份均有分布,在抵御风浪、护滩固岸等方面发挥了积极的作用。但近年来,大米草在引种地以外地段滋生蔓延,形成优势种群,挤占本土植物的生存空间,构成了严重的生物入侵。

3. 大型动物修复

牡蛎、贻贝等大型动物在修复受损生态环境方面也具有广泛的应用。例如针对长江口水质日趋恶化、生物资源快速枯竭、鱼类生境不断破坏、河口生态系统不断衰退的严峻形势,在长江口开展了大型动物生态修复工作。选择长江口深水航道整治工程的水工建筑物南北导堤丁坝等作为礁体底物,通过直接放养人工培育的成年巨牡蛎,补充牡蛎种群数量,构建了面积约 14.5 km^2 的特大型人工牡蛎礁系统。重建的牡蛎礁系统相当于河口环境的天然净化厂,能够大量去除河口水体中的 N、P、重金属等污染物,其污水净化能力相当于一个日处理量约 2 万 t 的大型城市污水处理厂。另外,大型海绵动物繁茂膜海绵(*Hymeniacidon perleve*)对滤食养殖水体中的生物残饵和排泄物等颗粒污染物具有显著效果,在养殖水体的生态修复中具有应用前景。

(二)物理修复

物理修复是指采用物理方法对退化或被破坏的环境系统进行生态修复的过程。常用的物理修复技术主要有物理絮凝、底质耕耘、栖息地重建等,这些方法已成功应用于受损海洋系统的生态修复。例如,采用矿物黏土开展有害赤潮防治的研究,提出了改性黏土矿物絮凝法,制备了高效、对生态环境无副作用的改性黏土,并成功应用于奥运会青岛近海海洋赤潮的治理,取得了显著的社会和经济效益。再如,山东乳山湾菲律宾蛤蜊养殖滩涂因多年连续养殖出现退化现象,利用压沙、翻耕等物理方法进行生态修复,均取得了良好的修复效果。通过压沙和翻耕可改善底质板结,有利于贝类潜栖,另外也可起到降低硫化物和有机质的作用。栖息地重建是通过工程手段建设有利于海洋生物生存的栖息地,如人工鱼礁。人工鱼礁是人为在海中投放的巨石块、废旧轮胎、废旧船只等构造物,以营造海洋生物栖息的良好环境,为鱼类等生物提供繁殖、生长、索饵和庇护的场所,达到保护、增殖和提高渔获量的目的。人工鱼礁建设对整治海洋国土、建设海上牧场、拯救珍稀濒危生物以及促进海洋经济健康发展等方面均具有重要的战略意义。自 21 世纪初开始,我国在各大海域均实施了人工鱼礁工程。

（三）化学修复

化学修复是利用化学制剂与污染物发生氧化、还原、沉淀、聚合等反应,使污染物从自然环境中分离或降解转化成无毒、无害的化学形态。例如施用石灰或碳酸钙可以提高水体pH,促使水体中 Cd、Cu、Hg、Zn 等重金属元素形成氢氧化物或碳酸盐结合态的盐类而沉淀。沸石可以通过离子交换吸附和专性吸附降低沉积物中重金属的有效性。高锰酸钾、过硫酸盐等氧化剂可应用于有机废水的氧化处理工艺。但化学修复通常具有成本高、易产生二次污染等缺点,在海洋生态修复中的成功案例还不多见。

三、海洋生态系统的生态修复

国内外已针对河口、海湾等多种类型的海洋系统实施了生态修复工程。

（一）河口生态修复

河口位于河流与海洋的交汇处,是一个结构复杂、功能独特的生态交错区,受淡水径流与海洋潮汐两种主要动力作用的影响,存在复杂的理化和生物过程。受沿岸人类活动的影响,特别是大量污染物输入、入海水沙减少等,多数河口都存在水环境质量下降、生物多样性减少、生态服务功能降低等问题,河口的生态安全和生态修复问题已引起人们的极大关注。例如,辽河口湿地是以芦苇沼泽和翅碱蓬滩涂为主的自然湿地,分布着亚洲第一大苇场,拥有"红海滩"景观,是丹顶鹤、黑嘴鸥等珍稀水禽的繁殖栖息地。然而 20 世纪 80 年代至 21世纪初的二十多年间,受人为活动和全球变化的共同影响,辽河口湿地出现了景观破碎化、芦苇群落退化、翅碱蓬分布面积减少、湿地生态功能下降等生态环境问题。在此背景下,中国海洋大学等单位在"十一五"和"十二五"期间,在国家水体污染控制与治理科技重大专项课题支持下,开展了以减缓湿地污染状况、恢复湿地生物群落、改善湿地生态功能为目标的河口生态修复技术研发与应用,针对河口区累积性烃类污染问题,研发了有毒有机污染物强化阻控技术;针对稻田退水污染问题,建立了水肥调控技术,实现了氮磷污染物在田内、田间和田外的综合削减;针对湿地植被退化问题,通过基质改良、水盐调控、养分平衡等技术方法,提高了河口湿地植被的生物量和覆盖度,改善了河口湿地的生产能力和净污功能,保障了河口生态系统的良性循环和湿地资源的可持续利用。

（二）海湾生态修复

海湾地处陆地边缘,具有半封闭的特点,容易受到人类活动的影响,因此海湾普遍存在环境污染和生态损害问题,海湾的生态修复也引起了人们的重视。目前,国内外海湾生态修复的主要措施包括:氮、磷污染物入海总量控制、养殖环境自身污染控制、生物净化和底质污染控制等。例如浙江沿海的乐清湾,是缢蛏、牡蛎、蚶等水产贝类的苗种基地。受陆源排污、围海造田和海水养殖等因素的综合影响,乐清湾水体污染严重,海洋生物多样性下降,赤潮现象时有发生。针对乐清湾的生态现状,浙江省海洋与渔业局采取了陆源排污控制、养殖容量计算、养殖底质耕耘等生态修复措施以恢复受损生态系统及其服务功能。2004 年国家海洋局在此设立了乐清湾生态监控区,监控面积 463.6 km^2。

2018 年生态环境部、发展和改革委员会和自然资源部联合印发了《渤海综合治理攻坚战行动计划》,重点关注莱州湾、渤海湾和辽东湾的生态系统。环渤海三省一市通过源头截污、岸线整治、人工湿地建设、滩涂整治修复等生态环境保护修复措施,到 2020 年,渤海近岸海域水质优良比例较 2017 年提升 15.3 个百分点,达到 82.3%,同时环渤海 49 条河流入海国控断面全面消除劣 V 类水质,渤海三大湾(辽东湾、渤海湾和莱州湾)的生态环境得到明显改善。

(三)滨海湿地生态修复

滨海湿地是陆地和海洋生态系统的交错过渡带,按国际湿地公约的定义,滨海湿地是指海平面以下 6 m 处至大潮线之间的滨海区域。近年来关于滨海湿地的生态修复也得到了高度重视。例如,关于我国黄渤海地区的滨海湿地保护,有关部门和单位就湿地调查、分类、演化、生态保护、污染治理、开发利用等方面开展了系统研究,积累了大量资料;在一些珍稀水鸟的地理分布、种群数量、生态习性、饲养繁殖、风险因素以及保护对策等方面做了大量研究;在丹顶鹤、黑嘴鸥、斑海豹等物种的保护领域处于国际领先地位。

在滨海湿地生态修复中,滨海景观建设是另一个备受关注的内容。滨海景观是指临海具有一定景观价值的带状区域。在海岸带开发中,应禁止盲目填海筑坝、采石挖砂等行为,同时建设人工湿地以保持景观区块之间的自然衔接,构建通海景观视廊。开展海岸带清洁整治工程,清理海滩垃圾,并通过滨海湿地公园和滨海防护林等工程建设,以美化滨海景观环境。

(四)红树林生态修复

红树林生长在热带、亚热带海岸的潮间带,是重要的海洋生态系统,具有很高的生产力,为多种鱼类、无脊椎动物和附生动植物提供了良好的栖息、摄食和繁殖场所,同时红树林具有很强的截污和去污能力,起到生物过滤器的作用。由于最近几十年来人们大规模的围填海活动,导致红树林面积萎缩、生态系统退化、生物多样性下降。例如福建厦门湾在 1960 年前后,约有 3.2 km^2 的天然红树林,由于受围海造田、围滩养殖、填滩造地等人类活动的影响,红树林面积迅速下降,到 1979 年,厦门湾天然红树林面积下降为 1.1 km^2,即为 1960 年的 1/3,到 2000 年,红树林面积仅有 0.33 km^2,90% 以上的天然红树林已经消失,到了 2004 年天然红树林消失的面积达到 93%。

为了保护有限的红树林资源,我国早在 20 世纪 80 年代就建立了多个红树林自然保护区,进入 21 世纪以后红树林的生态修复得到了更广泛的关注。有别于以往为了木材生产等经济目的和促淤造陆等海岸防护功能而进行的单树种造林,应根据不同红树树种的生长特点,建设多树种的复合红树林群落,提高红树林的抗病虫害和抗自然灾害能力。除此以外,还可以通过人工驯化提高红树植物的耐寒能力,扩大其种植范围,例如目前在华南沿海推广的无瓣海桑,原产地孟加拉国,经过几十年的驯化,已在福建、广东等潮间带海域大面积种植成功。

(五)珊瑚礁生态修复

珊瑚礁是生长在热带、亚热带海洋中的石珊瑚等造礁生物、附礁生物、藻类等经历了长期生活,死亡后的骨骼堆积而成的。珊瑚礁生物群落是海洋环境中生物多样性最丰富、生物生产力最高的群落,联合国及多个沿海国家都将珊瑚礁生态系统列为被保护的稀有或脆弱生态系统之一。

珊瑚对环境变化反应极其敏感,人类活动特别是围填海活动引起的海水透明度下降,会对珊瑚的生长产生严重损害。最近几十年来由于人类采捕、陆源污染、海底拖网等因素的综合影响,导致珊瑚分布区严重缩减,至今珊瑚礁生态系统的退化趋势尚未得到有效遏制。由于其稀有性、高生产力和高生物多样性,世界上许多国家对珊瑚礁的生态修复十分重视,例如澳大利亚设立了大堡礁海洋公园,通过立法和行政计划来保护珊瑚礁生态系统。除了设立保护区以外,珊瑚礁的生态修复还可以通过珊瑚移植来提高其覆盖面积,我国已成功实施了大亚湾的珊瑚礁移植试验。

四、海洋生态修复的发展趋势与展望

近 20 年来,沿海国家经济快速发展,尤其是在我国这样的发展中国家,海洋工程建设和海洋资源开发活动十分密集,大量侵占了海岸带和海域空间,导致海洋生物栖息地丧失和海洋生态损害。例如 21 世纪初以来我国开展了大规模的围填海建设,尤其在 2005—2015 年高峰期,年均围填海约 100 km^2,大量不合理的围填海工程干扰了海床冲淤平衡,改变了岸线自然属性,挤占了生物生存空间,损害了海洋生态功能。2018 年,国务院印发了《关于加强滨海湿地保护严格管控围填海的通知》,要求严控新增围填海造地,加快处理围填海历史遗留问题,加强海洋生态保护修复。同年自然资源部又印发了《关于进一步明确围填海历史遗留问题处理有关要求的通知》,规定了地方处理围填海历史遗留问题的工作程序和原则,要求地方政府首要先要识别围填海工程引起的生态环境问题,评估其影响程度,并配套编制生态修复方案,根据围填海项目的合法合规性和生态破坏状况,分别开展项目拆除、岸线修复、生物资源养护、生态空间恢复等修复措施,取得了较好的成效。

随着"绿水青山就是金山银山"理念深入人心,生态环境和自然资源等相关部门实施山水林田湖草沙一体化保护和系统治理,在海洋生态保护修复方面,加强了海洋生态规划和生态修复顶层设计,颁布了一批海洋生态修复技术指南,构建了一批生态修复成功案例。但总体而言,海洋生态修复的理论和技术还比较薄弱,未来海洋生态修复工作还具有广阔的发展空间。

(一)生态修复对象的筛选

我国海洋生态系统类型多样,海洋污染和生态损害问题具有普遍性和广泛性,在生态修复资金有限的情况下,如何筛选敏感核心区域开展生态修复是当前面临的迫切问题。从海洋生态功能分区的角度确定不同海域的生态功能,从而确定关键区域进行生态修复将是未来研究的重要方向。

(二)生态修复标准的确定

生态修复标准是指技术和法规所确定的利用各种生态修复技术使生态环境恢复或改善的程度。近年来,生态修复一直是环境科学的热点领域,然而生态修复标准的制定远远落后于修复方法的研究,因此难以合理确定生态修复的程度和规模。生态修复标准应该由生态背景水平、修复技术水平和资金保障水平等因素共同确定,而生态背景水平需要开展生态历史研究,这是确定生态修复目标的有力手段,海洋生态修复应该在某些重要的海洋生态功能区尽可能地保护和恢复历史生态系统。另外,生态修复标准需要与无干扰或干扰较小的参照生态系统的特性进行对比,在人类活动已经遍及地球各个角落的现代社会,如何确定参照生态系统也是今后的一个重要研究方向。

(三)生态修复技术的发展

海洋面积广阔,生态环境条件各异,不同生态系统的修复需要因地制宜采取差别化的修复技术和修复策略。总体而言,现有的海洋生态修复技术和方法还不够完善,人们对于海洋生态系统演变和退化的趋势及其机制的了解还不透彻,综合性、集成性的海洋生态修复技术还有待发展。另外在海洋生态修复工程中需要树立生态设计的理念,这就要求把生态循环、物质利用以及自然和谐等生态理念贯穿到工程的设计、建设和运营过程中,实现与周围海洋环境的统一协调,既保护和修复海洋生态环境,又营造美观、和谐的海洋生态景观。

(四) 陆海统筹生态修复策略

海洋与陆地既紧密相连又相互影响,入海污染物主要来源于陆地,国际上日益倡导"从高山到大海"的协同管理理念。因此海洋生态修复不仅要关注海洋生态系统,还应加强陆海相互作用、陆海统筹修复和陆海生态补偿等相关理论研究,并从全流域的视角开展海洋综合污染防控和生态保护和修复工作。

思考题

1. 论述海洋中季节性温跃层的生态学意义。

2. 海洋初级生产力主要受哪些环境因素控制?

3. 分析海洋浮游生物呈斑块分布的主要原因。

4. 讨论海洋浮游动物垂直迁移的生物学机制和生态学意义。

5. 海洋游泳动物主要包括哪些门类?

6. 为什么高营养级之间的能量传递效率较低?

7. 假设某海域初级生产力为 300 gC/(m² · a),平均生态效率为 20%,鲱鱼(摄食浮游动物)为该区的主要渔业资源,计算该海域鲱鱼的理论最大年生产力。

8. 讨论我国当前近海渔业资源衰退的主要原因及生态修复措施。

9. 大米草作为外来入侵物种对海洋生态系统具有哪些危害?

10. 海洋生态修复有哪些方法? 试举典型案例加以分析。

参考文献

[1] Lalli C M, Parsons T R. 生物海洋学导论[M]. 张志南,周红,译. 青岛:青岛海洋大学出版社,2000.

[2] 黄宗国. 中国海洋生物种类与分布[M]. 增订版. 北京:海洋出版社,2008.

[3] 钱树本,刘东艳,孙军. 海藻学[M]. 青岛:中国海洋大学出版社,2005.

[4] 冯士筰,李凤岐,李少菁. 海洋科学导论[M]. 北京:高等教育出版社,1999.

[5] 沈国英,施并章. 海洋生态学[M]. 2版. 北京:科学出版社,2002.

[6] Steele J. The Structure of Marine Ecosystems[M]. Longdon: Blackwell Scientific Publication, 1974.

[7] Tait V. Elements of Marine Ecology[M]. 3rd ed. London: Butterworths Scientific Ltd. 1981.

[8] 姚泊. 海洋环境概论[M]. 北京:化学工业出版社,2007.

[9] 许英. 环境科学教育基础[M]. 北京:中国环境科学出版社,2008.

[10] 李冠国,范振刚. 海洋生态学[M]. 北京:高等教育出版社,2004.

[11] 卢昌义. 现代环境科学概论[M]. 厦门:厦门大学出版社,2005.

[12] 王玉庆. 中国生态环境警示[M]. 北京:中国环境科学出版社,2003.

[13] 李建政. 环境毒理学[M]. 北京:化学工业出版社,2006.

[14] 吴彩斌,雷恒毅,宁平. 环境科学概论[M]. 北京:中国环境科学出版社,2005.

[15] 陈国蔚,李筠. 三苯基氯化锡对扁藻细胞超微结构的影响[J]. 海洋与湖沼,1994,25(1):

67-70.

[16] Zhang C, Chen X, Wang J, et al. Toxic effects of microplastic on marine microalgae *Skeletonema costatum*: Interactions between microplastic and algae[J]. Environmental Pollution, 2017, 220:1282-1288.

[17] Rist S E, Assidqi K, Zamani N P, et al. Suspended micro-sized PVC particles impair the performance and decrease survival in the Asian green mussel *Perna viridis*[J]. Marine Pollution Bulletin, 2016, 111: 213-220.

[18] 张彬彬. 海洋污染与监测[J]. 海洋地质动态, 2004, 20(3):1-4.

[19] Barrett G W. Stress ecology[J]. Bioscience, 1976, 26(3):176-181.

[20] Rapport D J, Regier H A, Hutchson T C. Ecosystem behavior under stress[J]. The American Naturalist, 1985, 125(9):617-640.

[21] Rapport D J. What constitutes ecosystem health[J]. Perspectives in Biology and Medicine, 1989, 33(1):120-132.

[22] Costanza R, Norton B G, Haskell B D. Ecosystem Health: New Goals for Environmental Management[M]. Washington D. C.: Island Press, 1992.

[23] 闫毓霞. 利用土著微生物修复胜利油田含油污泥的工业实验[J]. 石油与天然气化工, 2008, 37(3):255-258.

[24] Troell M, Halling C, Nilsson A, et al. Integrated marine cultivation of *Gracialria chilensis* (Gracilariales, Rhodophyta) and salmon cages for reduced environmental impact and increased economic output[J]. Aquaculture 1997, 156:45-61.

[25] 黄道建, 黄小平, 岳维忠. 大型海藻体内 TN 和 TP 含量及其对近海环境修复的意义[J]. 台湾海峡, 2005, 24(3):316-321.

[26] 岳维忠, 黄小平, 黄良民, 等. 大型藻类净化养殖水体的初步研究[J]. 海洋环境科学, 2004, 23(1):13-15.

[27] 陈亚瞿, 施利燕, 全为民. 长江口生态修复工程底栖动物群落的增殖放流及效果评价[J]. 渔业现代化, 2007, 2:35-39.

[28] 付晚涛, 张卫, 金美芳, 等. 繁茂膜海绵滤食养殖水体中过剩饵料的研究[J]. 海洋环境科学, 2006, 3:29-32.

[29] 邱丽霞, 俞志明, 曹西华, 等. 改性粘[黏]土对球形棕囊藻(*Phaeocystis globosa*)和东海原甲藻(*Prorocentrum donghaiense*)的去除作用[J]. 海洋与湖沼, 2017, 48(5):982-989.

[30] 汪松年. 上海湿地的开发利用保护[M]. 上海:上海科技出版社, 2003.

[31] 陈尚, 李涛, 刘键, 等. 福建省海湾围填海规划生态影响评价[M], 北京:科学出版社, 2008.

[32] 贾春斌, 王佳美, 唐振朝. 深圳东部海域珊瑚群落分布特征[J]. 渔业研究, 2020, 42(6):590-597.

[33] Volk T, Hoffert M I. Ocean carbon pumps: Analysis of relative strengths and efficiencies in ocean-driven atmospheric CO_2 changes[J]. Geophysical Monograph, 2013, 32:99-110.

[34] 张传伦. 微型生物碳泵——海洋生物地球化学研究的新模式[J]. 中国科学:地球科学, 2018, 48(6):805-808.

硅藻门　　　　河口　　　　海洋生态保护与修复

本章重难点视频讲解

第八章 海洋环境监测

海洋环境监测是认识海洋环境问题的基础。海洋环境监测的一般过程是:首先明确监测目的,然后结合已有资料和初步调查,设计和优化监测方案;在目标海区优化布点后,采用合适的方法采集样品,并送实验室分析测试;最后是分析数据,给出调查海区环境质量的综合评价。水体、沉积物和海洋生物组成了一个完整的水环境体系,本章主要介绍各介质环境监测的基本方法及规范。

第一节 海洋水体环境监测

一、 监测目的

对海洋水体中的污染因子进行定期监测,以掌握水质现状及其变化趋势,为国家制定海洋环境保护法规、标准、规划等提供有关数据和资料。对入海河流和各类直排污染源进行监视性监测,掌握污染物浓度和排放总量,评价是否符合排放标准,为污染源管理提供依据。对海洋环境污染事故进行应急监测,为调查事故原因、判断危害、控制污染、制定对策提供依据。

依据监测目的,我国《海水水质标准》(GB 3097—1997)中规定的监测项目可以分为三类,即物理性指标,包括漂浮物质、水温、色、臭、味、悬浮物质;生物性指标,包括大肠菌群、粪大肠菌群、病原体;化学性指标,包括化学需氧量、生化需氧量、无机氮、非离子氨、活性磷酸盐、汞、镉、铅、六价铬、总铬、砷、铜、锌、硒、镍、氰化物、硫化物、挥发酚、石油类、六六六、滴滴涕、马拉硫磷、甲基对硫磷、苯并芘、放射性核素等。

二、 基础资料收集

在制定采样方案前,应尽可能完备地收集目标水体及所在区域的有关资料,以便于优化布点,采集代表性样品。主要有:

(1)海域的水文、气象、地质和地貌资料。如水深、水温、潮汐、流速及流向的变化;气温、降雨量;海洋底质结构及地质状况。

(2)海域的沿岸城市分布、工业布局、污染源及其排污情况、城市给排水情况等。

(3)海域的历年水质监测资料等。

三、 采样站点的布设

(一)布设原则

根据监测目的,结合水域类型、水文、气象、环境等自然特征和污染源分布,综合诸因素提出优化布点方案,主要原则如下:

（1）监测站点能够提供有代表性的信息；

（2）考虑站点周围的环境地理条件；

（3）考虑监测区域的动力场状况（潮流场和风场）；

（4）考虑社会经济特征及区域性污染源的影响；

（5）对监测海域进行经济效益分析；

（6）尽量考虑站点在空间分布上的均匀性，避开特征区划的系统边界；

（7）考虑水文特征、水体功能、水环境自净能力等因素的差异性；

（8）初期污染调查过程中，可以进行网格式布点。

（二）监测断面

为了解水体水质，在垂直于水流流向的横截面上设置采样点，该横截面称为监测断面。监测断面的布设应遵循的原则：近岸较密、远岸较疏，重点区（如主要河口、排污口、渔场或养殖场、风景游览区、港口码头等）较密，对照区较疏。断面的布设应满足掌握水环境质量状况的实际需要，能够反映出污染物时空分布和变化规律，力求以较少的断面和测点取得代表性最好的监测资料。

入海河口区的采样断面，应与径流扩散方向垂直布设，并根据地形和水动力特征布设一至数个断面。港湾采样断面，视地形、潮汐、航道和监测对象等情况布设。在潮流复杂区域，采样断面可与岸线垂直设置。开阔海区的采样站位呈纵横断面网格状布设。

（三）采样层次

海洋水体监测的采样层次见表8-1。

表 8-1　采 样 层 次

水深范围/m	标准层次/m	底层与相邻标准层最小距离/m
<10	表层	
10~25	表层,底层	
25~50	表层,10,底层	
50~100	表层,10,50,底层	5
>100	表层,10,50,50以下水层酌情加层,底层	10

注：① 表层系指海面以下 0.1~1 m；② 底层，对河口及港湾海域最好取离海底 2 m 的水层，深海或恶劣海况时可酌情增大离底的距离。

四、 采样时间和采样频率

在水质可能发生变化期间进行采样，既可以反映水质的变化，又可以避免盲目性或者过于频繁的采样造成浪费。

采样时间和频率的确定原则是以最小工作量获取满足环境信息所需资料，具体要求如下：

（1）技术上的可能性和可行性；

（2）能够真实地反映出环境要素变化特征；

（3）尽量考虑采样时间的连续性。

运用多年调查监测资料，以合适的参数作为统计指标，进行时间聚类分析。根据时间聚类结果,也可以确定采样时间和采样频率。还可以运用其他统计学方法,进行统计学检验,进而确定采样时间和频率。用于环境质量控制的采样频率一般要高于环境质量表征所需的采样频率。

五、结果表达、质量保证及实施计划

监测数据是评价海洋环境质量、进行环境质量控制的基本依据,必须进行科学的计算和处理,并按照《海洋监测规范》要求的形式在监测报告中表达出来。

质量保证,包括保证水质监测数据正确可靠的全部活动和措施,此体系由样品质量保证、分析质量控制、数据处理、结果填报等环节组成。未执行业务主管部门规定的质量控制程序所产生的数据,视为可疑数据,可疑数据不得用于海洋环境质量及海洋环境影响评价。

实施计划就是实施监测方案的具体安排,要切实可行,使监测工作的各个环节有序、协调地进行。

六、水样采集

在线分析仪器因价格昂贵而使应用受到一定限制,目前在海洋环境监测中应用较多的还是离线分析(部分物理性指标和大部分生物和化学指标),即使用采水器采集水样并经初步处理后,带回实验室分析。

(一) 通则

1. 采样目标

采样目标就是采集能表征区域海洋水体特征的样品。应该采取可行的预防措施,避免样品在采样和分析的时间间隔内发生变化,确保在实验室分析之前组分不改变,即保持与采样时的相同状态。

2. 采样代表性

欲使采集的样品具有代表性,应周密设计监测海域的采样断面、采样站位、采样时间、采样频率和样品数量,确保能够客观地表征目标海域环境的真实情况,确保所采样品不仅代表原环境,而且应在采样及其处理过程中不变化、不污染、不损失。

3. 采样计划

采样计划是海洋环境监测方案中的重要部分。一般包括:何时何地如何进行采样;采样设备及其校验;样品盛放及保存方法;样品的预处理程序;分样程序;样品记录;样品贮存与运输;质量保证与质量控制措施等。

4. 采样程序

制定好采样计划后,需要设计采样程序,这是保证成功取得代表性样品的关键。设计采样程序,首先要确定采样目的。

海洋水体监测的目的通常分为环境质量控制、环境质量表征及污染源鉴别三种类型。环境质量控制指对某海域的一个或几个环境要素的浓度进行反复核查,以决定是否采取相应控制措施。环境质量表征是为了保障环境质量,分析评价污染物在海洋水体中的时空分布现状,并预测海洋环境状况的发展趋势。污染源鉴别是为了确定污染物来源、排放特征,并追溯污染物的污染途径等。

采样程序中还应该包括采样点的设置、现场采样方法及质量保证措施等。

5. 安全措施

样品采集应采取以下安全措施：

（1）在各种天气条件下采样，应确保操作人员和仪器设备的安全；

（2）在大面积水体上采样，操作人员应系好安全带，备好救生圈，各种仪器设备均应采取安全固定措施；

（3）在冰层覆盖的水体进行采样前，应仔细评估冰的厚度和薄冰的位置；

（4）监测船在所有水域采样时，要防止商船、捕捞船及其他船只靠近，应随时使用适当信号表明工作状态；

（5）应避免在不安全地点采样。如果不可避免，不应单独一个人，可由一组人采样，并采取相应安全措施；

（6）采样时，要采取一些特殊防护措施，避免某些偶然情况出现。如腐蚀性、有毒、易燃易爆、病毒及有害动物等对人体的伤害；

（7）在使用电操作设备采样时，在操作和维修过程中，需注意安全用电。

（二）样品

1. 瞬时样品

瞬时样品是一次性采集的样品。验证一定范围海域可能存在污染或者调查其污染程度，特别是在较大范围采样，均应采集瞬时样品。对于某些监测项目，例如溶解氧、溶解硫化氢等溶解气体的水样，规定应采集瞬时样品。

2. 连续样品

连续样品通常指在固定时间间隔下定时采集的样品，以及在固定的流量间隔下采集的样品。常用在直接入海排污口等特殊位置，以监测瞬时样品反映不出来的变化。

3. 混合样品

混合样品是指在同一个采样点上，以流量、时间、体积为基础的若干份单独样品的混合。混合样品用于提供组分的平均数据。若水样中待测成分在采集和贮存过程中变化明显，则不能使用混合水样，要单独采集并保存。

4. 综合样品

综合样品指把从不同采样点同时采集的水样进行混合而得到的水样（若时间不能同步，也应尽可能接近）。在某些情况下，一个综合水样可能会提供更加有用的环境信息。

样品一旦采完，必须保持与采样时尽量相同的状态。样品在采集、贮存和分析测试过程中极易受到沾污，比如来自船体、采水装置、实验设备、玻璃器皿、化学药品、空气及操作者人为所产生的沾污。样品中的待测成分也可因吸附、沉降或挥发而受到损失。因此在采样、预处理及分析过程中，应该尽力避免外来污染和组分损失、变化，使分析数据能够客观地表征水体的真实情况。

（三）采样时空频率的优化

采样位置的确定及时空频率的选择，应在大量历史数据分析的基础上，对调查监测海域进行特征区划。根据污染物在较大面积海域分布的不均匀性和局部海域的相对均匀性，运用均质分析法、聚类分析法等，将监测海域划分为污染区、过渡区及对照区，然后针对各区确定采样点位和采样频率。

（四）采样装置

1. 采样器技术要求

水质采样器的种类较多，一般应满足如下的主要技术要求：

（1）具有良好的注充性和密闭性。采样器的结构要严密，关闭系统可靠；

（2）材质要耐腐蚀、无沾污、无吸附。痕量金属采样器，应为非金属结构，常以聚四氟乙烯、聚乙烯及聚碳酸酯等为主体材料；如果采用金属材质，金属结构表面应有非金属材料涂层；

（3）结构简单、牢固、轻便，易于冲洗、操作和维修；

（4）能够抵抗恶劣天气和海况的影响，适应在广泛的环境条件下操作；

（5）价格便宜，容易推广使用。

2. 采样器类型

常用的采样器有以下几种类型：

（1）瞬时样品采样器。采样器结构较简单，常用于采集表层瞬时样品。

近岸表层采水器是在长杆上固定塑料瓶夹，采样瓶固定在塑料瓶夹上进行瞬时采样，采样瓶即为样品瓶。

抛浮式采水器的采样瓶安装在可以开启的固定架里，固定架以尼龙绳与浮球连接，通常用来采集表层石油烃类等水样。

简易采水器一般由有机玻璃或不锈钢材料制成，由桶体、带轴的两个半圆上盖和出水口组成。采水时，将其沉降至水面下一定深度，水样可通过上盖处进入，待水充满采水器后提出。

（2）深度定点采水器。固定在采样装置上的采样瓶呈闭合状态潜入水中，当采样器到达选定深度，按指令打开，采样瓶里充满水样后，按指令关闭。这种采样器称为闭-开-闭式采水器。

另一种为开-闭式采水器，也是一种简便易行的采样器，两端开口，顶端与底端各有可以开启的盖子。采水器呈开启状态沉入水中，到达采样深度时，两端盖子按指令关闭，此时即可以取到所需深度的样品。目前与 CTD 现场观测配合使用的采样器多为此类采样器。

（3）深度综合样品采样器。深度综合法采样需要一套用以夹住采样瓶并使之沉入水中的机械装置，加重物的采样瓶沉入水中，同时通过注入阀门使整个垂直断面的各层水样进入采样瓶。

为了使水样在各种深度按比例采取，采样瓶沉降或提升的速度随深度不同也应相应变化，同时还应具备可调节的注孔，用以保持在水压变化的情况下，注入流量不变。

在无上述采样设备时，可以采用深度定点采水器分别采集各深度层的样品，然后混合。

（4）泵吸系统采水器。利用泵吸系统采水器，可以获取很大体积的水样，又可以按垂直和水平方向研究水体的"细微结构"而进行连续采样，并可与 CTD、STD（sallinity, temperature and depth）设备联用，因此在海洋科考中得到了广泛应用。

采样器也可根据不同的材质和用途，分为有机玻璃采水器、球阀式采水器、颠倒采水器、卡盖式采水器等。

（五）现场采样操作

1. 岸上采样

如果水是流动的,采样人员站在岸边,必须面对水流动方向操作。若底部沉积物受到扰动,则不能继续取样。

2. 冰上采样

若冰上覆盖积雪,可用木铲或塑料铲清除积雪,留出面积约为 1.5 m×1.5 m 的区域,再用冰钻或电锯在中央部位打开一个洞。若冰钻和锯齿是金属的,则增加了对水质金属指标沾污的可能性,冰洞打完后用冰勺(若测定金属指标,冰勺需用塑料包覆)取出碎冰。此时要特别小心,防止采样者衣着和鞋帽沾污了洞口周围的冰,数分钟后待水体稳定方可取样。

3. 船上采样

要求向风、逆流采样,将来自船体的各种沾污控制在一个尽量低的水平上。由于船体本身就是一个污染源,船上采样要始终采取适当措施,防止船上各种排污可能带来的影响。当船舶到达采样站位后,应该根据风向和流向,立即将采样船周围海面划分成:船体沾污区、风成沾污区和采样区三部分,然后在采样区采样。发动机关闭后,当船体仍在缓慢前进时,将抛浮式采水器从船头部位尽力向前方抛出,或者使用船载采样船,需驶离大船一定距离后采样。在船上,采样人员应坚持向风操作,采样器不能直接接触船体任何部位,裸手不能接触采样器排水口,采样器内的水需先放掉一部分后,然后再用采样瓶取样。

特别强调的是,需要测定金属指标时,应避免水样直接接触铁质或其他金属物品。使用铁质或其他金属制成的采样船进行采样时,应有防金属污染的措施。

（六）特殊样品的采样

1. 溶解氧、生化需氧量样品的采集

应用碘量法测定溶解氧(DO)时,水样最好直接采集到采样瓶中,采样时注意不要曝气或残存气体。如使用有机玻璃采水器、球阀式采水器、颠倒采水器等应防止搅动水体,并最先采集溶解氧样品。

2. pH 样品的采集

pH 样品的采集应按照以下步骤:采样前用少量海水荡洗样品瓶 2 次,慢慢将样品瓶充满后,立即盖紧瓶塞。如条件允许,要求现场测定,否则带回实验室立即测定。

3. 浑浊度、悬浮物样品的采集

浑浊度、悬浮物样品的采集应按照以下步骤:采集海水后,应尽快将采样器中的海水装入采样瓶,在水样装瓶的同时摇动采样器,防止悬浮物在采样器内沉降而导致水样不具代表性。

4. 重金属样品的采集

重金属样品的采集应按照以下步骤:用于分析重金属的样品应该采用非金属材质的采水器;水样采集后,要防止现场大气沉降的沾污,分装水样要快速;灌装样品时必须边摇动采水器边灌装,防止采样器内样品中污染物含量随悬浮物的下沉而降低;水样需立即用 0.45 μm 滤膜过滤(汞的水样除外),并酸化至 pH<2,盖紧瓶塞存放。

5. 油类样品的采集

油类样品的采集应按照以下步骤:应使用瞬时样品采样器固定样品瓶在水体中直接灌装,采样后立即提出水面,在现场萃取。油类样品瓶不能预先用海水冲洗,以避免油类黏附,造成测定误差。

6. 营养盐样品的采集

营养盐样品可用有机玻璃或塑料采水器采集,步骤如下:采样时先放掉少量水样,然后再采集样品;采样后应立即分装水样;在灌装样品时,样品瓶和盖至少用海水冲洗 2 次;灌装水量约为样品瓶容量的 3/4;要防止空气污染,特别是防止船烟和吸烟者的污染;立即用 0.45 μm 滤膜过滤水样,以除去颗粒物。

(七) 采样中的质量控制

1. 现场空白样

现场空白是指在采样现场以纯水作样品,按照测定项目的采样方法和要求,与样品相同条件下装瓶、保存、运输,并交实验室分析。通过将现场空白与室内空白测定结果相对照,掌握采样过程和环境条件对样品质量影响的状况。

现场空白样所用的纯水,其制备方法及质量要求与室内空白样纯水相同,纯水应用洁净的专用容器,由采样人员带到采样现场,运输过程应注意防止沾污。

2. 现场平行样

现场平行样是指在相同采样条件下,采集双样送实验室分析,测定结果可反映采样与实验室测定精密度。当实验室精密度受控时,主要反映采样过程的精密度变化状况。现场平行样要注意确保采样操作和条件的一致性。对水质中非均相物质或分布不均匀污染物,在分装样品时需摇动采样器,使样品保持均匀。

3. 现场加标样

现场加标样是取一组现场平行样,将一定浓度的被测物质的标准溶液,加入到其中一份已知体积的水样中,另一份不加标。然后按样品要求进行处理,送实验室分析。将测定结果与实验室加标样对比,掌握测定对象在采样、运输过程中的变化状况。现场和实验室应使用同一标准溶液,现场加标操作应由熟练的质控人员或分析人员完成。

(八) 采样设备和材料的防沾污措施

防止采样设备和材料被沾污,应采取如下措施:

(1) 采样器、样品瓶等均须按规定的洗涤方式洗净,按规定容器分装采样;

(2) 现场作业前,应先进行保存试验,抽查器皿的洁净度;

(3) 用于分装有机化合物样品的容器,洗涤后用特氟隆(Teflon)或铝箔瓶盖内衬,防止污染水样;

(4) 采样时,不能用手、手套等接触样品瓶的内壁和瓶盖;

(5) 样品瓶应防尘、防污、防烟雾和污垢,应保存在清洁环境中;

(6) 过滤膜及其过滤设备应保持清洁,用酸和其他洗涤剂清洗,并用洁净的铝箔包裹;

(7) 消毒过的瓶子应保持无菌状态,且在样品采集后仍要保持清洁;

(8) 外界金属物质不能与水样接触;

(9) 采样器可用海水充分漂洗,或放入深水处静置或提拉数次,再提到采样深度采样。

(九) 样品的贮存与运输

1. 样品容器的材质选择

贮存水质样品容器的材质选择应遵循以下原则:

(1) 容器材质对水质样品的沾污程度应最小;容器便于清洗;容器的材质在化学活性和

生物活性方面具有惰性,使样品与容器之间的作用保持在最低水平。

(2)在选择贮存样品容器时,还应考虑对温度变化的应变能力、抗破裂性能、密封性、重复开闭性等,也要注意体积、形状、质量、供应状况、价格和重复使用的可能性。

(3)大多数含无机成分的样品,多采用聚乙烯、聚四氟乙烯和多碳酸酯聚合物材质制成的容器。常用的高密度聚乙烯,适用于水中硅酸盐、钠盐、总碱度、氯化物、电导率、pH分析和样品贮存。对光敏物质多使用吸光玻璃质材料。

(4)常用玻璃质容器适合于有机化合物和生物样品的贮存。塑料容器适合于放射性核素和大部分痕量金属元素及常规测项的水样贮存。带有氯丁橡胶圈和油质润滑阀门的容器不适合有机物和微生物样品的贮存。

2. 样品容器的洗涤

为了最大限度避免样品受沾污,新容器必须彻底清洗,使用的洗涤剂种类取决于待测物质的组分。

对于一般性用途,可用自来水和洗涤剂清洗尘埃和包装物质,然后用铬酸和硫酸洗涤液浸泡,再用蒸馏水淋洗。使用过的容器,在器壁和底部多有吸附和附着的油分、重金属及沉淀物等,应充分洗净后方可循环使用。

使用聚乙烯容器时,先用 1 mol/L 盐酸清洗,然后再用 1+3 的硝酸进行较长时间的浸泡。供测定微量有机物使用的玻璃瓶,只能用无机试剂清洗。用于贮存计数和生化分析的水样瓶,也需用硝酸浸泡,然后用蒸馏水淋洗以除去任何重金属和铬酸盐残留物,如果待测定的有机成分需经萃取后进行测定,也可以用萃取剂清洗玻璃瓶。

3. 水质样品的固定与贮存

水质样品的固定通常采用冷冻和酸化后低温冷藏两种方法。水质过滤样加酸(盐酸或硝酸)酸化,使 pH < 2,然后低温冷藏。未过滤的样品不能酸化(汞的样品除外),酸化可使颗粒物上的痕量金属解吸,未过滤的水样必须冷冻贮存。水样现场处理及贮存方法详见《海洋监测规范 第 4 部分:海水分析》(GB 17378.4—2007)的规定。

4. 样品运输

样品运输时间要尽可能短,运输过程中要注意样品的密封性,防震、防破碎,保持样品完整性,使样品损失降低到最低程度。

5. 标志和记录

采样瓶注入样品后,应该立即将样品来源和采样条件记录下来,并标志在样品瓶上。

采样的详细信息必须从采样时开始记录,直到分析测试完成时结束,始终伴随样品。

七、污染物质的分析测定

(一)金属化合物的测定

1. 汞(Hg)

Hg 化合物在海水和海洋底质中普遍存在。海洋中 Hg 是微量的,一般只有 1~4 ng/L 左右。一般而言,Hg 的半数致死量按体重计为 10~40 mg/kg。Hg 中毒的主要症状是休克、心血管系统衰竭,急性肾衰竭和严重的胃肠道损伤。因此,海水中 Hg 的监测就显得尤为重要。Hg 的检测有多种方法,如原子荧光法、冷原子荧光光谱法、金捕集-冷原子吸收分光光度法等。

2. 铜（Cu）

Cu 是人体必需的微量元素之一,缺 Cu 会引起贫血、骨骼畸形、发育不良等病症,但过量摄入也会产生危害,甚至可能造成中毒,包括急性 Cu 中毒、肝豆状核变性等病症。据估计,通过污水、煤的燃烧和风化等各种途径每年进入海洋的 Cu 的总量可能超过 2.5×10^5 t。Cu 的测定方法主要有原子吸收分光光度法（AAS）、阳极溶出伏安法和电感耦合等离子发射光谱法（ICP-AES）等。

3. 铅（Pb）

Pb 是可在生物体中蓄积的有毒金属,它对神经系统、骨骼造血功能、消化系统等全身各系统和器官均有毒性作用。Pb 的测定方法主要有 AAS、阳极溶出伏安法和 ICP-AES 等,其中无火焰原子吸收分光光度法为仲裁方法。

4. 镉（Cd）

Cd 是一种毒性很大的重金属,其化合物也大都属毒性物质。海洋生物能将 Cd 富集于体内,Cd 通过食物链能在人体的肾脏和骨骼中积累,引起贫血症、骨痛病、胃功能失调、脏器损害等症状。Cd 的测定方法主要有 AAS、阳极溶出伏安法和 ICP-AES 等,其中无火焰原子吸收分光光度法为仲裁方法。

5. 锌（Zn）

正常海水中,Zn 的浓度为 5 μg/L 左右。被污染的近岸海水中 Zn 的浓度比大洋水高 5~10 倍,主要来自工业废水。Zn 是机体生长发育所必需的微量元素之一,参与机体内的生化代谢过程,但是体内 Zn 过量,也会引发免疫功能下降、缺铁性贫血和神经系统损伤等症状。Zn 的测定方法主要有 AAS、阳极溶出伏安法和 ICP-AES 等,其中火焰原子吸收分光光度法为仲裁方法。

6. 总铬（Cr）

海洋中的 Cr 主要来自工业废水。Cr 是人和动物所必需的一种微量元素,缺 Cr 可影响糖类及脂类代谢。但摄入 Cr 过多,可以引发腹泻、过敏性反应,甚至有致癌、致死作用,对环境有持久危险性。测定方法主要有无火焰原子吸收分光光度法和二苯碳酰二肼分光光度法。

7. 砷（As）

As 及其化合物均为有毒物质,As 来自岩石风化和人类活动,在人类开采和冶炼 As 矿、用 As 或砷化物作原料生产玻璃、皮革等以及含 As 燃料燃烧等过程中,均能产生含 As 废气、废渣和废水,最终将 As 引入海洋环境。测定 As 的方法有原子荧光法、砷化氢-硝酸银分光光度法、氢化物发生原子吸收分光光度法和催化极谱法。

（二）非金属无机物的测定

1. pH

海水 pH 是海水酸碱度的一种标志。天然海水的 pH 通常稳定在 7.9~8.4,主要取决于海气系统的二氧化碳平衡。主要用 pH 计法测定,该法适用于大洋和近岸海水的测定。

水样采集后,应在 6 h 内测定。对于 pH 计法,水的色度、浑浊度、胶体微粒、游离氯、氧化剂、还原剂以及较高的含盐量等干扰都较小;但当 pH > 9.5 时,大量的钠离子会引起很大误差,读数偏低。

2. 溶解氧

溶解于海水中的分子态氧称为溶解氧(DO)。溶解氧是海洋生命活动不可缺少的物质,主要来源于海气交换和浮游植物的光合作用。测定溶解氧的常用方法有碘量法和氧电极法。碘量法适用于大洋和近岸海水及河水、河口水溶解氧的测定,为海洋环境监测的仲裁方法。

3. 氰化物

氰化物特指带有氰基(CN^-)的化合物,包括简单氰化物、络合氰化物和有机氰化物。简单氰化物易溶于水,是剧毒物质。某些有机氰化物分子对中枢神经系统具有抑制作用。络合氰化物在水体中受 pH、水温和光照的影响可解离为毒性强的简单氰化物。氰化物的主要污染源是电镀、焦化、选矿、洗印、石油化工、有机玻璃制造、农药制造等工业废水。测定之前,通常先将水样在酸性介质中进行蒸馏,把能形成氰化氢的氰化物(全部简单氰化物和部分络合氰化物)蒸出,使之与干扰组分分离。测定水体中氰化物的方法有容量滴定法、分光光度法和离子选择电极法。

4. 硫化物

硫化物通常以 H_2S、HS^-、S^{2-} 三种形态存在于海水中,而且三种形态的比例主要取决于水体的 pH。在低氧化还原电位条件下,海洋沉积物中的硫酸盐在硫酸盐还原菌的参与下可生成硫化物。H_2S 易从水中逸散到空气,具有刺激作用和细胞窒息作用,吸入高浓度 H_2S 会引起重度中毒并危及生命。测定方法主要有亚甲基蓝分光光度法,检出限为 $0.2~\mu g/L$,适用于大洋、近岸、河口水体中含硫化物浓度为 $10~\mu g/L$ 以下的水样,为海洋环境监测的仲裁方法。离子选择电极法,检出限为 $3.3~\mu g/L$,也适用于大洋、近岸海水中硫化物的测定。

5. 无机氮

海洋中的氮化合物主要包括有机氮和无机氮化合物,无机氮化合物有亚硝酸盐氮、硝酸盐氮和铵氮。

(1) 亚硝酸盐氮。亚硝酸盐是剧毒物质,同时还是一种致癌、致畸物质。海洋中生物碎屑和排泄物的含氮物质中,有些成分经过溶解和细菌的硝化作用,逐步产生可溶的有机氮、铵盐、亚硝酸盐和硝酸盐等。同时,硝酸盐可被细菌作用而还原为亚硝酸盐。此外,光化学作用能使一些硝酸盐还原或使铵盐氧化产生亚硝酸盐。亚硝酸盐是氮循环的中间产物,在氧和微生物的作用下,可被氧化成硝酸盐,在缺氧条件下也可被还原为氨。

用萘乙二胺分光光度法测定,适用于大洋、近岸海水和河口水中亚硝酸盐的测定,为海洋环境监测的仲裁方法。

(2) 硝酸盐氮。硝酸盐是由金属离子或铵离子与硝酸根离子组成的化合物,广泛地存在于自然界中,极易溶于水。硝酸盐在人体内可被还原为亚硝酸盐,因而呈现出毒性作用。环境中化肥施用、污水灌溉、工业含氮废弃物、燃料燃烧排放的含氮废气等在自然条件下经转化形成硝酸盐,可以流入河、湖、海洋并渗入地下,从而造成地表水、地下水的硝酸盐污染。

用镉柱还原法测定,适用于大洋、近岸海水和河口水中硝酸盐氮的测定,为海洋环境监测中的仲裁方法。

(3) 氨氮。氨氮是以氨或铵离子形式存在的化合氮。氨氮可导致富营养化现象产生,也是水体中的主要耗氧污染物,对鱼类及某些水生生物有毒害作用。氨氮主要来源于人和动物的排泄物、生活污水、雨水径流以及农用化肥的流失。另外,氨氮还来源于化工、冶金、石油化工、油漆颜料、煤气、炼焦、鞣革、化肥等工业废水中。

用靛酚蓝分光光度法测定,适用于大洋、近岸海水及河口水中氨氮的测定,为海洋环境监测的仲裁方法。也可用次溴酸盐氧化法测定海洋及河口水中的氨氮。

6. 无机磷

磷是人体所必需的重要的矿物质元素,也是海洋生物重要的营养元素之一。海水中的磷以颗粒态和溶解态存在。磷酸盐主要经由雨水或河水输入海洋,部分来源于海洋生物的遗骸腐化分解。

磷钼蓝分光光度法适用于海水中活性磷酸盐的测定,为海洋环境监测中的仲裁方法。磷钼蓝萃取分光光度法检出限为 0.2 μg/L,也适用于测定海水中的活性磷酸盐。

7. 活性硅酸盐

硅为海洋中的重要营养要素,是海洋浮游植物生长繁殖所必需的成分,也是海洋初级生产力和食物链的基础。海水中的硅以悬浮颗粒态和溶解态存在。

硅钼黄法适用于硅酸盐含量较高的海水,为海洋环境监测的仲裁方法。硅钼蓝法适用于硅酸盐含量较低的海水。

8. 总磷

总磷是海水中有机磷和无机磷化合物的总和。海水样品在酸性和 110~120 ℃条件下,用过硫酸钾氧化,有机磷化合物被转化为无机磷酸盐,无机聚合态磷水解成正磷酸盐。消解后水样中的正磷酸盐用磷钼蓝分光光度法测定,据此计算水样中总磷浓度,测定范围为 0.09~6.4 μmol/L。该方法适用于大洋、近海、河口等水体中总磷的测定。

9. 总氮

总氮是海水中有机氮和无机氮化合物的总和。海水样品在碱性和 110~120 ℃条件下,用过硫酸钾氧化,有机氮化合物被转化为硝酸氮。同时,水中的亚硝酸态氮、铵态氮也被定量地氧化为硝酸态氮。消解后水样中的硝酸态氮用萘乙二胺分光光度法测定,据此计算水样中总氮浓度,测定范围为 3.78~32.0 μmol/L。该法适用于大洋、近海、河口等水体中总氮的测定。

在各类营养盐的测定中,水样经 0.45 μm 滤膜过滤后贮于聚乙烯瓶中,应在 3 h 以内从速分析,否则须快速冷冻至-20 ℃保存,样品融化后应立即分析。

(三)有机化合物的测定

近年来通过各种途径,直接和间接排入海洋中的有机物质迅速增加,加重了港湾、河口和近岸海域的有机物质污染。有机物质进入水体后,在分解过程中需要消耗溶解氧;水中需氧有机物越多,耗氧越多,水质也越差,会导致海洋生物窒息死亡,甚至导致局部海区变成了"死亡区"。所以有机物污染指标是海洋水质监测十分重要的指标。

1. 化学需氧量

海洋水体中含有大量的有机物质,化学需氧量(COD)是表征有机物相对含量的综合指标之一。COD 反映了水中受还原性物质污染的程度。

在碱性加热条件下,用已知量并且是过量的高锰酸钾,氧化海水中的需氧物质;然后在硫酸酸性条件下,用碘化钾还原过量的高锰酸钾和二氧化锰,所生成的游离碘用硫代硫酸钠标准溶液滴定。根据滴定空白和水样消耗的硫代硫酸钠溶液的体积可以计算化学需氧量。

该方法适用于大洋、近海、河口等水体中 COD 的测定,为海洋环境监测的仲裁方法。

2. 生化需氧量

生化需氧量(BOD)是指在有溶解氧的条件下,好氧微生物在分解海水中有机物的生物化学氧化过程中所消耗的溶解氧量。亦包括如硫化物、亚铁等还原性无机物质氧化所消耗的氧量,但这部分通常占很小比例。BOD 在一定程度上可以反映水体中有机物质含量。水体中 BOD 高,表征水体中需氧有机物浓度高。海洋监测中常用的测定方法有五日培养法和两日培养法。

3. 总有机碳

总有机碳(TOC)是以碳的含量表示水体中有机物质总量的综合指标。测定水体中总有机碳的含量有助于认识和评价有机物污染程度。由于 TOC 的测定采用燃烧法,因此能将有机物全部氧化,它比 BOD 或 COD 更能准确反映有机物的总量。

总有机碳测定仪器用于海水 TOC 的测定,为海洋环境监测中的仲裁方法。

4. 油类

油类主要是原油、各种燃料油、润滑油以及动植物油脂,是世界海洋中最普遍存在的污染物之一,也是海洋污染防治最早关注的对象。测定油类的方法有重量法、非色散红外法、紫外分光光度法、荧光法等。

荧光分光光度法检测限为 6.5 $\mu g/L$,适用于大洋、近海、河口等水体中油类的测定。采样后,4 h 内萃取,贮存有效期不超过 20 d。本方法为海洋环境监测的仲裁方法。

紫外分光光度法检出限 3.5 $\mu g/L$,适用于近海、河口水体中油类的测定。重量法检出限为 2.0×10^2 $\mu g/L$,适用于油污染较重海水中油类的测定。

5. 六六六、DDT

六六六和 DDT 曾在全球范围内大量使用,虽然在 1987 年已经禁止使用此类农药,但由于其难降解性,至今在海水中仍有检出。六六六和 DDT 在海水中的分布广泛,在南极海域中也已监测到。

水样中的六六六、DDT 含量一般低于 10^{-3} $\mu g/L$,经正己烷萃取、净化和浓缩,可用填充柱气相色谱法测定其各异构体含量,总量为各异构体含量之和。该方法适用于河口、近岸海水中六六六、DDT 的测定。

6. 多氯联苯

多氯联苯(polychlorinated biphenyl, PCBs),是许多联苯的含氯化合物的统称。依氯原子的个数及位置不同,多氯联苯共有 209 种异构体存在,一般式为 $C_{12}H_nCl_{(10-n)}$($0 \leq n \leq 9$)。多氯联苯是一种难以降解的致癌物质,可长期蓄积在环境和人体内,代谢极为缓慢,危害性很大。虽然这类有机化合物在海水中的溶解度较低,但它们很容易溶解在生物有机相中,从而在海洋生物体内高度富集,造成海洋生态失调,甚至危及人类健康。

海水样品通过树脂柱,多氯联苯及有机氯农药吸附在树脂上,用丙酮洗脱,正己烷萃取,通过硅胶混合层析柱脱水、净化、分离、浓缩的洗脱液经氢氧化钾-甲醇溶液碱解,浓缩后进行气相色谱测定。该法适用于近岸和大洋海水中多氯联苯含量的测定,为海洋环境监测中的仲裁方法。

7. 狄氏剂

狄氏剂也是有机氯杀虫剂的一种,对人类神经系统、肝脏、肾脏有明显的毒性作用,对浮游植物光合作用也具有抑制作用,并能影响其繁殖能力。水中生物体对狄氏剂有很高的富集能力,即使水中很低的含量水平也可导致生物体达到有毒的水平。由于人类活动造成的狄氏剂污染物,在海水中的浓度一般在 10^{-12} mol/L 以下。常用液-液萃取法和吸附剂分离法,先分离、富集,然后用气相色谱法进行测定。该方法适用于近岸和大洋海水中狄氏剂含量的测定,为海洋环境监测中的仲裁方法。

第二节　海洋沉积物监测

海洋沉积物能记录海洋水环境与沉积物环境的污染历史,反映难降解物质的积累情况,以及水体污染的潜在风险等。

一、 监测目的

海洋沉积物监测的目的在于研究海洋环境中各种污染物的分布特征,沉积、迁移转化规律;评价沉积物污染对海洋底栖生物的影响,并服务于海洋环境评价、预测和综合管理等。

二、 基础资料收集

在制定采样方案前,应尽可能完备地收集目标区域的有关资料,以便优化布点,采集代表性样品。

调查海域的水文、地质和地貌资料,如海洋底质结构及地质状况;调查海域沿岸城市分布、工业布局、污染源及其排污情况等;了解待监测区域污染历史及现状;该海域历年的底质监测资料等。

三、 采样站位的布设

采集有代表性的沉积物样品是实施沉积物监测的基本原则,也是反映海洋环境沉积现状和污染历史的重要手段。

（一）布设的原则

（1）沉积物采样断面的设置应与水质断面一致,以便将沉积物的组成、理化性质和受污染状况与水质污染状况进行对比研究;

（2）沉积物采样点应与水质采样点在同一铅直线上,如沉积物采样点有障碍物影响,采样点可适当偏移;

（3）站位对监测海域应具有代表性,其沉积条件要稳定,选择站位应考虑以下几个方面:水动力状况(海流、水团分布);沉积盆地结构;生物扰动;沉积速率;沉积结构(地貌、粒径等);历史数据和其他资料;沉积物的理化特征。

（二）布设的类别

1. 选择性布设

在专项监测时,根据监测对象及监测项目的不同,有选择性地布设沉积物采样点。如排污口监测,要以污染源为中心,顺着污染物扩散带按照一定的距离布设采样点。

2. 综合性布设

根据区域或监测目的不同,进行对照、控制、削减断面的布设。如在某港湾进行污染物排放总量控制监测中,可按区域功能的不同进行对照、控制、削减性断面的布设。布设方法可以是单点、断面、多断面、网格式布点。

四、 采样时间和采样频率

采样频率以各采样点时空变异和所要求的精密度而定。一般说来,由于沉积物相对稳定,受水文、气象条件变化的影响较小,污染物含量随时间变化的差异不大,采样频次通常每年采样一次,与某次水质采样同步进行。

五、 样品采集方法

(一)沉积物采样的辅助器材

(1)采样器:包括箱式采泥器、抓斗式采泥器、钻式采泥器。

(2)绞车:电动或手摇绞车,附有直径 4~6 mm 钢丝绳,长度依水深而定,负荷 50~300 kg。采集柱状样应使用电动绞车或吊杆,钢丝绳直径 8~9 mm,负荷不低于 300 kg。

(3)接样盘:木质或塑料制成,面积为采泥器张口面积的 2~3 倍。

(4)刀、勺:由塑料制成。

(5)烧杯、记录表格、塑料标签卡、铅笔、记号笔、钢卷尺、工作日记等。

(6)接样箱:一般木质,用于柱状样品盛放,按不同要求制作。

(二)表层样品采集与柱状样采集

均按《海洋调查规范 第 8 部分:海洋地质地球物理调查》(GB/T 12763.8—2007)的规定执行。

六、 样品的现场描述

(一)颜色、嗅和厚度

颜色:按《海洋调查规范》观察和记录沉积物颜色。

嗅:样品采集后,立即用嗅觉鉴别有无油味、硫化氢味及其味道的轻重。

厚度:沉积物表面往往有一浅色薄层,能指示其沉积环境。取样时,可用玻璃试管轻插入样品中,取出后,量取浅色层厚度。柱状取样时可描述取样管插入深度、样柱实际长度及自然分层厚度。

(二)沉积物类型

按照《海洋调查规范》规定的分析方法,判定沉积物的类型。

(三)生物现象

生物现象的描述包括:贝壳含量及其破碎程度;生物的种类及数量;生物活动遗迹;其他特征。

沉积物样品的上述特性应清晰、准确、简要地记入采样记录中。

七、 分析样品的制备和预处理

操作人员要戴口罩,并在通风良好的条件下进行样品的预处理操作。预处理中所用的工具及器皿,如碎样及取样等工具,均要先净化处理,要避免样品被沾污。具体方法参照《海洋调查规范》。海洋沉积物样品的预处理方法随监测目的和监测项目不同而异,常用的预处理方法有以下几种。

（一）消解法

当测定沉积物中的无机元素浓度时(如氮、磷、硒、铜、铅、镉等),首先需要进行消解处理。消解处理的目的是破坏有机物,溶解悬浮性固体,将各种价态的欲测元素氧化成单一高价态或转变成易于分离的无机化合物。消解沉积物的方法主要是湿式消解法。湿法消解沉积物样品常用的消解试剂体系有:硝酸-高氯酸、硝酸-硫酸、硫酸-过氧化氢、硝酸-高氯酸-硫酸、硝酸-高氯酸-氢氟酸等。

（二）有机溶剂提取法

测定沉积物样品中的农药、石油等有机污染物时,需要用溶剂将欲测组分从样品中提取出来,提取效率直接影响测定结果的准确度。如果存在杂质干扰和待测组分浓度低于分析方法的最低检测浓度等问题,还要进行净化和浓缩。该方法适用于处理有机污染组分,如测定六六六、DDT、PCBs、狄氏剂等。

索格斯列特(Soxhlet)脂肪提取器,简称索氏提取器或脂肪提取器,常用于提取生物、沉积物和土壤样品中的农药、石油类、苯并[a]芘等有机污染物质。其提取方参见《海洋调查规范》。

提取剂应该根据"相似相溶"的原理选择。如对于极性小的油类、有机氯农药、多氯联苯等,用极性小的环己烷、己烷、石油醚等提取;而对于极性较强的有机磷农药和强极性的含氧除草剂等,原则上要选用强极性溶剂提取,如二氯甲烷、三氯甲烷、丙酮等。

用提取剂从沉积物样品中提取欲测组分的同时,不可避免地会将其他相关组分提取出来。例如,用石油醚等提取有机氯农药时,也将脂肪、蜡质、色素等一起提取出来。因此,在测定之前,还必须将上述杂质分离出去。常用的分离方法有:液-液萃取法、层析法、磺化法、低温冷冻法、吹蒸法等。

生物样品的提取液经过分离净化后,其中的污染物浓度往往仍达不到分析方法的要求,这就需要进行浓缩。常用的浓缩方法有:蒸馏或减压蒸馏法、K-D浓缩器浓缩法、蒸发法等。

八、 污染物质的测定

沉积物样品经过相应的预处理后,可进行总氮、总磷、硒、汞、铜、铅、镉、砷等无机元素含量和PCBs、六六六、DDT、狄氏剂、油类等有机物浓度的测定。近岸海域沉积物例行监测的必测项目为《海洋沉积物质量》(GB 18668—2002)中规定限值的项目及总磷、总氮;选测项目包括废弃物及色(臭、结构)、大肠菌群、粪大肠菌群、病原体、氧化还原电位、沉积物类型等。其中无机元素和有机化合物的测定方法与相应的海水水质监测方法相同。表8-2列出了沉积物测定项目、方法及检出限,具体实验操作参见《海洋监测规范 第5部分:沉积物分析》(GB 17378.5—2007)和《近岸海域环境监测技术规范 第四部分 近岸海域沉积物监测》(HJ 442.4—2020)。

表 8-2　沉积物测定项目、方法及检出限

项目编号		项目及分析方法	检出限*/10⁻⁶	适用范围
1	总汞	原子荧光法	0.002	淡水和海洋沉积物测定,为仲裁方法
		冷原子吸收分光光度法	0.005	淡水和海洋沉积物测定
2	铜	无火焰原子吸收分光光度法	0.5	海洋沉积物连续测定,为仲裁方法
		火焰原子吸收分光光度法	2.0	海洋沉积物连续测定
		电感耦合等离子体质谱法	0.008	淡水、近岸海洋沉积物
3	铅	无火焰原子吸收分光光度法	1.0	海洋沉积物连续测定,为仲裁方法
		火焰原子吸收分光光度法	3.0	海洋沉积物连续测定
		电感耦合等离子体质谱法	0.07	淡水、近岸海洋沉积物
4	镉	无火焰原子吸收分光光度法	0.04	海洋沉积物连续测定,为仲裁方法
		火焰原子吸收分光光度法	0.05	海洋沉积物连续测定
		电感耦合等离子体质谱法	0.015	淡水、近岸海洋沉积物
5	锌	火焰原子吸收分光光度法	6.0	海洋沉积物测定,为仲裁方法
		电感耦合等离子体质谱法	0.16	淡水、近岸海洋沉积物
6	铬	无火焰原子吸收分光光度法	2.0	海洋沉积物测定,为仲裁方法
		二苯碳酰二肼分光光度法	2.0	海洋沉积物测定
		电感耦合等离子体质谱法	0.07	淡水、近岸海洋沉积物

续表

项目编号	项目及分析方法		检出限*/10⁻⁶	适用范围
7	砷	原子荧光法	0.06	海洋沉积物测定,为仲裁方法
		砷钼酸-结晶紫分光光度法	1.0	淡水和海洋沉积物测定
		氢化物-原子吸收分光光度法	3.0	海洋和河流沉积物测定;当硒含量高出砷2倍及锑、铋、锡和汞的含量高出砷10倍时,对测定产生明显干扰
		催化极谱法	2.0	海洋与淡水沉积物测定
		电感耦合等离子体质谱法	0.18	淡水、近岸海洋沉积物
8	硒	荧光分光光度法	0.1	海洋和河流沉积物测定,为仲裁方法
		二氨基联苯胺四盐酸盐分光光度法	0.5	海洋和河流沉积物测定
		催化极谱法	0.03	海洋与淡水沉积物测定
9	油类	荧光分光光度法	1.0	海洋沉积物测定,为仲裁方法
		紫外分光光度法	3.0	近岸、河口沉积物测定
		重量法	20	油污较重海区沉积物测定
10	六六六、DDT	气相色谱法	α-666:3 γ-666:4 β-666:3 δ-666:5 p,p'-DDT:4 o,p'-DDT:11 p,p'-DDD:6 p,p'-DDT:18	海洋沉积物样品测定,为仲裁方法
11	多氯联苯	气相色谱法	59	海洋和淡水沉积物测定,为仲裁方法
12	狄氏剂	气相色谱法	2	海洋沉积物测定,为仲裁方法

续表

项目编号	项目及分析方法		检出限*/10⁻⁶	适用范围
13	硫化物	亚甲基蓝分光光度法	0.3	海洋和淡水沉积物测定,为仲裁方法
		离子选择电极法	0.2	海洋沉积物测定,可用于船上现场测定
		碘量法	4.0	近海、河口、港湾污染较重的沉积物测定
14	有机碳	重铬酸钾氧化-还原容量法	—	沉积物中有机碳含量低于15%的样品测定,为仲裁方法
		热导法	30 000	河口排污口、港湾、近岸及大洋沉积物和悬浮颗粒测定
15	含水率	重量法	—	潮间带、河口及海洋沉积物测定
16	色(嗅、结构)	—	—	近岸沉积物,参考 GB 12763.8—2007(6.2)
17	氧化还原电位	电位计法	—	现场测定氧化还原电位,为仲裁方法
18	沉积物类型及粒度	沉积物粒度	—	近岸沉积物,参考 GB 12763.8—2007(6.3)

* 六六六、DDT 各组分、多氯联苯和狄氏剂检出限的单位为 pg。

第三节　海洋生物监测

海洋生物监测,是根据海洋生物的种群和群落变化、生理和行为反应,以及生物体内污染物的赋存状况来评价海洋污染的方法。海洋生物不同,对海洋污染的敏感度也不同,有些海洋生物(如多毛类环节动物)在轻度或中度污染的海域可以生存并大量繁殖,有的海洋生物(如贻贝)能在体内积累大量的污染物。开展海洋生物监测,可从生物学的角度为海洋环境质量的监测和评价提供依据。

一、监测目的

了解污染物在生物体内的赋存状况,判断水体污染的类型和程度,为制定海洋污染管控措施提供依据。包括背景调查和环境质量综合评价,对排污口、倾废区、海上石油开发区等监视监测,对生态灾害(如赤潮、绿潮、水母)发生区应急监测,开展污染生态综合调查等。

二、 基础资料收集

在制定采样方案前,除了水文、底质、排污口、水质参数等调查项目外,应尽可能完备地收集欲监测区域生物分布的有关资料,如浮游生物、底栖生物、潮间带生物群落的组成、数量分布、季节变化等,以便优化布点,采集代表性样品。

三、 采样站位的布设

监测断面要有代表性,综合考虑生物分布格局、水环境整体性、监测连续性和经济性,尽可能与化学要素监测断面相一致,具体布设方法同水体监测。若站位较密,工作量太大,可间隔采样。

四、 监测频率

监测项目需依据监测目的来确定,必测项目有浮游植物、浮游动物、大肠菌群、细菌总数、底栖动物、叶绿素 a、潮间带生物和生物体中有毒物质含量等,常规性监测可一月一次,每年不少于 4 次,一旦发生异常,可适当增加调查监测次数。对赤潮发生情况进行应急监测的项目,应包括赤潮毒素。排污口污染监测可选测的项目参见表 8-3。

表 8-3　海洋生物监测项目和频率

监测指标	监测项目	监测频率/(次·a^{-1})	备注
浮游植物	种类、数量	4	必测
浮游动物	种类、数量	4	必测
大肠菌群	数量	4	必测
细菌总数	数量	4	必测
底栖动物	种类、数量	4	必测
叶绿素 a	含量	4	必测
潮间带生物	种类、数量	4	必测
生物体分析	有毒物质含量	1	必测
生物毒性实验	半致死量	—	选测
鱼类回避反应实验	回避率	—	选测
滤食效率	滤食率	—	选测
赤潮毒素	毒素含量	—	应急性监测

五、 样品采集

必测项目的采集方法简述如下,具体操作参见《海洋监测规范 第 7 部分:近海污染生态调查和生物监测》(GB 17378.7—2007)。

(一)浮游植物

浮游植物调查,一般只需测水样,测站水深在 15 m 以内的浅海,采表、底两层;水深大于

15 m 的采表、中、底三层。若需要详细了解其垂直分布,可按 0 m、3 m、5 m、10 m、15 m 和底层等层次采样。当需要进行连续观测时,可每间隔 2 h 或 3 h 按上述层次采样一次。

也可根据需要,用浮游植物拖网采集浮游植物样品。

(二) 浮游动物

浮游动物一般采用拖网采集。通常使用规定的网具自海底至水面作垂直拖网采样,若需要了解其垂直分布,可按 5~0 m、10~5 m、底至 10 m 等层次作垂直分层拖网,若需要进行连续观测,应与浮游植物采集水样时间的间隔一致。

(三) 微生物

用于微生物采集的采样瓶,应用可耐灭菌处理的光口玻璃瓶或无毒塑料瓶。灭菌前,把具有玻璃瓶塞的采样瓶用铝箔或厚的牛皮纸包裹,瓶颈系一长绳,在 121 ℃经 15 min 高压灭菌。

采样时,要连同铝箔或牛皮纸一起拿开瓶塞,以免沾污。手执长绳的末端,将采样瓶投入选定点的海水中,采集水下约 10 cm 处水样(若需分层采样则采用击开式或颠倒式采水器)。采好的水样需盖紧瓶塞、编好瓶号,做好记录。水样在瓶内要留下足够的空间(至少 2.5 cm 高)以便在检验前摇荡混匀。该法适用于沿岸水样的采集。

当使用调查船进行采样时,则需用采水器(击开式、复背式或卡盖式(Niskin)采水器)采样。采到样品后迅速把水样转移至无菌瓶中,水样量必须满足进行两个平行样测定之用,发酵法的水样不少于 100 mL,滤膜法的水样不少于 300 mL。

(四) 底栖动物

采用拖网取样。应在调查船低速(2 kn 左右,1 kn ≈ 1.852 km/h)时进行。如船只无 1~3 kn 的低速挡,可采用低速间歇航行拖网。每站拖网时间一般为 15 min;半定量取样,拖网时间 10 min。深水拖网,可适当延长时间。

(五) 叶绿素 a

用采水器采集水样进行测定,采样方法同浮游植物。

(六) 潮间带生物

调查地点选定后,应依据当地的潮汐水位参数或岸滩生物的垂直分布,将潮间带划分为若干区(带)、亚层(亚带),一般分为高潮区(带)、中潮区(带)和低潮区(带)。

另外,也可以根据生物群落在潮间带的垂直分布来划分,生物群落分布复杂,很难有一个统一的模式,一般岩石岸体分为滨螺带、藤壶-牡蛎带、藻类带,泥沙滩有绿螂-沙蚕-招潮蟹滩、蟹类-螺类滩、蛤类滩。调查时,可根据实际的群落优势种给予确切的区带命名。

(七) 生物体分析

分析的生物体对象主要是贻贝、虾和鱼类。

1. 贻贝采集

用清洁刮刀从其附着物上采集贻贝样。选取足够数量的完好贻贝存于冷冻箱中。若需长途运输,应把贻贝样品盛于塑料桶中,将现场采集的清洁海水淋洒在贻贝上,样品保持润湿但不能浸入水中。若样品处理须在采样 24 h 后进行,可将贻贝样存于高密度塑料袋中,挤出空气并密封,将此袋和样品标签一起放入聚乙烯袋中,低温冷藏。

2. 虾与中小型鱼样采集

选取足够数量的虾或鱼的完好生物样品,放入干净的聚乙烯袋中,要防止刺破袋子。挤出空气并密封,将此袋和样品标签一起放入另一聚乙烯袋中,低温冷藏。只有在贮存期不太长时(热天不超过 48 h),方可使用冰箱存放样品。

3. 大型鱼样采集

测量并记下鱼样的体长、体重和性别。

用清洁的金属刀切下至少 100 g 肌肉组织,厚度至少 5 cm,以便在样品处理时,切除沾污或内脏部分。存于清洁的聚乙烯袋中,挤出空气并密封,将此袋与样品标签一起放入另一聚乙烯袋中,低温冷藏。若保存时间不太长(热天不超过 48 h),可用冰箱或冷冻箱贮放样品。

(八)赤潮毒素——麻痹性贝毒

赤潮毒素主要以麻痹性贝毒检测为代表,样品采集应遵循以下原则:

(1)样品应采集于赤潮发生区的水域或滩涂,选择人工养殖品种和野生经济食用种类;

(2)采样量应足以制取 100 g 以上的组织匀浆量。此外,另采集 10 个个体,用 70% 酒精溶液或 5% 的甲醛溶液固定,以供分析胃内含物;

(3)依采集地点和品种,分别将样品置于冰柜中,投入注明采集地点、时间和品种的标签;

(4)采得的样品应尽快带回实验室及时处理,否则应放入冰箱保存。

六、 样品测定

生物样品经过相应的预处理后,通常测定浮游生物、微生物、底栖动物、叶绿素 a、潮间带生物和生物体中有害物质含量。表 8-4 列出了生物监测项目测定方法,具体实验操作参见《海洋监测规范 第 7 部分:近海污染生态调查和生物监测》(GB 17378.7—2007)。表 8-5 列出了生物体内污染物监测项目测定方法检出限。

表 8-4 海洋生物监测项目测定方法

监测项目	分析方法	引用标准
浮游植物	沉降计数法 直接计数法 浓缩计数法	GB 17378.7—2007
浮游动物	湿重生物量测定——重量法 体积生物量测定——浮游生物体积测量器 个体计数——显微镜法	
大肠菌群	发酵法 滤膜法	
细菌总数	平板计数法 荧光显微镜计数法	
底栖动物	称重-计数-测量生长参数	
叶绿素 a	荧光分光光度法 分光光度法	
潮间带生物	淘选-称重-鉴定	
生物体分析	预处理-有毒物质测定 (详见表 8-5)	
赤潮毒素	小鼠毒性试验	

表 8-5　生物体内污染物测定项目方法检出限

项目	分析方法	检出限/10^{-6}	项目	分析方法	检出限/10^{-6}
总汞	冷原子吸收光度法	0.01	铬	二苯碳酰二肼分光光度法	0.40
	双硫腙分光光度法	0.01		无火焰原子吸收分光光度法	0.04
铜	无火焰原子吸收分光光度法	0.4	砷	砷钼酸-结晶紫分光光度法	2
	阳极溶出伏安法	1		氢化物原子吸收分光光度法	0.4
	火焰原子吸收分光光度法	2		催化极谱法	2
	二乙基二硫代氨基甲酸铵分光光度法	0.6			
铅	无火焰原子吸收分光光度法	0.04	镉	无火焰原子吸收分光光度法	0.005
	阳极溶出伏安法	0.3		阳极溶出伏安法	0.4
	火焰原子吸收分光光度法	0.6		火焰原子吸收分光光度法	0.08
	双硫腙分光光度法	0.5		双硫腙分光光度法	0.3
锌	火焰原子吸收分光光度法	4	硒	荧光分光光度法	0.2
	阳极溶出伏安法	2		二氨基联苯胺盐酸盐分光光度法	0.5
	双硫腙分光光度法	0.1		催化极谱法	0.03
石油烃	荧光分光光度法	1(湿重)	多氯联苯	气相色谱法	43.1
有机氯农药(六六六、DDT)	气相色谱法	α-666:5 γ-666:7 β-666:3 δ-666:9 p,p'-DDE:5 o,p'-DDT:17 p,p'-DDD:8 p,p'-DDT:40	狄氏剂	气相色谱法	3

注:六六六、DDT 各组分、多氯联苯和狄氏剂检出限的单位为 pg。

思考题

1. 海洋环境监测的主要任务是什么?

2. 某一海水浴场水质的部分监测项目值列于下表中,试评价该海水浴场的水质达到了国家哪一类标准?

序号	项目	测定值
1	大肠菌群≤（个/L）	10 000
2	溶解氧(>)	6.5
3	化学需氧量(COD)≤	2.4
4	生化需氧量(BOD_5)≤	2.0
5	无机氮(以 N 计)≤	0.25
6	非离子氮(以 N 计)≤	0.015
7	活性磷酸盐(以 P 计)≤	0.020
8	汞≤	0.000 05
9	镉≤	0.003
10	铅≤	0.006
11	六价铬≤	0.005
12	总铬≤	0.05
13	砷≤	0.020
14	铜≤	0.015
15	锌≤	0.10
16	硒≤	0.010
17	镍≤	0.005
18	氰化物≤	0.005
19	硫化物(以 S 计)≤	0.02
20	挥发性酚≤	0.005
21	石油类≤	0.15
22	六六六≤	0.003
23	滴滴涕≤	0.000 05
24	马拉硫磷≤	0.000 5
25	甲基对硫磷≤	0.000 5

3. 如何制定海洋水体水质的监测方案?

4. 水样中金属的测定方法有哪些?

5. 简述溶解氧的测定方法和原理。

6. 哪些指标可以反映水体中有机物的含量?

7. 开展海洋沉积物监测有何意义?

8. 简述海洋沉积物样品的预处理方法。

9. 海洋生物监测的意义是什么?

10. 海洋生物监测中包括哪些必测的项目?

参考文献

[1] 许丽娜,王孝强. 我国海洋环境监测工作现状及发展对策[J]. 海洋环境科学,2003,22(1):63-68.

[2] 中华人民共和国生态环境部.2020 年中国海洋生态环境状况公报[S]. 2021 年 5 月.

[3] 中华人民共和国国家标准.海洋监测规范:GB 17378—2007[S].北京:中国标准出版社,2007.

[4] 奚旦立. 环境监测[M]. 5 版.北京:高等教育出版社,2019.

[5] 中华人民共和国国家标准.公共场所卫生检验方法 第 3 部分:空气微生物(GB/T 18204.3—2013)[S].北京:中国标准出版社,2013.

[6] 中华人民共和国国家标准.公共场所卫生检验方法 第 2 部分:化学污染物(GB/T 18204.2—2014)[S].北京:中国标准出版社,2014.

[7] 中华人民共和国国家标准.海洋调查规范——海洋地质地球物理调查(GB/T 12763.8—2007)[S].北京:中国标准出版社,2007.

[8] 中华人民共和国国家环境保护标准.近岸海域环境监测规范:HJ 442—2008[S].北京:中国标准出版社,2008.

第九章　海洋环境影响评价

环境影响评价,是指对规划和建设项目实施后可能造成的环境影响进行分析、预测和评估,提出预防或减轻不良环境影响的对策和措施,为从经济、社会、环境等方面协调人们的短期行为和长远效益提供决策参考。海水的运动特性决定了海洋环境具有多变性和复杂性,因此涉海环境现状调查与评价、环境影响预测、生态保护措施等具有鲜明特色。

第一节　海洋环境影响评价概述

一、环境评价类型

环境评价是按照一定的评价标准和评价方法评估环境的优劣,预测环境的发展趋势,评估人类活动对环境的影响等。按照环境影响的时间属性,环境评价可以分为回顾评价、现状评价、影响评价和战略评价四种类型。

（一）回顾评价

对某一区域某一历史阶段环境变化的评价,评价所依据的资料为历史数据。这种评价可以为环境预测提供参考。

（二）现状评价

利用近期的环境监测数据,评价区域环境质量的现状。现状评价是区域环境综合整治和区域环境规划的基础。

（三）影响评价

对人类开发活动或自然环境改变引起的环境变化进行分析、预测和评估。我国目前实施的环境影响评价制度,主要是针对人类活动展开的。海洋环境影响评价关注的重点是涉海建设项目、海域开发活动对海洋环境造成的影响。

（四）战略评价

战略环境影响评价(strategic environmental assessment,SEA),是指对政策、规划、计划及其替代方案的环境影响进行规范、系统、综合的评价。在应用上主要表现为 3 种形式:区域SEA、部门 SEA 和间接 SEA。区域 SEA 的评价对象主要是区域规划、城市规划、小区规划、乡村规划和开发区规划等;部门 SEA 的评价对象包括废物处置、供水、农业、林业、矿业开采、能源开发、娱乐设施、交通以及工业建筑等;间接 SEA 的评价对象主要是科学与技术政策、财政政策和法律规定等。

海洋环境评价作为环境评价的一个重要方面,也可以分为上述四种类型,下面主要介绍海洋环境影响评价的基本任务、相关法律、法规政策与标准等。

二、海洋环境影响评价的基本任务

《中华人民共和国海洋环境保护法》规定,海洋工程建设项目单位应当对海洋环境进行科学调查,编制海洋环境影响报告书(表)。海洋环境影响评价的目的是防治和控制建设项目对海洋环境的污染,维护海洋环境、海洋资源的可持续开发利用,维护海洋生态平衡和保障人体健康,维护建设项目所有者的合法权益。

海洋环境影响评价的基本任务有三项:

(1)查清受纳污染物的海域环境质量现状及特征,明确环境保护目标和海域环境功能要求,同时还应调查与评价海区有关的社会环境概况,为开展环境影响评价提供自然与社会背景资料。

(2)根据建设项目对海洋影响的途径,区分海岸工程、海洋工程引起海域形态的变化,及对流场、余流场、浓度场和生态系统的影响;海岸工程、海洋工程产生的污染物排放入海对水质和生态系统的影响。预测项目建成后对海洋环境可能造成的影响范围和程度,并从环境保护角度论证项目选址或开发活动方式的可行性,为项目决策和海洋管理提供科学依据。

(3)根据环境影响评价结果提出技术先进、经济合理、操作安全和行之有效的防治对策,为环境保护工程设计以及建设项目运行后的环境管理提出措施和建议。对于建设项目有关海洋环境影响专题的评价工作,除应满足环境影响评价的基本原则要求外,还应结合海洋环境的特殊性,有针对性地开展评价工作。

三、 海洋环境影响评价的相关法律、法规政策

根据《中华人民共和国环境影响评价法》,编制建设项目环境影响报告书(表),应当遵守国家有关环境影响评价的法律、法规、标准、技术规范等,环境影响报告书(表)中应引用这些规定的最新版本。

(一)海洋环境影响评价的法律、法规

海洋环境影响评价工作必须依据相关的法律、法规来开展,常用的法律、法规主要包括:

(1)《中华人民共和国环境保护法》(2015年1月1日施行);

(2)《中华人民共和国海洋环境保护法》(2023年10月24日修订);

(3)《中华人民共和国环境影响评价法》(2018年12月29日修正);

(4)《中华人民共和国海岛保护法》(2010年3月颁布);

(5)《中华人民共和国水污染防治法》(2017年6月27日修正);

(6)《中华人民共和国大气污染防治法》(2018年10月26日修正);

(7)《中华人民共和国噪声污染防治法》(2022年6月5日施行);

(8)《中华人民共和国固体废物污染环境防治法》(2020年4月29日修订);

(9)《中华人民共和国海上交通安全法》(2021年9月1日施行);

(10)《中华人民共和国海域使用管理法》(2002年1月1日施行);

(11)《中华人民共和国渔业法》(2013年12月28日修正);

(12)《中华人民共和国清洁生产促进法》(2012年2月29日修订);

(13)《中华人民共和国海洋倾废管理条例》(2017年3月1日修订);

(14)《建设项目环境保护管理条例》(2017年10月1日施行);

(15)《海洋自然保护区管理办法》(1995年5月29日施行);

（16）《海洋特别保护区管理办法》（国海发〔2010〕21号）；

（17）《中华人民共和国防治海洋工程建设项目污染损害海洋环境管理条例》（2018年3月19日修订）；

（18）《中华人民共和国自然保护区条例》（2017年10月7日修订）；

（19）《海洋工程环境影响评价管理规定》（2017年4月27日，国海规范〔2017〕7号）；

（20）《防治船舶污染海洋环境管理条例》（2018年3月19日修订）；

（21）《中华人民共和国水上水下作业和活动通航安全管理规定》（2021年8月25日施行）；

（22）《国家危险废物名录》（2021年1月1日施行）；

（23）《环境影响评价公众参与办法》（生态环境部，2019年1月1日施行）；

（24）《中华人民共和国船舶及其有关作业活动污染海洋环境污染防治管理规定》（交通运输部，2017年5月17日修订）；

（25）《建设项目环境影响评价分类管理名录》（生态环境部，2021年1月1日施行）；

（26）《中华人民共和国航道法》（2016年7月2日实施）；

（27）《中华人民共和国野生动物保护法》（2022年12月30日修订）；

（28）《海岸线保护与利用管理办法》（国海发〔2017〕2号）；

（29）《中华人民共和国防治海岸工程建设项目污染损害海洋环境管理条例》（2018年3月19日修订）；

（30）《中华人民共和国防治陆源污染物污染损害海洋环境管理条例》（1990年8月1日施行）；

（31）《中华人民共和国水生野生动物保护实施条例》（2013年12月7日修订）。

（二）标准、导则和规范

我国的生态环境标准体系由两级六类构成。两级为国家生态环境标准和地方生态环境标准。国家生态环境标准包括六类，分别为国家生态环境质量标准、国家生态环境风险管控标准、国家污染物排放标准、国家生态环境监测标准、国家生态环境基础标准和国家生态环境管理技术规范。地方生态环境标准包括三类，分别为地方生态环境质量标准，地方生态环境风险管控标准和地方污染物排放标准。海洋环境影响评价中依据的生态环境标准、导则和规范主要有：

1. 海洋环境质量标准

（1）《海水水质标准》（GB 3097—1997）；

（2）《海洋沉积物质量》（GB 18668—2002）；

（3）《海洋生物质量》（GB 18421—2001）；

（4）《渔业水质标准》（GB 11607—1989）。

2. 污染物排放标准

（1）《城镇污水处理厂污染物排放标准》（GB18918—2002）；

（2）《污水综合排放标准》（GB 8978—1996）；

（3）《船舶水污染物排放控制标准》（GB 3552—2018）；

（4）《污水海洋处置工程污染控制标准》（GB 18486—2001）；

（5）《大气污染物综合排放标准》（GB 16297—1996）；

（6）《海洋石油勘探开发污染物排放浓度限值》（GB 4914—2008）。

3. 导则和规范

（1）《海洋工程环境影响评价技术导则》（GB/T 19485—2014）；

（2）《建设项目环境影响评价技术导则总纲》（HJ 2.1—2016）；

（3）《环境影响评价技术导则 大气环境》（HJ 2.2—2018）；

（4）《环境影响评价技术导则 声环境》（HJ 2.4—2021）；

（5）《环境影响评价技术导则 生态影响》（HJ 19—2022）；

（6）《建设项目环境风险评价技术导则》（HJ 169—2018）；

（7）《建设项目对海洋生物资源影响评价技术规程》（SC/T 9110—2007）；

（8）《海洋生态损害评估技术指南（试行）》（国家海洋局，2013 年 8 月）；

（9）《建设项目海洋环境影响跟踪监测技术规程》（国家海洋局，2002 年 4 月）；

（10）《海洋调查规范》（GB 12763—2007）；

（11）《海洋监测规范》（GB 17378—2007）；

（12）《海水增养殖区环境监测与评价技术规程（试行）》（海环字〔2015〕32 号 ）；

（13）《近岸海域环境监测规范》（HJ 442—2020）；

（14）《海洋生物质量监测技术规程》（HY/T 078—2005）。

四、 海洋环境影响评价应遵循的制度

环境影响评价制度，是指把环境影响评价工作以法律、法规或行政规章的形式确定下来，从而必须遵守的制度。有关海洋环境影响评价的规定在《环境影响评价法》《海洋环境保护法》《防治海洋工程建设项目污染损害海洋环境管理条例》《防治海岸工程建设项目污染损害海洋环境管理条例》等法律条文中有明确规定。

（一）评价的分类管理

《环境影响评价法》第十六条规定：国家根据建设项目对环境的影响程度，对建设项目的环境影响评价实行分类管理。建设单位应当按照下列规定组织编制环境影响报告书、环境影响报告表或者填报环境影响登记表，这些统称为环境影响评价文件。

（1）可能造成重大环境影响的，应当编制环境影响报告书，对产生的环境影响进行全面评价；

（2）可能造成轻度环境影响的，应当编制环境影响报告表，对产生的环境影响进行分析或者专项评价；

（3）对环境影响很小则不需要进行环境影响评价，应填报环境影响登记表。

依据《建设项目环境影响评价分类管理名录》（2021 版），涉海建设项目包括在海洋工程、渔业和交通运输业、管道运输业类别中。其中，海洋工程包括海洋矿产资源勘探开发及其附属工程，海洋能源开发利用类工程，海底隧道、管道电（光）缆工程，跨海桥梁工程，围填海工程及海上堤坝工程，海上娱乐及运动、海上景观开发，海洋人工鱼礁工程，海上和海底物资储藏设施工程，海洋生态修复工程，排海工程，其他海洋工程等，共 11 小类。

本章主要结合《海洋工程环境影响评价技术导则》（GB/T 19485—2014）介绍海洋环境影响评价的技术方法，对于区域海域环境影响评价、回顾性海洋环境影响评价和其他涉海建设项目的环境影响评价也参照该导则。

（二）调查监测资料的使用

进行海洋环境影响评价使用的海洋环境调查、监测资料，应当从具有相应监测资质的监测机构取得，否则，所编制的海洋环境影响报告书将不被受理。根据《海洋工程环境影响评价技术导则》的规定，有如下要求：

1. 调查和监测资料的获取原则

海洋调查和监测资料分为现状资料和历史资料。海洋环境评价以收集历史资料为主，现场补充调查为辅。充分收集建设项目评价范围内及其周边海域有效的、满足时限性要求的历史资料；当历史资料不能满足海洋环境影响评价要求时，通过现场调查获取现状资料。

2. 调查和监测资料的使用要求

调查和监测资料应遵照《海洋监测规范》和《海洋调查规范》的要求获得，并经过数据分析和质量控制。

3. 历史资料的时限性要求

用于海洋工程建设项目环境影响评价的历史资料，需满足下列要求：

（1）海水水质、海洋生态（含生物资源）历史资料应为 3 年以内；

（2）沿岸海域以内的海洋沉积物、海洋地形地貌与冲淤，以及用于数值模拟的水文动力历史资料应为 5 年以内；

（3）沿岸海域以外的海洋沉积物、海洋地形地貌与冲淤，以及用于数值模拟的水文动力历史资料应为 10 年以内。

当获取历史资料所依据的环境背景已发生重大变化，或所采用的分析方法、设备已被淘汰、替代的，其历史资料不能用于环境现状评价和环境影响预测。

用于趋势性变化、年际变化分析的历史资料不受时限性要求的限制。

（三）评价文件审批权限和程序

《海洋环境保护法》第四十七条规定：海洋工程建设项目必须符合全国海洋主体功能区规划、海洋功能区划、海洋环境保护规划和国家有关环境保护标准。海洋工程建设项目单位应当对海洋环境进行科学调查，编制海洋环境影响报告书（表），并在建设项目开工前，报生态环境主管部门审查批准。

建设项目环境影响评价文件实行分级审批，根据《生态环境部审批环境影响评价文件的建设项目目录（2019 年本）》规定，下列海洋工程环境影响报告书，由生态环境部审批。

（1）涉及国家海洋权益、国防安全等特殊性质的海洋工程：全部；

（2）海洋矿产资源勘探开发及其附属工程：全部（不包括海砂开采项目）；

（3）围填海：50 公顷以上的填海工程，100 公顷以上的围海工程；

（4）海洋能源开发利用：潮汐电站、波浪电站、温差电站等（不包括海上风电项目）。

上述规定以外的海洋工程的环境影响报告书，由沿海县级以上地方人民政府生态环境主管部门，根据沿海省、自治区、直辖市人民政府规定的权限审批。

（四）评价文件的重新编报和重新核准

根据《防治海洋工程建设项目污染损害海洋环境管理条例》第十三条规定和《海洋工程环境影响评价管理规定》第十九条规定，海洋工程环境影响评价文件批准后，工程的性质、规模、地点、布局、生产工艺、建设方案或者拟采取的环境保护措施等发生重大改变的,建设单位应当重新编制环境影响评价文件,报原批准的主管部门核准;海洋工程自环境影响评价文件核准之日起超过 5 年方开工建设的,应当在工程开工建设前,将该工程的环境影响评价文件报原批准的主管部门重新核准。

海洋工程发生改变后,对环境的影响明显小于改变前或不发生改变的,建设单位应当向原批准部门提交专题评估报告,经原批准部门同意后,可不重新编制报告书(表)。

对违反重新编报或重新核准规定的,要承担相应的法律责任。

(五)评价文件的后评价

《环境影响评价法》第二十七条规定,在项目建设、运行过程中产生不符合经审批的环境影响评价文件的情形的,建设单位应当组织环境影响的后评价,采取改进措施,并报原环境影响评价文件审批部门和建设项目审批部门备案;原环境影响评价文件审批部门也可以责成建设单位进行环境影响的后评价,采取改进措施。

《海洋工程环境影响评价管理规定》第二十一条规定,海洋工程建设、运行过程中,在规模、工艺、污染物排放、生态环境影响等方面产生不符合经批准的环境影响评价文件的情形的,建设单位应当自该情形出现之日起 20 个工作日内组织环境影响的后评价,采取改进措施,并报原批准部门备案;原批准部门也可以责成建设单位进行环境影响的后评价。

(六)公众参与信息公开

《环境影响评价法》第五条规定,国家鼓励有关单位、专家和公众以适当方式参与环境影响评价;第二十一条规定,除国家规定需要保密的情形外,对环境可能造成重大影响、应当编制环境影响报告书的建设项目,建设单位应当在报批建设项目环境影响报告书前,举行论证会、听证会,或者采取其他形式,征求有关单位、专家和公众的意见。

根据《建设项目环境影响评价技术导则总纲》(HJ 2.1—2016)的规定,在环境影响评价工作程序中,将公众参与和环境影响评价文件编制工作分离。《海洋工程环境影响评价管理规定》在第十五条至第十八条,对海洋工程环境影响的公众参与和信息公开进行了详细规定。

(1)海洋工程环境影响报告书在报送审批前,建设单位应当充分征求海洋工程环境影响评价范围内有关单位、专家和公众的意见,法律法规规定需要保密的除外。征求意见可以采取问卷调查、座谈会、论证会、听证会等形式。

建设单位应当充分研究和吸纳公众意见,编制海洋工程环境影响评价公众参与说明,并附建设单位对公众参与说明客观性、真实性负责的承诺。公众参与的相关原始材料应由建设单位妥善保管备查。

(2)行政主管部门在受理环境影响报告书后,应当在本部门网站公开不包含国家秘密和商业秘密的海洋工程环境影响报告书全文,时间不少于 5 个工作日。

(3)行政主管部门在批准环境影响报告书前,必要时应当组织听证会,其中围填海工程必须举行听证会。听证会应当按照《海洋听证办法》的相关规定召开,广泛听取社会公众的意见。

(4)行政主管部门作出海洋工程环境影响评价文件批准决定后,应于 15 个工作日内在本部门网站上公开批准情况。

（七）评价文件质量评估制度

对评价文件格式的规范性、内容的完整性、分析评价的准确性等内容进行评估,其结果将作为对环境影响评价技术服务机构能力评估及资质核查的重要依据,并视情况在部门网站、报纸等媒体上进行通报。

行政主管部门应当客观记录环评机构及环境影响评价工程师违反有关规定的行为,对于屡次出现违规行为的环评机构和环境影响评价工程师,其编制的海洋环境影响报告书(表)予以重点审查。

五、 海洋环境影响评价的工作等级划分

建设项目的海洋环境影响评价等级,可影响调查范围、布设站位数量、监测频次以及监测时间长度,也影响环境评价的内容及深度。因此,在开展海洋环境影响评价的准备阶段必须准确地界定环境影响评价的工作等级。

海洋水文动力、海洋水质、海洋沉积物、海洋生态(含生物资源)、海洋地形地貌与冲淤环境等单项环境影响评价,依据建设项目的工程特点、工程规模和所在地区的环境特征和海洋生态类型进行划分,具体划分依据可以参考《海洋工程环境影响评价技术导则》中的规定。建设项目的环境影响评价等级取各单项环境影响评价等级中的最高等级。

同一个建设项目由多个工程内容组成时,按照各个工程内容分别判定各单项的环境影响评价等级,并取所有工程内容各单项环境影响评价等级中的最高级别,作为建设项目的环境影响评价等级。

六、 海洋环境影响评价的技术路线

海洋环境影响评价工作主要分为 3 个阶段:

(1)准备阶段。首先收集资料,踏勘现场;在此基础上,对建设项目进行初步分析;然后确定评价内容、评价等级、评价标准、评价范围;明确环境保护目标和敏感保护目标;明确现场调查内容、站位、要素、频次等;明确下阶段环境影响评价的重点和环境影响评价文件的主体内容。

(2)工作阶段。需要开展详细的工程分析;组织实施环境现状调查和公众参与调查;分析获取的历史或现状调查资料,开展环境现状分析和评价工作;开展环境影响预测的分析与评价;开展清洁生产、环境分析、总量控制等的分析与评价。

(3)编制环境影响评价文件。依据海洋环境现状分析和评价结果、环境影响评价结果,依照环境质量要求,给出建设项目选址选线、规模和布局的环境可行性分析结论;给出环境保护的具体对策措施和建议;给出环境管理和环境监测计划。

海洋环境影响评价流程见图 9-1。

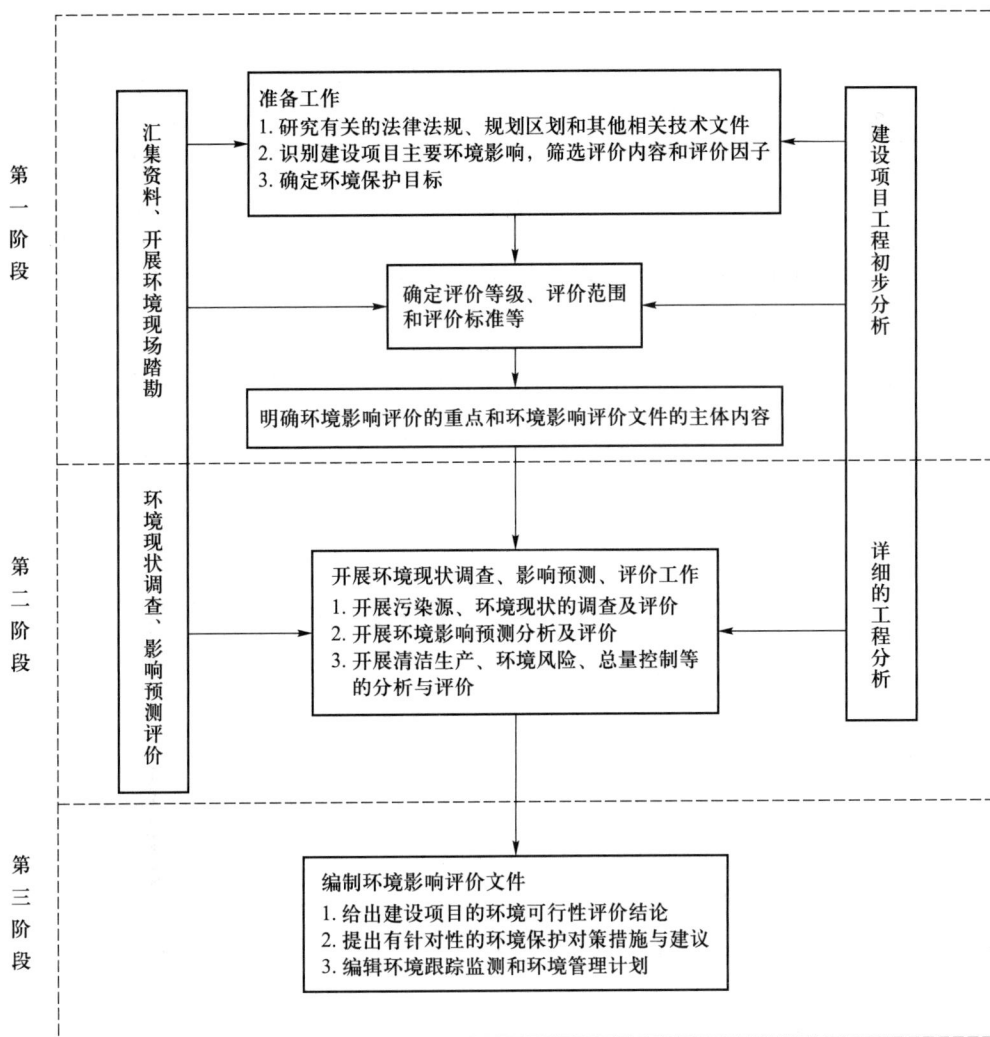

图 9-1　海洋工程环境影响评价工作阶段框图

第二节　海洋环境影响评价的主要内容

依据建设项目的具体类型及其对海洋环境可能产生的影响,并根据《海洋工程环境影响评价技术导则》,海洋工程建设项目的环境影响评价的主要内容可分为:海洋水文动力环境、海洋地形地貌与冲淤环境、海水水质环境、海洋沉积物环境、海洋生态和生物资源环境、海洋环境风险以及其他评价内容。

一、海洋水文动力环境影响评价

海洋水文动力环境影响评价应包括如下内容:分析评价建设项目各方案所导致的水文环境要素的变化,从水文动力环境角度分析和优选最佳的工程方案;综合分析评价工程建设前后的流场、纳潮量、水交换能力及物理自净能力变化,综合分析后,给出工程建设的环境可行性;根据海洋工程建设引起的流场、水位、纳潮量、水交换能力等的变化,结合泥沙冲淤、污染物扩散的预测结果,分析评价项目建设对海洋的地形地貌、海洋水质、海洋生态等可能产生的影响范围和影响程度;明确建设项目对水文动力环境的影响是否可以接受;根据海洋水文动力环境影响评价结果,提出有针对性的对策措施。

二、 海洋地形地貌与冲淤环境影响评价

建设项目海洋地形地貌与冲淤环境影响评价应包括如下内容:分析建设项目各方案导致的评价海域及其周边海域地形地貌与冲淤环境要素的变化与特征,分析和优选最佳工程方案;根据建设项目引起的海岸线、滩涂、海床等冲淤变化、泥沙运移与变化等预测结果,结合海洋水文动力的预测结果,评价海洋工程对海域地形地貌和冲刷或淤积的影响,给出环境可接受性;明确给出地形地貌与冲淤的环境影响是否可行的结论;根据海洋地形地貌与冲淤环境影响评价结果,提出有针对性的地形地貌与冲淤环境的保护对策措施。

三、 海洋水质环境影响评价

建设项目海洋水质环境影响评价应包括如下内容:分析各方案导致的评价海域及其周边海域水质环境要素、物理自净能力和环境容量的变化特征;根据建设项目引起水质环境要素、物理自净能力和环境容量等预测结果,说明建设项目影响的范围、程度等,明确海洋工程对水质环境影响的评价结论,给出环境可接受性。根据水质环境影响评价结果,提出有针对性的水质环境保护对策措施。

四、 海洋沉积物环境影响评价

海洋沉积物环境影响评价要求阐明建设项目导致的沉积物环境要素的变化和特征,说明沉积物环境受影响的范围和程度,从沉积物环境影响和可接受角度分析和优选最佳工程方案等。

五、 海洋生态环境影响评价

海洋生态与生物资源的环境影响可分为有利影响和不利影响,短期影响和长期影响,一次性影响和累积影响,明显影响和潜在影响,局部影响和区域性影响,可逆的影响和不可逆的影响等。

海洋生态与生物资源的环境影响评价应包括如下内容:按照生态环境和资源的可承载能力,分析海洋工程选址和布置的合理性,对建设项目的选址和布置方案开展多方案的比选和优化;分析各方案导致的评价海域及其周边海域海洋生物、生态环境、生物物种多样性、生态群落等指示要素的变化与特征;阐明建设项目导致的生态生境破坏、珍稀濒危动植物损害、海洋经济生物重要产卵场受损、生物多样性减少、外来生物入侵危害等重大海洋生态问题的评价结论;明确建设项目是否会产生重大的海洋生态和生物资源损害,阐明评价海域的生态功能、生态稳定性和生物资源承受干扰的能力等是否可接受的评价结论。

六、 海洋环境风险分析与评价

环境风险是指突发性事故对环境造成的危害程度及可能性。海洋工程建设项目的环境

风险评价应按照有关技术导则要求,以突发性事故导致的危险物质环境急性损害防控为目标,判定建设项目环境风险的危险源和危害性,明确环境风险的评价等级、评价内容和源强,对建设项目的环境风险进行分析、预测和评估,提出海洋工程建设期和运营期环境风险预防、控制、减缓措施,明确环境风险监控及应急建议要求。

具有溢油风险的工程,应按照确定的溢油源强开展溢油模型预测,明确各种预测条件下溢油到达生态和环境敏感目标的时间和残油量等信息。对于一级风险评估,应采用"随机模拟统计法"预测溢油在海面上和水体中的可能扩散范围和危害程度。同时,应制定溢油应急预案,明确应急组织机构图、事故报告程序、溢油预案启动程序、应急事故分级响应程序、应急队伍组织和培训及演练等要求;明确所在海域的区域应急资源现状及分布状况,说明可借助外部应急力量与工程的方位和距离;明确工程应配备的溢油应急设施设备的品种、规格、数量及存放地点等,并分析其机动性、有效性和可行性。

上述的环境影响评价内容,如果评价结果表明建设项目对所评价海域及其周边海域的环境产生较大的影响,环境不可接受或不能满足环境质量要求时,应提出修改或重新制订建设方案规模、总体布置、生产工艺等的建议。

第三节　海洋环境现状调查与评价

海洋环境影响评价和海洋环境预测均需要以海洋调查和监测资料为基础,海洋调查和监测资料分为现状资料和历史资料。海洋调查和监测资料应具有公正性、可靠性和有效性。资料的提供机构应具有出具社会公正数据的资质,具有海洋调查、监测的资质、技术能力和设备能力。

对于海洋环境现状调查应根据建设项目评价的等级确定调查范围、站位布设、调查内容、调查时间、调查频次,调查和监测方法应符合海洋调查规范、海洋监测规范等。

一、海洋水文动力

(一)调查内容与方法

海洋水文动力环境的现状调查内容包括:水温、盐度、潮流、波浪、潮位、悬浮物、泥沙冲淤、水深、气压、气温、降水、湿度、风速、风向、灾害性天气等。调查方法应按照《海洋调查规范》的要求执行。

(二)调查与评价范围

根据《海洋工程环境影响评价技术导则》中1级、2级和3级评价项目的要求,水文动力环境评价范围应符合:

(1)垂向(垂直于工程所在海区中心点潮流主流向)距离:一般不小于5 km、3 km和2 km;纵向(潮流主流向)距离:1级和2级评价项目不小于一个潮周期内水质点可能达到的最大水平距离的两倍,3级评价项目不小于一个潮周期内水质点可能达到的最大水平距离。

(2)调查范围应大于或等于评价范围。1级评价等级的建设项目应进行水文动力环境的现状调查;2级和3级评价等级的建设项目应以收集近5年项目所在海域的历史资料为主,当收集的资料不能全面地表明评价海域水文动力环境现状时,应进行必要的现场补充调查。

（三）调查断面和站位布设

站位布设应符合全面覆盖、重点代表的原则，满足数值模拟或物理模型实验边界控制和验证的要求。在评价海域的主潮流方向布设断面时，1级评价项目应不少于3条，每条断面应布设2～3个站位；2级评价应不少于2条，每条断面应布设2～3个站位；3级评价项目可结合评价需要，适当减少调查断面和站位。

关于特大型建设项目的断面、站位设置，应在满足1级评价要求的基础上适当增加，并应满足水动力环境现状评价与影响预测的需要。

（四）环境现状评价

结合海岸线和海底地形、地貌现状调查结果，阐述海洋水文动力要素的分布和变化特征，应附图、表说明，主要包括：

（1）各季节海水温度和盐度的平面分布、断面分布以及周日变化；

（2）潮汐类型，潮位特征及其变化，涨、落潮历时等；

（3）潮流类型，潮流流速及其特征，余流大小与方向，涨、落潮流历时，潮流随潮位的变化规律；

（4）悬浮泥沙的时空分布特征；

（5）最大、最小风速，平均风速及变化规律，主导风向、风速及频率等。

二、海洋地形地貌与冲淤

（一）调查内容与方法

查清评价海域及其周边海域的地形地貌与冲淤环境的特征，包括海洋地形地貌、海岸线、海床、滩涂、海岸等，海底侵蚀、淤积、沉积环境等。调查方法按照《海洋调查规范》中《海洋地质地球物理调查》的要求执行。

（二）调查与评价范围

调查与评价范围应包括工程可能的影响范围，一般应不小于水文动力环境影响评价范围，同时应满足建设项目评价范围的要求。

（三）调查断面和站位布设

根据随机均匀、重点代表的站位布设原则，布设的调查断面和站位应基本均匀分布并覆盖于整个评价海域及其周边海域。海域调查断面方向大体上应与海岸垂直，在建设项目主要影响范围和对环境产生主要影响的区域应设调查主断面，在其两侧设辅助断面；1级评价项目应不少于3条调查断面；2级评价应不少于2条断面。特大型建设项目，在满足1级评价要求的基础上适当增加，并满足地形地貌与冲淤环境现状评价与影响预测的需要。

（四）调查时段

海洋地形地貌与冲淤环境的调查一般不受年度丰、枯水期的限制，可与海水水质、海洋沉积物、海洋生态和生物资源等评价内容的调查时段一并考虑。

（五）环境现状评价

重点分析与评价建设项目所在海域及其周边海域的海岸、滩涂、海床等地形地貌的现状，冲淤现状，蚀淤速率，蚀淤变化特征等。对铺设海底管线、海底电缆、海洋石油开发等建设项目，需增加腐蚀环境的分析与评价内容。

三、海洋水质

(一)调查内容与方法

水质参数有两类:一类是常规水质参数;另一类是建设项目特征水质参数。一般情况下,区域评价选取常规水质参数,建设项目评价则应增加特征水质参数。

以《海水水质标准》中所列项目为基础,并根据建设项目所在海域的环境特征、环境影响评价等级、环境影响因素识别和评价因子筛选结果确定水质参数。水质参数的调查方法应符合《海水水质标准》的有关规定。采样层次、采样频率、保存及分析方法均应遵守《海洋监测规范》中的有关规定。

(二)调查与评价范围

调查与评价范围应覆盖建设项目的环境影响所及区域,并能充分满足水质环境影响评价与预测的要求。

(三)调查断面和站位布设

1级水质环境评价项目一般设5～8个调查断面,2级设3～5个调查断面,3级设2～3个调查断面,每个调查断面应设置4～6个测站;调查断面方向大体上与主流方向或海岸垂直。在主要污染源或排污口附近设调查断面,以便建立污染源输入和水质之间的响应关系。

(四)调查时间和频次

海洋水质调查时间和频次要根据水质评价的等级,并参照水文动力和环境特征来确定河口、海湾、沿岸海域、近岸海域和其他海域的调查时间和频次。

1级评价,河口、海湾和近岸海域进行丰、平、枯水期(夏、春或秋和冬)调查,若时间不允许,至少进行春季和秋季的调查;近岸海域,进行春、夏和秋季的调查,若时间不允许,至少进行一个季节调查;其他海域,进行春、秋季的调查,若时间不允许,至少进行一个季节调查。2级评价,河口、海湾和近岸海域进行丰、枯水期(夏和冬)调查,若时间不允许,至少进行一个水期调查;近岸海域,进行春和秋季的调查,若时间不允许,至少进行一个季节调查;其他海域,至少进行一个季节调查(春或秋季)。3级评价,至少进行一次调查。

(五)环境现状评价

1. 评价内容

首先应对比调查要素的实测值和标准指数值,然后评价调查海域水环境质量的基本特征,并针对特殊监测值和现象进行原因分析;解读评价区域内和周边海域水质环境的季节、年际和总体变化趋势;给出评价范围内和周边海域环境现状的综合评价结果。

2. 评价标准

评价标准应采用《海水水质标准》中的相应指标。如果有些内容国内尚无评价标准的,可参考国际相关标准进行评价。

3. 评价方法

应采用单项水质参数评价方法,即标准指数法,公式如下:

$$S_{i,j} = \frac{C_{i,j}}{C_{si}} \tag{9-1}$$

式中:$S_{i,j}$——评价因子 i 的水质指数,大于1表明该水质因子超标;

$C_{i,j}$——评价因子 i 在 j 点实测值；

C_{si}——评价因子 i 水质评价标准限值。

溶解氧的标准指数计算公式：

当 $DO_j \leqslant DO_f$ $\qquad S_{DO,j} = \dfrac{DO_s}{DO_j};$

当 $DO_j > DO_f$ $\qquad S_{DO,j} = \dfrac{|DO_f - DO_j|}{DO_f - DO_s}$ （9-2）

式中：$S_{DO,j}$——溶解氧的标准指数，大于 1 表明该水质因子超标；

DO_j——溶解氧在 j 点实测值；

DO_s——溶解氧的水质评价标准限值；

DO_f——饱和溶解氧浓度。

pH 的标准指数计算公式：

当 $pH_j \leqslant 7$ $\qquad S_{pH,j} = \dfrac{7 - pH_j}{7 - pH_{sd}};$

当 $pH_j > 7$ $\qquad S_{pH,j} = \dfrac{pH_j - 7}{pH_{su} - 7}$ （9-3）

式中：$S_{pH,j}$——pH 的标准指数，大于 1 表明该水质因子超标；

pH_j——pH 在 j 点实测值；

pH_{sd}——评价标准中 pH 的下限值；

pH_{su}——评价标准中 pH 的上限值。

四、海洋沉积物

（一）调查内容与方法

包括常规沉积物参数和特征沉积物参数。实际工作中，可依据海域功能类别、评价等级要求、建设项目的环境特征，以及环境要素识别和评价因子筛选结果、建设项目排放污染物的特点与环境影响评价的需要进行选择。

（二）调查与评价范围

应覆盖建设项目的环境影响所及区域，并能充分满足海洋沉积物环境影响评价与预测的要求，一般情况下与海洋水质、海洋生态和生物资源的现状调查与评价范围保持一致。

（三）调查断面和站位布设

1 级和 2 级评价项目的调查断面设置可与海洋水质调查相同，调查站位宜取水质调查站位量的 50% 左右，评价海域内的主要排污口应设调查站位。特大型建设项目的调查断面、站位应在满足一级评价要求的基础上适当增加，并满足沉积物环境现状评价与影响预测的需要。3 级评价项目，调查站位应覆盖污染物排放后的达标范围，一般可设 2~4 个断面，每个断面设 2~3 个站位。

（四）调查时间和频次

应与海洋水质、海洋生态和生物资源调查同步进行，一般情况下仅需进行 1 次现状调查。

（五）环境现状评价

沉积物质量现状评价采用标准指数法，参考式（9-1）。分析评价海域的沉积物分布特征和环境现状，阐述区域沉积物环境质量存在的问题。

五、海洋生态

（一）调查内容与方法

包括海洋生态现状调查和海洋生物（渔业）资源调查。调查内容应该根据建设项目所在区域的环境特征和环境影响评价的要求进行确定。

生态现状调查，1 级评价项目和特大型建设项目应选择下列项目：细菌、叶绿素 a、初级生产力、浮游植物、浮游动物、潮间带生物、底栖生物、游泳动物、鱼卵仔鱼等种类和数量，重要经济生物体内重金属及石油烃的含量，激素、贝毒、农药含量等。有放射性核素评价要求的项目，应对调查海域重要海洋生物进行遗传变异背景的调查。

对 2 级评价项目应调查：叶绿素 a、浮游植物、浮游动物、潮间带生物、底栖生物、游泳动物等种类和数量，重要经济生物体内重金属及石油烃的含量等。

对 3 级评价项目，收集建设项目所在海域近 3 年内的生态和生物资源历史资料为主，资料不足时应进行补充调查。调查内容包括叶绿素 a、浮游植物、浮游动物、潮间带生物、底栖生物、游泳动物等种类和数量，重要经济生物体内重金属及石油烃的含量等。

生物（渔业）资源调查，应包括浮游植物、浮游动物、潮间带生物、底栖生物、游泳生物、鱼卵仔鱼等的种类组成和数量分布，渔业捕捞种类组成、数量分布、生态类群、主要种类组成及生物学特征、主要经济幼鱼比例、渔获量、资源密度及现存资源量，海水养殖的面积、种类、分布、数量、产量、产值等。

海洋生态环境现状调查与评价，要参考相应的监测技术规程或生态环境评价指南，包括《滨海湿地生态监测技术规程》《海湾生态监测技术规程》《河口生态监测技术规程》《陆源入海排污口及邻近海域生态环境评价指南》等。海洋生物质量评价，参考《海洋生物质量监测技术规程》。

（二）调查与评价范围

依据被评价海域及周边海域的生态完整性确定，应覆盖建设项目的环境影响所及区域，并能反映项目所在海域的资源特征。1 级、2 级和 3 级以主要评价因子受影响方向的扩展距离确定调查和评价范围，扩展距离分别为 8~30 km、5~8 km 和 3~5 km。

（三）调查断面和站位布设

根据全面覆盖、均匀布设、生态环境敏感区重点照顾的原则，调查断面和站位的布设可与水质调查相同，可从水质调查站位中选择控制性调查站位，尽可能覆盖研究区域，数量不少于水质站位的 60%。

特大型建设项目和生态敏感区及附近海域调查站位要适当增加，并应满足生态环境现状评价与影响预测的需要。

（四）调查时间和频次

生态环境调查时间，需要根据所在海域的位置，合理选择能代表季节特征的月份。一级和二级评价项目一般在春、秋两季分别进行调查，调查时间可与水质调查同步。

（五）环境现状评价

海洋生态和生物资源环境现状评价应包括以下内容：

（1）分析和评价海洋生态和生物资源现状、空间分布特征及变化趋势；

（2）分析和评价生物资源的生物量、密度、物种多样性、均匀度、丰富度、种类和群落相似性、生物群落演替、有机污染和富营养化等参数；

（3）分析和评价海域的海洋生态系统服务功能现状和经济价值。海洋生态系统服务功能价值估算，可采用替代成本法、影子工程法、防护费用法、市场价格法等；

（4）从生态系统完整性的角度，评价生态环境现状、区域生态环境的功能与稳定性；

（5）用可持续发展的观点，评价海洋生物（渔业）资源的现状、发展趋势和承受干扰的能力。

第四节　海洋环境影响预测

对建设项目及相关活动所产生的海洋环境影响进行预测，预测的海域范围、时段、内容和方法应根据环境影响评价的工作等级、工程性质和海洋环境的特征、海洋环境保护目标来确定。

一、预测方法选择

概括地讲可以分为两大类：模拟实验法和近似估算法。近似估算法相对来说较简单，可用于评价工作等级不高的环境影响预测。模拟实验法，包括数值模拟法和物理模型实验法。其中，物理模型实验法适用于复杂海域或对预测有特殊要求的建设项目。一般建设项目可采用数值模拟法，通过建立海洋环境数值模型，预测建设项目及相关活动对海洋水文动力环境、地形地貌与冲淤、水质环境、沉积物环境、生态环境的影响程度和范围。

二、海洋环境数值模型分类

海洋环境数值模型，按照功能可分为：流体动力学模型、拉格朗日余流模型、物质输运扩散模型（泥沙输运模型、温排水模型）、溢油漂移模型、生态动力学模型等。

按照模型的维数可分为一维数值模型、二维数值模型和三维数值模型。

按照模拟的尺度分为近区模型和远区模型。

三、海洋环境预测中常用的数值模型

（一）流体动力学数值模型

在海湾和近岸浅水域中，除了风暴潮或海啸骤至的情况以外，潮流通常比风海流或密度流分量大一个量阶以上。因此，近海的流体动力学数值模拟主要考虑潮汐和潮流，在涉及泥沙运动及地形地貌冲淤演变时，水动力应该考虑波-流相互作用。

1. 潮流数值模型维数的选取

近岸海域、河口或海湾属于宽浅型水域且潮混合较强烈，各要素垂向分布较均匀，将实际的三维潮流运动方程进行垂向积分得到的二维模型应用广泛；对一些需要了解潮流铅直结构的环境问题（如油类、悬浮物、热污染等的输运问题）则要求模拟三维流场。本节以二维模型为例介绍流体动力学方程、求解条件和求解方法等内容。

2. 流体动力学方程组

适用于海水垂向混合比较充分的浅海和海湾水域。

$$\frac{\partial \zeta}{\partial t} + \frac{\partial (Hu)}{\partial x} + \frac{\partial (Hv)}{\partial y} = 0$$

$$\frac{\partial u}{\partial t} + u\frac{\partial u}{\partial x} + v\frac{\partial u}{\partial y} = -g\frac{\partial \zeta}{\partial x} + fv - \frac{g\sqrt{u^2+v^2}}{C^2\ H}u + \frac{\tau_{sx}}{\rho H} + A_m\left(\frac{\partial^2 u}{\partial x^2} + \frac{\partial^2 u}{\partial y^2}\right)$$

$$\frac{\partial v}{\partial t} + u\frac{\partial v}{\partial x} + v\frac{\partial v}{\partial y} = -g\frac{\partial \zeta}{\partial x} - fu - \frac{g\sqrt{u^2+v^2}}{C^2\ H}v + \frac{\tau_{sy}}{\rho H} + A_m\left(\frac{\partial^2 v}{\partial x^2} + \frac{\partial^2 v}{\partial y^2}\right) \quad (9-4)$$

式中：$H = h + \zeta$，总水深，m；

ζ——从平均海平面起算的水面高度，m；

H——从平均海平面起算的水深，m；

f——科氏系数，$1/s$；

g——重力加速度，m/s^2；

A_m——水平涡动黏滞系数，m^2/s；

τ_{sx}, τ_{sy}——水面上的风应力；

C——谢才（Chezy）系数。

方程的定解条件：

初始条件：$t=0$ 时，$u = u_0 = 0$，$v = v_0 = 0$，$\zeta = \zeta_0 = 0$

边界条件：陆边界，法向流速为零，即：$\vec{V} \cdot \vec{n} = 0$；开边界：给定水位或流速，$\zeta = \zeta'$，或 $\vec{V} = \vec{V}'$。

3. 数值解法

偏微分方程组的数值解法包括有限元、有限体积、有限差分等，可视问题的性质、工程特性、岸线及水深的复杂程度等因素确定。

4. 计算域确定

模型计算范围应远大于评价海域范围，以便能较好地重现海域的水位场和流场，消除边界误差对现状评价海域的影响。

如果评价海域潮间带的面积较大，计算域应该包括潮间带部分，动力学数值模型应采用动边界模型。

5. 网格设置

可根据模拟区域的岸线及水深的复杂程度确定采用何种网格。网格大小应该确保有足够的空间分辨率，网格节点水深应能反映水下地形特征和工程前后水深变化；能概化岸线边界和工程方案的固定边界；网格疏密应根据计算域内工程的要求和计算要求确定。

6. 岸形和水深

岸形和水深资料应从最新出版的海图上获取或采用实测地形资料，同时应注意不同来源的水深数据，其基准面可能不同，需要进行统一转换。

7. 开边界潮位边界条件

开边界的潮位边界条件，宜采用实测的潮位或由潮汐调和常数预报给出。若采用潮汐

调和常数预报水位,其公式为:

$$\zeta(t)=\sum_{i=1}^{m} f_i H_i \cos\left[\sigma_i t+(v_0+u)_i-g_i\right] \qquad (9-5)$$

式中:i——分潮;

H_i——分潮调和常数振幅;

v_0+u——分潮的初相角;

g_i——分潮调和常数迟角;

σ_i——分潮角频率。

海洋环境影响评价时,常需要大潮、中潮、小潮的情景模拟结果。为了建立大、中、小潮时的潮流场,水界输入的方式有:

(1)从计算水位过程曲线上摘取。根据水位预报公式,给出1月或1年的水位过程曲线,按需要摘取大潮段、中潮段、小潮段的潮位资料作为水界输入。

(2)输入实测潮位。获取潮汐调和常数有困难时(潮位资料不足1个月),可实测至少半个月的潮位,从中摘取大潮段、中潮段、小潮段的潮位资料作为水界强迫值输入。

(3)主要分潮组合输入。根据评价海域的潮汐类型,选择典型的分潮组合获得大潮、中潮和小潮期间的水位。

8. 模型验证

潮流数值模型主要从潮波系统、潮位、潮流三个方面进行验证。

(1)潮波系统验证。根据计算结果绘出同潮时线和等振幅线,与实测资料的分析结果对比,验证潮波系统是否符合实际情况,当计算区域比较小时,可不做潮波系统验证。

(2)潮位验证。将验证点上的计算潮位过程曲线与实测潮位过程曲线对比进行验证。

(3)潮流验证。往复流验证最大流的大小、方向及发生时刻,旋转流验证流的大小、方向及旋转方向。

在实际海洋环境评价工作中,数值模拟结果的精度需要满足《海洋工程环境影响评价技术导则》等相关规范的要求。

(二)污染物输运模型

污染物输运模型(即浓度模型)可用来预测建设项目投产以后,在新的污染负荷情况下污染物的浓度分布。目前应用较多的是描述保守物质的浓度模型。对于非保守物质,必须在输运方程中加上污染物的产生项和衰减项,才能对非保守物质的浓度分布进行预测。

1. 建立浓度模型的基础

(1)污染源。污染源是指计算域内所有向海中排污的河流、市政下水道出水口、工厂直接排污口等,建立浓度模型需已知各污染源的具体位置、污染物排海的速率(t/a 或 g/s)。

(2)水质监测数据。必须有覆盖整个计算域的水质监测数据,尤其在污染源附近,监测数据的密度要足够大。

(3)潮流场。潮流模型是浓度模型的基础,要根据流体动力学模型先计算出潮流场,再计算污染物浓度场。

2. 物质输运方程

可根据评价等级和海域水深,采用三维数学模型或二维数学模型。以二维物质输运模型为例进行分析。

（1）二维物质输运方程。表达式为

$$\frac{\partial(HP)}{\partial t}+\frac{\partial(HuP)}{\partial x}+\frac{\partial(HvP)}{\partial y}=\frac{\partial}{\partial x}\left(HD_x\frac{\partial P}{\partial x}\right)+\frac{\partial}{\partial y}\left(HD_y\frac{\partial P}{\partial y}\right)+HS \tag{9-6}$$

式中：P——污染物浓度，mg/L；

D_x、D_y——x、y 方向上的污染物扩散系数，m^2/s，可采用埃尔德（Elder）公式计算：

$$(D_x,D_y)=5.93H\sqrt{g}\,(u,v)/C \tag{9-7}$$

S——污染物源、汇项，$[g/(m^3\cdot s)]$；

C、H、u、v、g 的定义与二维潮流动力学模型中相同。

（2）边界条件及初始条件。在闭边界上，

$$\frac{\partial P}{\partial n}=0 \tag{9-8}$$

式中：n——闭边界的法线方向。

在开边界上，入流段：$P=P'$。式中：P'为入流物质浓度。

流出时：

$$\frac{\partial P}{\partial t}+V_n\frac{\partial P}{\partial n}=0 \tag{9-9}$$

式中：V_n——开边界的法向流速；

n——开边界的法线方向。

初始条件：可从零值算起，即 $t=0$，$P=0$。

上述模型仅适用于保守性物质，对非保守物质应该添加必要的反应项，如沉降、降解、生物化学反应等。反应项中的系数应当通过实验确定或通过经验公式计算确定。

（3）求解方法。求解物质输运方程的数值方法很多，可根据需要选取，但其方法最好与所采用的流体动力学模型的方法相一致。

（4）物质输运模型应用中的两个问题：① 物质的保守性处理。COD、重金属和石油类可视为准保守物质，预测时可按照保守物质处理；氮、磷宜视为非保守物质，因此在氮、磷物质输运模型中应添加衰减项，衰减系数要根据实验测定。② 标准的衔接问题。《城镇污水处理厂污染物排放标准》《污水综合排放标准》等污染物的排放标准中 COD 采用重铬酸钾法测定，《海水水质标准》中 COD 采用碱性高锰酸钾法测定。二者存在转换关系，系数应通过实验测定。此外，《城镇污水处理厂污染物排放标准》《污水综合排放标准》等污染物的排放标准中和《海水水质标准》中氮、磷的形态不一致，预测氮、磷的形态应取海洋环境要求的无机氮和活性磷酸盐。

（5）计算结果验证。模型计算结果需要和监测值对比，当模型的精度达到要求后方可用于实际的环境影响评价。

3. 温排水数学模型

许多核电厂和火电厂建设在沿海，电厂的冷却水温度较环境水温高 7~10℃（温升），且排水量巨大，对海洋环境有较大影响。

温排水对生态环境和生态系统的影响有负面的，也有正面的，十分复杂，其机理至今还不十分清楚。温排水排入海洋后，由于温差产生的浮力效应，温排水趋于向海水上层运移，其物理机制要求用三维数值模型进行预测。实际工作中可根据环境影响评价等级和海域的水深确定采用三维模型或二维模型。下面以二维模型为例。

（1）温排水输运控制方程：

$$\frac{\partial(HT)}{\partial t}+\frac{\partial(HTu)}{\partial x}+\frac{\partial(HTv)}{\partial y}-\frac{\partial}{\partial x}\left(HD_x\frac{\partial T}{\partial x}\right)-\frac{\partial}{\partial y}\left(HD_y\frac{\partial T}{\partial y}\right)=-\frac{K_sT}{C_p\rho}+qT_0 \qquad (9-10)$$

式中：H——水深，m；

ρ——海水密度，kg/m^3；

T——温排水的温升，℃；

D_x、D_y——x、y方向上的热扩散系数，m^2/s；

C_p——海水定压比热容，$J/(kg \cdot ℃)$；

K_s——水面综合散热系数，$J/(s \cdot m^2 \cdot ℃)$；

q——温排水的源强，m/s；

T_0——温排水的温升，℃。

定解条件：$t=0$ 时，$u=u_0$，$v=v_0$，$\zeta=\zeta_0$，$T=0$

边界条件：水边界 $t=0$ 时，$u=u_0$，$v=v_0$，$\zeta=\zeta_0$，$T=0$

岸边界：$\frac{\partial T}{\partial n}=0$

（2）取、排水口选址的有关问题

① 取、排水口的配置，应避免排出的温水影响取水口形成短路现象。② 考虑排水口的潮流、余流对取水口的影响。③ 考虑取水口的浮游动植物、鱼卵、仔鱼等情况，以及取水口卷载效应对资源的损害量。④ 考虑取、排水口附近海域泥沙运动和附着生物情况，避免被泥沙或大型海藻类堵塞。⑤ 排水口附近海域浮游植物，特别是赤潮生物，在高温水诱发下有可能形成赤潮，或者藻类暴发对取、排水口的堵塞。⑥ 排水口附近水域，由于高温水易诱发某些附着生物大量繁殖，在排水管道壁附着而影响冷却水系统的正常运行。⑦ 为了杀灭附着生物，若在排水管道内加氯，余氯可能对生物有影响。

4. 溢油漂移扩散模型

溢油进入水体后发生扩展、漂移、扩散等油膜组分保持恒定的输移过程，也有蒸发、溶解、乳化等油膜组分发生变化的风化过程，在溢油的输移过程和风化过程中还伴随着水体、油膜和大气三相间的热量迁移过程，而黏度、表面张力等油膜属性也随着油膜组分和温度的变化发生不断变化。因此，建立一个完全描述溢油在海洋中变化过程的数学模型是非常困难的，在预测溢油的海洋环境影响时，应根据油品特性对上述过程进行适当的简化。

海面溢油模型用得较多的主要是基于 Fay 理论的溢油扩散模型和基于"随机行走"方法的"油粒子"模型。油粒子模型就是把溢油离散为大量的油粒子，每个油粒子代表一定的油量，油膜就是由这些大量的油粒子所组成的微团。首先计算各个油粒子的位置变化、组分变化、含水率变化，然后统计各网格上的油粒子数和各组分含量，进而可以得到油膜的浓度时空分布和组分变化，再通过热量平衡计算油膜温度的变化，最后评价油膜物理化学性质的变化。

（1）漂移过程。"油粒子"方法将溢油运动过程分为两个主要部分，即漂移过程和扩散过程。溢油的漂移过程可采用确定性方法进行模拟。根据拉格朗日观点,单个粒子在 Δt 时段内由漂移过程引起的位移可表达为

$$\overline{\Delta S_i} = (\overline{U_i} + \overline{U_w}) \Delta t \qquad (9-11)$$

式中: $\overline{\Delta S_i}$ ——第 i 粒子的位移;

$\quad\quad \overline{U_i}$ ——质点初始位置处的平流速度;

$\quad\quad \overline{U_w}$ ——风应力直接作用在油膜上的风导速度。

除了风生海流外,风对海面上溢油的作用还有一部分是风应力直接作用在油膜上,即风导输移。风导速度可用下式表示

$$\overline{U_w} = f \cdot W \qquad (9-12)$$

式中: W ——风速向量;

$\quad\quad f$ ——风因子矩阵。

风导速度一般为风速的 $0.8\% \sim 5.8\%$,偏角在 $0° \sim 45°$ 之间。

(2) 扩散过程。采用随机行走方法来模拟湍流扩散过程。随机扩散过程可以用下式描述

$$\overline{\Delta \alpha} = R \cdot \sqrt{6 k_\alpha \Delta t} \qquad (9-13)$$

式中: $\Delta \alpha$ —— α 方向上的湍动扩散距离(α 代表 x, y 方向坐标);

$\quad\quad R$ —— $[-1, 1]$ 之间的均匀分布随机数;

$\quad\quad k_\alpha$ —— α 方向上的湍流扩散系数;

$\quad\quad \Delta t$ ——时间步长。

因此,单个粒子在 Δt 时段内的位移可表示为:

$$\overline{\Delta \gamma_i} = (\overline{U_i} + \overline{U_w}) \Delta t + \overline{\Delta \alpha} \qquad (9-14)$$

油粒子在运动过程中,一旦达到陆地边界,即认为这些粒子黏附在陆地上,不再参与计算。

5. 悬沙输运扩散方程

悬沙(泥沙)是河口与近海的主要污染物之一,主要来自海洋工程施工等人类活动以及河流入海或大风搅动沉积物等自然过程。水体中的泥沙可影响海水透明度和生物的生理活动。同时,泥沙可吸附重金属、有机物污染物等,成为这些污染物的载体,在很大程度上决定着这些污染物在水体中的迁移、转化和生物效应等。

二维悬沙输运扩散方程,如下式

$$\frac{\partial s}{\partial t} + u \frac{\partial s}{\partial x} + v \frac{\partial s}{\partial y} = \frac{\partial}{\partial x}\left(D_x \frac{\partial s}{\partial x}\right) + \frac{\partial}{\partial y} D_y \left(\frac{\partial s}{\partial y}\right) + \frac{F_s}{h + \zeta} \qquad (9-15)$$

式中: D_x —— x 向悬沙扩散系数,$\mathrm{m^2/s}$;

$\quad\quad D_y$ —— y 向悬沙扩散系数,$\mathrm{m^2/s}$;

$\quad\quad F_s$ ——源汇函数,$\mathrm{g/(m^2 \cdot s)}$;

$\quad\quad h$ ——从平均海平面起算的水深,m;

$\quad\quad \zeta$ ——从平均海平面起算的水面高度,m。

方程的边界条件和求解方法,可参看物质输运方程。

6. 床面冲淤变化方程

床面冲淤变化是近岸海域底床在时间和空间上发生的冲刷或淤积,它直接反映海区地貌的稳定状态,并影响着海区的物质输运和迁移。预测床面冲淤变化,有助于了解自然过程和人类活动对海区地貌演变的影响,对深水航道的治理和维护尤为重要。

床面冲淤变化方程,如下式:

$$\gamma_0 \frac{\partial \Delta h}{\partial t} + \frac{\partial q_x}{\partial x} + \frac{\partial q_y}{\partial y} = -F_s \tag{9-16}$$

式中:Δh——冲淤厚度,m;

$\quad q_x$——x 向底沙单宽输沙率,$g/(m^2 \cdot s)$;

$\quad q_y$——y 向底沙单宽输沙率,$g/(m^2 \cdot s)$;

$\quad \gamma_0$——底沙干容重,g/m^2。

7. 生态动力学模型

营养盐的浓度变化在某种程度上控制着海洋的初级生产过程,同时光照与温度也是重要的调控因子。最简单的生态动力学模型仅包含营养盐和浮游植物两个状态变量,即营养盐-自养浮游植物模型(简称 NP 模型),方程如下式

$$\frac{\mathrm{d}N}{\mathrm{d}t} = -f(I)f(N)V_m P + N_f - \gamma_N N + \varepsilon_P P$$

$$\frac{\mathrm{d}P}{\mathrm{d}t} = f(I)f(N)V_m P - (\varepsilon_P + \gamma_P)P \tag{9-17}$$

式中:N——营养盐浓度;

$\quad P$——浮游植物生物量;

$\quad V_m$——浮游植物的最大生长率;

$\quad f(I)$——控制浮游植物生长的光强限制函数;

$\quad f(N)$——控制浮游植物生长的营养盐限制函数;

$\quad \varepsilon_P$——浮游植物死亡率;

$\quad N_f$——由物理过程携带入系统的营养盐通量;

$\quad \gamma_N$——由物理过程携带营养盐移出系统的速率;

$\quad \gamma_P$——脱离系统的浮游植物损耗率,如浮游动物摄食等。

在这个简单的模型中,浮游植物的生长取决于光合作用并受到营养盐浓度的限制。更复杂的生态模型可包含几个到几十个状态变量,建模方法和模型求解方法参看专业文献。

第五节   海洋环境影响报告书(表)编制

一、环境影响报告书的内容

环境影响评价报告书应全面、准确地反映环境影响评价的全部工作,文字应简洁、准确,并尽量采用图表和照片,确保资料清楚,论点明确,便于阅读和审查。原始数据和计算过程等不必在报告书中列入,必要时可编入附录。所参考的主要文献应按其发表时间倒序列出。根据《海洋工程环境影响评价管理规定》第九条,海洋工程环境影响报告书应当包括下列

内容:

(1) 工程概况、工程分析;

(2) 工程所在海域环境现状和相邻海域开发利用情况;

(3) 与海洋主体功能区规划、海洋功能区划、海洋环境保护规划、海洋生态红线制度等相关规划和要求的符合性分析;

(4) 工程对海洋环境和海洋资源可能造成影响的分析、预测和评估;

(5) 工程对相邻海域功能和其他开发利用活动影响的分析及预测;

(6) 工程对海洋环境影响的经济损益分析和环境风险分析;

(7) 工程生态用海方案(包括岸线利用、用海布局、生态修复与补偿、跟踪监测及监测能力建设等方案)的环境可行性分析;

(8) 工程拟采取的包括清洁生产、污染物总量控制及生态保护措施在内的环境保护措施及其经济、技术论证;

(9) 工程选址的环境可行性;

(10) 环境影响评价综合结论。

海洋工程可能对海岸生态环境产生影响或损害的,其报告书中应当增加工程对海岸自然生态影响的分析和评价。

按照《海洋工程环境影响评价技术导则》的规定,环境影响报告书内容一般包括如下章节,也可根据工程性质适当增加或删减部分章节。

1　总论
　1.1　评价任务由来与评价目的
　1.2　报告书编制依据
　1.3　评价技术方法与技术路线
　1.4　环境保护目标和环境敏感目标
2　工程概况
　2.1　建设项目名称、性质、规模及地理位置
　2.2　工程的建设内容、平面布置、结构和尺度
　2.3　工程的辅助和配套设施,依托的公用设施
　2.4　生产物流与工艺流程、原辅材料及储运、用水量及排水量等
　2.5　工程施工方案、施工方法、工程量及计划进度
　2.6　工程占用(利用)海岸线、滩涂和海域状况
3　工程分析
　3.1　生产工艺与过程分析
　3.2　工程各阶段污染环节与环境影响分析
　3.3　工程各阶段非污染环节与环境影响分析
　3.4　环境影响要素和评价因子的分析与识别
　3.5　主要环境敏感目标和环境保护对象的分析与识别
　3.6　环境现状评价和环境影响预测方法

4 区域自然环境现状

    4.1 区域自然环境现状

    4.2 环境质量现状概况

    4.3 周边海洋环境敏感目标的现状与分布

5 环境现状调查与评价

    5.1 水文动力环境现状调查与评价

    5.2 地形地貌与冲淤环境现状调查与评价

    5.3 海水水质现状调查与评价

    5.4 海洋沉积物环境质量现状调查与评价

    5.5 海洋生态环境(包括生物资源)现状调查与评价

    5.6 环境敏感目标、重点保护对象和海洋功能区环境现状调查与评价

    5.7 其他环境要素的现状调查与评价

6 环境影响预测与评价

    6.1 水文动力环境影响预测与评价

    6.2 地形地貌与冲淤环境影响预测与评价

    6.3 海水水质环境影响预测与评价

    6.4 海洋沉积物环境影响预测与评价

    6.5 海洋生态环境(包括生物资源)影响预测与评价

    6.6 主要环境敏感区和海洋功能区环境影响预测与评价

    6.7 其他内容的环境影响预测与评价

7 环境风险分析与评价

    7.1 环境风险危害识别与事故频率估算

    7.2 环境风险影响预测方法和主要预测因素

    7.3 环境风险影响预测

    7.4 事故后果分析

    7.5 环境风险防范对策措施和应急方法

8 清洁生产

    8.1 建设项目清洁生产内容与符合性分析

    8.2 建设项目清洁生产评价

9 总量控制

    9.1 主要受控污染物的排放浓度、排放方式与排放量

    9.2 污染物的排放削减方法

    9.3 污染物排放总量控制方案与建议

10 环境保护对策措施

    10.1 建设项目各阶段的污染环境保护对策措施

    10.2 建设项目各阶段的非污染环境保护对策措施

    10.3 建设项目各阶段的海洋生态保护对策措施

    10.4 建设项目的环境保护设施和对策措施一览表

11　环境保护的技术经济合理性

　　11.1　环境保护设施和对策措施的费用估计

　　11.2　环境保护的经济损益分析

　　11.3　环境保护的技术经济合理性分析

12　海洋工程的环境可行性

　　12.1　海洋功能区划和海洋环境保护规划的符合性

　　12.2　区域和行业规划的符合性

　　12.3　建设项目的政策符合性

　　12.4　工程选址与布置的合理性

　　12.5　环境影响可接受性分析

13　环境管理与环境监测

　　13.1　环境保护管理计划

　　13.2　环境监测计划

14　环境影响评价结论及建议

　　14.1　工程分析结论

　　14.2　环境现状分析与评价结论

　　14.3　环境影响预测分析与评价结论

　　14.4　环境风险分析与评价结论

　　14.5　清洁生产与总量控制结论

　　14.6　环境保护对策措施的合理性、可行性结论

　　14.7　公众参与分析与评价结论

　　14.8　区划规划和政策符合性结论

　　14.9　建设项目环境可行性结论

15　环境影响评价报告书附件

　　主要包括:建设项目前期工作的相关文件、相关资料;建设项目环境影响评价工作委托书;以计量认证分析测试报告或实验室认可分析测试报告形式给出的调查、监测数据资料;公众参与调查表影印件;其他应附的图、表和参考文献等。

二、　环境影响报告表的编制

　　编制海洋工程环境影响报告表的建设项目,需要开展简要的水文动力环境、海洋地形地貌与冲淤环境、水质环境、沉积物环境、海洋生态和生物资源和其他内容的环境现状、环境影响预测分析与评价。报告表的编制内容包括:

　　(1)建设项目基本情况。包括建设单位的基本信息、建设项目的建设规模等。

　　(2)工程概况与分析。主要内容应包括:建设项目生产概况;占用海域面积、陆域面积,占用海岸线和滩涂情况;主要工程的结构布置、结构尺度;工程依托的公用设施;主体工程、附属工程、基础工程的施工方案、工程量及作业主要方法、作业时间等。

　　(3)污染与非污染要素分析。填写建设项目的污染与非污染要素分析表,给出环境影响要素和评价因子的分析与识别结果。

（4）环境现状分析。填写建设项目所在区域环境现状分析表,包括自然环境概况和社会环境概况。

（5）环境敏感区和环境保护目标分析。填写建设项目环境敏感区(点)和环境保护目标分析表。列出环境敏感区、保护目标的性质和规模,分布的位置、面积和距建设项目的距离;分析保护目标面临的环境威胁和压力,明确保护目标的保护标准和保护级别。

（6）环境影响预测分析与评价。主要包括:项目建设对海洋水文动力环境和地形地貌与冲淤环境的影响分析与评价;项目建设期、运营期、废弃期和事故情形对海水、沉积物和海洋生态和生物资源的影响分析与评价。

（7）环境保护对策措施。主要包括:工程各阶段的环境保护对策措施,海洋生态和生物资源修复与补偿等具体的、有针对性的对策措施。

（8）环境影响评价结论。主要包括:建设项目环境影响范围和程度的结论;环境现状与环境质量预测分析与评价结论;建设项目在各阶段能否满足环境质量要求的评价结论;建设项目的类型、规模和选址是否可行的评价结论。

（9）附件。主要包括:建设项目的立项文件;建设项目环境影响评价工作委托书(合同书);其他应附的图、表和参考文献等。

三、 环境影响报告书(表)的技术审查

根据《海洋工程环境影响评价管理规定》,行政主管部门受理海洋环境影响报告书（表）后,应当组织技术审查。第十三条规定了由于技术原因不予批准环境影响报告书（表）的情形:

（1）不符合海洋主体功能区规划、海洋功能区划、海洋环境保护规划、海洋生态红线制度及国家产业政策的。

（2）在重点海湾,海洋自然保护区的核心区及缓冲区,海洋特别保护区的重点保护区及预留区,重点河口区域,重要滨海湿地区域,重要砂质岸线及沙源保护海域,优质景观岸线,重要经济生物的产卵场、繁殖场、索饵场,重要鸟类栖息地,特殊保护海岛,海洋观测站点环境保护范围等区域实施围填海的。

（3）依据现有知识水平和技术条件,对项目实施可能产生的不良生态环境影响的性质、程度和范围不能做出科学判断的。

（4）项目实施可能造成区域水交换能力减弱、环境质量等级降低、生物多样性水平下降、重要生态系统面积减少、生态环境超载等问题之一,且无法提出有效减轻对策措施的。

（5）环境影响报告书(表)的编制不符合相关标准和技术规范要求,基础资料和数据失实,分析、评价和预测内容存在重大疏漏和缺陷的,或者环境影响评价结论不明确、不合理的。

（6）拟采取的污染防治措施无法确保污染物排海（排放）达到国家和地方标准,或者污染物排海（排放）不符合核定排放指标的;拟采取的海洋生态保护、修复或补偿对策措施不能有效预防和控制海洋生态环境损害破坏的;拟采取的风险防控和应急对策不满足环境风险管控要求的。

（7）未按照相关要求开展公众参与,或者公众参与调查对象不具备全面性、真实性,或者未对公众参与的不同意见进行反馈处理的。

（8）其他不符合相关政策、法律、法规、标准要求的情形。

思考题

1. 环境评价主要有哪些类型？
2. 《建设项目环境影响评价分类管理名录》（2021版）中海洋工程类别包括哪些内容？
3. 海洋环境影响评价对历史资料时限性的要求是什么？
4. 简述海洋影响评价工作的程序。
5. 海洋环境影响评价的主要内容是什么？
6. 潮流数值模型主要从哪几个方面进行验证？
7. 废水排海环境影响评价中，建立 COD、氮、磷浓度模型应注意哪些事项？
8. 沿海电站的取（排）水口选址时，应该注意哪些问题？
9. 生态环境主管部门在审查海洋工程环境影响报告书时，不予批准的情形有哪些？
10. 某港口拟建一个 30 万 t 原油码头，建筑物包括码头、引桥和引堤，并且进港航道、码头前沿水域需要疏浚。

（1）试分析影响该码头工程建设期和运营期的海洋环境因素。

（2）对项目建设期和运营期，应预测哪些海洋环境影响？

参考文献

[1] 曹祖德,王运洪. 水动力泥沙数值模拟[M]. 天津：天津大学出版社,1994.

[2] 陈长胜. 海洋生态系统动力学与模型[M]. 北京：高等教育出版社,2003.

[3] 全国科学技术名词审定委员会. 海洋科技名词[M]. 2 版. 北京：科学出版社,2007.

[4] 环境保护部环境工程评估中心. 海洋工程类环境影响评价[M]. 北京：中国环境科学出版社,2012.

[5] 易秀，乔晓英，姜凌. 环境评价学[M]. 北京：地质出版社,2017.

[6] 黄健平，宋新山，李海华. 环境影响评价[M]. 北京：化学工业出版社,2021.

[7] 中华人民共和国国家质量监督检验检疫总局,中国国家标准化管理委员会.海洋工程环境影响评价技术导则：GB/T 19485—2014[S].北京：中国标准出版社,2014.

[8] 中华人民共和国交通运输部. 海岸与河口潮流泥沙模拟技术规程：JTS/T 231-2-2010[S].北京：中国标准出版社,2010.

[9] 陈斯婷，耿安朝. 海洋环境影响评价技术研究初探[J]. 海洋开发与管理,2011(9)：84-89.

[10] 蒋小翼.《联合国海洋法公约》中环境影响评价义务的解释与适用[J]. 北方法学,2018,12(4)：116-126.

第十章 海洋环境管理

海洋环境管理是保障海洋环境质量的重要手段,是政府实施的行政管理。海洋环境管理以法律法规为基础,以发布行政命令为主要形式,以经济手段为调控,以科学技术手段为支撑。本章主要介绍海洋环境管理的基本概念,海洋环境管理的相关法律法规,海洋环境经济学的理论与方法,海洋环境规划等内容。

第一节 海洋环境管理概述

一、概念

《海洋科技名词》对海洋环境管理的解释是:"政府为维持海洋环境的良好状态,运用行政、法律、经济和科学技术等手段,防止、减轻和控制海洋环境破坏、损害或退化的行政行为"。

不同专家对海洋环境管理有不同的阐述,主要包括以下几种:

(1)海洋环境管理是在全面调查研究海洋环境的基础上,根据海洋生态平衡的要求制定法律规章,并运用科学的手段来调整海洋开发与环境保护之间的关系,以此来保护沿岸经济发展的有利条件,防止产生不利条件,达到合理利用海洋的目的,同时还要不断地改善海洋环境条件,提高环境质量,创造新的、更加舒适美好的海洋环境。

(2)海洋环境管理可以从狭义和广义两个层面来理解。狭义上,海洋环境保护部门采取各种有效措施和手段控制海洋污染的行为。这种狭义的理解将环境保护部门视为环境管理的主体,把污染源作为海洋环境管理的对象,把末端治理作为主要管理手段。广义上,以政府为核心主体的涉海组织为协调社会发展与海洋环境的关系、保持海洋生态环境的自然平衡和持续利用,综合运用各种有效手段,依法对影响海洋环境的各种行为进行的调节和控制活动。

(3)海洋环境管理是政府行使海洋行政管辖权的一种行政行为,是政府为协调社会经济发展与海洋环境保护之间的关系,综合运用行政、法律、经济、科学技术和国际合作等各种有效手段,对影响海洋环境的行为进行科学调控的活动。

综上可以看出,海洋环境管理的实施主体是政府或以政府为核心的涉海组织,原则是维持海洋环境的自然平衡和可持续利用,协调社会发展与海洋环境的关系,手段包括行政、法律、经济、科技和国际合作等,目标是防止、减轻和控制海洋环境的破坏、损害或退化,保持海洋环境的良好状态。

二、目标

(一)保护海洋环境免受污染

确保海洋环境的良好状态,明确海洋环境所能承载的最大开发强度,以及海洋生态与环境所能承受的最大扰动极限,以保证海洋环境免受污染,使人类代与代之间享有平等的海洋环境。

(二)维护良性生态系统

为保护海洋生物多样性,必须将海洋生态系统作为一个整体进行管理,维持生态系统各组分之间的复杂关联性及生态功能。良好的海洋生态系统对控制海洋污染具有无法替代的重要作用,例如滨海湿地自然生态系统对海洋污染能起到降解和净化作用。

(三)防控海洋自然灾害

防控海洋自然灾害对保护人民生命财产,保障重要海洋生态系统和生物多样性免受破坏,其对策往往是一致的。而且,良好的海洋生态系统对于海洋自然灾害具有减缓和防控作用,例如沿海红树林生态系统是减轻风暴潮、海啸和海浪灾害的典型案例。

(四)促进海洋经济与海洋环境的平衡发展

保护和管理好海洋环境及生物多样性,能够为海洋资源开发、沿海地区经济建设和社会进步,提供最基础的支持和条件。以海洋环境可持续利用为前提,保持海洋生物资源的理性获取,做到海洋经济、海洋环境与资源利用的协调稳定和有序发展。

三、内容

按照环境管理对象来分,可以分为海水环境管理、沉积物环境管理、海洋生态环境管理、海洋旅游环境管理、海水浴场环境管理等。按照环境管理区域来分,可以分为海岸带环境管理、浅海环境管理、河口环境管理、海湾环境管理、海岛环境管理、大洋环境管理等。按照影响海洋环境质量的行为因素,可以分为陆源污染物管理、海岸工程建设项目管理、海洋工程建设项目管理、倾倒废弃物管理、船舶及有关作业活动管理等。本节主要讨论影响海洋环境质量的行为因素,以及对这些行为的综合管理。

(一)陆源污染物管理

陆源污染物是指由陆地污染源排放的污染物,包括营养物、石油、农药、重金属、有机污染物、固体废物、放射性物质、传染病原体等。陆源污染物的种类多、数量大,是造成海洋环境污染损害的主要污染源。

《联合国海洋法公约》对防治陆源污染有明确规定,各国应制定法律和规章,以防止、减少和控制陆源排放,包括河流、管道和排水口向海洋的排放,同时兼顾国际上对此类行为议定的规则、标准和建议。为防治陆源污染损害海洋环境,中国也加强了防治陆源污染的立法工作,如《防治陆源污染物污染损害海洋环境管理条例》(1990 年 8 月 1 日起施行)。《海洋环境保护法》(2000 年 4 月 1 日施行,2013 年和 2016 年两次修订)将"防治陆源污染物污染损害海洋环境"列为专章,分别对工业废水和生活污水的排放,固体废弃物的岸滩处理和处置等,作了原则规定。陆源污染物管理,主要包括以下几项内容:

1. 排污申报登记制度

向海洋环境排放陆源污染物的单位和个人,必须向所在地环境保护部门申报登记拥有的污染物排放设施、处理设施和正常作业条件下排放污染物的种类、数量和浓度,并提供防治污染的有关技术资料。在排放污染物有重大改变时,也应当及时申报。

2. 排污收费

直接向海洋环境排放陆源污染物的单位和个人,必须依照国家有关规定缴纳一定数额的排污费。

3. 现场检查

沿海县级以上地方人民政府环境保护部门,对管辖范围内的排污情况和污染治理情况,有权进行现场检查。

4. 污染物排放控制

对向海域排放污染物,实行浓度控制制度;对向重点海域排污,实行总量控制制度。《海洋环境保护法》规定,向海域排放陆源污染物,必须严格执行国家或地方规定的标准。国家建立并实施重点海域总量控制制度,确定主要污染物排海总量控制指标,并对主要污染源分配排放控制数量,其中对于陆源排污的控制占主要部分。

5. 限期治理

对造成海洋环境严重污染的企业事业单位、超标排放的企业事业单位,或者在规定的期限内未完成污染物排放削减任务的单位,由人民政府责令限期治理。

6. 污染事故报告

因发生突发性污染事故,造成或者可能造成突发性污染事故的单位,必须立即采取措施处理,及时通报可能受到污染危害的单位和居民,并向当地环境保护行政主管部门报告,接受调查处理。在环境受到严重污染,威胁居民生命财产安全时,环境保护行政主管部门必须立即向当地人民政府报告,由人民政府采取有效措施,解除或者减轻危害。

(二)海岸工程建设项目管理

海岸工程建设项目是指位于海岸或者与海岸连接,工程主体位于海岸线向陆一侧,对海洋环境产生影响的新建、改建、扩建工程项目。具体包括:① 港口、码头、航道、滨海机场;② 造船厂、修船厂;③ 滨海火电站、核电站、风电站;④ 滨海物资存储设施;⑤ 滨海矿山、化工、轻工、冶金等工业工程项目;⑥ 固体废弃物、污水等污染物处理处置排海工程项目;⑦ 滨海大型养殖场;⑧ 海岸防护工程、砂石场和入海河口处的水利设施;⑨ 滨海石油勘探开发工程项目;⑩ 国务院环境保护主管部门会同国家海洋主管部门规定的其他海岸工程项目。

为防治海岸工程建设项目对海洋环境的污染损害,《环境保护法》《环境影响评价法》《建设项目环境保护管理条例》规定了基本管理原则和制度;《海洋环境保护法》将"防治海岸工程对海洋环境的污染损害"列为专章。为了实施《环境保护法》和《海洋环境保护法》,1990年6月,国务院颁布了《防治海岸工程建设项目污染损害海洋环境管理条例》,并于2007年9月进行了修订。

防治海岸工程建设项目对海洋环境的污染损害,主要内容包括:

1. 海岸工程的环境影响评价

海岸工程项目的所属单位,必须在建设项目之前的可行性研究阶段编制该项目的环境影响报告书(表),按照规定的程序,经项目主管部门和有关部门预审后,报环境保护行政主管部门审批。环境保护主管部门在审批海岸工程建设项目的环境影响报告书之前,应当咨询渔业、海事和军队相关环境保护部门的意见。

2. 海岸工程的"三同时"要求

海岸工程建设项目相应的环境保护设施,必须与主体工程同时设计、同时施工、同时投产使用。环境保护设施必须经环境保护部门验收合格后,方可投入生产或使用。

3. 海岸工程的现场检查

根据《海洋环境保护法》，县级以上政府的环境保护主管部门，应当与项目主管部门共同对海岸工程建设过程进行现场检查及工程完结后的验收。

4. 海岸工程建设的禁限规定

禁止在如下相关海域围海造地：水面或滩涂中的鱼、贝、虾类的自然产卵场、繁殖场、索饵场及重要的洄游通道，重要养殖场所和育苗基地。禁止在盐场保护区、重要渔业水域、海滨风景游览区、海水浴场、海上自然保护区和其他需要特殊保护的区域内建设污染环境、破坏景观的相关项目。在上述区域外建设相关项目的，不得损害上述区域的环境质量。禁止在珊瑚礁和红树林繁殖的海域，建设毁坏两类海洋生态系统的海岸工程项目。禁止在海岸保护设施的保护范围内从事取土、采挖砂石、爆破等对海岸保护设施造成破坏的活动。禁止在沿海陆域内新建不具备有效治理措施的化学制浆造纸、化工、印染、制革、电镀、酿造、炼油、岸边冲滩拆船以及其他严重污染海洋环境的工业生产项目。

5. 建设海岸工程应采取的环保措施

设置向海域排放废水设施的，应当合理利用海水自净能力，选择好排污口的位置。采用暗沟或者管道方式排放的，出水管口位置应当在低潮线以下。建设港口、码头，应当设置设立相应的排污设施，特别应当注意在油码头和化学危险品码头，还应当提供海上重大污染损害事故应急设备。现有港口、码头未达到前述要求的，由环境保护部门和港口共同强制其配备。建设岸边造船厂、修船厂，应当设置与工厂规模及油类性质相关的废油、残油接收处理设施，这些设施包括：工业和船舶垃圾接收处理设施、拦油、收油、消油设施、油废水接收处理设施、工业废水接收处理设施等。建设滨海核电站和其他核设施，应当严格遵守国家有关核环境保护和放射防护的规定及标准。建设岸边油库，应当设置含油废水接收处理设施，库场地面冲刷废水的集接、处理设施和事故应急设施；输油管线和储油设施应当符合国家关于防渗漏、防腐蚀的规定。建设滨海矿山，在开采、选矿、运输、贮存、冶炼和尾矿处理等过程中，应当按照有关规定采取防止污染损害海洋环境的措施。建设滨海垃圾场或者工业废渣填埋场，应当建造防护堤坝和场底封闭层，设置渗液收集、导出、处理系统和可燃性气体防爆装置。修筑海岸防护工程，在入海河口处兴建水利设施、航道或者综合整治工程，应当采取措施，不得损害生态环境及水产资源。

（三）海洋工程建设项目管理

海洋工程是指以开发、利用、保护、恢复海洋资源为目的，并且工程主体位于海岸线向海一侧的新建、改建、扩建工程。海洋工程可分为海洋资源利用类和海洋空间利用类。

海洋资源利用类海洋工程包括：① 大型海水养殖场、人工鱼礁工程；② 海上娱乐及运动、景观开发工程；③ 海上潮汐电站、波浪电站、温差电站等海洋能源开发利用工程；④ 海洋矿产资源勘探开发及其附属工程；⑤ 盐田、海水淡化等海水综合利用工程。

海洋空间利用类海洋工程包括：① 人工岛、海上和海底物资储藏设施、跨海桥梁、海底隧道工程；② 围填海、海上堤坝工程；③ 海底管道、海底电（光）缆工程。

除上述两大类工程外，还包括国家海洋主管部门会同国务院环境保护主管部门规定的其他海洋工程。

为防治海洋工程污染损害海洋环境，《海洋环境保护法》将其列为专章进行了规定。《环境保护法》《环境影响评价法》《建设项目环境保护管理条例》《防治海洋工程建设项目污染损害海洋环境管理条例》《中华人民共和国矿产资源法》及其实施细则也包括适用于防治海洋工程污染损害的规定。

（四）防治倾倒废弃物污染损害海洋环境

倾倒是指通过船舶、航天器、平台或者其他载运工具，向海洋处置废弃物和其他有害物质的行为，包括弃置船舶、航天器、平台及其辅助设施和其他浮动工具的行为。为加强对海洋倾倒活动的监督管理，《环境保护法》对海洋倾倒管理做出了原则性规定；《海洋环境保护法》将"防止倾倒废弃物对海洋环境的污染损害"列为专章，规定了对海洋倾倒管理的基本制度。为实施《环境保护法》和《海洋环境保护法》的有关规定，中国还制定了防止倾倒废弃物污染的行政法规和规章，如《海洋倾废管理条例》《海洋倾废管理条例实施办法》《海洋倾倒区选划与监测指南》等。此外，《防止倾倒废弃物污染海洋环境公约》及其三个决议也适用于防止倾倒废弃物污染海洋环境。

1. 废弃物分类管理

根据废弃物的毒性、有害物质含量和对海洋环境影响程度，将废弃物分为三类。一类废弃物是指列入《海洋倾废条例》附件一的物质；二类废弃物主要是指列入《海洋倾废条例》附件二的物质；三类废弃物主要是指未列入《海洋倾废条例》附件一和附件二的物质。对海洋倾倒废弃物，按照废弃物的类别实行分类管理。一类废弃物禁止倾倒，但当出现紧急情况，在陆地上处置会严重危及人体健康时，基层主管部门获得紧急许可证后，可到指定的区域按规定的方法倾倒；二类废弃物需要获得特别许可证后才能倾倒；三类废弃物为低毒或无毒的废弃物，须事先获得普通许可证才能倾倒。

2. 倾倒区分类选划

倾倒区分为倾倒区和临时倾倒区。一类倾倒区，用于紧急处置一类废弃物；二类倾倒区，用于倾倒二类废弃物；三类倾倒区，用于倾倒三类废弃物；临时倾倒区，是因工程需要等特殊原因而划定的一次性专用倾倒区。

国家海洋行政主管部门按照安全、科学、经济、合理的原则选择划定海洋一、二、三类倾倒区，经国务院环境保护部门提出审核意见后，报国务院批准。临时性海洋倾倒区由国家海洋行政部门批准，并报国务院环境保护部门备案。

3. 海洋倾倒许可证

凡向海洋倾倒废弃物的单位，应预先向国家海洋行政主管部门提出倾倒申请，办理倾倒许可证。国家海洋行政部门批准倾倒后，向申请单位授予倾倒许可证。倾倒许可证应载明倾倒单位，有效期限，废弃物的数量、种类、倾倒方法，倾倒区位置和载运工具名称等。进行倾倒作业的船舶、飞机和其他载运工具，应持有倾倒许可证；未取得许可证的载运工具，不得进行海洋倾倒。主管部门根据海洋生态环境的变化和科学技术的发展，可以更换或撤销许可证。

4. 废弃物装载核实

根据《海洋倾废管理条例》，进行倾倒作业的船舶、飞机和其他载运工具在装载废弃物时，应通知发证主管部门核实。利用船舶运载出港的，应在离港前通知就近的海事行政主管部门核实。如发现实际装载与倾倒许可证注明内容不符，港务监督不予放行，并通知发证主管部门处理。

5. 许可证执行

拥有倾倒废弃物许可证的单位,必须按照倾倒许可证标注的许可期限及条件,到国家海洋行政部门指定的区域进行倾倒。

6. 现场检查

根据《海洋环境保护法》第二十九条,依照本法规定行使海洋环境监督管理权的部门和机构,有权对从事影响海洋环境活动的单位和个人进行现场检查;被检查者应当如实反映情况,提供必要的资料。

7. 倾倒报告

根据《海洋倾废管理条例》,进行倾倒作业的船舶、飞机和其他载运工具,应将作业情况如实详细填写在倾倒情况记录表和航行日志上,并在返港后 15 日内将记录表报发证机关。

8. 禁止境外废弃物进域倾倒

根据《海洋环境保护法》第七十一条,禁止中华人民共和国境外的废弃物在中华人民共和国管辖海域倾倒。

（五）防治船舶污染损害海洋环境

船舶污染是指因船舶操纵、海上事故致使各类有害物质进入海洋,甚至使海洋生态系统平衡遭到破坏。为防治船舶污染损害海洋环境,《海洋环境保护法》将其列为专章,作了比较全面的规定。《环境保护法》的相关规定,也适用于防治船舶污染。在《中华人民共和国领海及毗连区法》《中华人民共和国海上交通安全法》《海商法》及其他法律、条例、规则中也对船舶污染作了若干规定。为实施《海洋环境保护法》关于船舶的规定,国务院和有关主管部门颁发了专门条例、规则和标准,如《防治船舶污染海洋环境保护管理条例》《渤海海域船舶排污设备铅封程序规定》《船舶污染物排放标准》等。在涉外案件中,也可以直接适用《73/78 防止船舶污染海洋公约》等国际公约。

1. 防污设备设置

船舶必须配置相应的防污设备和器材。载运具有污染危害性货物的船舶,其结构与设备应当能够防止或者减轻所载货物对海洋环境的污染。船舶的结构、设备、器材应当符合国家有关防治船舶污染海洋环境的技术规范以及中华人民共和国缔结或者参加的国际条约的要求。

2. 防污文书配备

船舶应当依照法律、行政法规、国务院交通运输主管部门的规定以及中华人民共和国缔结或者参加的国际条约的要求,取得并随船携带相应的防治船舶污染海洋环境的证书、文书。

3. 含油污水排放

船舶排放的含油污水(油轮压舱水、洗舱水及船舶舱底污水)的含油量,在距最近陆地 12 海里以内海域不大于 15 mg/L;在距最近陆地 12 海里以外海域不大于 100 mg/L。

到港船舶的压舱、洗舱、机舱等含油污水,不得任意排放,应由港口含油污水处理设施接收处理。港口无接收处理条件,船舶含油污水又确需排放时,应事先向海事行政主管部门提出书面报告,经批准后,按规定条件和指定区域排放。

4. 船舶含有毒、腐蚀性物质的洗舱水的排放

载运有毒、含腐蚀性货物的船舶排放洗舱水和其他残余物,必须按照国家有关船舶污水排放的规定进行,并如实记录航海日志。

5. 船舶垃圾处理

航船垃圾不得任意倒入港区水域。装载有毒害货物,以及粉尘飞扬的散装货物的船舶,不得任意在港区冲洗甲板和舱室,或以其他方式将残物排入港内。确需冲洗的,事先必须申请海事行政主管部门批准。

来自有疫情港口的船舶垃圾,应申请卫生检疫部门进行卫生处理。船舶在海上不得将塑料制品投弃入海,生活垃圾及食品废弃物,经过粉碎处理,粒径小于 25 mm 的,可在距最近陆地 3 海里以外投弃;未经粉碎处理的,应在距最近陆地 12 海里以外投弃。

6. 渤海船舶污染物零排放

根据 2003 年交通部发布的《渤海海域船舶排污设备铅封程序规定》,自 2003 年 6 月 1 日起,海事部门对航行于渤海海域的船舶排污设备进行铅封,禁止船舶污染物排放。

7. 船舶油类作业

船舶进行加油、装卸油作业和装船用燃油时,必须遵守操作规程,采取有效的预防措施,防止发生漏油事故。油轮应将油类作业情况,准确地记入《油类记录簿》;非油轮应记入《轮机日志》或值班记录簿。船舶在进行油类作业过程中发生跑油、漏油事故,应及时采取清除措施,防止扩大油污染,同时向海事行政主管部门报告,并接受调查处理。

8. 船舶装运危险货物

船舶储存、装卸、运输危险货物,必须具备安全可靠的设备和条件,采取必要的安全和防污染措施,遵守中华人民共和国交通部关于《船舶装载危险货物监督管理规则》《水路危险货物运输规则》和国际海事组织制定的《国际海上危险货物运输规则》,防止发生事故造成危险货物散落或溢漏污染海洋。

9. 船舶污染事故报告

船舶非正常排放油类、油性混合物和其他有害物质,或有毒、含腐蚀性货物落水造成污染时,应当立即采取措施,控制和消除污染,并向就近的海事行政主管部门报告,接受调查处理。

10. 防止拆船污染环境

设置拆船厂必须编制环境影响报告书(表)。拆船排放的污染物必须符合国家和地方规定的排放标准。

11. 港口国监督

根据《1973 年国际防止船舶造成污染公约》及其 1978 年议定书的要求,中国建立了港口国监督制度。根据《1997 年船舶安全检查规则》和《船舶安全检查员管理规定》,对在我国所属海域内作业的外国船舶和访问我国港口的外国船舶进行检查,检查外籍船舶的污染控制设施和《油类记录簿》的配备情况。

12. 船舶重大污染损害事故处置

船舶发生海损事故,由此造成或者可能造成海洋环境重大污染损害的,海事主管部门有权采取避免或减少海损事故引起的污染损害的措施,包括强制拖航或强制清除,因采取救援措施发生的一切费用,由责任船方承担。

在环境受到严重污染威胁居民生命安全时,县级以上环境保护行政主管部门必须立即向当地人民政府报告,由人民政府采取有效措施,解除或者减轻危害。

四、我国海洋环境保护的体制和手段

（一）海洋环境管理机构组成

1964 年，我国成立了第一个专门从事海洋事务管理的机构——国家海洋局。但职能仅限于海洋资源勘探和科研调查，且由中国海军代管。此时的海洋管理体制是局部统一管理基础上的分散管理体制，海洋环境保护职能较弱。

1973 年第一次全国环境保护会议之后，对海洋经济发展更为重视，对海洋环境保护管理也提上日程。与海洋环境保护相关的中央机构主要有 1988 年设立的农业部渔政渔港监督局，主要负责渔业资源及环境保护、渔港安全监督等；1998 年设立的国土资源部国家海洋局海监总队，主要负责海域巡航，查处损害海洋环境、破坏海上设施、扰乱海上秩序等行为；交通运输部海事局主要负责所辖港区水域内非军事船舶及港区水域外非渔业、非军事船舶污染海洋环境的防治；环境保护部主要负责指导、协调和监督全国海洋环境保护工作；中央军委基建营房部主要负责军事船舶海洋环境污染的监管和调查处理。这一阶段的海洋环境管理职能被割裂，分散在多个部门。

2013 年 3 月 10 日《国务院机构改革和职能转变方案》公布，对海洋管理机构进行了调整。原国家海洋局的中国海监、农业部所属的渔政、公安部所属的边防海警、海关所属的海上缉私警察进行机构整合，重新组建为国家海洋局（中国海警局），归国土资源部管理。此次机构整合很大程度上缓解了多头管理、执法资源浪费的问题，但是在污染治理方面，仍然存在职能交叉的现象。

2018 年，中共中央《深化党和国家机构改革方案》强调要"改革机构设置，优化职能配置"。组建自然资源部和生态环境部，不再保留国土资源部、国家海洋局和环境保护部。将国家海洋局原来的海洋环境保护职责并入生态环境部，其余职能归到自然资源部，并在自然资源部下保留国家海洋局的牌子，以便一些对外业务的开展。生态环境部下设海洋生态环境司，统筹协调我国海洋生态环境治理工作。

（二）海洋环境管理的手段

我国海洋环境管理的手段包括行政、法律、经济、技术和规划等。其中行政手段是指海洋行政管理部门为防止海洋环境质量退化，改善海洋生态环境而制定相应的政策、法规、标准并组织有效的执法管理和监督检查，定期将检查结果向社会公开以利于舆论监督和公众举报。对造成污染损害的企业追究法律责任和赔偿责任，对治污效果显著的企业和行为予以奖励。

海洋环境管理的技术手段包括监测、评价、预测等，在本书的第八章和第九章已进行了详细的论述。海洋环境管理的法律、经济和规划等手段，在本章第二节到第四节将分别进行阐述。

第二节　海洋环境保护法律法规体系

一、海洋环境保护法律法规体系的产生与发展

（一）海洋环境保护国际公约的发展概况

1926 年，美国在华盛顿召开 13 个国家出席的关于防止油类污染海洋的国际会议，旨

在通过缔结国际条约来防止船舶造成海洋污染。但由于种种原因,会议未能制订一个能在国际上统一执行的条约。1934 年,英国政府曾提出关于船舶防污的提案,得到国际联盟的支持,但由于第二次世界大战的爆发而中断。1954 年,关于海洋油污染防治的国际会议在伦敦召开,参与会议的 42 个国家签署了多边条约并命名为《国际防止海洋油污染公约》,标志着国际社会在海洋环境保护方面的国际立法和国际合作迈出了具有决定性意义的第一步。半个多世纪以来,关于海洋环境保护的国际立法和国际合作大致可分为以下四个阶段:

1. 从 1954 年到 1971 年

国际海洋环境保护立法活动处于萌芽时期。国际社会开始关注海洋环境保护问题,关心的重点在于防止海洋油污方面。这一阶段签署的国际公约主要有六个:《国际防止海洋油污染公约》(1954 年)、《大陆架公约》(1958 年)、《公海公约》(1958 年)、《国际干预公海油污染事故公约》(1969 年)、《油类污染损害民事责任国际公约》(1969 年)、《设立国际油污损害赔偿基金公约》(1971 年)。其中《国际防止海洋油污染公约》的宗旨是采取行动以防止船舶排放油类污染海洋,将沿海 50 海里以内的海域划为禁排区,禁止在禁排区排放持久性油类,在特殊海域可扩大禁排区。

2. 从 1972 年到 1981 年

1972 年联合国在瑞典首都斯德哥尔摩召开的人类环境会议,这是人类环境保护的重大事件,此次会议对人类陆地环境和海上环境的改善都具有重要意义。根据这次会议而成立的联合国环境规划署,作为全球环境保护的规划、设计及组织部门,在促进海洋环境保护的立法和开展全球及区域间的海洋环境保护的国际合作方面发挥了积极的作用。《人类环境宣言》和《人类环境行动计划》的出现标志着国际海洋保护进入了新的历史阶段。国际多边条约和国际双边条约的数量逐渐增多,大大促进了国际海洋事业的稳定发展。例如《防止倾倒废物和其他物质污染海洋公约》(简称《伦敦公约》,1972 年)、《防止船舶污染国际公约》(1973 年)、《防止陆源污染海洋公约》(巴黎,1974 年)、《1973 年国际防止船舶污染公约的1978 年议定书》(伦敦,1978 年)、《南极海洋生物资源保护公约》(堪培拉,1980 年)。

3. 从 1982 年到 1991 年

国际海洋环境保护立法和国际合作的繁荣时期。1982 年联合国第三次海洋法会议产生了《联合国海洋法公约》,这是一部保护海洋环境的特别文件,是一部关于海洋的宪法,是国际社会管理海洋的划时代事件。其中,第十二部分用了一章的篇幅对海洋污染的种类,防止、减少和控制海洋污染的措施以及国际规则和国内立法、全球和区域合作、技术援助、环境监测和评价、国家责任和赔偿等进行了全面系统的规定。此后,新的国际公约不断产生,旧的国际公约纷纷被修改和完善,国际海洋环境保护法进入一个崭新的阶段。

4. 从 1992 年至今

这一时期是海洋环境保护国际立法和国际合作的成熟时期。1992 年联合国在巴西里约热内卢召开环境与发展大会,通过了《21 世纪议程》和《里约环境与发展宣言》等一系列重要文件,是对《联合国海洋法公约》的继承和发展。《21 世纪议程》第十七章涉及了大洋和各种海域,包括封闭和半封闭海域以及沿海地区的保护,海洋生物资源的保护、合理利用和开发等,并专门论述了海洋环境保护和海洋资源可持续利用问题。该章还强调“海洋环境(包括大洋和各种海洋以及邻接的沿海区域)是一个整体,是全球生命支持系统的一个基本组成部分"。

（二）我国海洋环境保护法律法规体系的发展概况

20 世纪 50—60 年代，我国颁布了一批关于发展海洋事业的行政管理法规，一定程度上起到了保护海洋环境的作用。如 1952 年的《本国船舶、外籍船舶进出口管理暂行办法》，1956 年的《关于渤海、黄海及东海机轮拖网渔业禁渔区的命令》，1964 年的《外国籍非军用船舶通过琼州海峡管理规则》等。这些法规为制定海洋环境保护法奠定了基础。

1. 起步阶段（1972—1981 年）

1973 年第一次全国环境保护会议规定，"交通部要制定防止沿海水域污染的规定，保证沿海水域和港口的清洁和安全"。1974 年，国务院发布了《中华人民共和国防止沿海水域污染暂行规定》，这是我国有关海洋环境污染防治、保护海洋环境的第一个专门法律文件。1979 年颁布了《中华人民共和国环境保护法（试行）》。

2. 形成阶段（1982—1991 年）

1982 年 8 月 23 日，颁布了《中华人民共和国海洋环境保护法》，标志着中国海洋环境保护工作开始进入法治化轨道。为进一步落实《海洋环境保护法》的规定，我国相继颁布了《防止船舶污染海域管理条例》(1983 年，2010 年 3 月 1 日起废止)、《海洋石油勘探开发环境保护管理条例》(1983 年)、《海洋倾废管理条例》(1985 年，2011 年、2017 年修订)、和《防止拆船污染环境管理条例》(1988 年，2016 年修订)《防治陆源污染物污染损害海洋环境管理条例》(1990 年)、《防治海岸工程建设项目污染损害海洋环境管理条例》(1990 年，2007 年、2017 年修订)。

3. 发展阶段（1992 年至今）

1992 年 6 月，联合国召开环境与发展大会。此后不久，《联合国海洋法公约》生效（1994 年），促使我国海洋环境保护立法进入了一个新阶段。1996 年，通过了《中华人民共和国水污染防治法》修改草案，并于 1996 年 9 月 15 日施行。1999 年 12 月 25 日，通过了《中华人民共和国海洋环境保护法》修订，并于 2000 年 4 月 1 日施行，2013 年、2016 年、2017 年、2023 年又进行了几次修正和修订。这一时期出台和修订了大批法规条例，包括《海域使用管理法》(2001 年)、《放射性污染防治法》(2003 年)、《防治海洋工程建设项目污染损害海洋环境管理条例》(2006 年)、《防治船舶污染海洋环境管理条例》(2009 年，2013 年、2014 年、2016 年修订)、《渔业法》修订(2001 年、2016 年)、《防止拆船污染环境管理条例》修改(2016 年)。

二、 我国海洋环境保护法律法规体系

我国已形成了以《中华人民共和国宪法》（以下简称《宪法》）为基石，以《环境保护法》为统领，以《海洋环境保护法》为核心，以多种海洋要素保护法、海洋环境保护行政法规、地方性法规、规章和标准为补充，与国际公约相协调的海洋环境保护法律法规体系。

（一）《宪法》关于环境保护的规定

我国《宪法》第 26 条规定"国家保护和改善生活环境和生态环境，防治污染和其他公害"。这一规定说明了国家对于环境保护的总体态度和立场，是海洋环境保护法律体系的基础和立法依据。

（二）环境保护基本法

1979 年《中华人民共和国环境保护法》（试行）发布，在此基础上，1989 年颁布了《中华人民共和国环境保护法》，并于 2014 年进行了修订。该法是中国环境与资源保护的基本法，其第 3 条规定"本法适用于中华人民共和国领域和中华人民共和国管辖的其他海域"，第 34 条规定"国务院和沿海地方各级人民政府应当加强对海洋环境的保护。向海洋排放污染物、倾倒废弃物，进行海岸工程和海洋工程建设，应当符合法律法规规定和有关标准，防止和减少对海洋环境的污染损害"。

（三）海洋环境保护专门法

《海洋环境保护法》于 1983 年 3 月 1 日起施行，并经 1999 年、2013 年、2016 年、2017 年、2023 年多次修正和修订，对于推进海洋生态文明建设、提升海洋法治水平、促进海洋事业发展具有重大意义。

（四）海洋环境保护行政法规

海洋环境保护行政法规是由国务院制定并颁布或经国务院批准由有关主管部门公布的海洋环境保护规范性文件。为实施《海洋环境保护法》，国务院先后制定发布了 8 个管理条例，包括：《防止船舶污染海域管理条例》《海洋石油勘探开发环境保护管理条例》《海洋倾废管理条例》《防止拆船污染环境管理条例》《防治陆源污染物污染损害海洋环境管理条例》《防治海岸工程建设项目污染损害海洋环境管理条例》《防治海洋工程建设项目污染损害海洋环境管理体条例》《防治船舶污染海洋环境管理条例》。

（五）海洋环境保护部门规章

以相关的环境法律和行政法规为依据，由环境保护行政主管部门或海洋主管部门发布的环境保护规范性文件。如《海洋石油勘探开发环境保护管理条例实施办法》（1990 年发布，2016 年修正）、《海洋倾废管理条例实施办法》（1990 年发布，2017 年修正）、《海洋石油勘探开发化学消油剂的使用规定》（1992 年）、《海洋自然保护区管理办法》（1995 年）、《海洋石油勘探开发溢油应急计划编报和审批程序》（1995 年）、《近岸海域环境功能区管理办法》（1999 年）、《倾倒区管理暂行规定》（2003 年）、《沿海海域船舶排污设备铅封管理规定》（2007 年）、《海洋特别保护区管理办法》（2010 年）、《船舶及其有关作业活动污染海洋环境防治管理规定》（2013 年）等。

（六）海洋环境保护地方性法规和规章

沿海具有立法权的地方人民代表大会常务委员会和地方人民政府，为实施国家海洋环境保护法律和行政法规，结合本行政区域的具体情况和实际需要，制定和发布了一批地方性法规或地方政府规章。这些地方性法规和规章为当地的海洋环境保护发挥了重要的作用。从涉及保护的具体内容来看，主要包括四类：① 针对海洋环境保护的，如《山东省海洋环境保护条例》（2004 年，2012 年、2016 年修订）、《河北省海洋环境保护管理规定》（2012 年）、《天津市海洋环境保护条例》（2012 年，2015 年、2017 年、2018 年、2020 年共四次修正）；② 针对海域使用的，如《江苏省海域使用管理条例》（2005 年，2018 年修正）、《广东省海域使用管理条例》（2007 年）、《海口市海域使用管理规定》（1998 年，2004 年、2010 年修正）等；③ 针对海洋自然保护区的，如《海南省红树林保护规定》（1998 年发布，2004 年、2011 年、2017 年、2020 年进行四次修改）、《海南省珊瑚礁保护规定》（1998 年发布，2009 年修订）、《青岛市胶州湾保护条例》（2014 年）；④ 关于海岛保护的，如《厦门市无居民海岛保护与利用管理办法》(2002 年公布)、《浙江省无居民海岛开发利用管理办法》(2013 年发布,2017年、2018 年、2019 年共三次修正)。

(七) 其他部门法中有关海洋环境保护的法律规范

海洋环境保护是一项巨大的、复杂的、广泛的系统工程,单靠专门的立法不可能把涉及海洋环境的全部社会关系都调整到,需要其他的环境保护法律、法规以及其他部门法加以补充。例如,《渔业法》《环境影响评价法》《放射性污染防治法》《大气污染防治法》《水污染防治法》《固体废物污染环境防治法》《海域使用管理法》《领海及毗连区法》《专属经济区和大陆架法》等。

(八) 我国参加的国际公约和缔结的双边协定

据不完全统计,截至 2016 年 6 月,中国缔结的多边国际环境公约 60 多项,双边协定约40 项。涉及海洋环境保护的有:《联合国海洋法公约》《国际油污损害民事责任公约》及其议定书、《国际油污防备、反应和合作公约》《国际干预公海油污事故公约》《干预公海非油类物质污染协定书》《1972 年防止倾倒废物及其他物质污染海洋公约》及其 96 议定书、《国际防止船舶造成污染公约》《关于持久性有机污染物的斯德哥尔摩公约》等。涉及海洋资源保护的公约有:《生物多样性公约》《中白令海峡鳕养护与管理公约》《养护大西洋金枪鱼国际公约》《国际捕鲸管制公约》《跨界鱼类种群和高度洄游鱼类种群的养护与管理协定》《亚洲—太平洋水产养殖中心网协议》《南极条约》及《关于环境保护的南极条约议定书》《关于特别是作为水禽栖息地的国际重要湿地公约》《濒危野生动植物物种国际贸易公约》《保护世界文化和自然遗产公约》等。

此外,我国还与 20 多个国家签订了环境保护的协定,如中美、中法、中日、中韩等。双边合作同多边合作一样是国际合作的重要形式,但双边合作又不同于多边合作,它是两个主权国家的合作,能够最直接地反映当事国的需求和立场。

为了防止海洋遭到破坏,提升海洋环境保护和科技开发水平,中国还与许多国家进行了合作与交流,例如德国、加拿大、菲律宾、俄罗斯、澳大利亚、印度、希腊、芬兰等,这不仅为参与国的海洋环境保护做出了贡献,更是通过国家间合作的方式对国际立法起到了应有的作用。

第三节　海洋环境经济学

一、环境的价值构成

环境价值的构成有两种分类方法。第一种是将环境资源的价值分为环境的总经济价值或环境总价值(total economic value,TEV),包括两个组成部分(如表 10-1 所示),即使用价值(use value, UV)和非使用价值(non use value,NUV)。使用价值可以进一步分解为直接使用价值(direct use value,DUV)、间接使用价值(indirect use value,IUV)和选择价值(optional value,OV);非使用价值又分为存在价值(EV)和遗赠价值(BV)。亦即:

$$TEV = UV+NUV = (DUV+IUV+OV)+(EV+BV) \tag{10-1}$$

表 10-1   环境价值构成体系

环境资源的总经济价值				
使用价值			非使用价值	
直接使用价值	间接使用价值	选择价值	存在价值	遗赠价值
可直接消费的产品,如:食品、生物量、娱乐、健康	功能效益,如:洪涝控制、暴风雨保护、营养循环	将来的直接和间接价值,如:生物多样性、生境	保持继续存在的知识所产生的价值,如:生境、物种、遗传基因、生态系统	环境遗产的使用和非使用价值,如:生境、防止不可逆的改变

第二种分类方法可将环境价值分为两部分,如图 10-1 所示:一部分是有形的物质性的商品价值,一部分是无形的舒适性的服务价值。最早定义自然环境经济价值的是被誉为环境与资源经济学奠基人的美国经济学家克鲁蒂拉(John Krutilla)。他提出了"舒适型资源的经济价值理论",并与费舍尔(Anthony C. Fisher)合著《自然环境经济学:商品性和舒适性资源价值研究》,将环境资源分为商品性资源和舒适性资源,并着重论述了舒适性资源的价值及其评估问题,从而使环境资源的价值理论更趋完善。

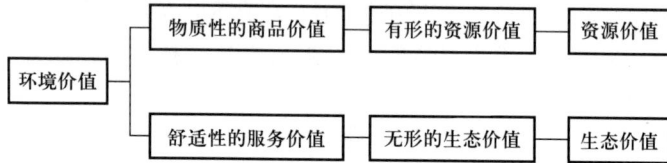

图 10-1   环境资源价值的构成

第一种分类方法比较精细、深刻,对理解环境价值所包括的内容、范围和深远意义大有启发。但是,在几种价值之间,特别是在选择价值、存在价值和遗赠价值之间的界限比较模糊,而且难于定量计算。第二种方法虽然比较简略,但它较为概括,且便于定量计算。因此,本节将把两种分类方法结合起来,并以第二种方法为基础进行论述,在定量计算环境价值时,则把第一种分类的各项内容,特别是非使用价值的各项内容考虑进去。

二、 海洋环境的价值

海洋面积广大,自然资源丰富,种类繁多,可为人类提供必需的物质财富,具有重大的经济价值。

(一) 海洋的资源价值

海洋是人类赖以生存的资源宝库,其巨大的资源储量使人类社会的可持续发展有了可靠保障。海洋占地球表面积的 71%,这本身就是世界最大的地表空间资源,而从交通的角度,正是海洋的水上运输将各大洲、各国联系起来。世界海洋生物资源的年生产能力约为 350 亿 t 有机碳,每年可以提供 3 亿 t 水产品,按成人每年食物摄入量计算,至少可供几亿人食用。海洋矿产资源丰富,如果将海洋中所含有的无机盐全部取出,能以 150 m 的高度铺满整个陆地,而洋底的多金属结核,其金属含量与陆地上相应金属的储量相比分别是:锰 779 倍、铜 36 倍、镍 405 倍、钴 5 250 倍、铁 4.3 倍、铝 75 倍、铅 33 倍。已经探明的海洋石油天然气资源可占世界油气资源的 30%。

（二）海洋的生态价值

海洋除了向人类提供生物资源和矿产资源之外,还具有生态系统服务价值,主要包括氧气生产、气候调节、废弃物处理、抗干扰等。海洋中的各种藻类植物通过光合作用释放大量氧气,调节空气质量,同时海洋对大气中二氧化碳的吸收起到了调节气候的作用。海洋的废弃物处理功能是指人类生产、生活产生的废水、废气等通过地面径流、直接排放、大气沉降等方式进入海洋,经过海洋净化最终转化为无害物质的过程。海洋分解、降解、吸收、转化废弃物,可大大减少垃圾处理费用。海洋的抗干扰调节主要是通过海洋生态系统对各种环境波动的容纳、衰减和综合作用实现的。如草滩、红树林和珊瑚礁等生态系统对风暴潮、台风等自然灾害有较强的削弱功能,能有效缓解自然灾害对沿岸的侵蚀和破坏。因此干扰调节可降低自然灾害对人类的威胁,提高人类安全方面的福利。

三、 海洋环境价值的计量

海洋环境价值的科学计量,就是计算海洋环境污染、资源损耗和生态破坏的损失,分析防止环境污染、资源损耗和生态破坏措施的费用与效益,进行环境资产或自然资产的价值评估,实施建设项目环境影响评价的环境经济分析,这是实行环境核算并将其纳入国民经济核算体系的前提条件和工作基础。由于影响海洋环境价值的因素有很多且难以确定,所以海洋环境价值的计量仍有很大的不确定性。

对海洋环境价值进行评估或计量,尤其是对舒适性服务价值即生态价值的评估或计量,主要是衡量人们对它们的偏好程度。这是因为,要么缺乏为其存在的市场,要么现有的市场不能准确反映其生产和消费的全部社会成本。然而,对海洋环境资源的经济价值评估,就是要求将其商品性价值和舒适性价值货币化,目前只有通过货币的形式,才能对人类社会经济活动的费用和效益进行有效测度。

海洋环境价值计量的基本方法主要有四类:分解综合方法、租金或预期收益资本化法、边际机会成本法,以及一系列替代方法,包括市场价值法、人力资本法、调查评价法等。

（一）分解综合方法

虽然人们的最终目的是整体计算海洋的环境价值,但在大多数情况下,这样做困难很大。因此,可根据海洋环境的功能和作用,将海洋环境价值分解为有形的资源价值和无形的生态价值。无形的生态价值又分为吸收二氧化碳和生成氧气的价值、游憩价值、保护生物多样性的价值、净化污染能力的价值等。先分别计算,然后再把各项功能价值加总起来,构成总的环境价值。

（二）租金或预期收益资本化法

租金或预期收益资本化法,就是在知道了一个环境单元的租金或预期收益和利息率的情况下,可以用资本化法求取其环境价值的基本值,再用稀缺性(体现为供求关系)和时间价值加以调整,进而可得到它的整体价值。用租金或预期收益资本化法计算环境价值的基本思路是:按照经济理论,环境作为一种自然资产,它在未来一定年限内产生的物质性产品和功能性服务的价值,亦即预期的收益或租金,按一定社会贴现率折现为现值后,就转化为环境资产的价值。

（三）边际机会成本

在环境经济学中通常把已经被开发的自然资源称为资源产品即原料,而未被开发的自然资源才称为自然资源或资源。自然资源定价与资源产品定价之间存在着密切的关系。在许多场合,自然资源的价格是从其资源产品的价格倒推得来的。又由于传统的"资源无价"常常表现在资源产品的地价上,而对上述自然资源进行合理定价又往往是从调整产品的价格入手的,因此,边际机会成本法资源定价的对象既包括自然资源,也包括资源产品。

对于环境资源或自然资源来说,其边际机会成本不仅包括生产者收获自然资源所花费的财务成本,也包括生产者从事生产所应该得到的利润,而且还包括因收获自然资源对他人、社会和未来造成的损失,同时还应反映自然资源稀缺程度变化的影响。也就是说,自然资源的边际成本从理论上反映了收获一单位自然资源时全社会(包括生产者)所付出的全部代价。正因为如此,自然资源的价格就应等于它的边际机会成本。

按照边际成本定价法,环境资源产品即原料的价格 P,应该等于它的边际机会成本 MOC,而边际机会成本 MOC 又等于它的边际生产成本 MPC、边际损耗成本 MUC(或称边际使用成本)和边际环境成本 MEC(或称边际外部成本)三者之和。其中,第一部分边际生产成本 MPC,只有在完全竞争市场、产量和价格有密切关系的情况下,才可应用边际生产成本或边际增量生产成本的方法计算,否则,只好用影子价格法或传统的生产价格定价法代替;后两部分合起来相当于环境资源价值,其中边际耗损成本相当于有形的资源价值部分,边际环境成本相当于无形的生态价值部分。在计算这两部分成本时,通常要与国际市场价格 P_w 相联系,并假定 P_w 是包含了环境资源价值在内的合理价格。即有:

$$P = MOC = MPC + MUC + MEC = P_w \qquad (10-2)$$

式中 P_w、MPC 一般是容易得到的。所以,MUC 和 MEC 两项中,只要知道了任何一项的数值,则剩余一项的数值便可计算出来。MUC 一般可用收益资本化求得,也可用逆算法求得。对于可耗损资源和相对可耗损资源,也可从其替代品的价格,减去其开采成本,再用资本化法求出。其参考公式为:

$$MUC = (P_b - C) / (1+r)^T \qquad (10-3)$$

式中:P_b——某资源替代品的价格;

　　C——某资源的开采成本;

　　r——社会贴现率;

　　T——某资源的耗竭时间(以年计)。

MEC 则多用相应的替代法求得。

（四）系列替代法

所谓替代法,就是在无法直接求得某项环境价值时,先针对其某项功能,用工程费用法、市场价值法、人力资本法、调查评价法等比较适宜的方法,计算出该功能价值以代替其环境价值的方法。比如,要计算海洋湿地资源涵养水源这项环境功能的价值,就先计算出其涵养的水资源,再用修建一个相同容量的水库的费用代替。但在实际应用中,发现这样算出的数值非常大,有时令人难以接受。其原因在于,用代替法算出的生态价值中还有一个支付意愿的问题,就是说,尽管在工程费用法中所用材料费和人工费用是市场价(市场价代表支付意愿),但是人们却并不一定同意为修建这个水库而出钱或出足够的钱,因它还与经济社会发展水平和人们的生活水平有关。鉴于人们对环境价值特别是无形生态价值的认识、重视的程度和为之进行支付的意愿,是随着经济社会发展水平和人们生活水平的不断提高而逐步显现并增加起来的,建议选择具有类似趋势的皮尔(R. Pearl)生长曲线 $[I=L/(1+ae^{-bt})]$ 加以表征,再做一些必要的技术处理,求出某一发展水平的发展阶段系数。由于发展阶段系数在一定程度上代表了人们对生态价值的支付意愿的相对水平,因此,在多数情况下,用代替法算出的数值再乘以发展阶段系数,可以得出令人比较满意的结果。

以上所述环境价值的计量方法,各有不同的适用对象,但在实际应用时,又往往需要两类、或三类、或四类方法结合起来才能解决问题。

四、海洋环境价值的应用

海洋环境价值的应用领域是十分广泛的,特别是在海洋环境污染损失计量、环境保护措施的费用效益分析、环境管理和规划、环境资源核算以及环境管理综合决策中,都亟须考虑海洋环境价值。

(一)用于海洋环境污染损失计量

海洋环境污染经济损失分为直接经济损失和间接经济损失两类。直接经济损失包括生产损失、固定资产损失、健康损失等。一般污染者和受害者关系较明确,经济损失量也可直接用市场价值来计量。间接经济损失则指由于海洋环境污染,造成海洋环境质量下降的损失。这种损失的责任方往往不明确或难以确定,经济损失也较难准确计量。在计算环境污染的损失时,以往大多数只计算污染造成的直接经济损失,而不计算环境质量下降等间接损失,这种计量环境价值的方法是不全面的。比如,有一个海湾或养殖场受到严重污染,人们用该海水进行养殖,一方面会对海产品质量产生不利影响,造成生产损失;另一方面会对养殖设备、厂房建筑和船筏网箱产生腐蚀作用,使其寿命缩短、维修费增加,造成固定资产损失;人们在养殖生产活动中接触这种受污染的水,会引发疾病,从而造成健康损失。此外,该海湾的水原来是清洁的,现在受污染了,水的质量下降了,也就是造成了环境质量损失。所以,环境污染造成的损失应该包括生产损失、固定资产损失、健康损失和环境质量损失等四个部分。

在不少环境经济学著作中,常看到一种直角坐标图,如图 10-2 所示。其纵坐标代表损失或治理费用,横坐标代表由多到少的污染物去除量(或由低到高的环境质量),图中有三条曲线:A 是污染物所造成的直接损失(生产损失、固定资产损失和健康损失),它是一条向下伸展的曲线;B 是去除污染所需的治理费用,它是一条向上伸展的曲线;C 是以上两项费用之和,即前两条曲线的叠加值,一条中间低两端向上弯曲的曲线,它是污染造成的总费用,也就是环境污染造成的总损失。这与以上环境污染损失包括四部分内容的论述是完全一致的。

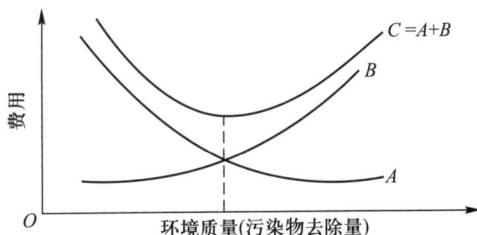

图 10-2 环境污染所致费用示意图

（二）用于环境费用-效益分析

环境费用-效益分析是环境经济学的核心内容之一。它是目前国际上流行的对环保项目进行经济评估的方法和技术，已成为科学制定环境与经济协调发展政策的理论前提和主要工具，也是将环境的费用和效益由定性评价到定量分析的必不可少的手段。国内外环境研究和计量方法的共同特点，就是在一定程度上加入了环境价值的考虑。

在我国的建设项目可行性研究和环境影响评价中，环境经济分析仍是一个薄弱环节，不能很好地为项目的决策提供科学、有力的支持。一般在对一项政策和一个项目进行选择时，其费用效益分析的基本原则是加入环境价值因素，并使该政策或项目的纯收益的净现值NPV必须大于0，亦即：

$$NPV = \sum (B_t - C_t - E_t)/[1/(1+r)^t] > 0 \qquad (10-4)$$

式中：r——贴现率；

B_t——时间 t 点上的效益；

C_t——时间 t 点上的项目建设成本；

E_t——时间 t 点上的净环境成本。

其中，E_t 作为净环境成本，其值有正负之分。如果政策或项目的后果是环境损害，那么造成的损失就是应支付的环境成本，E_t 是正值；反之，如果后果是环境改善，那么避免了的环境损失就是获得的效益，此时 E_t 是负值。

（三）用于环境管理和规划

在环境管理工作中，环境价值的考虑更有重要作用。在市场经济下，环境保护的公益性与市场经济利益主体多元化和企业追求自身利益最大化的倾向有一定的矛盾，所以市场经济对环境保护有两面性，故此需要发挥政府宏观调控的作用和依法管理的职能，扬长避短地适应市场经济，搞好环境保护。市场机制主要有价值决定机制、利益激励机制、供求调节机制和竞争淘汰机制。应该充分发挥这些机制的积极作用，而避免它们的消极影响，其关键就在于运用这些机制时要充分考虑环境价值的因素。比如，确定环境税费的标准就要考虑环境价值的因素，环境资源价格改革亦如此。

（四）用于环境资源核算

实行环境资源核算并将其纳入国民经济核算体系，是实施可持续发展战略的重大举措之一。要进行环境核算，最重要的是在实物量核算的基础上进行价值核算，包括有形的资源价值量和无形的生态价值量的核算。环境污染、生态破坏和资源耗竭等问题，都可以通过其价值的形式，在国民经济总量指标中得到反映。将环境核算纳入国民经济核算体系至少有三条渠道。第一是产值核算，即把环境资源价值的增值量当作资本形成来看待，把它加入总产值中；反之把环境资源价值的贬值量当作资本损耗来处理，从总产值中扣除。第二是在国民财富核算中，需考虑环境资产。第三是投入产出核算，即环境保护实行产业化，环保部门作为一个独立的产业部门，与其他产业部门并列，共同列入产业部门投入产出平衡表。

五、 海洋环境保护的经济手段

（一）广义上的经济手段

运用经济手段有效利用和保护海洋资源，是海洋环境保护的一个发展趋势。从广义上说，有以下几方面内容：

1. 明晰产权，强化产权约束

这里所说的"产权"主要是指海洋资源的经营权、占有权、使用权。明晰产权和强化产权约束，首先要明确界定海域使用许可证的审批权限，明确地方对海域的管辖权限。对于地方管辖的海域使用，凡符合国家海洋产业政策、国家和地方海洋开发规划的，可全部交给地方审批管理。对改变海域属性、严重影响海洋生态环境以及国家重点工程项目和重大涉外活动等使用海域的行为，应由国家直接控制。其次，要全面实施海域使用许可制度。通过海域使用许可管理，使各种海洋开发活动，如海洋倾废区和排污区的划定、海洋捕捞、海水增养殖、海洋石油勘探和开发、海岸和海岛重大工程建设、港口建设、盐田建设、滩涂围垦、滨海采矿、海洋自然保护区建设等，纳入制度化管理的轨道。对于海洋渔业资源的利用，更要实施严格意义上的许可制度，并严格配额许可管理。

2. 运用产业政策调整和引导海洋产业发展

目前海洋产业发展中存在着多种结构性矛盾，如资金短缺与畸形膨胀的投资并存，生产技术落后、设备老化与科技成果不能在生产中转化应用并存，能源、原材料短缺与使用中的浪费现象并存等。因此，要制定面向海洋经济可持续发展的新的海洋产业政策，严格限制能源消耗高、资源浪费大、污染严重的企业发展；积极扶助有市场潜力而又能节约资源与能源，可减少废弃物排放的产业。对于污染严重又难以治理的企业进行限期治理、关闭。在产业结构调整中，还应把海洋环保产业放在突出位置。在产业政策中，要保证资金投入向新兴海洋产业倾斜。

3. 运用经济杠杆调控海洋产业发展

要善于运用税收、利率等经济杠杆，抑制落后的海洋开发项目，扶持新兴海洋产业，引导国内外大企业、大财团以及个人向海洋高新技术产业投资。对于那些危害生态环境、没有宏观经济效益和社会效益落后的海洋开发项目，应提高和加大税收幅度，同时要加强信贷控制，以抑制其盲目膨胀和发展。

（二）狭义上的经济手段

20 世纪 90 年代，经济合作与发展组织将环境保护领域应用的经济手段分为收费、补贴、押金退款、市场创建、执行鼓励金等五种类型。在海洋环境保护中所运用的经济学手段主要有税收、收费、政策补贴以及奖励、罚款等。

1. 环境税收

国家用税收来保护海洋环境，使其质量不受或少受损害，这对国民经济持续稳定、协同发展是完全必要的。环境税是以环境特征为依据所开征的一个税种，其目的是鼓励各项活动都要将环境要素纳入决策过程，从而达到控制污染、改善环境的目的。通过税收调节，使在资源条件不同情况下生产的企业，能取得大致相同的经济效益，从而防止滥挖滥采、采富弃贫等不合理现象的发生，促进海洋资源的合理开发利用和保护。我国已开征石油、天然气、煤炭、金属和非金属矿产品等资源税，这种税收制度被许多学者称为生态税，目的在于减少环境中的污染，减少对能源、自然资源的使用，筹集资金用于环境保护，从而提高经济效益。

2. 收取费用

收取费用是对海洋环境价值的一种补偿，从一定程度上使海洋环境资源的使用者改变排污等有损海洋环境的行为，有效地利用越来越稀缺的海洋环境资源。主要包括：① 收取排污收费。对向海洋环境排放污染物的污染者,按其排放污染物的质量和数量征收费用,从经济角度促进人们提高对海洋环境保护的认识。排污收费的收入作为环境保护的一种资金来源,可以为环境管理部门和公共环境保护设施提供部分资金,体现了污染者付费的原则。② 收取渔业资源增殖保护费。我国规定,县级以上人民政府渔业行政主管部门应采取增殖渔业资源措施,并向受益单位和个人征收渔业资源增殖保护费,专门用于增殖和保护渔业资源。③ 收取海域有偿使用费。海域的有偿使用,就是政府以海域所有者的身份,按照海域使用权与所有权相分离的原则,向申请使用海域的使用者收取海域使用金的经济行为。

3. 政策补贴

国家通过财政资金的分配,给予某项海洋活动补贴,调控海洋资源的合理配置,从而保证海洋资源在政府预期的目标内得到合理开发和保护。我国在南极考察、海底锰结核调查以及海岸带综合调查方面,给予了可观的财政援助,这体现了我国对公海上的国家利益的关注和对综合利用海岸带资源的导向。我国还将征收的排污费纳入财政预算,作为环境保护补助资金,专款专用,补助重点排污单位治理污染源以及环境污染的综合性治理措施。为了促进海洋保护区事业,财政部每年拨专款用于海洋保护区的科学研究工作。

4. 奖励

《中华人民共和国自然保护区条例》《中华人民共和国海域使用管理法》《中华人民共和国渔业法》等法规条例,都对有利于海洋管理的活动和行为进行奖励或补助。例如:① 对贯彻执行渔业法规、增殖保护渔业资源有显著成绩的单位和个人,给予物质奖励;② 在保护和合理利用海域以及进行有关的科学研究等方面成绩显著的单位和个人,由政府给予奖励;③ 对主动检举揭发企业、事业单位和个人匿报石油开发、船舶污染损害事故,或者提供证据,或者采取措施减轻污染损害的单位和个人,给予物质奖励。

5. 罚款

罚款是对违反海洋法规行为的处罚,以达到合理开发利用、保护海洋环境的目的。《中华人民共和国自然保护区条例》《中华人民共和国海洋倾废管理条例》《中华人民共和国海域使用管理法》《中华人民共和国防治海岸工程建设项目污染损害海洋环境管理条例》《中华人民共和国海洋环境保护法》《中华人民共和国渔业法》等法规条例,都专门对相关违法行为作了罚款规定。

六、 环境经济手段的新发展

各类环境经济手段在理论上日趋完善,通过系统的实证检验后,这些手段可行性也逐步被证实。目前,运用环境经济政策手段防治污染、保护生态环境也已经成为各国的共识,基于经济手段的环境政策体系不断扩展充实。与此同时,经济手段本身也在不断地丰富和完善,在原有理论的基础上,通过创新发展和各类手段的综合运用,一些新的概念应运而生并迅速得到认可,且在各国被推广开来,如清洁发展机制(CDM)、生态服务付费(PES)等。

(一) 清洁发展机制

联合国气候变化框架公约《京都议定书》规定,在2008—2012年,39个工业发达的国家必须将排放总量在1990年的排放基础上再削减5.2%。为了实现减排目标,《京都议定书》框架下提出了三种灵活机制:清洁发展机制(CDM)、联合履行机制(JI)和排放交易(ET)。CDM的主要内容是,发达国家提供资金和技术与发展中国家开展项目合作,通过项目所实现的"经核证的减排量"出让给发达国家。由于在全球范围内,无论在哪里进行减排,效果都是一样的,但在发展中国家减排所需的成本与难度相对更低些,因此发达国家就能以比较低的成本完成减排任务。发展中国家可以通过 CDM 项目获得部分资金援助和先进技术。因此,可以说 CDM 是一项实现温室气体减排的"双赢"机制。

(二)生态服务付费

生态服务付费(或称之为生态补偿)是一种基于对生态系统服务功能和生态系统市场价值的认识,进而发展起来的一种促进生态环境保护的经济手段。生态服务付费按实施主体和运作机制可以分为两大类型:政府补偿和市场补偿。

政府补偿也被称为直接公共补偿,是最普通的补偿方式,包括:财政转移支付、差异性的区域政策、生态保护项目实施、环境税费制度等。市场补偿通过市场交易或支付兑现(环境)服务功能的价值。典型的市场补偿机制包括:限额交易、私人直接补偿、生态产品认证。

目前,世界各国实施生态服务付费,大多是围绕森林生态系统的生态服务开展。此外,以补偿退耕休耕等措施来保护农业生态环境。在流域保护服务方面,加强流域综合管理,加强流域上下游水资源与水环境保护责任与补偿标准等等都有很多项目开展。

海洋生态补偿分为增益型补偿和抑损型补偿。增益型补偿又分为经济补偿(政府补贴、财政转移支付)、生境补偿(如人工鱼礁试验、湿地建设)、资源补偿(如人工增殖放流技术)和政策补偿。而抑损型补偿的主要形式是经济补偿和生境补偿。

增益型补偿在各用海方式中已普遍实践。20 世纪 80 年代开始,中国实施人工增殖渔业资源措施。2003 年实施渔船报废制度和海洋渔业减船转产工程,拨出专项资金补助渔民。抑损型海洋生态补偿方式以货币补偿为主,例如对需要占用海域资源的海洋开发利用活动征收海域使用金,对造成海洋生态损害的海洋石油勘探开发活动等处以经济罚款等。

(三)绿色资本市场

绿色资本市场是指基于环境保护的需要和环境相关领域的发展,为环境保护提供资本市场的保障。既是对现有资本市场的完善,也是一个新兴的资本市场。环境资本市场包括环保债券市场(国债、商业债券)、环保股票融资、环境保护基金、环保商业贷款、排污费(税)、财政投资、环保信托、环保保险等等。在一些国家中,政府还往往通过一些金融中介组织为环保和城市建设筹集和输入资金,形式有城市发展基金和环境基金等。从根本上讲,这是政府无法通过激励政策、行政手段和统一预算来确保环境资金而采用的一种特殊融投资方式,也是金融和资本市场无法以合理的条款给这类资金提供融资渠道的一种结果。环境税或排污费在绿色资本市场的建设中起到了很重要的作用。一些国家(例如波兰、俄国)的污染基金就是通过污染特征为基础建立起来的。

绿色资本市场有时也指资本市场的绿化,即资本市场的投资、信贷政策与国际、国家环境政策相一致,从而一方面促进环境保护,另一方面控制资本市场因环境因素导致的风险。

上述诸项经济手段,在创新海洋环境管理中备受青睐,在海洋环境经济学研究中也同样受到了重视。

第四节 海洋环境规划

海洋环境规划是指国家或沿海地方政府在一定时期内对于海洋环境保护目标和措施所

作出的安排,其实质是一种克服盲目性和主观随意性的科学决策活动,是指导各项海洋环境保护活动,实现海洋环境管理目标的基本依据,是改善海洋环境质量、防止海洋生态破坏的重要措施。

一、海洋环境保护规划

（一）海洋环境保护规划的意义

海洋环境保护规划以促进经济与环境协调发展为目标,对海洋来说具有保护和改善的深远影响。第一,具有科学性、计划性、预防性等一系列特点,可以架构起协调海洋环境保护与海洋经济发展的重要桥梁,对海洋综合开发与利用具有促进作用。第二,确定了海洋环境保护工作的具体要求和任务,是科学管理、保障海洋不受损害的重要依据。第三,是改善海洋环境质量、防治海洋生态破坏的重要举措,即有步骤地解决已有海洋环境问题,逐渐恢复海洋生态的良性循环等。

（二）海洋环境保护规划的基本原则

就我国已颁布的海洋环境保护规划来看,如《全国海洋生态环境保护规划》《渤海环境保护总体规划》《山东省海洋生态环境保护规划》等,所遵从的基本原则一般包括:① 统筹兼顾原则,如海与陆的统筹,河与海的兼顾;② 环境健康与区域经济协调发展原则;③ 污染防治与生态保护并重原则;④ 依靠科技进步,突出创新原则。

（三）海洋环境保护规划的基本内容

海洋环境保护规划的基本内容一般包括规划目标、规划方案、实施措施等几个部分。不同类型、不同层次的规划可能有很大差异,其侧重点也大不相同。海洋环境保护规划的主要内容如下:

1. 规划目标

首先,须涵盖全部上级下达的重要指标及考核指标;其次,结合具体环境状况,因地制宜地提出不同规划阶段的目标;再者,针对规划的具体要求,提出海洋环境的质量目标、污染物总量控制目标和海洋生态系统保护目标等。

2. 规划方案

首先,基于现实情况对海洋环境变化趋势做出预测,包括海洋环境质量发展趋势、污染发展趋势、海洋生态系统变化趋势以及重大海洋环境问题发展趋势等。其次,基于趋势分析,明确实现环保目标的关键技术与制约因素。最后,编制规划方案,确定重点投资领域、重点工程项目、投资预算与投资计划等,以及实现目标的技术方案等。规划方案要拟定多份,在进行分析比较后,最终选择经济合理、技术先进、能够满足海洋环境保护需求的最佳方案。

3. 实施措施

在规划目标和规划方案的基础上,制定切实可行的行政、经济、技术、法律、教育等措施,以保证规划目标在预定期限内完成。例如,进一步编制落实海洋环境保护规划的年度计划、海洋环境保护规划目标的空间分解、行业或企业污染治理任务的分解;将海洋环境保护规划纳入国民经济和社会发展计划等,落实资金和实施策略。

（四）国外海洋环境保护规划介绍

20 世纪 60 年代以来,西方发达国家在环境规划管理上先后采取了一系列的行动。如建立环境规划委员会,制定并实行国家、城市和工业区的环境规划,以及在经济发展战略研究中,把环境规划作为重要内容;在环境规划的理论方法上,取得了系列成果,发表了有代表性的论著。20 世纪中期以来,美国、日本、韩国、澳大利亚等国家从海洋环境规划以及配套的海洋立法、管理体制等方面作出了安排,许多方面值得我们借鉴。

1. 美国

自 20 世纪 60 年代以来,美国就开始制订系列有关海洋的战略规划与计划,每隔 5 年进行修改或制订新的海洋发展规划,这一举措对美国维持良好的海洋环境具有不可替代的作用。从 1969 年的《我们的国家和海洋——国家行动计划》开始,到 20 世纪 70 年代中期的《美国 20 世纪 70 年代的海洋政策:现状与问题》,1986 年的《全国海洋科学规划》,直至 20 世纪末制定和实施的《2001—2003 年大型软科学研究计划》、2004 年的《21 世纪海洋蓝图》《美国海洋行动计划》等,这些都将改善海洋环境作为重要内容。

2. 日本

日本的海洋规划始于 20 世纪 60 年代。1968 年的《深海钻探计划》、1979 年的《日本海洋开发远景规划的基本设想及推进措施》、20 世纪 80 年代的《海洋城市计划》和《大洋钻探计划》等,是有代表性的日本初期海洋规划。20 世纪 90 年代,日本制定了《日本海洋开发基本构想及推进海洋开发方针政策的长期展望》《日本海洋开发规划》《海岸事业长期规划》《海洋研究开发长期规划》等,这一时期的规划对日本的海洋环境保护具有深远意义。

3. 韩国

20 世纪 90 年代,韩国在开展大规模的海洋污染与海洋生态的调查之后,实施了"海洋水产发展基本规划"及系列海洋环境政策,促使韩国的海洋环境状况发生了明显好转。2000 年,韩国制定了 2000 年至 2030 年《海洋开发基本规划》,有明显的国家基本规划性质,提出了"创造有生命力的海洋国土、创造出以知识为基础的海洋产业、可持续利用海洋资源"。2001 年,又制定了涉时 5 年、包括 5 大部门、涵盖 83 个课题,投资 4.5 万亿韩元的海洋环境保护综合规划。

4. 澳大利亚

作为世界上最先通过区域性海洋规划来实施海洋政策的国家之一,澳大利亚将其海洋划分为 12 个基本区域分别进行规划管理,兼顾不同人的利益,如商业、娱乐、海洋运输、海上旅游、水产、海洋科学和技术研究,以及水下文化遗迹等。通过区域性海洋规划,保持了良好的海洋环境,并综合协调了海洋经济与海洋环境保护之间的关系。

二、海洋空间规划

(一) 概念

海洋空间规划,包括以海岸带为目标的规划、基于海洋生态系统的规划等,对海洋上一切空间进行规划,促进生态保护与开发利用的均衡,维持海洋的生态功能与服务功能。海洋空间规划除了能够合理规划海域使用、保护海洋环境,同时也是具有战略性意义的非被动性的手段,对当下人类的需求加以明确,对未来的需要加以预判,通过规划将二者连接起来,以特定区域的优先用途的形式平衡二者关系。海洋空间规划,也是基于生态系统从而对人类活动加以约束和管理的方法,是对海洋开发利用活动一种综合的、有远见的、统一的决策规划过程,在优化海域开发利用模式、协调用海与生态保护的矛盾方面发挥着巨大功用。

（二）发展历程

早期的海洋空间规划重点考虑如何进行海洋空间的合理分区。1958 年,第一届联合国海洋法会议通过了《领海与毗连区公约》和《深海公约》,会议按照领海、毗连区等对海洋进行区域划分;1992 年召开的联合国环境与发展大会通过了《21 世纪议程》,提出了海岸带综合管理的概念;2002 年在世界可持续发展峰会上,所有国家都认可以生态系统为基础的海洋区域管理;2005 年《欧盟海洋环境策略纲要》中,首次建立起关于海洋空间规划的支持性框架;2006 年联合国教科文组织召开首届以海洋空间规划为主题的讨论会;2009 年政府间海洋委员会发布海洋空间规划的技术框架。2017 年联合国教科文组织与欧盟海事与渔业委员会组织召开第二届海洋空间规划大会,通过了《加快国际海洋空间规划进程的联合路线图》。

（三）国外海洋空间规划介绍

1. 比利时

比利时管辖海域面积较小,但涉及多种海洋资源开发利用,是最早开展海域空间多用途规划的国家之一。2003 年,基于海上风电开发、海砂开采与保护自然生态系统之间的矛盾,制定了《比利时北海海域总体规划》,划定海上风电场和海砂开采的限制开发区域。2005 年,将土地利用规划方法应用到海洋空间规划,编制"迈向海洋可持续管理的空间结构规划";2012 年,通过《海洋环境保护和海洋空间规划组织法》,明确海洋空间规划的编制内容和编制程序。2014 年,正式实施《比利时海洋空间规划（2014-2020 年）》,政府各部门根据规划并按照管理权限核发海洋开发许可。

2. 英国

英国于 2002 年在欧洲北海部长会议商定的《卑尔根宣言》中表示接受海洋空间规划,承诺"将探索海洋空间规划的作用";同年发表《通过规划达到可持续发展的社会》的报告,开始探讨海洋空间规划体系;2006 年,公布《英国海洋空间规划——爱尔兰海试点规划》（爱尔兰海域多用途区划）;2009 年,实施《英国海岸带与海洋准入法》,扭转海洋管理分散的局面,明确英国所属海域（领海、专属经济区和大陆架）的管理权限,为建立海洋空间规划体系提供制度基础;2010 年,苏格兰编制完成《克莱德湾海洋空间规划》;2011 年,发布《英国海洋政策宣言》,明确海洋（空间）规划的原则、内容和政策等,并于 2012 年编制完成《马恩岛海洋空间规划》和《舍特兰岛海洋空间规划》;2016 年,《彭特兰和奥克尼群岛海洋空间规划》编制完成并实施。

3. 荷兰

1997 年,荷兰与邻国德国联合实施《瓦登海海洋空间规划》,目的在于共同保护和管理共享的滨海湿地系统。2005 年,实施《北海 2015 海洋综合管理计划》,提出海洋空间规划发展战略。2006 年,实施《国家国土空间战略》,提出海洋空间规划措施,划分航道、军事用海区、高生态价值区、采矿工业区和生态保护区等。2009 年,实施《国家水计划 2009—2015》,明确海域的开发利用行为,包括海岸保护、海上风电建设、废弃采矿工业区的再利用和航道利用等,政府各部门根据规划要求分别落实管理责任。

4. 美国

2009 年,发布《有效海岸带和海洋空间规划临时框架》;2010 年,发布的《国家海洋政策》正式提出海岸带和海洋空间规划的具体管理手段,将国家划分 9 个规划分区,联邦政府制定规划分区的区域性目标,协调各州的海洋空间需求和规划,各州根据需求自行编制海洋空间规划。2010年,实施《罗德岛特殊海域管理规划》;2013年,修订《俄勒冈州领海(管辖领海)规划》;2015年,修订《马萨诸塞州海洋管理规划》(水域空间规划);2016年,实施《美国东北部、大西洋中部(包括专属经济区和州管辖外领海)海洋空间规划》和《华盛顿州海洋空间规划》。

(四)国内海洋空间规划现状及发展方向

国内的海洋空间规划实践起步较晚,但是发展极为迅速。在借鉴国外海洋空间规划实践经验的基础上,我国开展了行之有效、具有创新性的海洋空间规划实践,包括海洋功能区划、海洋生态功能区划、海洋环境保护规划以及海洋生态红线区划等。其中,海洋功能区划是我国实施较早,理论体系和区划技术都相对完整的海洋空间规划。在实现海域分区的基础上,通过有法律效力的各项规定,明确各个特定海域适宜干什么,不适宜或禁止干什么,以及应该保证怎样的环境条件,来引导和规范人类的海洋开发活动,设计各区域环境保护的对象和需要达到的目标。

三、海洋保护区规划

(一)海洋自然保护区

1. 概念

自然保护区一般是指对有代表性的自然生态系统、珍稀濒危野生动植物物种的天然集中分布区、有特殊意义的自然遗迹等保护对象所在的陆地、陆地水体或者海域,依法划出一定面积予以特殊保护和管理的区域。海洋保护区是对自然保护区概念的延伸。我国在2002年颁布的全国海洋功能区划中,首次明确提出海洋保护区的概念,即为保护珍稀濒危海洋生物物种、经济生物物种及其栖息地,以及有重大科学、文化和景观价值的海洋自然景观、自然生态系统和历史遗迹需要划定的海域,包括海洋和海岸自然生态系统自然保护区、海洋生物物种自然保护区、海洋自然遗迹和非生物资源自然保护区和海洋特别保护区。

海洋自然保护区分国家级海洋自然保护区和地方级海洋自然保护区。国家级海洋自然保护区是由国务院批准建立的,在国际、国内有重大影响,具有重大科学研究和保护价值的海洋自然保护区。地方级海洋自然保护区是由沿海省级政府批准而建立的,在当地有较大影响,具有保护价值和重要科学研究价值的海洋自然保护区。

海洋自然保护区可根据自然环境、自然资源状况和保护需要划分为核心区、缓冲区、实验区。核心区为海洋自然保护区内保存完好的天然状态的海洋生态系统以及珍稀、濒危海洋生物的集中分布区。核心区内,除经沿海省、自治区、直辖市海洋管理部门批准进行的调查观测和科学研究活动外,禁止其他一切可能对保护区造成危害或不良影响的活动。缓冲区为划定于核心区外围的一定面积的区域,在保护对象不遭人为破坏和污染前提下,经该保护区管理机构批准,可在限定的时间和范围内适当进行渔业生产、旅游观光、科学研究、教学实习等活动。实验区划定于缓冲区外围,在该保护区管理机构统一规划和指导下,可有计划地进行适度开发活动。

根据不同保护对象,海洋自然保护区可以规定绝对保护期和相对保护期。绝对保护期,即根据保护对象的生活习性规定的一定时期,该时期内禁止从事任何损害保护对象的活动;经该保护区管理机构批准,可适当进行科学研究、教学实习活动。相对保护期,即绝对保护期以外的时间,该时期内可从事不捕捉、损害保护对象的其他活动。

2. 海洋自然保护区规划

国家采取有利于发展自然保护区的经济、技术政策和措施,将自然保护区的发展规划纳入国民经济和社会发展计划,对海洋自然保护区的发展实行统一规划。国家海洋行政主管部门在对全国海洋环境资源状况进行调查和评价的基础上,负责研究、制定全国海洋自然保护区规划,审查国家级海洋自然保护区建区方案和报告,审批国家级海洋自然保护区总体建设规划。

沿海省、自治区、直辖市海洋行政主管部门在对辖区内海洋环境资源状况进行调查和评价的基础上,负责研究、制定本行政区域毗邻海域内海洋自然保护区规划,提出国家级海洋自然保护区选划建议。

海洋自然保护区规划,需明确保护目标和管理目标,对保护区进行合理的功能规划、保护区基本建设规划、科研监测规划、可持续开发规划等,并将各个海洋自然保护区的具体规划,分别纳入国家、地方、部门投资计划。

3. 海洋自然保护区选划标准

依据有关规定,海洋自然保护区的选化标准包括:

(1)有代表性的自然生态区域、典型的海洋自然地理区域,以及由于生态系统脆弱或分布区域狭窄而遭受部分破坏、但经保护能恢复的海洋自然生态区域;

(2)海洋生物物种高度集中的海域,或者濒危、珍稀海洋生物物种的天然集中分布区域;

(3)具有特殊保护价值的滨海湿地、海湾、海域、入海河口等;

(4)具有重大科学文化价值的海洋自然遗迹所在区域;

(5)其他需要列入自然保护区的海域。

(二)海洋特别保护区

1. 概念

海洋特别保护区,指具有特殊地理条件、生态系统、生物与非生物资源及海洋开发利用特殊要求,需要采取有效的保护措施和科学的开发方式进行特殊管理的区域。海洋特别保护区制度是一种综合开发与保护双重功能的制度,目的是保护特定资源、生态系统和特殊区域,保障海洋资源和环境的可持续利用,促进海洋经济的健康发展。

根据海洋特别保护区的地理区位、资源环境状况、海洋开发利用现状和社会经济发展的需要,海洋特别保护区可以分为海洋特殊地理条件保护区、海洋生态保护区、海洋公园、海洋资源保护区等类型。

(1)在具有重要海洋权益价值、特殊海洋水文动力条件的海域和海岛,建立海洋特殊地理条件保护区。

(2)为保护海洋生物多样性和生态系统服务功能,在珍稀濒危物种自然分布区、典型生态系统集中分布区及其他生态敏感脆弱区或生态修复区,建立海洋生态保护区。

(3)为保护海洋生态与历史文化价值,发挥其生态旅游功能,在特殊海洋生态景观、历史文化遗迹、独特地质地貌景观及其周边海域,建立海洋公园。

(4)为促进海洋资源可持续利用,在重要海洋生物资源、矿产资源、油气资源及海洋能等资源开发预留区域、海洋生态产业区及各类海洋资源开发协调区,建立海洋资源保护区。

海洋特别保护区分为国家级和地方级海洋特别保护区。具有重大海洋生态保护、生态旅游、重要资源开发价值、涉及维护国家海洋权益的海洋特别保护区列为国家级海洋特别保护区,其他的海洋特别保护区为地方级。

2. 海洋特别保护区建设

为保障和推动海洋特别保护区建设,从国家海洋生态保护专项资金中对国家级海洋特别保护区的建设、管理给予一定的补助。沿海县级以上人民政府海洋行政主管部门会同同级财政部门设立海洋生态保护专项资金,用于海洋特别保护区的选划、建设和管理。建立海洋特别保护区应当经过海洋特别保护区评审委员会的评审论证。

3. 海洋特别保护区管理、保护与利用

已经批准建立的海洋特别保护区所在地的县级以上人民政府应当建立保护区管理机构。必要时可以在海洋特别保护区管理机构内设立中国海监机构,履行海洋执法职责,并接受中国海监上级机构的管理和指导。海洋特别保护区管理机构负责落实国家法规政策、制定管理制度和规划、组织管护、落实各种保护措施、组织旅游、培训、建立信息档案和发布信息等职责。

国家对保护区内的重要资源、生态系统、区域、地点实行严格保护,禁止在保护区内从事危害活动。根据海洋特别保护区生态环境及资源特点,经有审批权的部门批准后允许适度开展生态养殖业、人工繁育海洋生物物种、生态旅游业、休闲渔业、无害化科学实验和海洋教育宣传等活动。

四、 海洋生态红线区划

(一) 概念

《国家生态保护红线——生态功能基线划定技术指南(试行)》指出:生态红线指对维护国家和区域生态安全及经济社会可持续发展,保障人民群众健康具有关键作用,在提升生态功能、改善环境质量、促进资源高效利用等方面必须严格保护的最小空间范围与最高或最低数量限值,具体包括生态功能保障基线、环境质量安全底线和自然资源利用上线,可简称为生态功能红线、环境质量红线和资源利用红线。

海洋生态红线区指为维护海洋生态健康与生态安全,以重要生态功能区、生态敏感区和生态脆弱区为保护重点而划定的实施严格管控、强制性保护的区域,包括重要河口、重要滨海湿地、特别保护海岛、海洋保护区、自然景观及历史文化遗迹、珍稀濒危物种集中分布区、重要滨海旅游区、重要砂质岸线及邻近海域、沙源保护海域、重要渔业水域、红树林、珊瑚礁及海草床。

(二) 海洋生态红线区相关工作进展

2011 年,国务院《关于加强环境保护重点工作的意见》明确提出,在重要生态功能区、陆地和海洋生态环境敏感区、脆弱区等区域划定生态红线,这是国务院首次提出"生态红线"的概念。2012 年 11 月,国家海洋局下发了《关于建立渤海海洋生态红线制度的若干意见》,环渤海三省一市海洋行政主管部门根据文件要求,积极组织编制了各省(市)渤海区的海洋生态红线报告。2013 年 12 月,山东省人民政府办公厅印发《关于建立实施渤海海洋生态红线制度的意见》,提出了山东省海洋生态红线管理的总体要求、重点任务与保障措施。2014年,辽宁省人民政府办公厅转发省海洋渔业厅《关于在渤海实施海洋生态红线制度意见》的通知,提出了辽宁省海洋生态红线管理的相关要求。

2015年,《海洋生态文明建设实施方案(2015—2020年)》中提出了实施海洋生态红线制度的主要任务,明确在海洋生态红线区管控范围内实施强制保护和严格管控。2016年4月,国家海洋局印发《关于全面建立实施海洋生态红线制度的意见》,要求沿海省市陆续划定海洋生态红线。同年7月,海南省人大常委会通过的《海南省生态保护红线管理规定》,包含了海洋生态红线的划定、管控、处罚等内容,赋予了海洋生态红线与陆地生态红线同等的管理要求。

(三)渤海海洋生态红线划定

渤海是半封闭型内海,海域自净能力较弱,环境承载能力有限。同时环渤海地区人口众多,经济总量较大。环渤海地区经济飞速发展与环境保护的矛盾日益尖锐,迫切需要实施以海洋生态文明理念为指导、以"人海和谐"为目标、以区域化管理为基础、以"生态红线"为手段的海洋环境保护政策。

2012年3月,国务院在批复全国海洋功能区划时明确要求:要在渤海海域实施最严格的围填海管理与控制政策,实施最严格的环境保护政策。为落实国务院提出的这两个"最严格",国家海洋局于2012年10月下发《关于建立渤海海洋生态红线制度的若干意见》,对建立渤海生态红线制度进行了具体部署。其控制指标是:海洋生态红线区面积占管辖海域面积的比例不低于40%;自然岸线保有率不低于40%;到2020年,海洋生态红线区内海水水质达标率不低于80%,海洋生态红线区陆源入海直排口污染物排放达标率达到100%,陆源污染物入海总量减少10%~15%。

💬 思考题

1. 简述海洋环境管理的概念。
2. 论述海洋环境管理的主要内容。
3. 简述海洋环境管理的主要手段。
4. 分析我国海洋环境保护的法律法规体系。
5. 论述《海洋环境保护法》在我国海洋环境保护中的地位和作用。
6. 讨论海洋环境管理中常用的经济调控手段。
7. 环境价值的构成是什么? 如何计量海洋的环境价值?
8. 海洋环境规划可分几种主要类型? 各自特点是什么?
9. 分析海洋空间规划的作用与主要内容。
10. 论述我国海洋生态红线区划的意义及发展历程。

📖 参考文献

[1] 帅学明,朱坚真. 海洋综合管理概论[M]. 北京:经济科学出版社,2009.
[2] 管华诗,王曙光. 海洋管理概论[M]. 青岛:中国海洋大学出版社,2003.
[3] 朱建庚. 中国海洋环境保护法律制度[M]. 北京: 中国政法大学出版社,2016.
[4] 徐祥民. 海洋环境保护法[M]. 北京:法律出版社,2020.
[5] 王琪. 海洋行政管理学[M]. 修订本. 北京:人民出版社,2020.

［6］马英杰,何伟宏.中国海洋环境保护法概论［M］.北京:科学出版社,2018.

［7］国家海洋局生态环境保护司.《中华人民共和国海洋环境保护法》修改解读［M］.北京:海洋出版社,2017.

［8］中华人民共和国海洋环境保护法［M］.北京:中国法制出版社,2016.

［9］欧阳鑫,窦玉珍.国际海洋环境保护法［M］.北京:海洋出版社,1994.

［10］于宜法,李永祺.中国海洋基本法研究［M］.青岛:中国海洋大学出版社,2010.

［11］夏章英.海洋环境管理［M］.北京:海洋出版社,2014.

［12］范英梅,刘洋,孙岑.海洋环境管理［M］.南京:东南大学出版社,2017.

［13］全永波,陈莉莉.海洋管理通论［M］.北京:海洋出版社,2018.

［14］朱坚真.海洋管理学［M］.北京:高等教育出版社,2017.

［15］朱坚真.海洋环境经济学［M］.北京:经济科学出版社,2010.

［16］国家海洋局海洋发展战略研究所课题组.中国海洋发展报告（2010）［M］.北京:海洋出版社,2010.

［17］马中.环境与自然资源经济学概论［M］.3版.北京:高等教育出版社,2019.

［18］经济合作与发展组织.发展中国家环境管理的经济手段［M］.北京:中国环境科学出版社,1996.

［19］罗勇,曾晓非.环境保护的经济手段［M］.北京:北京大学出版社,2002.

［20］王慧,王慧子.欧盟海洋空间规划法制及其启示［J］.江苏大学学报(社会科学版),2019,21(3):53-57.

［21］许瑞恒,林欣月,姜旭朝.海洋生态补偿研究动态综述［J］.生态经济,2020,36(7):147-149.

［22］赵玲.中国海洋生态补偿的现状、问题及对策［J］.大连海事大学学报(社会科学版),2021,20(1):68-70.

［23］邓邦平,纪焕红,何彦龙,等.东海区国家级海洋保护区发展研究［J］.海洋开发与管理,2017,10:64-66.

［24］姜晓宇.论美国海洋保护区制度［J］.法制与社会,2018,(4):20-22.

［25］戈华清.海洋生态保护红线的价值定位与功能选择［J］.生态经济,2018,34(12):178-180.

［26］张自豪,朱龙海.关于海洋生态红线在山东省渤海海域划定的思考［J］.海洋开发与管理,2017,34(S2):115-118.

［27］曾江宁,陈全震,黄伟,等.中国海洋生态保护制度的转型发展——从海洋保护区走向海洋生态红线区［J］.生态学报,2016(1):1-10.

［28］陈小芳,赵晟.中国海洋生态保护的发展——海洋生态保护红线［J］.中国水运,2017,17(4):94-96.

环境管理的概念

本章重难点视频讲解

郑重声明

高等教育出版社依法对本书享有专有出版权。任何未经许可的复制、销售行为均违反《中华人民共和国著作权法》,其行为人将承担相应的民事责任和行政责任;构成犯罪的,将被依法追究刑事责任。为了维护市场秩序,保护读者的合法权益,避免读者误用盗版书造成不良后果,我社将配合行政执法部门和司法机关对违法犯罪的单位和个人进行严厉打击。社会各界人士如发现上述侵权行为,希望及时举报,我社将奖励举报有功人员。

反盗版举报电话　(010)58581999　58582371

反盗版举报邮箱　dd@hep.com.cn

通信地址　北京市西城区德外大街4号
　　　　　高等教育出版社知识产权与法律事务部

邮政编码　100120

读者意见反馈

为收集对教材的意见建议,进一步完善教材编写并做好服务工作,读者可将对本教材的意见建议通过如下渠道反馈至我社。

咨询电话　400-810-0598

反馈邮箱　hepsci@pub.hep.cn

通信地址　北京市朝阳区惠新东街4号富盛大厦1座
　　　　　高等教育出版社理科事业部

邮政编码　100029

防伪查询说明

用户购书后刮开封底防伪涂层,使用手机微信等软件扫描二维码,会跳转至防伪查询网页,获得所购图书详细信息。

防伪客服电话　(010)58582300

数字课程账号使用说明

一、注册/登录

访问https://abooks.hep.com.cn,点击"注册/登录",在注册页面可以通过邮箱注册或者短信验证码两种方式进行注册。已注册的用户直接输入用户名加密码或者手机号加验证码的方式登录。

二、课程绑定

登录之后,点击页面右上角的个人头像展开子菜单,进入"个人中心",点击"绑定防伪码"按钮,输入图书封底防伪码(20位密码,刮开涂层可见),完成课程绑定。

三、访问课程

在"个人中心"→"我的图书"中选择本书,开始学习。